华为云原生技术丛书

云原生服务网格 Istio

原理、实践、架构与源码解析

张超盟 章 鑫 徐中虎 徐 飞 编著

电子工业出版社
Publishing House of Electronics Industry
北京·BEIJING

内 容 简 介

本书分为原理篇、实践篇、架构篇和源码篇，由浅入深地将 Istio 项目庖丁解牛并呈现给读者。原理篇介绍了服务网格技术与 Istio 项目的技术背景、设计理念与功能原理，能够帮助读者了解服务网格这一云原生领域的标志性技术，掌握 Istio 流量治理、策略与遥测和安全功能的使用方法。实践篇从零开始搭建 Istio 运行环境并完成一个真实应用的开发、交付、上线监控与治理的完整过程，能够帮助读者熟悉 Istio 的功能并加深对 Istio 的理解。架构篇剖析了 Istio 项目的三大核心子项目 Pilot、Mixer、Citadel 的详细架构，帮助读者熟悉 Envoy、Galley、Pilot-agent 等相关项目，并挖掘 Istio 代码背后的设计与实现思想。源码篇对 Istio 各个项目的代码结构、文件组织、核心流程、主要数据结构及各主要代码片段等关键内容都进行了详细介绍，读者只需具备一定的 Go 语言基础，便可快速掌握 Istio 各部分的实现原理，并根据自己的兴趣深入了解某一关键机制的完整实现。本书提供源码下载，参见 http://github.com/cloudnativebooks/cloud-native-istio。本书还免费提供 Istio 培训视频及 Istio 常见问题解答，具体内容见封底。

无论是对于刚入门 Istio 的读者，还是对于已经在产品中使用 Istio 的读者，本书都极具参考价值。

未经许可，不得以任何方式复制或抄袭本书之部分或全部内容。
版权所有，侵权必究。

图书在版编目（CIP）数据

云原生服务网格 Istio：原理、实践、架构与源码解析 / 张超盟等编著. —北京：电子工业出版社，2019.7
（华为云原生技术丛书）
ISBN 978-7-121-36653-6

Ⅰ. ①云… Ⅱ. ①张… Ⅲ. ①互联网络－网络服务器 Ⅳ. ①TP368.5

中国版本图书馆 CIP 数据核字（2019）第 100573 号

责任编辑：张国霞
印　　刷：三河市君旺印务有限公司
装　　订：三河市君旺印务有限公司
出版发行：电子工业出版社
　　　　　北京市海淀区万寿路 173 信箱　　邮编 100036
开　　本：787×980　1/16　印张：39.25　字数：810 千字
版　　次：2019 年 7 月第 1 版
印　　次：2023 年 1 月第 10 次印刷
定　　价：139.00 元

凡所购买电子工业出版社图书有缺损问题，请向购买书店调换。若书店售缺，请与本社发行部联系，联系及邮购电话：（010）88254888，88258888。
质量投诉请发邮件至 zlts@phei.com.cn，盗版侵权举报请发邮件至 dbqq@phei.com.cn。
本书咨询联系方式：010-51260888-819，faq@phei.com.cn。

推荐序

服务网格技术 Istio 是云原生（Cloud Native）时代的产物，是云原生应用的新型架构模式，而云原生又是云计算产业发展的新制高点。云计算是近 10 年左右流行的概念，但实际上，云已经走了很长一段路。

云的概念可以追溯到 20 世纪 60 年代。约翰·麦卡锡教授在 1961 年麻省理工学院的百年庆典上说："计算机也许有一天会被组织成一种公用事业，就像电话系统是一种公用事业一样。每个订阅者只需为实际使用的容量付费，就可以访问到具有非常庞大的系统的计算资源……"。第一个具有云特征的服务出现在 20 世纪 90 年代，当时，电信公司从以前主要提供点对点的专用数据电路服务，转到提供服务质量相当但成本较低的虚拟专用网络（VPN）服务。VPN 服务能够通过切换流量和平衡服务器的使用，更有效地使用整体的网络带宽。电信公司开始使用云符号来表示提供商和用户之间的责任界面。在自 20 世纪 60 年代以来流行的分时模式的基础上，服务提供商开始开发新的技术和算法，优化计算资源和网络带宽的分布，用户可以按需获取高端计算能力。

2006 年，亚马逊首次推出弹性计算云（EC2）服务，云计算的新时代开始了。两年后，第一个用于部署私有云和公有云的开源软件 OpenNebula 问世；谷歌则推出了应用引擎的测试版；Gartner 公司也首次提到了云的市场机会。2010 年，Rackspace 和 NASA 联手创建了 OpenStack 开源云计算平台，企业首次可以在标准硬件上构建消费者可以使用的云。甲骨文、IBM、微软等众多公司也相继发布云产品，云市场开始进入快速增长期。

云计算使企业摆脱了复杂而昂贵的 IT 基础设施建设和维护，因此，当时的云计算使用以资源（虚拟机、网络和存储）为主，也就是基础设施即服务（IaaS）。企业主要关心怎样将现有的 IT 基础架构迁移到云上，但在关键应用上对云还是敬而远之。随着云的成熟，包括 Netflix 和 Airbnb 在内的众多雄心勃勃的互联网初创公司开始把云计算变成了新商业模式，直接在云上构建企业的关键应用和业务；与此同时，在技术上，人们开始将

Linux 容器与基于微服务架构的应用结合起来，实现云应用真正意义上的可扩展、高可靠和自动恢复等能力，于是云原生计算诞生了。

云原生的崛起源于企业应用的快速发展和弹性可扩展的需求。在云原生时代最具代表性和历史性的技术是 Kubernetes 容器应用编排与管理系统，它提供了大规模和高效管理云应用所需的自动化和可观测性。Kubernetes 的成功源于应用容器的兴起，Docker 第一次真正使得容器成为大众所喜欢和使用的工具。通过对应用的容器化，开发人员可以更轻松地管理应用程序的语言运行环境及部署的一致性和可伸缩性，这引发了应用生态系统的巨变，极大地减小了测试系统与生产系统之间的差异。在容器之上，Kubernetes 提供了跨多个容器和多主机服务及应用体系结构的部署和管理。我们很高兴地看到，Kubernetes 正在成为现代软件构建和运维的核心，成为全球云技术的关键。Kubernetes 的成功也代表了开源软件运动所能提供的前所未有的全球开放与合作，是一次具有真正世界影响力的商业转型。华为云 PaaS 容器团队很早就开始参与这一开源运动，是云原生计算基金会 CNCF 的初创会员与董事，在 Kubernetes 社区的贡献位于全球前列，也是云原生技术的主要贡献者之一。

云原生容器技术和微服务应用的出现，推动了人们对服务网格的需求。那么，什么是服务网格？简而言之，服务网格是服务（包括微服务）之间通信的控制器。随着越来越多的容器应用的开发和部署，一个企业可能会有成百上千或数万计的容器在运行，怎样管理这些容器或服务之间的通信，包括服务间的负载均衡、流量管理、路由、运行状况监视、安全策略及服务间身份验证，就成为云原生技术的巨大挑战。以 Istio 为代表的服务网格应运而生。在架构上，Istio 属于云原生技术的基础设施层，通过在容器旁提供一系列网络代理，来实现服务间的通信控制。其中的每个网络代理就是一个网关，管理容器或容器集群中每个服务间的请求或交互。每个网络代理还拦截服务请求，并将服务请求分发到服务网格上，因此，众多服务构成的无数连接"编织"成网，也就有了"网格"这个概念。服务网格的中央控制器，在 Kubernetes 容器平台的帮助下，通过服务策略来控制和调整网络代理的功能，包括收集服务的性能指标。

服务网格作为一种云原生应用的体系结构模式，应对了微服务架构在网络和管理上的挑战，也推动了技术堆栈分层架构的发展。从分布式负载平衡、防火墙到服务的可见性，服务网格通过在每个架构层提供通信层来避免服务碎片化，以安全隔离的方式解决了跨集群的工作负载问题，并超越了 Kubernetes 容器集群，扩展到运行在裸机上的服务。因此，虽然服务网格是从容器和微服务开始的，但它的架构优势也可以适用于非容器应用或服务。

从初始的云理念到云计算再到云原生的发展过程中，我们看到服务网格是云原生技术发展的必然产物。作为云原生架构和技术栈的关键部分，服务网格技术 Istio 也逐渐成为云原生应用平台的另一块基石，这不仅仅是因为 Istio 为服务间提供了安全、高可靠和高性能的通信机制，其本身的设计也代表一种由开发人员驱动的、基于策略和服务优先的云原生架构设计理念。本书作者及写作团队具有丰富的 Istio 实战经验，在本书中由浅入深地剖析了 Istio 的原理、架构、实践及源码。通过阅读本书，读者不但能够对 Istio 有全面的了解，还可以学到云原生服务网格的设计思路和理念，对任何一名软件设计架构师或工程师来说都有很大的帮助，这是一本非常有价值的云原生时代分布式系统书籍。

廖振钦

华为云 PaaS 产品部总经理

前言

这是一本介绍"云原生"与"服务网格"技术的书籍。你或许对这两个词语感到陌生，或者耳熟却不明其意，其实，这两个术语分别与"云计算"与"微服务"的概念有着非常紧密的联系。

依据 CNCF 基金会（Cloud-Native Computing Foundation）的定义，云原生是对在现代的动态环境下（比如云计算的三大场景：公有云、私有云及混合云）可用来构建并运行可扩展应用的技术的总称；服务网格则是云原生技术的典型代表之一，其他技术还包括容器、微服务、不可变基础设施、声明式 API 等。

从技术发展的角度来看，我们可以把云原生理解为云计算所关注的重心从"资源"逐渐转向"应用"的必然结果。以"资源"为中心的上一代云计算技术关注物理设备如何虚拟化、池化、多租化，典型代表是计算、网络、存储三大基础设施的云化，以及相关硬件、操作系统、管控面等技术；而以"应用"为中心的云原生技术则关注应用如何更好地适应云环境，相对于传统应用通过迁移改造"上云"而言，云原生希望通过一系列的技术支撑，使用户能够在云环境下快速开发和交付云原生应用。

作为云原生技术栈的一部分，服务网格则指由云原生应用的服务化组件构成的一种网格。换句话说，我们可以将服务网格理解为一种应用网络，即为在应用内部或应用之间由服务访问、调用、负载均衡等服务连接关系构成的一种网络。你可能会注意到，这里并没有使用"微服务"这个术语。微服务更多地从设计、开发的视角来描述应用的一种架构或开发模式，而服务网格事实上更为关注运行时视角，因此，采用"服务"这个用于描述应用内外部调用关系的术语更为合适。服务网格与微服务在云原生技术栈中是相辅相成的两部分，前者更关注应用的交付与运行时，后者更关注应用的设计与开发。

本书的主角 Istio，作为服务网格技术的事实标准，是一个比较年轻的开源项目。它在 2017 年 5 月由 Google 与 IBM 联合发布之后，经过一年多的快速发展，于 2018 年 7 月发布了 1.0 版本,并于 2019 年 3 月发布 1.1 这个大更新版本,该版本算是第一个生产可用的 GA 版本(虽然官方宣称 1.0 版本"Production-Ready",但从实践评估来看,1.1 作为 GA 版本更合适一些)。

Istio 体现了云原生领域核心项目 Kubernetes 的创建者 Google 对服务网格技术的思考,还包含了云计算先行者 IBM 对服务网格最早的实践经验,因此一经发布就得到云原生领域的广泛响应,它是继 Kubernetes 之后云原生领域非常火爆的项目之一。截至 2019 年年初,国内外已经有超过百家公司的公开实践案例。

本书作者所在的华为公司作为云原生领域的早期实践者与社区领导者之一,在 Istio 项目发展初期就参与了 Istio 社区,积极实践 Istio 并推动 Istio 项目的发展。目前,华为公司内部的多个产品线已经使用了 Istio,部分实践已经进入生产环境,Istio 的商业化产品也已经包含在华为公有云、私有云、混合云解决方案中,并面向华为云客户群进行推广。华为作为 Istio 社区的当前领导者之一,会继续致力于 Istio 项目及服务网格技术的推广与演进。

本书写作目的

本书作为华为云原生技术丛书的一员,面向云计算领域的从业者及感兴趣的技术人员,普及与推广 Istio 服务网格技术。本书作者来自华为云应用服务网格产品研发团队及华为云原生开源社区团队。本书结合作者在华为云及 Istio 社区的设计与开发实践,以及与服务网格强相关的 Kubernetes 容器、微服务和云原生领域的丰富经验,对服务网格技术、Istio 开源项目的原理、实践、架构和源码进行了深入剖析,由浅入深地讲解 Istio 的功能、用法、设计与实现,帮助读者全面、立体地了解云原生服务网格 Istio 的每个技术细节。对于刚入门的读者,本书提供了从零开始的 Istio 上手实战指导;对于已经在产品中使用 Istio 的读者,本书也提供了丰富的案例与经验总结。

本书结构

本书分为原理篇、实践篇、架构篇和源码篇,总计 24 章,由浅入深地将 Istio 项目庖丁解牛并呈现给读者。

对于有不同需求的读者,我们建议这样使用本书。

◎ 对云原生技术感兴趣的读者，可阅读并理解原理篇。本篇介绍了服务网格技术与 Istio 项目的技术背景、设计理念与功能原理，能够帮助读者了解服务网格这一云原生领域的标志性技术，掌握 Istio 流量治理、策略与遥测和安全功能的使用方法。

◎ Istio 一线实践者或动手能力较强的技术人员，通过实践篇可以从零开始搭建 Istio 运行环境并完成一个真实应用的开发、交付、上线监控与治理的完整过程，能够熟悉 Istio 的功能并加深对 Istio 原理的理解。

◎ 关注 Istio 架构设计或者正在评估是否将 Istio 引入当前技术栈的技术人员，架构篇能够帮你剖析 Istio 项目的三大核心子项目 Pilot、Mixer、Citadel 的详细架构，熟悉 Envoy、Galley、Pilot-agent 等相关项目，并深入挖掘 Istio 代码背后的设计与实现思想。

◎ 对 Istio 源码感兴趣且希望更深入地了解 Istio 实现细节的读者，可以通过源码篇进入 Istio 源码世界。源码篇对 Istio 各个项目的代码结构、文件组织、核心流程、主要数据结构及各主要代码片段等关键内容都进行了详细介绍。读者只需具备一定的 Go 语言基础，便可快速掌握 Istio 各部分的实现原理，并根据自己的兴趣深入了解某一关键机制的完整实现，以期成为 Istio 高手，甚至作为贡献者参与到 Istio 项目开发中来。

本书篇章组织概述如下。

◎ 原理篇：介绍 Istio 概念、核心功能、原理和使用方式，为后续的实践提供理论基础。其中，第 1~2 章分别介绍 Istio 的背景知识、基本工作机制、主要组件及概念模型等；第 2~7 章分别介绍 Istio 的五大块功能集，即非侵入的流量治理、可扩展的策略和遥测、可插拔的服务安全、透明的 Sidecar 机制及多集群服务治理。

◎ 实践篇：通过实际操作介绍如何通过一个典型应用进行 Istio 实践。其中，第 8 章讲解环境准备，完成 Kubernetes 与 Istio 平台的基础设施准备工作；第 9~13 章分别介绍如何实际操作一个天气预报应用在 Istio 平台上实现流量监控、灰度发布、流量治理、服务安全、多集群管理等功能。

◎ 架构篇：从架构角度剖析 Istio 多个主要组件的设计原理、关键内部流程及数据结构等内容，为高级用户提供架构与设计层面的参考。其中，第 14~19 章分别介绍了 Pilot、Mixer、Citadel、Envoy、Pilot-agent 与 Galley 等 6 个 Istio 核心组件。

◎ 源码篇：本篇包括第 20~24 章，分别介绍 Istio 整体的代码组织情况，以及 Pilot、Mixer、Citadel、Envoy 与 Galley 的代码结构与关键代码片段。

源代码与官方参考

Istio 是一个开源项目,本书也开源了实践篇示例应用的源代码,读者可通过如下链接获取本书源码及相关内容。

◎ Istio 项目官网:https://istio.io/。
◎ Istio 源代码:https://github.com/istio。
◎ 本书示例应用源代码:https://github.com/cloudnativebooks/cloud-native-istio。

勘误和支持

若您在阅读本书的过程中有任何问题或者建议,则可以通过本书源码仓库提交 Issue 或者 PR,也可以关注华为云原生官方微信公众号并加入微信群与我们交流。我们十分感谢并重视您的反馈,会对您提出的问题、建议进行梳理与反馈,并在本书后续版本中及时做出勘误与更新。

本书免费提供 Istio 培训视频及 Istio 常见问题解答,具体内容见封底。

致谢

在本书的写作及成书过程中,本书作者团队得到了公司内外许多领导、同事及朋友的指导、鼓励和帮助。感谢华为云郑叶来、张宇昕、廖振钦、方璞等业务主管对华为云原生技术丛书及本书写作的大力支持;感谢华为云容器团队王泽锋、罗荣敏、毛杰、张琦等对本书的审阅与建议;感谢华为云应用服务网格团队陈冬冬、巩培尧、王少东、李汉辰、秦玉函、张云等为本书编写示例程序及分享实践经验;感谢电子工业出版社博文视点张国霞编辑一丝不苟地制订出版计划及组织工作;感谢华为云邢紫月对本书的出版建议与指导;最后,也感谢 CNCF 基金会及 Istio、Kubernetes 社区众多开源爱好者辛勤、无私的工作,使得我们在这个技术爆发的时代能够充分领略到技术的魅力并能够亲身参与到这份有激情、有挑战的事业中来。谢谢大家!

刘赫伟 博士
华为云原生技术丛书 总编
华为云容器服务域 技术总监

张超盟
华为云应用服务网格 首席架构师

目录

原 理 篇

第 1 章 你好，Istio 2
1.1 Istio 是什么 2
1.2 通过示例看看 Istio 能做什么 4
1.3 Istio 与服务治理 6
    1.3.1 关于微服务 6
    1.3.2 服务治理的三种形态 8
    1.3.3 Istio 不只解决了微服务问题 10
1.4 Istio 与服务网格 11
    1.4.1 时代选择服务网格 11
    1.4.2 服务网格选择 Istio 14
1.5 Istio 与 Kubernetes 15
    1.5.1 Istio，Kubernetes 的好帮手 16
    1.5.2 Kubernetes，Istio 的好基座 18
1.6 本章总结 20

第 2 章 Istio 架构概述 21
2.1 Istio 的工作机制 21
2.2 Istio 的服务模型 23
    2.2.1 Istio 的服务 24
    2.2.2 Istio 的服务版本 26

2.2.3　Istio 的服务实例 28
2.3　Istio 的主要组件 30
　　2.3.1　istio-pilot 30
　　2.3.2　istio-telemetry 32
　　2.3.3　istio-policy 33
　　2.3.4　istio-citadel 34
　　2.3.5　istio-galley 34
　　2.3.6　istio-sidecar-injector 35
　　2.3.7　istio-proxy 35
　　2.3.8　istio-ingressgateway 36
　　2.3.9　其他组件 37
2.4　本章总结 37

第 3 章　非侵入的流量治理 38

3.1　Istio 流量治理的原理 38
　　3.1.1　负载均衡 39
　　3.1.2　服务熔断 41
　　3.1.3　故障注入 48
　　3.1.4　灰度发布 49
　　3.1.5　服务访问入口 54
　　3.1.6　外部接入服务治理 56
3.2　Istio 路由规则配置：VirtualService 59
　　3.2.1　路由规则配置示例 59
　　3.2.2　路由规则定义 60
　　3.2.3　HTTP 路由（HTTPRoute）.. 63
　　3.2.4　TLS 路由（TLSRoute）.. 78
　　3.2.5　TCP 路由（TCPRoute）.. 81
　　3.2.6　三种协议路由规则的对比 83
　　3.2.7　VirtualService 的典型应用 84
3.3　Istio 目标规则配置：DestinationRule 89
　　3.3.1　DestinationRule 配置示例 90
　　3.3.2　DestinationRule 规则定义 90

- 3.3.3 DestinationRule 的典型应用 103
- 3.4 Istio 服务网关配置：Gateway 107
  - 3.4.1 Gateway 配置示例 108
  - 3.4.2 Gateway 规则定义 109
  - 3.4.3 Gateway 的典型应用 112
- 3.5 Istio 外部服务配置：ServiceEntry 120
  - 3.5.1 ServiceEntry 配置示例 120
  - 3.5.2 ServiceEntry 规则的定义和用法 121
  - 3.5.3 ServiceEntry 的典型应用 123
- 3.6 Istio 代理规则配置：Sidecar 126
  - 3.6.1 Sidecar 配置示例 126
  - 3.6.2 Sidecar 规则定义 126
- 3.7 本章总结 129

第 4 章 可扩展的策略和遥测 131
- 4.1 Istio 策略和遥测的原理 131
  - 4.1.1 应用场景 131
  - 4.1.2 工作原理 136
  - 4.1.3 属性 137
  - 4.1.4 Mixer 的配置模型 140
- 4.2 Istio 遥测适配器配置 147
  - 4.2.1 Prometheus 适配器 148
  - 4.2.2 Fluentd 适配器 155
  - 4.2.3 StatsD 适配器 159
  - 4.2.4 Stdio 适配器 161
  - 4.2.5 Zipkin 适配器 163
  - 4.2.6 厂商适配器 168
- 4.3 Istio 策略适配器配置 169
  - 4.3.1 List 适配器 169
  - 4.3.2 Denier 适配器 171
  - 4.3.3 Memory Quota 适配器 172
  - 4.3.4 Redis Quota 适配器 175

4.4　Kubernetes Env 适配器配置 178
4.5　本章总结 181

第 5 章　可插拔的服务安全

5.1　Istio 服务安全的原理 182
　　5.1.1　认证 185
　　5.1.2　授权 189
　　5.1.3　密钥证书管理 192
5.2　Istio 服务认证配置 193
　　5.2.1　认证策略配置示例 193
　　5.2.2　认证策略的定义 194
　　5.2.3　TLS 访问配置 196
　　5.2.4　认证策略的典型应用 200
5.3　Istio 服务授权配置 202
　　5.3.1　授权启用配置 202
　　5.3.2　授权策略配置 203
　　5.3.3　授权策略的典型应用 207
5.4　本章总结 210

第 6 章　透明的 Sidecar 机制

6.1　Sidecar 注入 211
　　6.1.1　Sidecar Injector 自动注入的原理 214
　　6.1.2　Sidecar 注入的实现 216
6.2　Sidecar 流量拦截 219
　　6.2.1　iptables 的基本原理 220
　　6.2.2　iptables 的规则设置 223
　　6.2.3　流量拦截原理 224
6.3　本章总结 228

第 7 章 多集群服务治理ㅤ230

7.1 Istio 多集群服务治理ㅤ230
7.1.1 Istio 多集群的相关概念ㅤ230
7.1.2 Istio 多集群服务治理现状ㅤ231
7.2 多集群模式 1：多控制面ㅤ232
7.2.1 服务 DNS 解析的原理ㅤ233
7.2.2 Gateway 连接的原理ㅤ237
7.3 多集群模式 2：VPN 直连单控制面ㅤ238
7.4 多集群模式 3：集群感知服务路由单控制面ㅤ240
7.5 本章总结ㅤ246

实 践 篇

第 8 章 环境准备ㅤ248

8.1 在本地搭建 Istio 环境ㅤ248
8.1.1 安装 Kubernetes 集群ㅤ248
8.1.2 安装 Helmㅤ249
8.1.3 安装 Istioㅤ250
8.2 在公有云上使用 Istioㅤ253
8.3 尝鲜 Istio 命令行ㅤ255
8.4 应用示例ㅤ257
8.4.1 Weather Forecast 简介ㅤ257
8.4.2 Weather Forecast 部署ㅤ258
8.5 本章总结ㅤ259

第 9 章 流量监控ㅤ260

9.1 预先准备：安装插件ㅤ260
9.2 调用链跟踪ㅤ261
9.3 指标监控ㅤ265
9.3.1 Prometheusㅤ265

9.3.2 Grafana 268
9.4 服务网格监控 273
9.5 本章总结 277

第 10 章 灰度发布 278
10.1 预先准备：将所有流量都路由到各个服务的 v1 版本 278
10.2 基于流量比例的路由 279
10.3 基于请求内容的路由 283
10.4 组合条件路由 284
10.5 多服务灰度发布 286
10.6 TCP 服务灰度发布 288
10.7 自动化灰度发布 290
10.7.1 正常发布 291
10.7.2 异常发布 294

第 11 章 流量治理 296
11.1 流量负载均衡 296
11.1.1 ROUND_ROBIN 模式 296
11.1.2 RANDOM 模式 298
11.2 会话保持 299
11.2.1 实战目标 300
11.2.2 实战演练 300
11.3 故障注入 301
11.3.1 延迟注入 301
11.3.2 中断注入 303
11.4 超时 304
11.5 重试 306
11.6 HTTP 重定向 308
11.7 HTTP 重写 309
11.8 熔断 310

- 11.9 限流 313
  - 11.9.1 普通方式 314
  - 11.9.2 条件方式 315
- 11.10 服务隔离 317
  - 11.10.1 实战目标 317
  - 11.10.2 实战演练 317
- 11.11 影子测试 319
- 11.12 本章总结 322

第 12 章 服务保护ㆍㆍ 323

- 12.1 网关加密 323
  - 12.1.1 单向 TLS 网关 323
  - 12.1.2 双向 TLS 网关 326
  - 12.1.3 用 SDS 加密网关 328
- 12.2 访问控制 331
  - 12.2.1 黑名单 331
  - 12.2.2 白名单 332
- 12.3 认证 334
  - 12.3.1 实战目标 334
  - 12.3.2 实战演练 334
- 12.4 授权 336
  - 12.4.1 命名空间级别的访问控制 336
  - 12.4.2 服务级别的访问控制 339
- 12.5 本章总结 341

第 13 章 多集群管理ㆍㆍㆍㆍㆍㆍㆍㆍㆍㆍㆍㆍㆍㆍㆍㆍㆍㆍㆍㆍㆍㆍㆍㆍㆍㆍㆍㆍㆍㆍㆍㆍㆍㆍㆍㆍㆍㆍㆍ 342

- 13.1 实战目标 342
- 13.2 实战演练 342
- 13.3 本章总结 350

架 构 篇

第 14 章 司令官 Pilot ... 352
- 14.1 Pilot 的架构 ... 352
  - 14.1.1 Istio 的服务模型 ... 354
  - 14.1.2 xDS 协议 ... 356
- 14.2 Pilot 的工作流程 ... 360
  - 14.2.1 Pilot 的启动与初始化 ... 361
  - 14.2.2 服务发现 ... 363
  - 14.2.3 配置规则发现 ... 368
  - 14.2.4 Envoy 的配置分发 ... 376
- 14.3 Pilot 的插件 ... 383
  - 14.3.1 安全插件 ... 385
  - 14.3.2 健康检查插件 ... 390
  - 14.3.3 Mixer 插件 ... 391
- 14.4 Pilot 的设计亮点 ... 392
  - 14.4.1 三级缓存优化 ... 392
  - 14.4.2 去抖动分发 ... 393
  - 14.4.3 增量 EDS ... 394
  - 14.4.4 资源隔离 ... 395
- 14.5 本章总结 ... 396

第 15 章 守护神 Mixer ... 397
- 15.1 Mixer 的整体架构 ... 397
- 15.2 Mixer 的服务模型 ... 398
  - 15.2.1 Template ... 399
  - 15.2.2 Adapter ... 401
- 15.3 Mixer 的工作流程 ... 403
  - 15.3.1 启动初始化 ... 403
  - 15.3.2 用户配置信息规则处理 ... 409
  - 15.3.3 访问策略的执行 ... 416
  - 15.3.4 无侵入遥测 ... 421

15.4	Mixer 的设计亮点	423
15.5	如何开发 Mixer Adapter	424
	15.5.1 Adapter 实现概述	424
	15.5.2 内置式 Adapter 的开发步骤	425
	15.5.3 独立进程式 Adapter 的开发步骤	430
	15.5.4 独立仓库式 Adapter 的开发步骤	437
15.6	本章总结	438

第 16 章 安全碉堡 Citadel 439

16.1	Citadel 的架构	439
16.2	Citadel 的工作流程	441
	16.2.1 启动初始化	441
	16.2.2 证书控制器	442
	16.2.3 gRPC 服务器	444
	16.2.4 证书轮换器	445
	16.2.5 SDS 服务器	446
16.3	本章总结	449

第 17 章 高性能代理 Envoy 450

17.1	Envoy 的架构	450
17.2	Envoy 的特性	451
17.3	Envoy 的模块结构	452
17.4	Envoy 的线程模型	453
17.5	Envoy 的内存管理	455
	17.5.1 变量管理	455
	17.5.2 Buffer 管理	456
17.6	Envoy 的流量控制	456
17.7	Envoy 与 Istio 的配合	457
	17.7.1 部署与交互	457
	17.7.2 Envoy API	458
17.3	本章总结	459

第 18 章 代理守护进程 Pilot-agent ... 460

18.1 为什么需要 Pilot-agent ... 461
18.2 Pilot-agent 的工作流程 ... 461
18.2.1 Envoy 的启动 ... 462
18.2.2 Envoy 的热重启 ... 465
18.2.3 守护 Envoy ... 466
18.2.4 优雅退出 ... 467
18.3 本章总结 ... 468

第 19 章 配置中心 Galley ... 469

19.1 Galley 的架构 ... 469
19.1.1 MCP ... 470
19.1.2 MCP API ... 470
19.2 Galley 的工作流程 ... 471
19.2.1 启动初始化 ... 471
19.2.2 配置校验 ... 476
19.2.3 配置聚合与分发 ... 479
19.3 本章总结 ... 482

源 码 篇

第 20 章 Pilot 源码解析 ... 484

20.1 进程启动流程 ... 484
20.2 关键代码分析 ... 486
20.2.1 ConfigController ... 486
20.2.2 ServiceController ... 490
20.2.3 xDS 异步分发 ... 495
20.2.4 配置更新预处理 ... 503
20.2.5 xDS 配置的生成及分发 ... 509
20.3 本章总结 ... 514

第 21 章 Mixer 源码解析 515

21.1 进程启动流程 515
21.1.1 runServer 通过 newServer 新建 Server 对象 517
21.1.2 启动 Mixer gRPC Server 520
21.2 关键代码分析 520
21.2.1 监听用户的配置 520
21.2.2 构建数据模型 524
21.2.3 Check 接口 533
21.2.4 Report 接口 536
21.2.5 请求分发 539
21.2.6 协程池 541
21.3 本章总结 543

第 22 章 Citadel 源码解析 544

22.1 进程启动流程 544
22.2 关键代码分析 548
22.2.1 证书签发实体 IstioCA 548
22.2.2 SecretController 的创建和核心原理 551
22.2.3 CA Server 的创建和核心原理 556
22.3 本章总结 558

第 23 章 Envoy 源码解析 559

23.1 Envoy 的初始化 559
23.1.1 启动参数 bootstrap 的初始化 559
23.1.2 Admin API 的初始化 560
23.1.3 Worker 的初始化 562
23.1.4 CDS 的初始化 562
23.1.5 LDS 的初始化 563
23.1.6 GuardDog 的初始化 564
23.2 Envoy 的运行和建立新连接 564
23.2.1 启动 worker 565

  23.2.2 Listener 的加载 565
  23.2.3 接收连接 566
 23.3 Envoy 对数据的读取、接收及处理 567
  23.3.1 读取数据 568
  23.3.2 接收数据 568
  23.3.3 处理数据 569
 23.4 Envoy 发送数据到服务端 570
  23.4.1 匹配路由 571
  23.4.2 获取连接池 572
  23.4.3 选择上游主机 572
 23.5 本章总结 573

第 24 章 Galley 源码解析 574
 24.1 进程启动流程 574
  24.1.1 RunServer 的启动流程 577
  24.1.2 RunValidation Server 的启动流程 578
 24.2 关键代码分析 580
  24.2.1 配置校验 580
  24.2.2 配置监听 584
  24.2.3 配置分发 585
 24.3 本章总结 589

结语 590

附录 A 源码仓库介绍 592

附录 B 实践经验和总结 598

原 理 篇

　　自本篇起，Istio 的学习之旅就正式开始了。本篇主要介绍 Istio 的功能特性及工作原理，呈现 Istio 丰富的流量治理、策略与遥测、访问安全等功能，以及 Sidecar 机制和多集群服务治理方面的内容。结合实践篇的内容，读者可以掌握 Istio 的使用方法，例如怎样使用 Istio 的流量规则、怎样配置安全策略、怎样使用 Istio 的 Adapter 来做策略控制和收集服务运行的遥测数据等。

第 1 章

你好，Istio

本章简要介绍 Istio 的一些背景知识，包括 Istio 是什么、能干什么，以及 Istio 项目的诞生及发展历史，并尝试梳理 Istio 与微服务、服务网格、Kubernetes 这几个云原生领域炙手可热的技术概念的关系。希望读者能通过本章对 Istio 有一个初步的认识，并带着问题与思考进入后续的学习中。

1.1 Istio 是什么

Istio 是什么？我们试着用迭代方式来说明。

◎ Istio 是一个**用于服务治理**的开放平台。
◎ Istio 是一个 **Service Mesh 形态**的用于服务治理的开放平台。
◎ Istio 是一个**与 Kubernetes 紧密结合**的**适用于云原生场景**的 Service Mesh 形态的用于服务治理的开放平台。

这里的关键字"治理"不局限于"微服务治理"的范畴，任何服务，只要服务间有访问，如果需要对服务间的访问进行管理，就可以使用 Istio。根据 Istio 官方的介绍，服务治理涉及连接（Connect）、安全（Secure）、策略执行（Control）和可观察性（Observe），如图 1-1 所示。

◎ 连接：Istio 通过集中配置的流量规则控制服务间的流量和调用，实现负载均衡、熔断、故障注入、重试、重定向等服务治理功能。
◎ 安全：Istio 提供透明的认证机制、通道加密、服务访问授权等安全能力，可增强服务访问的安全性。
◎ 策略执行：Istio 通过可动态插拔、可扩展的策略实现访问控制、速率限制、配额管理、服务计费等能力。
- ◎ 可观察性：动态获取服务运行数据和输出，提供强大的调用链、监控和调用日志收集输出的能力。配合可视化工具，可方便运维人员了解服务的运行状况，发现并解决问题。

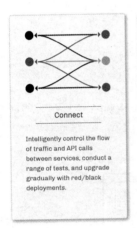  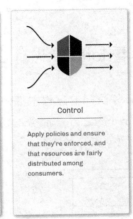 

图 1-1 服务治理范畴

在 Istio 0.1 发布时，Istio 官方的第 1 篇声明（https://istio.io/blog/2017/0.1-announcement/）强调了 Istio 提供的重要能力。

- ◎ 服务运行可观察性：监控应用及网络相关数据，将相关指标与日志记录发送至任意收集、聚合与查询系统中以实现功能扩展，追踪分析性能热点并对分布式故障模式进行诊断。
- ◎ 弹性与效率：提供了统一的方法配置重试、负载均衡、流量控制和断路器等来解决网络可靠性低所造成的各类常见故障，更轻松地运维高弹性服务网格。
- ◎ 研发人员生产力：确保研发人员专注于基于已选择的编程语言构建业务功能，不用在代码中处理分布式系统的问题，从而极大地提升生产能力。
- ◎ 策略驱动型运营：解耦开发和运维团队的工作，在无须更改代码的前提下提升安全性、监控能力、扩展性与服务拓扑水平。运营人员能够不依赖开发提供的能力精确控制生产流量。
- ◎ 默认安全：允许运营人员配置 TLS 双向认证并保护各服务之间的所有通信，并且开发人员和运维人员不用维护证书，以应对分布式计算中经常存在的大量网络安全问题。
- ◎ 增量适用：考虑到在网络内运行的各服务的透明性，允许团队按照自己的节奏和需求逐步使用各项功能，例如先观察服务运行情况再进行服务治理等。

1.3 ~ 1.5 节会分别结合服务治理、服务网格、Kubernetes 这几个关键字展开对 "Istio 是什么"的迭代，对 Istio 进行立体介绍。在这之前，我们先通过一个示例来看看 Istio 能做什么。

1.2 通过示例看看 Istio 能做什么

首先看看 Istio 在服务访问的过程中都做了什么，简单起见，这里以一个天气预报应用中 forecast 服务对 recommendation 服务的访问为例，如图 1-2 所示。本书后面的大部分功能都会基于该应用来介绍。

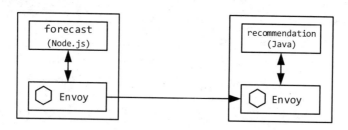

图 1-2 Istio 服务访问示例

这个示例对两个服务的业务代码没有任何要求，可以用任何语言开发。在这个示例中，forecast 服务是用 Node.js 开发的，recommendation 服务是用 Java 开发的。在 forecast 服务的代码中通过域名访问 recommendation 服务，在两个服务中都不用包含任何服务访问管理的逻辑。

我们看看 Istio 在其中都做了什么：

- ◎ 自动通过服务发现获取 recommendation 服务实例列表，并根据负载均衡策略选择一个服务实例；
- ◎ 对服务双方启用双向认证和通道加密；

◎ 如果某个服务实例连续访问出错，则可以将该实例隔离一段时间，以提高访问质量；
◎ 设置最大连接数、最大请求数、访问超时等对服务进行保护；
◎ 限流；
◎ 对请求进行重试；
◎ 修改请求中的内容；
◎ 将一定特征的服务重定向；
◎ 灰度发布；
◎ 自动记录服务访问信息；
◎ 记录调用链，进行分布式追踪；
◎ 根据访问数据形成完整的应用访问拓扑；
◎ ……

所有这些功能，都不需要用户修改代码，用户只需在 Istio 的控制面做些配置即可，并且动态生效。以灰度发布为例，在 Istio 中是通过简单配置实现灰度发布的，其核心工作是实现两个版本同时在线，并通过一定的流量策略将部分流量引到灰度版本上。我们无须修改代码，只要简单写一个配置就可以对任意一个服务进行灰度发布了：

```
apiVersion: networking.istio.io/v1alpha3
kind: VirtualService
metadata:
  name: recommendation
spec:
  hosts:
  - recommendation
  http:
  - match:
    - headers:
        cookie:
          exact: "group=dev"
    route:
    - destination:
        name: v2
  - route:
    - destination:
        name: v1
```

Istio 采用了与 Kubernetes 类似的语法风格，即使不了解语法细节，也很容易明白其功能大意：将 group 是 dev 的流量转发到 recommendation 服务的 v2 版本，其他用户还是访问 recommendation 服务的 v1 版本，从而达到从 v1 版本中切分少部分流量到灰度版本 v2 的效果。对 Istio 提供的功能都进行类似配置即可，无须修改代码，无须额外的组件支持，也无须其他前置和后置操作。

1.3 Istio 与服务治理

  Istio 是一个服务治理平台，治理的是服务间的访问，只要有访问就可以治理，不在乎这个服务是不是所谓的微服务，也不要求跑在其上的代码是微服务化的。单体应用不满足微服务的若干哲学，用 Istio 治理也是完全可以的。提起"服务治理"，大家最先想到的一定是"微服务的服务治理"，就让我们从微服务的服务治理说起。

1.3.1 关于微服务

  Martin Fowler 对微服务的描述是"微服务是以一组小型服务来开发单个应用程序的方法，每个服务都运行在自己的进程中，服务间采用轻量级通信机制（通常用 HTTP 资源 API）。这些服务围绕业务能力构建并可通过全自动部署机制独立部署，还共用一个最小型的集中式管理，可用不同的语言开发，并使用不同的数据存储技术"，参见 https://martinfowler.com/articles/microservices.html。

  可以看出，微服务在本质上还是分而治之、化繁为简的哲学智慧在计算机领域的一个体现。

  如图 1-3 所示，微服务将复杂的单体应用分解成若干小的服务，服务间使用轻量级的协议进行通信。

  这种方式带给我们很多好处：

- ◎ 从开发视角来看，每个微服务的功能更内聚，可以在微服务内设计和扩展功能，并且采用不同的开发语言及开发工具；
- ◎ 从运维视角来看，在微服务化后，每个微服务都在独立的进程里，可以自运维；更重要的是，微服务化是单一变更的基础，迭代速度更快，上线风险更小；
- ◎ 从组织管理视角来看，将团队按照微服务切分为小组代替服务大组也有利于敏捷开发。

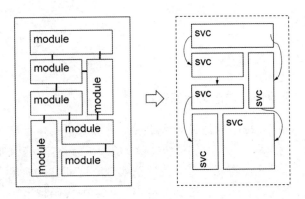

图 1-3　微服务化

但是，微服务化也给开发和运维带来很大的挑战，因为微服务化仅仅是一种分而治之的方法，业务本身的规模和复杂度并没有变少，反而变多。如图 1-4 所示，在分布式系统中，网络可靠性、通信安全、网络时延、网络拓扑变化等都成了我们要关注的内容。另外，微服务机制带来了大量的工作，比如服务如何请求目标服务，需要引入服务发现和负载均衡等，以及对跨进程的分布式调用栈进行分布式调用链追踪，等等。总之，简单的事情突然变得复杂了。

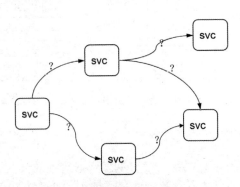

图 1-4　微服务化带来的分布式问题

这就需要一些工具集来做一些通用的工作，包括服务注册、服务发现、负载均衡等。在原来未微服务化的时候，单体应用的多模块之间根本不需要进程间通信，也不需要服务发现。所以，我们将这些工具集理解为用于解决微服务化带来的新问题似乎更合理一些，但是这些工具集本身并没有带来更多的业务收益。

1.3.2 服务治理的三种形态

服务治理的演变至少经过了以下三种形态。

第 1 种形态：在应用程序中包含治理逻辑

在微服务化的过程中，将服务拆分后会发现一堆麻烦事儿，连基本的业务连通都成了问题。如图 1-5 所示，在处理一些治理逻辑，比如怎么找到对端的服务实例，怎么选择一个对端实例发出请求等时，都需要自己写代码来实现。这种方式简单，对外部依赖少，但会导致存在大量的重复代码。所以，微服务越多，重复的代码越多，维护越难；而且，业务代码和治理逻辑耦合，不管是对治理逻辑的全局升级，还是对业务的升级，都要改同一段代码。

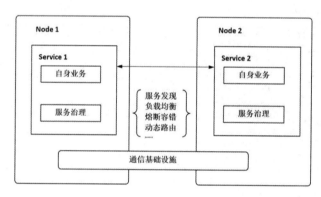

图 1-5 第 1 种形态：在应用程序中包含治理逻辑

第 2 种形态：治理逻辑独立的代码

在解决第 1 种形态的问题时，我们很容易想到把治理的公共逻辑抽象成一个公共库，让所有微服务都使用这个公共库。在将这些治理能力包含在开发框架中后，只要是用这种开发框架开发的代码，就包含这种能力，这就是如图 1-6 所示的 SDK 模式，非常典型的这种服务治理框架就是 Spring Cloud。这种形态的治理工具集在过去一段时间里得到了非常广泛的应用。

SDK 模式虽然在代码上解耦了业务和治理逻辑，但业务代码和 SDK 还是要一起编译的，业务代码和治理逻辑还在一个进程内。这就导致几个问题：业务代码必须和 SDK 基于同一种语言，即语言绑定。例如，Spring Cloud 等大部分治理框架都基于 Java，因此也只适用于 Java 语言开发的服务。经常有客户抱怨自己基于其他语言编写的服务没有对应的治理框架；在治理逻辑升级时，还需要用户的整个服务升级，即使业务逻辑没有改变，这对用户来说是非常不方便的。

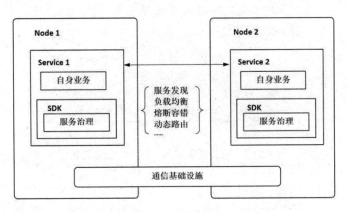

图 1-6　第 2 种形态：治理逻辑独立的代码

此外，SDK 对开发人员来说有较高的学习门槛，虽然各种 SDK 都会讲如何开箱即用，但如果只是因为需要治理逻辑，就让开发人员放弃自己熟悉的内容去学习一套新的语言和开发框架，可能代价有点大。

第 3 种形态：治理逻辑独立的进程

SDK 模式仍旧侵入了用户的代码，那就再解耦一层，把治理逻辑彻底从用户的业务代码中剥离出来，这就是如图 1-7 所示的 Sidecar 模式。

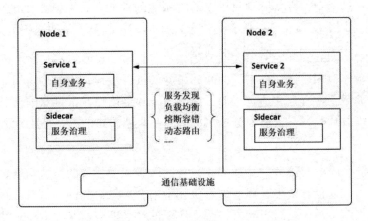

图 1-7　第 3 种形态：治理逻辑独立的进程

显然，在这种形态下，用户的业务代码和治理逻辑都以独立的进程存在，两者的代码和运行都无耦合，这样可以做到与开发语言无关，升级也相互独立。在对已存在的系统进行微服务治理时，只需搭配 Sidecar 即可，对原服务无须做任何修改，并且可以对老系统渐进式升级改造，先对部分服务进行微服务化。

比较以上三种服务治理形态，我们可以看到服务治理组件的位置在持续下沉，对应用的侵入逐渐减少，如表 1-1 所示。

表 1-1　三种服务治理形态的比较

形　　态	业　务　侵　入		
	业务逻辑侵入	业务代码侵入	业务进程侵入
在应用程序中包含治理逻辑	Y	Y	Y
治理逻辑独立的代码	N	N	Y
治理逻辑独立的进程	N	N	N

1.3.3　Istio 不只解决了微服务问题

微服务作为一种架构风格，更是一种敏捷的软件工程实践，说到底是一套方法论；与之对应的 Istio 等服务网格则是一种完整的实践，Istio 更是一款设计良好的具有较好集成及可扩展能力的可落地的服务治理工具和平台。

所以，微服务是一套理论，Istio 是一种实践。但是，Istio 是用来解决问题的，并不是微服务理论的一种落地，在实际项目中拿着微服务的细节列表来硬套 Istio 的功能，比如要求 Istio 治理的服务必须实现微服务的服务注册的一些细节，就明显不太适当。

从场景来看，Istio 管理的对象大部分是微服务化过的，但这不是必需的要求。对于一个或多个大的单体应用，只要存在服务间的访问要进行治理，Istio 也适用。实际上，传统行业的用户业务需要在容器化后进行服务治理，Istio 是用户非常喜欢的形态，因为不用因为服务治理而修改代码，只需将业务搬到 Istio 上即可，如果需要将业务微服务化，则可以渐进式进行。

从能力来看，Istio 对服务的治理不只包含在微服务中强调的负载均衡、熔断、限流这些一般治理能力，还包含诸多其他能力，例如本书会重点讲到的提供可插拔的服务安全、可扩展的控制策略、服务运行可观察性等更广泛的治理能力。在 Istio 中提供的是用户管理运维服务需要的能力，而不是在微服务教科书中定义的能力。

所以，过多地谈论 Istio 和微服务的关系，倒不如多关注 Istio 和 Kubernetes 的结合关系。Kubernetes 和云原生实际上已经改变或者重新定义了软件开发的很多方面，再想一想微服务世界正在发生的事情，我们也许会慢慢地习惯微服务回归本源，即用更加通用和松散的理论在新的形态下指导我们的工作。

1.4 Istio 与服务网格

业界比较认同的是 William Morgan 关于服务网格（Service Mesh）的一段定义，这里提取和解释该定义中的几个关键字来讲解服务网格的特点。

◎ 基础设施：服务网格是一种处理服务间通信的基础设施层。
◎ 云原生：服务网格尤其适用于在云原生场景下帮助应用程序在复杂的服务拓扑间可靠地传递请求。
◎ 网络代理：在实际使用中，服务网格一般是通过一组轻量级网络代理来执行治理逻辑的。
◎ 对应用透明：轻量网络代理与应用程序部署在一起，但应用感知不到代理的存在，还是使用原来的方式工作。

经典的服务网格示意图如图 1-8 所示。

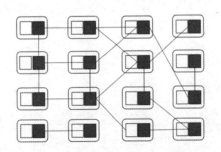

图 1-8　经典的服务网格示意图

1.4.1 时代选择服务网格

笔者所在的团队曾经开发过一个微服务框架，该框架已经从 Apache 毕业。团队的老同事在聊起服务网格时，大家戏言它不就是个 Sidecar 嘛，其实我们为了支持多语言也构思过类似的东西，但那时还没有服务网格的概念。服务网格能这么快就产生如此大的影响，确实让人始料未及。那么,服务网格为什么会大行其道呢?

在云原生时代,随着采用各种语言开发的服务剧增,应用间的访问拓扑更加复杂,治理需求也越来越多。原来的那种嵌入在应用中的治理功能无论是从形态、动态性还是可扩展性来说都不能满足需求,迫切需要一种具备云原生动态、弹性特点的应用治理基础设施。

首先,从单个应用来看,Sidecar 与应用进程的解耦带来的应用完全无侵入、开发语言无关等特点解除了开发语言的约束,从而极大降低了应用开发者的开发成本。这种方式也经常被称为一种应用的基础设施层,类比 TCP/IP 网络协议栈,应用程序像使用 TCP/IP 一样使用这个通用代理:TCP/IP 负责将字节码可靠地在网络节点间传递,Sidecar 则负责将请求可靠地在服务间进行传递。TCP/IP 面向的是底层的数据流,Sidecar 则可以支持多种高级协议(HTTP、gRPC、HTTPS 等),以及对服务运行时进行高级控制,使服务变得可监控、可管理。

然后,从全局来看,在多个服务间有复杂的互相访问时才有服务治理的需求。即我们关注的是这些 Sidecar 组成的网格,对网格内的服务间访问进行管理,应用还是按照本来的方式进行互相访问,每个应用程序的 Inbound 流量和 Outbound 流量都要经过 Sidecar 代理,并在 Sidecar 上执行治理动作。

最后,Sidecar 是网格动作的执行体,全局的管理规则和网格内的元数据维护通过一个统一的控制面实现,如图 1-9 所示,只有数据面的 Sidecar 和控制面有联系,应用感知不到 Sidecar,更不会和控制面有任何联系,用户的业务和控制面彻底解耦。

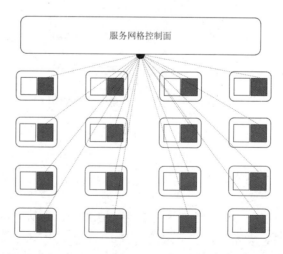

图 1-9 服务网格的统一控制面

当然，正所谓没有免费的午餐，这种形态在服务的访问链路上多引入的两跳也是不容回避的问题。

如图 1-10 所示，从 forecast 服务到 recommendation 服务的一个访问必须要经过 forecast 服务的 Sidecar 拦截 Outbound 流量执行治理动作；再经过 recommendation 服务的 Sidecar 拦截 Inbound 流量，执行治理动作。这就引入两个问题：

◎ 增加了两处延迟和可能的故障点；
◎ 多出来的这两跳对于访问性能、整体可靠性及整个系统的复杂度都带来了新的挑战。

图 1-10　服务网格访问路径变长

其中，后者本来就属于基础设施层面可维护性、可靠性的范畴，业界的几个产品都用各自的方式在保证。而前者引入的性能和资源损耗，网格提供商提供的方案一般是这样解决的：通过保证转发代理的轻量和高性能降低时延影响，尤其是考虑到后端实际使用的应用程序一般比代理更重，叠加代理并不会明显影响应用的访问性能；另外，对于这些高性能的代理，只要消耗足够的资源总能达到期望的性能，特别是云原生场景下服务的弹性特点使得服务实例的弹性扩展变得非常方便，通过扩展实例数量总是能得到期望的访问性能。

所以，对于考虑使用服务网格的用户来说，事情就会变成一个更简单的选择题：是否愿意花费额外的资源在这些基础设施上来换取开发、运维的灵活性、业务的非侵入性和扩展性等便利。相信，在这个计算资源越来越便宜、聪明的程序员越来越贵的时代，对于把程序员从机械的基础设施就可以搞定的繁杂事务中解放出来，使其专注于更能发挥聪明才智和产生巨大商业价值的业务开发上，我们很容易做出判断。

目前，华为、谷歌、亚马逊等云服务厂商将这种服务以云服务形态提供了出来，并和底层的基础设施相结合，提供了完整的服务治理解决方案。这对于广大应用开发者来说，更加方便和友好。

1.4.2 服务网格选择 Istio

在多种服务网格项目和产品中,最引人注目的是后来居上的 Istio,它有希望成为继 Kubernetes 之后的又一款重量级产品。

在本书码字快要完成时,Istio 在 GitHub 上已经收获了近两万个 Star(https://timqian.com/star-history/#istio/istio),这着实是个非常了不起的成绩,如图 1-11 所示。

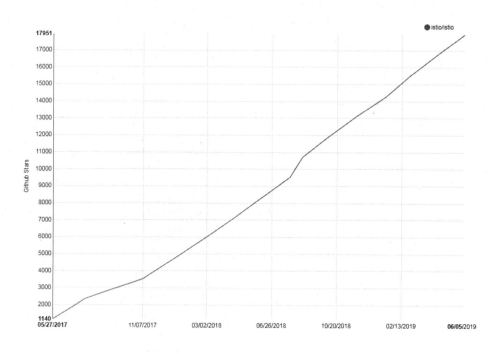

图 1-11　Istio 项目的 Star 进展

可以看到,Istio 从 2017 年 5 月发布第 1 个版本 0.1 开始就被广泛关注。据 Istio 官方称,Istio 1.1 解决了生产大规模集群的性能、资源利用率和可靠性问题,提供了众多生产中实际应用的新特性,已经达到企业级可用的标准。

首先,在控制面上,Istio 作为一种全新的设计,在功能、形态、架构和扩展性上提供了远超服务网格的能力范围。它基于 xDS 协议提供了一套标准的控制面规范,向数据面传递服务信息和治理规则。Istio 的早期版本使用 Envoy V1 版本的 API,即 Restful 方式,其新版本使用 Envoy V2 版本的 API,即 gRPC 协议。标准的控制面 API 解耦了控制面和数据面的绑定。Nginx 的 nginMesh、F5 Networks 的 Aspen Mesh 等多种数据面代理支持 Istio

的控制面，甚至有些老牌微服务 SDK 也开始往 Istio 上集成，虽然其本身的功能定位和功能集合有些"不对齐"，但至少说明了 Istio 控制面的影响力和认同程度。

然后，在数据面的竞争上，Istio 的标准数据面 Envoy 是由 Lyft 内部于 2016 年开发的，比 Linkerd 更早。2016 年 9 月，Envoy 开源并发布了 1.0.0 版本；2017 年 9 月，Envoy 加入 CNCF，成为第 2 个 Service Mesh 项目；2018 年 11 月，Envoy 从 CNCF 毕业，这标志着其趋于成熟。从开发语言上看，Envoy 是使用 C++开发的，其性能和资源占用比用 Rust 开发的 Linkerd Proxy 要更好，更能满足服务网格中对透明代理的轻量高性能要求；从能力上看，Envoy 提供 L3/L4 过滤器、HTTP L7 过滤器，支持 HTTP/2、HTTP L7 路由及 gRPC、MongoDB、DynamoDB 等协议，有服务发现、健康检查、高级 LB、前端代理等能力，具有极好的可观察性、动态配置功能；从架构实现上看，Envoy 是一个可高度定制化的程序，通过 Filter 机制提供了高度扩展性，还支持热重启，其代码基于模块化编码，易于测试。除了在 Istio 中应用，Envoy 在其他 Service Mesh 框架中也被广泛应用，渐渐成为 Service Mesh 的数据平面标准。

最后，在大厂的支持上，Istio 由谷歌和 IBM 共同推出，从应用场景的分析规划到本身的定位，从自身架构的设计到与周边生态的结合，都有着比较严密的论证。Istio 项目在发起时已经确认了将云原生生态系统中的容器作为核心打包和运行时，将 Kubernetes 作为管理容器的编排系统，需要一个系统管理在容器平台上运行的服务之间的交互，包括控制访问、安全、运行数据收集等，而 Istio 正是为此而生的；另外，Istio 成为架构的默认部分，就像容器和 Kubernetes 已经成为云原生架构的默认部分一样。

云原生社区的定位与多个云厂商的规划也不谋而合。华为云已经在 2018 年 8 月率先在其容器服务 CCE（Cloud Container Engine）中内置 Istio；Google 的 GKE 也在 2018 年 12 月宣布内置 Istio；越来越多的云厂商也已经选择将 Istio 作为其容器平台的一部分提供给用户，即提供一套开箱即用的容器应用运行治理的全栈服务。正因为看到了 Istio 在技术和产品上的巨大潜力，各大厂商在社区的投入也在不断加大，其中包括 Google、IBM、华为、VMware、思科、红帽等主流厂商。

1.5 Istio 与 Kubernetes

Kubernetes 是一款用于管理容器化工作负载和服务的可移植、可扩展的开源平台，拥有庞大、快速发展的生态系统，它面向基础设施，将计算、网络、存储等资源进行紧密整合,为容器提供最佳运行环境,并面向应用提供封装好的、易用的工作负载与服务编排接口,以及运维所需的资源规格、弹性、运行参数、调度等配置管理接口,是新一代的云原生基础设施平台。

从平台架构而言,Kubernetes 的设计围绕平台化理念,强调插件化设计与易扩展性,这是它与其他同类系统的最大区别之一,保障了对各种不同客户应用场景的普遍适应性。另外,Kubernetes 与其他容器编排系统的显著区别是 Kubernetes 并不把无状态化、微服务化等条件作为在其上可运行的工作负载的约束。

如今,容器技术已经进入产业落地期,而 Kubernetes 作为容器平台的标准已经得到了广泛应用。Kubernetes 从 2014 年 6 月由 Google 宣布开源,到 2015 年 7 月发布 1.0 这个正式版本并进入 CNCF 基金会,再到 2018 年 3 月从 CNCF 基金会正式毕业,迅速成为容器编排领域的标准,是开源历史上发展最快的项目之一,如图 1-12 所示。

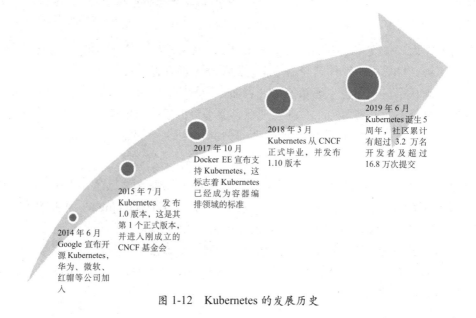

图 1-12　Kubernetes 的发展历史

1.5.1　Istio,Kubernetes 的好帮手

从场景来看,Kubernetes 已经提供了非常强大的应用负载的部署、升级、扩容等运行管理能力。Kubernetes 中的 Service 机制也已经可以做服务注册、服务发现和负载均衡,支持通过服务名访问到服务实例。

从微服务的工具集观点来看，Kubernetes 本身是支持微服务的架构，在 Pod 中部署微服务很合适，也已经解决了微服务的互访互通问题，但对服务间访问的管理如服务的熔断、限流、动态路由、调用链追踪等都不在 Kubernetes 的能力范围内。那么，如何提供一套从底层的负载部署运行到上层的服务访问治理端到端的解决方案？目前，最完美的答案就是在 Kubernetes 上叠加 Istio 这个好帮手，如图 1-13 所示。

图 1-13　在 Kubernetes 上叠加 Istio 这个好帮手

Kubernetes 的 Service 基于每个节点的 Kube-proxy 从 Kube-apiserver 上获取 Service 和 Endpoint 的信息，并将对 Service 的请求经过负载均衡转发到对应的 Endpoint 上。但 Kubernetes 只提供了 4 层负载均衡能力，无法基于应用层的信息进行负载均衡，更不会提供应用层的流量管理，在服务运行管理上也只提供了基本的探针机制，并不提供服务访问指标和调用链追踪这种应用的服务运行诊断能力。

Istio 复用了 Kubernetes Service 的定义，在实现上进行了更细粒度的控制。Istio 的服务发现就是从 Kube-apiserver 中获取 Service 和 Endpoint，然后将其转换成 Istio 服务模型的 Service 和 ServiceInstance，但是其数据面组件不再是 Kube-proxy，而是在每个 Pod 里部署的 Sidecar，也可以将其看作每个服务实例的 Proxy。这样，Proxy 的粒度就更细了，和服务实例的联系也更紧密了，可以做更多更细粒度的服务治理，如图 1-14 所示。通过拦截 Pod 的 Inbound 流量和 Outbound 流量，并在 Sidecar 上解析各种应用层协议，Istio 可以提供真正的应用层治理、监控和安全等能力。

总之，Istio 和 Kubernetes 从设计理念、使用体验、系统架构甚至代码风格等小细节来看，关系都非常紧密，甚至有人认为 Istio 就是 Kubernetes 团队开发的 Kubernetes 可插拔的增强特性。

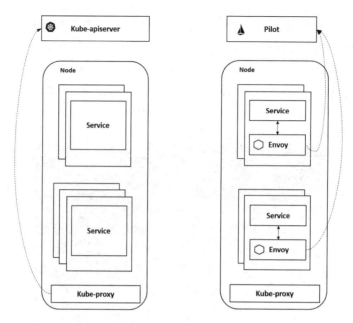

图 1-14 更细粒度的 Proxy 提供更多更细粒度的能力

1.5.2 Kubernetes，Istio 的好基座

Istio 最大化地利用了 Kubernetes 这个基础设施，与之叠加在一起形成了一个更强大的用于进行服务运行和治理的基础设施，并提供了更透明的用户体验。

1. 数据面

数据面 Sidecar 运行在 Kubernetes 的 Pod 里，作为一个 Proxy 和业务容器部署在一起。在服务网格的定义中要求应用程序在运行的时候感知不到 Sidecar 的存在。而基于 Kubernetes 的一个 Pod 多个容器的优秀设计使得部署运维对用户透明，用户甚至感知不到部署 Sidecar 的过程。用户还是用原有的方式创建负载，通过 Istio 的自动注入服务，可以自动给指定的负载注入 Proxy。如果在另一种环境下部署和使用 Proxy，则不会有这样的便利。

2. 统一服务发现

Istio 的服务发现机制非常完美地基于 Kubernetes 的域名访问机制构建而成，省去了再搭一个类似 Eureka 的注册中心的麻烦，更避免了在 Kubernetes 上运行时服务发现数据不一致的问题。

尽管 Istio 强调自己的可扩展性的重要性在于适配各种不同的平台，也可以对接其他服务发现机制，但在实际场景下，通过深入分析 Istio 几个版本的代码和设计，便可以发现其重要的能力都是基于 Kubernetes 进行构建的。

3. 基于 Kubernetes CRD 描述规则

Istio 的所有路由规则和控制策略都是通过 Kubernetes CRD 实现的，因此各种规则策略对应的数据也被存储在 Kube-apiserver 中，不需要另外一个单独的 APIServer 和后端的配置管理。所以，可以说 Istio 的 APIServer 就是 Kubernetes 的 APIServer，数据也自然地被存在了对应 Kubernetes 的 etcd 中。

Istio 非常巧妙地应用了 Kubernetes 这个好基座，基于 Kubernetes 的已有能力来构建自身功能。Kubernetes 里已经有的，绝不再自己搞一套，避免了数据不一致和用户使用体验的问题。

如图 1-15 所示为 Istio 和 Kubernetes 架构的关系，可以看出，Istio 不仅数据面 Envoy 跑在 Kubernetes 的 Pod 里，其控制面也运行在 Kubernetes 集群中，其控制面组件本身存在的形式也是 Kubernetes Deployment 和 Service，基于 Kubernetes 扩展和构建。

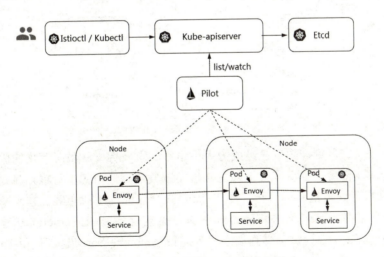

图 1-15　Istio 与 Kubernetes 架构的关系

如表 1-2 所示为 Istio+Kubernetes 的方案与将 SDK 开发的微服务部署在 Kubernetes 上的方案的比较。

表 1-2 两种方案的比较

比较观点	Istio 服务部署在 Kubernetes 上	SDK 开发的服务部署在 Kubernetes 上
架构设计	基于 Kubernetes 能力构建	和 Kubernetes 无结合
服务发现	使用 Kubernetes 服务名,使用和 Kubernetes 一致的服务发现机制	两套服务发现,有服务发现数据不一致的潜在问题。Kubernetes 中 Pod 的正常迁移会引起重新进行服务注册
使用体验	完全的 Kubernetes 使用体验。Sidecar 自动 Pod 注入,业务无感知,和部署普通 Kubernetes 负载无差别	和 Kubernetes 无结合,Kubernetes 只是提供了运行环境
控制面	无须额外的 APIServer 和规则策略定义,基于 Kubernetes CRD 扩展	需自安装和维护控制面来管理治理规则

1.6 本章总结

如图 1-16 所示为 Istio、微服务、容器与 Kubernetes 的关系。

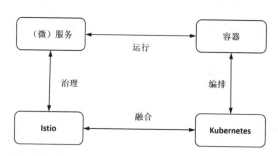

图 1-16 Istio、微服务、容器与 Kubernetes 的关系

Kubernetes 在容器编排领域已经成为无可争辩的事实标准;微服务化的服务与容器在轻量、敏捷、快速部署运维等特征上匹配,这类服务在容器中的运行也正日益流行;随着 Istio 的成熟和服务网格技术的流行,使用 Istio 进行服务治理的实践也越来越多,正成为服务治理的趋势;而 Istio 与 Kubernetes 的天然融合且基于 Kubernetes 构建,也补齐了 Kubernetes 的治理能力,提供了端到端的服务运行治理治理平台。这都使得 Istio、微服务、容器及 Kubernetes 形成一个完美的闭环。

云原生应用采用 Kubernetes 构建应用编排能力,采用 Istio 构建服务治理能力,将逐渐成为企业技术转型的标准配置。

第 2 章
Istio 架构概述

前面的内容分别讲解了 Istio 是什么，以及 Istio 能做什么。本章将在此基础上进行 Istio 的架构概述，包括 Istio 的工作机制、服务模型和主要组件，为学习流量治理、策略与遥测、访问安全等内容做必要的知识储备。

2.1 Istio 的工作机制

图 2-1 展示了 Istio 的工作机制和架构，分为控制面和数据面两部分。可以看到，控制面主要包括 Pilot、Mixer、Citadel 等服务组件；数据面由伴随每个应用程序部署的代理程序 Envoy 组成，执行针对应用程序的治理逻辑。为了避免静态、刻板地描述组件，在介绍组件的功能前，我们先通过一个动态场景来了解图 2-1 中对象的工作机制，即观察 frontend 服务对 forecast 服务进行一次访问时，在 Istio 内部都发生了什么，以及 Istio 的各个组件是怎样参与其中的，分别做了哪些事情。

图 2-1 上带圆圈的数字代表在数据面上执行的若干重要动作。虽然从时序上来讲，控制面的配置在前，数据面执行在后，但为了便于理解，在下面介绍这些动作时以数据面上的数据流为入口，介绍数据面的功能，然后讲解涉及的控制面如何提供对应的支持，进而理解控制面上组件的对应功能。

（1）自动注入：指在创建应用程序时自动注入 Sidecar 代理。在 Kubernetes 场景下创建 Pod 时，Kube-apiserver 调用管理面组件的 Sidecar-Injector 服务，自动修改应用程序的描述信息并注入 Sidecar。在真正创建 Pod 时，在创建业务容器的同时在 Pod 中创建 Sidecar 容器。

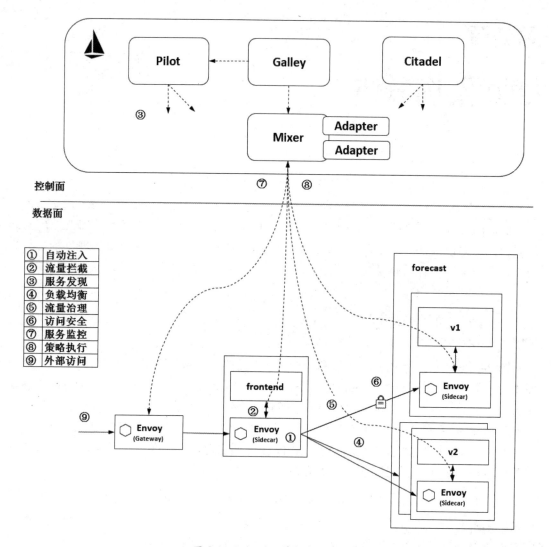

图 2-1 Istio 的工作机制和架构

（2）流量拦截：在 Pod 初始化时设置 iptables 规则，当有流量到来时，基于配置的 iptables 规则拦截业务容器的 Inbound 流量和 Outbound 流量到 Sidecar 上。应用程序感知不到 Sidecar 的存在，还以原本的方式进行互相访问。在图 2-1 中，流出 frontend 服务的流量会被 frontend 服务侧的 Envoy 拦截，而当流量到达 forecast 容器时，Inbound 流量被 forecast 服务侧的 Envoy 拦截。

（3）服务发现：服务发起方的 Envoy 调用管理面组件 Pilot 的服务发现接口获取目标

服务的实例列表。在图 2-1 中，frontend 服务侧的 Envoy 通过 Pilot 的服务发现接口得到 forecast 服务各个实例的地址，为访问做准备。

（4）负载均衡：服务发起方的 Envoy 根据配置的负载均衡策略选择服务实例，并连接对应的实例地址。在图 2-1 中，数据面的各个 Envoy 从 Pilot 中获取 forecast 服务的负载均衡配置，并执行负载均衡动作。

（5）流量治理：Envoy 从 Pilot 中获取配置的流量规则，在拦截到 Inbound 流量和 Outbound 流量时执行治理逻辑。在图 2-1 中，frontend 服务侧的 Envoy 从 Pilot 中获取流量治理规则，并根据该流量治理规则将不同特征的流量分发到 forecast 服务的 v1 或 v2 版本。当然，这只是 Istio 流量治理的一个场景，更丰富的流量治理能力参照第 3 章。

（6）访问安全：在服务间访问时通过双方的 Envoy 进行双向认证和通道加密，并基于服务的身份进行授权管理。在图 2-1 中，Pilot 下发安全相关配置，在 frontend 服务和 forecast 服务的 Envoy 上自动加载证书和密钥来实现双向认证，其中的证书和密钥由另一个管理面组件 Citadel 维护。

（7）服务遥测：在服务间通信时，通信双方的 Envoy 都会连接管理面组件 Mixer 上报访问数据，并通过 Mixer 将数据转发给对应的监控后端。在图 2-1 中，frontend 服务对 forecast 服务的访问监控指标、日志和调用链都可以通过这种方式收集到对应的监控后端。

（8）策略执行：在进行服务访问时，通过 Mixer 连接后端服务来控制服务间的访问，判断对访问是放行还是拒绝。在图 2-1 中，Mixer 后端可以对接一个限流服务对从 frontend 服务到 forecast 服务的访问进行速率控制。

（9）外部访问：在网格的入口处有一个 Envoy 扮演入口网关的角色。在图 2-1 中，外部服务通过 Gateway 访问入口服务 frontend，对 frontend 服务的负载均衡和一些流量治理策略都在这个 Gateway 上执行。

这里总结在以上过程中涉及的动作和动作主体，可以将其中的每个过程都抽象成一句话：服务调用双方的 Envoy 代理拦截流量，并根据管理面的相关配置执行相应的治理动作，这也是 Istio 的数据面和控制面的配合方式。

2.2 Istio 的服务模型

刚才介绍服务发现、负载均衡、流量治理等过程时提到了 Istio 的服务、服务版本和服务实例等几个对象。这几个对象构成了 Istio 的服务模型,在介绍后面的内容前先对服务模型做下简要介绍。Istio 支持将由服务、服务版本和服务实例构造的抽象模型映射到不同的平台上,这里重点关注基于 Kubernetes 的场景。可以认为,Istio 的几个资源对象就是基于 Kubernetes 的相应资源对象构建的,加上部分约束来满足 Istio 服务模型的要求。

Istio 官方对这几个约束的描述如下。如果从较早版本就开始关注 Istio 的话,会注意到这些约束其实已经慢慢减少了,即功能增强则约束减少,但保留了某些原理上的约束。

◎ 端口命名:对 Istio 的服务端口必须进行命名,而且名称只允许是 <protocol>[-<suffix>]这种格式,其中<protocol>可以是 tcp、http、http2、https、grpc、tls、mongo、mysql、redis 等,Istio 根据在端口上定义的协议来提供对应的路由能力。例如"name:http2-forecast"和"name:http"是合法的端口名,但是"name:http2forecast"是非法的端口名。如果端口未命名或者没有基于这种格式进行命名,则端口的流量会被当作 TCP 流量来处理。

◎ 服务关联:Pod 需要关联到服务,如果一个 Pod 属于多个 Kubernetes 服务,则要求服务不能在同一个端口上使用不同的协议。在 Istio 0.8 之前的版本中要求一个 Pod 只能属于一个 Kubernetes 服务,这种约束更简单,也更能满足绝大多数使用要求。

◎ Deployment 使用 app 和 version 标签:建议 Kubernetes Deployment 显式地包含 app 和 version 标签。每个 Deployment 都需要有一个有业务意义的 app 标签和一个表示版本的 version 标签。在分布式追踪时可以通过 app 标签来补齐上下文信息,还可以通过 app 和 version 标签为遥测数据补齐上下文信息。

2.2.1 Istio 的服务

从逻辑上看,服务是 Istio 主要管理的资源对象,是一个抽象概念,主要包含 HostName 和 Ports 等属性,并指定了 Service 的域名和端口列表。每个端口都包含端口名称、端口号和端口的协议。

不同的协议有不同的内容,相应地,在 Istio 中对不同的协议也有不同的治理规则集合,可以参照 3.2.2 节中的详细内容。这也是 Istio 关于端口命名约束的机制层面的原因,具体来讲就是要求将端口的协议通过"-"连接符加在端口名称上。

从物理层面看,Istio 服务的存在形式就是 Kubernetes 的 Service,在启用了 Istio 的集群中创建 Kubernetes 的 Service 时只要满足以上约束,就可以转换为 Istio 的 Service 并配置规则进行流量治理。

Service 是 Kubernetes 的一个核心资源，用户通过一个域名或者虚拟的 IP 就能访问到后端 Pod，避免向用户暴露 Pod 地址的问题，特别是在 Kubernetes 中，Pod 作为一个资源创建、调度和管理的最小部署单元的封装，本来就是动态变化的，在节点删除、资源变化等多种情况下都可能被重新调度，Pod 的后端地址也会随之变化。

一个最简单的 Service 示例如下：

```
apiVersion: v1
kind: Service
metadata:
  name: forecast
spec:
  ports:
  - port: 3002
    targetPort: 3002
  selector:
    app: forecast
```

如上所示创建了一个名称为 forecast 的 Service，通过一个 ClusterIP 的地址就可以访问这个 Service，指向有 "app: forecast" 标签的 Pods。Kubernetes 自动创建一个和 Service 同名的 Endpoints 对象，Service 的 selector 会持续关注属于 Service 的 Pod，结果会被更新到相应的 Endpoints 对象。

Istio 的 Service 比较简单，可以看到差别就是要满足 Istio 服务的约束，并在端口名称上指定协议。例如，在以下示例中指定了 forecast 服务的 3002 端口是 HTTP，对这个服务的访问就可以应用 HTTP 的诸多治理规则：

```
apiVersion: v1
kind: Service
metadata:
  name: forecast
spec:
  ports:
  - port: 3002
    targetPort: 3002
    name: http
  selector:
    app: forecast
```

Istio 虽然依赖于了 Kubernetes 的 Service 定义，但是除了一些约束，在定位上还有些差别。在 Kubernetes 中，一般先通过 Deploymnent 创建工作负载，再通过创建 Service 关联这些工作负载，从而暴露工作负载的接口。因而看上去主体是工作负载，Service 只是一种访问方式，某些后台执行的负载若不需要被访问，就不用定义 Service。在 Istio 中，Service 是治理的对象，是 Istio 中的核心管理实体，所以在 Istio 中，Service 是一个提供了对外访问能力的执行体，可以将其理解为一个定义了服务的工作负载，没有访问方式的工作负载不是 Istio 的管理对象，Kubernetes 的 Service 定义就是 Istio 服务的元数据。

2.2.2　Istio 的服务版本

在 Istio 的应用场景中，灰度发布是一个重要的场景，即要求一个 Service 有多个不同版本的实现。而 Kubernetes 在语法上不支持在一个 Deployment 上定义多个版本，在 Istio 中多个版本的定义是将一个 Service 关联到多个 Deployment，每个 Deployment 都对应服务的一个版本，如图 2-2 所示。

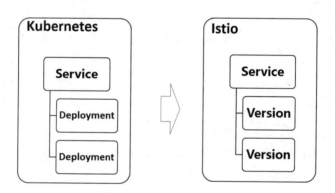

图 2-2　Istio 服务版本

在下面的实例中，forecast-v1 和 forecast-v2 这两个 Deployment 分别对应服务的两个版本：

```
apiVersion: extensions/v1beta1
kind: Deployment
metadata:
  name: forecast-v1
  labels:
    app: forecast
    version: v1
```

```
spec:
  replicas: 3
  template:
    metadata:
      labels:
        app: forecast
        version: v1
    spec:
      containers:
      - name: forecast
        image: istioweather/forecast:v1
        ports:
        - containerPort: 3002
```

```
apiVersion: extensions/v1beta1
kind: Deployment
metadata:
  name: forecast-v2
  labels:
    app: forecast
    version: v2
spec:
  replicas: 2
  template:
    metadata:
      labels:
        app: forecast
        version: v2
    spec:
      containers:
      - name: forecast
        image: istioweather/forecast:v2
        ports:
        - containerPort: 3002
```

观察和比较这两个 Deployment 的描述文件，可以看到：

◎ 这两个 Deployment 都有相同的"app: forecast"标签，正是这个标签和 Service 的标签选择器一致，才保证了 Service 能关联到两个 Deployment 对应的 Pod。
◎ 这两个 Deployment 都有不同的镜像版本，因此各自创建的 Pod 也不同；这两个 Deployment 的 version 标签也不同，分别为 v1 和 v2，表示这是服务的不同版本，这个不同的版本标签用来定义不同的 Destination，进而执行不同的路由规则。

下面根据对 Service 和两个 Deployment 的如上定义分别创建 3 个 Pod 和两个 Pod，假设 5 个 Pod 都运行在两个不同的 Node 上。在对 Service 进行访问时，根据配置的流量规则，可以将不同的流量转发到不同版本的 Pod 上，如图 2-3 所示。

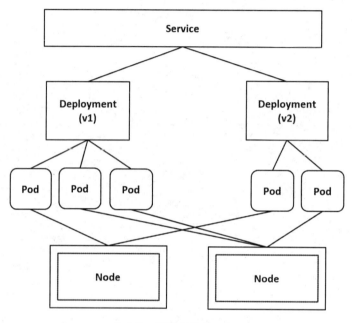

图 2-3　多版本的 Service

2.2.3　Istio 的服务实例

服务实例是真正处理服务请求的后端，就是监听在相同端口上的具有同样行为的对等后端。服务访问时由代理根据负载均衡策略将流量转发到其中一个后端处理。Istio 的 ServiceInstance 主要包括 Endpoint、Service、Labels、AvailabilityZone 和 ServiceAccount 等属性，Endpoint 是其中最主要的属性，表示这个实例对应的网络后端(ip:port)，Service 表示这个服务实例归属的服务。

Istio 的服务发现基于 Kubernetes 构建，本章讲到的 Istio 的 Service 对应 Kubernetes 的 Service，Istio 的服务实例对应 Kubernetes 的 Endpoint，如图 2-4 所示。

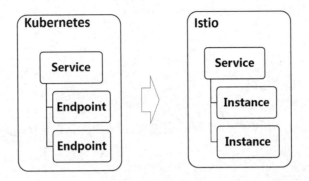

图 2-4　Istio 的服务实例

Kubernetes 提供了一个 Endpoints 对象,这个 Endpoints 对象的名称和 Service 的名称相同,它是一个<Pod IP>:<targetPort>列表,负责维护 Service 后端 Pod 的变化。如前面例子中介绍的,forecast 服务对应如下 Endpoints 对象,包含两个后端 Pod,后端地址分别是 172.16.0.16 和 172.16.0.19,当实例数量发生变化时,对应的 Subsets 列表中的后端数量会动态更新;同样,当某个 Pod 迁移时,Endpoints 对象中的后端 IP 地址也会更新:

```
apiVersion: v1
kind: Endpoints
metadata:
  labels:
    app: forecast
  name: forecast
  namespace: weather
subsets:
- addresses:
  - ip: 172.16.0.16
    nodeName: 192.168.0.133
    targetRef:
      kind: Pod
      name: forecast-v1-68d56fdd85-4xkg2
      namespace: weather
  - ip: 172.16.0.19
    nodeName: 192.168.0.133
    targetRef:
      kind: Pod
      name: forecast-v1-68d56fdd85-xclvn
      namespace: weather
  ports:
```

```
        - name: http
          port: 3002
```

2.3　Istio 的主要组件

如下所示是 Istio 1.1 在典型环境下的完整组件列表，本节将介绍其中每个组件的功能和机制。

```
# kubectl get svc -nistio-system
NAME                    TYPE          CLUSTER-IP          PORT(S)
grafana                 ClusterIP     10.247.109.211      3000/TCP
istio-citadel           ClusterIP     10.247.240.44       8060/TCP,15014/TCP
istio-galley            ClusterIP     10.247.157.135      443/TCP,15014/TCP,9901/TCP
istio-ingressgateway    LoadBalancer  10.247.198.10
80:31380/TCP,443:31390/TCP,31400:31400/TCP,15029:32077/TCP,15030:30361/TCP,15031
:32540/TCP,15032:31646/TCP,15443:30254/TCP,15020:31818/TCP
   istio-pilot  ClusterIP   10.247.23.75     15010/TCP,15011/TCP,8080/TCP,15014/TCP
   istio-policy ClusterIP   10.247.4.190     9091/TCP,15004/TCP,15014/TCP
   istio-sidecar-injector  ClusterIP    10.247.240.16    443/TCP
   istio-telemetry         ClusterIP    10.247.0.120
9091/TCP,15004/TCP,15014/TCP,42422/TCP
   jaeger-agent            ClusterIP    None             5775/UDP,6831/UDP,6832/UDP
   jaeger-collector        ClusterIP    10.247.33.178    14267/TCP,14268/TCP
   jaeger-query            ClusterIP    10.247.223.241   16686/TCP
   kiali                   ClusterIP    10.247.99.49     20001/TCP
   prometheus              ClusterIP    10.247.125.121   9090/TCP
   tracing                 ClusterIP    10.247.179.238   80/TCP
   zipkin                  ClusterIP    10.247.116.100   9411/TCP
```

2.3.1　istio-pilot

服务列表中的 istio-pilot 是 Istio 的控制中枢 Pilot 服务。如果把数据面的 Envoy 也看作一种 Agent，则 Pilot 类似传统 C/S 架构中的服务端 Master，下发指令控制客户端完成业务功能。和传统的微服务架构对比，Pilot 至少涵盖服务注册中心和 Config Server 等管理组件的功能。

如图 2-5 所示，Pilot 直接从运行平台提取数据并将其构造和转换成 Istio 的服务发现模型，因此 Pilot 只有服务发现功能，无须进行服务注册。这种抽象模型解耦了 Pilot 和底层平台的不同实现,可支持 Kubernetes、Consul 等平台。Istio 0.8 还支持 Eureka,但随着 Eureka 停止维护,Istio 在 1.0 之后的版本中也删除了对 Eureka 的支持。

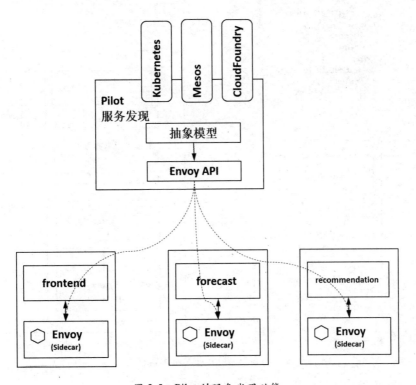

图 2-5　Pilot 的服务发现功能

除了服务发现,Pilot 更重要的一个功能是向数据面下发规则,包括 VirtualService、DestinationRule、Gateway、ServiceEntry 等流量治理规则,也包括认证授权等安全规则。Pilot 负责将各种规则转换成 Envoy 可识别的格式,通过标准的 xDS 协议发送给 Envoy,指导 Envoy 完成动作。在通信上,Envoy 通过 gRPC 流式订阅 Pilot 的配置资源。如图 2-6 所示,Pilot 将 VirtualService 表达的路由规则分发到 Evnoy 上,Envoy 根据该路由规则进行流量转发。

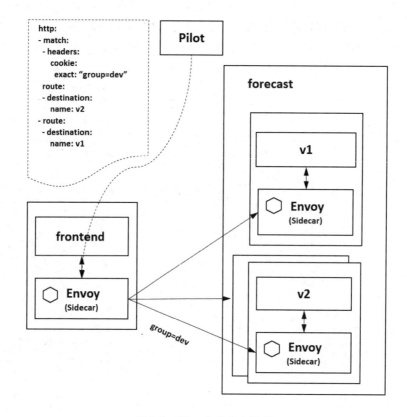

图 2-6　Pilot 分发路由规则

2.3.2　istio-telemetry

istio-telemetry 是专门用于收集遥测数据的 Mixer 服务组件。如服务列表所示，在部署上，Istio 控制面部署了两个 Mixer 组件：istio-telemetry 和 istio-policy，分别处理遥测数据的收集和策略的执行。查看两个组件的 Pod 镜像会发现，容器的镜像是相同的，都是"/istio/mixer"。

Mixer 是 Istio 独有的一种设计，不同于 Pilot，在其他平台上总能找到类似功能的服务组件。从调用时机上来说，Pilot 管理的是配置数据，在配置改变时和数据面交互即可；然而，对于 Mixer 来说，在服务间交互时 Envoy 都会对 Mixer 进行一次调用，因此这是一种实时管理。当然，在实现上通过在 Mixer 和 Proxy 上使用缓存机制，可保证不用每次进行数据面请求时都和 Mixer 交互。

如图 2-7 所示，当网格中的两个服务间有调用发生时，服务的代理 Envoy 就会上报遥测数据给 istio-telemetry 服务组件，istio-telemetry 服务组件则根据配置将生成访问 Metric 等数据分发给后端的遥测服务。数据面代理通过 Report 接口上报数据时访问数据会被批量上报。

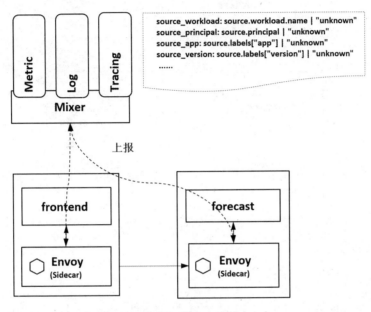

图 2-7　Mixer 遥测

在架构上，Mixer 作为中介来解耦数据面和不同后端的对接，以提供灵活性和扩展能力。运维人员可以动态配置各种遥测后端，来收集指定的服务运行数据。

2.3.3　istio-policy

istio-policy 是另外一个 Mixer 服务，和 istio-telemetry 基本上是完全相同的机制和流程。如图 2-8 所示，数据面在转发服务的请求前调用 istio-policy 的 Check 接口检查是否允许访问，Mixer 根据配置将请求转发到对应的 Adapter 做对应检查，给代理返回允许访问还是拒绝。可以对接如配额、授权、黑白名单等不同的控制后端，对服务间的访问进行可扩展的控制。

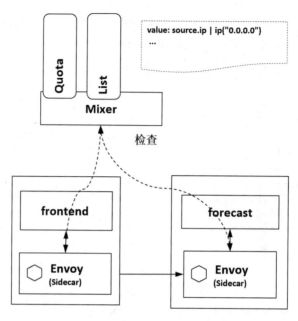

图 2-8　Mixer 策略控制

2.3.4　istio-citadel

服务列表中的 istio-citadel 是 Istio 的核心安全组件，提供了自动生成、分发、轮换与撤销密钥和证书功能。Citadel 一直监听 Kube-apiserver，以 Secret 的形式为每个服务都生成证书密钥，并在 Pod 创建时挂载到 Pod 上，代理容器使用这些文件来做服务身份认证，进而代理两端服务实现双向 TLS 认证、通道加密、访问授权等安全功能，这样用户就不用在代码里面维护证书密钥了。如图 2-9 所示，frontend 服务对 forecast 服务的访问用到了 HTTP 方式，通过配置即可对服务增加认证功能，双方的 Envoy 会建立双向认证的 TLS 通道，从而在服务间启用双向认证的 HTTPS。

2.3.5　istio-galley

istio-galley 并不直接向数据面提供业务能力，而是在控制面上向其他组件提供支持。Galley 作为负责配置管理的组件，验证配置信息的格式和内容的正确性，并将这些配置信息提供给管理面的 Pilot 和 Mixer 服务使用，这样其他管理面组件只用和 Galley 打交道，从而与底层平台解耦。在新的版本中 Galley 的作用越来越核心。

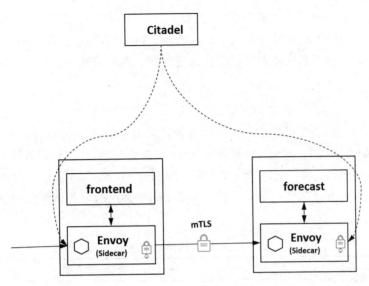

图 2-9 Citadel 密钥证书维护

2.3.6 istio-sidecar-injector

istio-sidecar-injector 是负责自动注入的组件，只要开启了自动注入，在 Pod 创建时就会自动调用 istio-sidecar-injector 向 Pod 中注入 Sidecar 容器。

在 Kubernetes 环境下，根据自动注入配置，Kube-apiserver 在拦截到 Pod 创建的请求时，会调用自动注入服务 istio-sidecar-injector 生成 Sidecar 容器的描述并将其插入原 Pod 的定义中，这样，在创建的 Pod 内除了包括业务容器，还包括 Sidecar 容器。这个注入过程对用户透明，用户使用原方式创建工作负载。

2.3.7 istio-proxy

在本书和 Istio 的其他文档中，Envoy、Sidecar、Proxy 等术语有时混着用，都表示 Istio 数据面的轻量代理。但关注 Pod 的详细信息，会发现这个容器的正式名字是 istio-proxy，不是通用的 Envoy 镜像，而是叠加了 Istio 的 Proxy 功能的一个扩展版本。另外，在 istio-proxy 容器中除了有 Envoy，还有一个 pilot-agent 的守护进程。未来如果能在 istio-proxy 中提供 Mixer 的部分能力，则将是一个非常紧凑的设计。

Envoy 是用 C++开发的非常有影响力的轻量级高性能开源服务代理。作为服务网格的数据面，Envoy 提供了动态服务发现、负载均衡、TLS、HTTP/2 及 gRPC 代理、熔断器、健康检查、流量拆分、灰度发布、故障注入等功能，本篇描述的大部分治理能力最终都落实到 Envoy 的实现上。

在 Istio 中，规则的描述对象都是类似 forecast 服务的被访问者，但是真正的规则执行位置对于不同类型的动作可能不同，可能在被访问服务的 Sidecar 拦截到 Inbound 流量时执行，也可能在访问者的 Sidecar 拦截到 Outbound 流量时执行，一般后者居多。当给 forecast 服务定义流量规则时，所有访问 forecast 服务的 Sidecar 都收到规则，并且执行相同的治理逻辑，从而对目标服务执行一致的治理。表 2-1 列出常用的服务访问治理规则和其执行位置。

表 2-1 常用的服务访问治理规则和其执行位置

服务提供方治理	网格治理位置	
	服务发起方	服务提供方
路由管理	●	
负载均衡	●	
调用链分析	●	●
服务认证	●	●
遥测数据	●	●
重试	●	
重写	●	
重定向	●	
鉴权		●

2.3.8　istio-ingressgateway

istio-ingressgateway 就是入口处的 Gateway，从网格外访问网格内的服务就是通过这个 Gateway 进行的。istio-ingressgateway 比较特别，是一个 Loadbalancer 类型的 Service，不同于其他服务组件只有一两个端口，istio-ingressgateway 开放了一组端口，这些就是网格内服务的外部访问端口。如图 2-10 所示，网格入口网关 istio-ingressgateway 的负载和网格内的 Sidecar 是同样的执行体，也和网格内的其他 Sidecar 一样从 Pilot 处接收流量规则并执行。因为入口处的流量都走这个服务，会有较大的并发并可能出现流量峰值，所以需要评估流量来规划规格和实例数。Istio 通过一个特有的资源对象 Gateway 来配置对外的协议、端口等，用法参照 3.4 节。

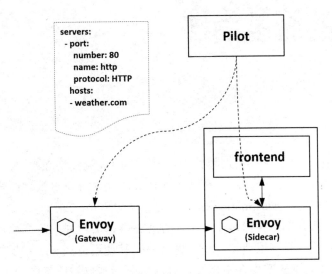

图 2-10　网格入口网关从 Pilot 处接收流量规则并执行

2.3.9　其他组件

除了以"istio"为前缀的以上几个 Istio 自有的组件，在集群中一般还安装 Jaeger-agent、Jaeger-collector、Jaeger-query、Kiali、Prometheus、Tracing、Zipkin 组件，这些组件提供了 Istio 的调用链、监控等功能，可以选择安装来完成完整的服务监控管理功能。

2.4　本章总结

本章介绍了 Istio 的工作机制、服务模型和主要组件。通过对本章的学习，读者会对 Istio 总体的工作机制有全局、概要的理解。若想深入了解本章介绍的组件、机制和架构，则可以参照架构篇和源码篇的相应内容。

第 3 章
非侵入的流量治理

本章介绍 Istio 提供的流量治理相关内容，涉及 Istio 流量治理解决的问题和实现原理，解析 Istio 提供的路由管理、熔断、负载均衡、故障注入等流量治理能力，以及如何通过 Istio 中的 VirtualService、DestinationRule、Gateway、ServiceEntry 等重要的服务管理配置来实现以上流量治理能力。在内容安排上，每节在讲解治理规则前都会从一个基础配置入手，再详细解析用法，并辅以典型应用案例来呈现其使用方法和应用场景。通过对本章的学习，可基于 Istio 的这些配置在不修改代码的情况下实现各种流量治理。

3.1 Istio 流量治理的原理

流量治理是一个非常宽泛的话题，例如：

◎ 动态修改服务间访问的负载均衡策略，比如根据某个请求特征做会话保持；
◎ 同一个服务有两个版本在线，将一部分流量切到某个版本上；
◎ 对服务进行保护，例如限制并发连接数、限制请求数、隔离故障服务实例等；
◎ 动态修改服务中的内容，或者模拟一个服务运行故障等。

在 Istio 中实现这些服务治理功能时无须修改任何应用的代码。较之微服务的 SDK 方式，Istio 以一种更轻便、透明的方式向用户提供了这些功能。用户可以用自己喜欢的任意语言和框架进行开发，专注于自己的业务，完全不用嵌入任何治理逻辑。只要应用运行在 Istio 的基础设施上，就可以使用这些治理能力。

一句话总结 Istio 流量治理的目标：以基础设施的方式提供给用户非侵入的流量治理能力，用户只需关注自己的业务逻辑开发，无须关注服务访问管理。

Istio 流量治理的概要流程如图 3-1 所示。

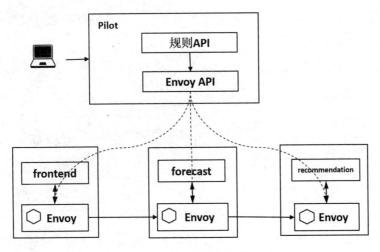

图 3-1　Istio 流量治理的概要流程

在控制面会经过如下流程：

（1）管理员通过命令行或者 API 创建流量规则；

（2）Pilot 将流量规则转换为 Envoy 的标准格式；

（3）Pilot 将规则下发给 Envoy。

在数据面会经过如下流程：

（1）Envoy 拦截 Pod 上本地容器的 Inbound 流量和 Outbound 流量；

（2）在流量经过 Envoy 时执行对应的流量规则，对流量进行治理。

下面具体看看 Istio 提供了哪些流量治理功能。因为 Istio 提供的流量治理功能非常多，所以这里仅从业务场景上列举出典型和常用的功能。读者可以根据后面介绍的规则构建更多的场景。

3.1.1　负载均衡

负载均衡从严格意义上讲不应该算治理能力，因为它只做了服务间互访的基础工作，在服务调用方使用一个服务名发起访问的时候能找到一个合适的后端，把流量导过去。

如图 3-2 所示，传统的负载均衡一般是在服务端提供的，例如用浏览器或者手机访问一个 Web 网站时，一般在网站入口处有一个负载均衡器来做请求的汇聚和转发。服务的虚拟 IP 和后端实例一般是通过静态配置文件维护的，负载均衡器通过健康检查保证客户端的请求被路由到健康的后端实例上。

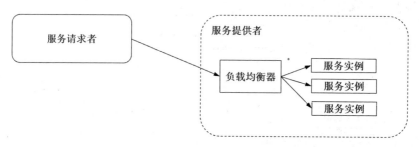

图 3-2 服务端的负载均衡器

在微服务场景下，负载均衡一般和服务发现配合使用，每个服务都有多个对等的服务实例，需要有一种机制将请求的服务名解析到服务实例地址上。服务发现负责从服务名中解析一组服务实例的列表，负载均衡负责从中选择一个实例。

如图 3-3 所示为服务发现和负载均衡的工作流程。不管是 SDK 的微服务架构，还是 Istio 这样的 Service Mesh 架构，服务发现和负载均衡的工作流程都是类似的，如下所述。

（1）服务注册。各服务将服务名和服务实例的对应信息注册到服务注册中心。

（2）服务发现。在客户端发起服务访问时，以同步或者异步的方式从服务注册中心获取服务对应的实例列表。

（3）负载均衡。根据配置的负载均衡算法从实例列表中选择一个服务实例。

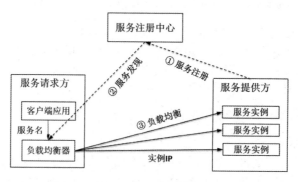

图 3-3 服务发现和负载均衡的工作流程

Istio 的负载均衡正是其中的一个具体应用。在 Istio 中，Pilot 负责维护服务发现数据。

如图 3-4 所示为 Istio 负载均衡的流程，Pilot 将服务发现数据通过 Envoy 的标准接口下发给数据面 Envoy，Envoy 则根据配置的负载均衡策略选择一个实例转发请求。Istio 当前支持的主要负载均衡算法包括：轮询、随机和最小连接数算法。

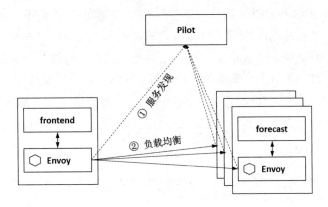

图 3-4　Istio 负载均衡的流程

在 Kubernetes 上支持 Service 的重要组件 Kube-proxy，实际上也是运行在工作节点的一个网络代理和负载均衡器，它实现了 Service 模型，默认通过轮询等方式把 Service 访问转发到后端实例 Pod 上，如图 3-5 所示。

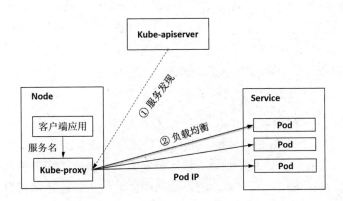

图 3-5　Kubernetes 的负载均衡

3.1.2　服务熔断

熔断器在生活中一般指可以自动操作的电气开关，用来保护电路不会因为电流过载或者短路而受损，典型的动作是在检测到故障后马上中断电流。

"熔断器"这个概念延伸到计算机世界中指的是故障检测和处理逻辑，防止临时故障或意外导致系统整体不可用，最典型的应用场景是防止网络和服务调用故障级联发生，限制故障的影响范围，防止故障蔓延导致系统整体性能下降或雪崩。

如图 3-6 所示为级联故障示例，可以看出在 4 个服务间有调用关系，如果后端服务 recommendation 由于各种原因导致不可用，则前端服务 forecast 和 frontend 都会受影响。在这个过程中，若单个服务的故障蔓延到其他服务，就会影响整个系统的运行，所以需要让故障服务快速失败，让调用方服务 forecast 和 frontend 知道后端服务 recommendation 出现问题，并立即进行故障处理。这时，非常小概率发生的事情对整个系统的影响都足够大。

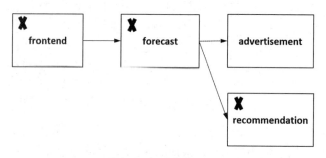

图 3-6 级联故障示例

在 Hystrix 官方曾经有这样一个推算：如果一个应用包含 30 个依赖的服务，每个服务都可以保证 99.99%可靠性地正常运行，则从整个应用角度看，可以得到 99.99^{30} =99.7%的正常运行时间，即有 0.3%的失败率，在 10 亿次请求中就会有 3 000 000 多种失败，每个月就会有两个小时以上的宕机。即使其他服务都是运行良好的，只要其中一个服务有这样 0.001%的故障几率，对整个系统就都会产生严重的影响。

关于熔断的设计，Martin Fowler 有一个经典的文章（https://martinfowler.com/bliki/CircuitBreaker.html），其中描述的熔断主要应用于微服务场景下的分布式调用中：在远程调用时，请求在超时前一直挂起，会导致请求链路上的级联故障和资源耗尽；熔断器封装了被保护的逻辑，监控调用是否失败，当连续调用失败的数量超过阈值时，熔断器就会跳闸，在跳闸后的一定时间段内，所有调用远程服务的尝试都将立即返回失败；同时，熔断器设置了一个计时器，当计时到期时，允许有限数量的测试请求通过；如果这些请求成功，则熔断器恢复正常操作；如果这些请求失败，则维持断路状态。Martin 把这个简单的模型通过一个状态机来表达，我们简单理解下，如图 3-7 所示。

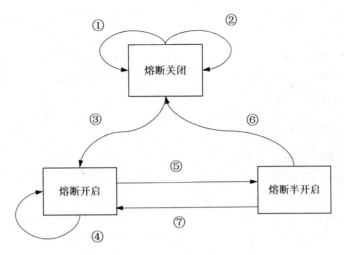

图 3-7 熔断器状态机

图 3-7 上的三个点表示熔断器的状态，下面分别进行解释。

◎ 熔断关闭：熔断器处于关闭状态，服务可以访问。熔断器维护了访问失败的计数器，若服务访问失败则加一。
◎ 熔断开启：熔断器处于开启状态，服务不可访问，若有服务访问则立即出错。
◎ 熔断半开启：熔断器处于半开启状态，允许对服务尝试请求，若服务访问成功则说明故障已经得到解决，否则说明故障依然存在。

图上状态机上的几条边表示几种状态流转，如表 3-1 所示。

表 3-1 熔断器的状态流转

序 号	初始状态	条 件	迁移状态
1	熔断关闭	请求成功	熔断关闭
2	熔断关闭	请求失败，调用失败次数自加一后不超过阈值	熔断关闭
3	熔断关闭	请求失败，调用失败次数自加一后超过阈值	熔断开启
4	熔断开启	熔断器维护计时器，计时未到	熔断开启
5	熔断开启	熔断器维护计时器，计时到，表示已经持续了隔离时间	熔断半开启
6	熔断半开启	访问成功	熔断关闭
7	熔断半开启	访问快速失败	熔断开启

Martin 这个状态机成为后面很多系统实现的设计指导，包括最有名的 Hystrix，当然，Istio 的异常点检测也是按照类似语义工作的，后面会分别进行讲解。

1. Hystrix 熔断

关于熔断，大家比较熟悉的一个落地产品就是 Hystrix。Hystrix 是 Netflix 提供的众多服务治理工具集中的一个，在形态上是一个 Java 库，在 2011 年出现，后来多在 Spring Cloud 中配合其他微服务治理工具集一起使用。

Hystrix 的主要功能包括：

- 阻断级联失败，防止雪崩；
- 提供延迟和失败保护；
- 快速失败并即时恢复；
- 对每个服务调用都进行隔离；
- 对每个服务都维护一个连接池，在连接池满时直接拒绝访问；
- 配置熔断阈值，对服务访问直接走失败处理 Fallback 逻辑，可以定义失败处理逻辑；
- 在熔断生效后，在设定的时间后探测是否恢复，若恢复则关闭熔断；
- 提供实时监控、告警和操作控制。

Hystrix 的熔断机制基本上与 Martin 的熔断机制一致。在实现上，如图 3-8 所示，Hystrix 将要保护的过程封装在一个 HystrixCommand 中，将熔断功能应用到调用的方法上，并监视对该方法的失败调用，当失败次数达到阈值时，后续调用自动失败并被转到一个 Fallback 方法上。在 HystrixCommand 中封装的要保护的方法并不要求是一个对远端服务的请求，可以是任何需要保护的过程。每个 HystrixCommand 都可以被设置一个 Fallback 方法，用户可以写代码定义 Fallback 方法的处理逻辑。

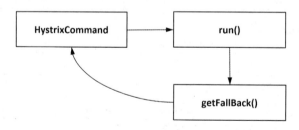

图 3-8 HystrixCommand 熔断处理

在 Hystrix 的资源隔离方式中除了提供了熔断，还提供了对线程池的管理，减少和限制了单个服务故障对整个系统的影响，提高了整个系统的弹性。

在使用上，不管是直接使用 Netflix 的工具集还是 Spring Cloud 中的包装，都建议在代码中写熔断处理逻辑，有针对性地进行处理，但侵入了业务代码，这也是与 Istio 比较大的差别。

业界一直以 Hystrix 作为熔断的实现模板，尤其是基于 Spring Cloud。但遗憾的是，Hystrix 在 1.5.18 版本后就停止开发和代码合入，转为维护状态，其替代者是不太知名的 Resilience4J。

2. Istio 熔断

云原生场景下的服务调用关系更加复杂，前文提到的若干问题也更加严峻，Istio 提供了一套非侵入的熔断能力来应对这种挑战。

与 Hystrix 类似，在 Istio 中也提供了连接池和故障实例隔离的能力，只是概念术语稍有不同：前者在 Istio 的配置中叫作连接池管理，后者叫作异常点检测，分别对应 Envoy 的熔断和异常点检测。

Istio 在 0.8 版本之前使用 V1alpha1 接口，其中专门有个 CircuitBreaker 配置，包含对连接池和故障实例隔离的全部配置。在 Istio 1.1 的 V1alpha3 接口中，CircuitBreaker 功能被拆分成连接池管理（ConnectionPoolSettings）和异常点检查（OutlierDetection）这两种配置，由用户选择搭配使用。

首先看看解决的问题，如下所述。

（1）在 Istio 中通过限制某个客户端对目标服务的连接数、访问请求数等，避免对一个服务的过量访问，如果超过配置的阈值，则快速断路请求。还会限制重试次数，避免重试次数过多导致系统压力变大并加剧故障的传播；

（2）如果某个服务实例频繁超时或者出错，则将该实例隔离，避免影响整个服务。

以上两个应用场景正好对应连接池管理和异常实例隔离功能。

Istio 的连接池管理工作机制对 TCP 提供了最大连接数、连接超时时间等管理方式，对 HTTP 提供了最大请求数、最大等待请求数、最大重试次数、每连接最大请求数等管理方式，它控制客户端对目标服务的连接和访问，在超过配置时快速拒绝。

如图 3-9 所示，通过 Istio 的连接池管理可以控制 frontend 服务对目标服务 forecast 的请求：

（1）当 frontend 服务对目标服务 forecast 的请求不超过配置的最大连接数时，放行；

（2）当 frontend 服务对目标服务 forecast 的请求不超过配置的最大等待请求数时，进入连接池等待；

（3）当 frontend 服务对目标服务 forecast 的请求超过配置的最大等待请求数时，直接拒绝。

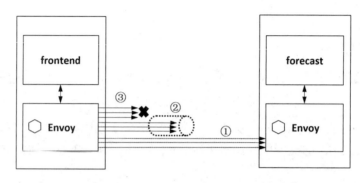

图 3-9　Istio 的连接池管理

Istio 提供的异常点检查机制动态地将异常实例从负载均衡池中移除，如图 3-10 所示，当连续的错误数超过配置的阈值时，后端实例会被移除。异常点检查在实现上对每个上游服务都进行跟踪，对于 HTTP 服务，如果有主机返回了连续的 5xx，则会被踢出服务池；而对于 TCP 服务，如果到目标服务的连接超时和失败，则都会被记为出错。

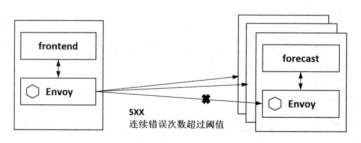

图 3-10　Istio 异常点检查

另外，被移除的实例在一段时间之后，还会被加回来再次尝试访问，如果可以访问成功，则认为实例正常；如果访问不成功，则实例不正常，重新被逐出，后面驱逐的时间等于一个基础时间乘以驱逐的次数。这样，如果一个实例经过以上过程的多次尝试访问一直不可用，则下次会被隔离更久的时间。可以看到，Istio 的这个流程也是基于 Martin 的熔断模型设计和实现的，不同之处在于这里没有熔断半开状态，熔断器要打开多长时间取决于失败的次数。

另外，在 Istio 中可以控制驱逐比例，即有多少比例的服务实例在不满足要求时被驱逐。当有太多实例被移除时，就会进入恐慌模式，这时会忽略负载均衡池上实例的健康标记，仍然会向所有实例发送请求，从而保证一个服务的整体可用性。

下面对 Istio 与 Hystrix 的熔断进行简单对比，如表 3-2 所示。可以看到与 Hystrix 相比，Istio 实现的熔断器其实是一个黑盒，和业务没有耦合，不涉及代码，只要是对服务访问的保护就可以用，配置比较简单、直接。

表 3-2　Istio 和 Hystrix 熔断的简单对比

比较的内容	Hystrix	Istio
管理方式	白盒	黑盒
熔断使用方法	可以实现精细的定制行为，例如写 FallBack 处理方法	只用简单配置即可
和业务代码结合	业务调用要包装在熔断保护的 HystrixCommand 内，对代码有侵入，要求是 Java 代码	非侵入，语言无关
功能对照	熔断	异常点检查
	隔离仓	连接池
熔断保护内容	大部分是微服务间的服务请求保护，但也可以处理非访问故障场景	主要控制服务间的请求

熔断功能本来就是叠加上去的服务保护，并不能完全替代代码中的异常处理。业务代码本来也应该做好各种异常处理，在发生异常的时候通知调用方的代码或者最终用户，如下所示：

```
public void callService(String serviceName) throws Exception {
try {
// call remote service
RestTemplate restTemplate = new RestTemplate();
String result = restTemplate.getForObject(serviceName, String.class);
} catch (Exception e) {
// exception handle
dealException(e)
}
}
```

Istio 的熔断能力是对业务透明的，不影响也不关心业务代码的写法。当 Hystrix 开发的服务运行在 Istio 环境时，两种熔断机制叠加在一起。在故障场景下，如果 Hystrix 和 Istio 两种规则同时存在，则严格的规则先生效。当然，不推荐采用这种做法，建议业务代码处理好业务，把治理的事情交给 Istio 来做。

3.1.3 故障注入

对于一个系统，尤其是一个复杂的系统，重要的不是故障会不会发生，而是什么时候发生。故障处理对于开发人员和测试人员来说都特别耗费时间和精力：对于开发人员来说，他们在开发代码时需要用 20% 的时间写 80% 的主要逻辑，然后留出 80% 的时间处理各种非正常场景；对于测试人员来说，除了需要用 80% 的时间写 20% 的异常测试项，更要用超过 80% 的时间执行这些异常测试项，并构造各种故障场景，尤其是那种理论上才出现的故障，让人苦不堪言。

故障注入是一种评估系统可靠性的有效方法，最早在硬件场景下将电路板短路来其观察对系统的影响，在软件场景下也是使用一种手段故意在待测试的系统中引入故障，从而测试其健壮性和应对故障的能力，例如异常处理、故障恢复等。只有当系统的所有服务都经过故障测试且具备容错能力时，整个应用才健壮可靠。

故障注入从方法上来说有编译期故障注入和运行期故障注入，前者要通过修改代码来模拟故障，后者在运行阶段触发故障。在分布式系统中，比较常用的方法是在网络协议栈中注入对应协议的故障，干预服务间的调用，不用修改业务代码。Istio 的故障注入就是这样一种机制的实现，但不是在底层网络层破坏数据包，而是在网格中对特定的应用层协议进行故障注入，虽然在网络访问阶段进行注入，但其作用于应用层。这样，基于 Istio 的故障注入就可以模拟出应用的故障场景了。如图 3-11 所示，可以对某种请求注入一个指定的 HTTP Code，这样，对于访问的客户端来说，就跟服务端发生异常一样。

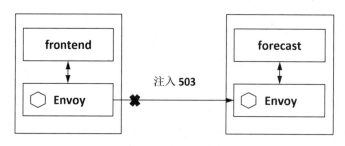

图 3-11 状态码故障注入

还可以注入一个指定的延时，这样客户端看到的就跟服务端真的响应慢一样，我们无须为了达到这种效果在服务端的代码里添一段 sleep(500)，如图 3-12 所示。

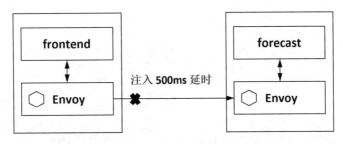

图 3-12 延时故障注入

实际上，在 Istio 的故障注入中可以对故障的条件进行各种设置，例如只对某种特定请求注入故障，其他请求仍然正常。

3.1.4 灰度发布

在新版本上线时，不管是在技术上考虑产品的稳定性等因素，还是在商业上考虑新版本被用户接受的程度，直接将老版本全部升级是非常有风险的。所以一般的做法是，新老版本同时在线，新版本只切分少量流量出来，在确认新版本没有问题后，再逐步加大流量比例。这正是灰度发布要解决的问题。其核心是能配置一定的流量策略，将用户在同一个访问入口的流量导到不同的版本上。有如下几种典型场景。

1. 蓝绿发布

蓝绿发布的主要思路如图 3-13 所示，让新版本部署在另一套独立的资源上，在新版本可用后将所有流量都从老版本切到新版本上来。当新版本工作正常时，删除老版本；当新版本工作有问题时，快速切回到老版本，因此蓝绿发布看上去更像一种热部署方式。在新老版本都可用时，升级切换和回退的速度都可以非常快，但快速切换的代价是要配置冗余的资源，即有两倍的原有资源，分别部署新老版本。另外，由于流量是全量切换的，所以如果新版本有问题，则所有用户都受影响，但比蛮力发布在一套资源上重新安装新版本导致用户的访问全部中断，效果要好很多。

2. AB 测试

AB 测试的场景比较明确，就是同时在线上部署 A 和 B 两个对等的版本来接收流量，如图 3-14 所示，按一定的目标选取策略让一部分用户使用 A 版本，让一部分用户使用 B 版本，收集这两部分用户的使用反馈，即对用户采样后做相关比较，通过分析数据来最终决定采用哪个版本。

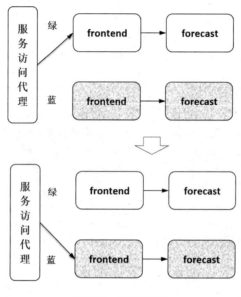

图 3-13 蓝绿发布

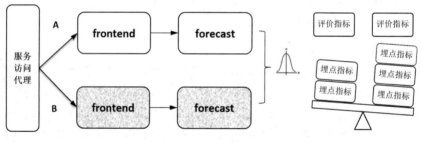

图 3-14 AB 测试

对于有一定用户规模的产品，在上线新特性时都比较谨慎，一般都需要经过一轮 AB 测试。在 AB 测试里面比较重要的是对评价的规划：要规划什么样的用户访问，采集什么样的访问指标，尤其是，指标的选取是与业务强相关的复杂过程，所以一般都有一个平台在支撑，包括业务指标埋点、收集和评价。

3. 金丝雀发布

金丝雀发布就比较直接，如图 3-15 所示，上线一个新版本，从老版本中切分一部分线上流量到新版本来判定新版本在生产环境中的实际表现。就像把一个金丝雀塞到瓦斯井里面一样，探测这个新版本在环境中是否可用。先让一小部分用户尝试新版本，在观察到新版本没有问题后再增加切换的比例，直到全部切换完成，是一个渐变、尝试的过程。

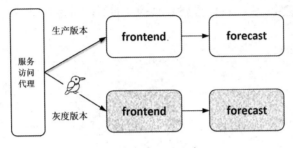

图 3-15　金丝雀发布

蓝绿发布、AB 测试和金丝雀发布的差别比较细微，有时只有金丝雀才被称为灰度发布，这里不用太纠缠这些划分，只需关注其共同的需求，就是要支持对流量的管理。能否提供灵活的流量策略是判断基础设施灰度发布支持能力的重要指标。

灰度发布技术上的核心要求是要提供一种机制满足多不版本同时在线，并能够灵活配置规则给不同的版本分配流量，可以采用以下几种方式。

1. 基于负载均衡器的灰度发布

比较传统的灰度发布方式是在入口的负载均衡器上配置流量策略，这种方式要求负载均衡器必须支持相应的流量策略，并且只能对入口的服务做灰度发布，不支持对后端服务单独做灰度发布。如图 3-16 所示，可以在负载均衡器上配置流量规则对 frontend 服务进行灰度发布，但是没有地方给 forecast 服务配置分流策略，因此无法对 forecast 服务做灰度发布。

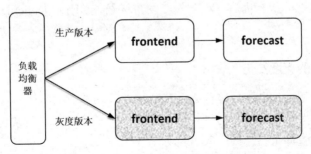

图 3-16　基于负载均衡器的灰度发布

2. 基于 Kubernetes 的灰度发布

在 Kubernetes 环境下可以基于 Pod 的数量比例分配流量。如图 3-17 所示，forecast 服务的两个版本 v2 和 v1 分别有两个和 3 个实例，当流量被均衡地分发到每个实例上时，前者可以得到 40%的流量，后者可以得到 60%的流量，从而达到流量在两个版本间分配的效果。

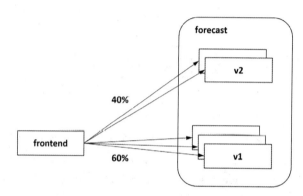

图 3-17 基于 Pod 数量的灰度发布

给 v1 和 v2 版本设置对应比例的 Pod 数量，依靠 Kube-proxy 把流量均衡地分发到目标后端，可以解决一个服务的多个版本分配流量的问题，但是限制非常明显：首先，要求分配的流量比例必须和 Pod 数量成比例，如图 3-17 所示，在当前的 Pod 比例下不支持得到 3:7 的流量比例，试想，基于这种方式支持 3:97 比例的流量基本上是不可能的；另外，这种方式不支持根据请求的内容来分配流量，比如要求 Chrome 浏览器发来的请求和 IE 浏览器发来的请求分别访问不同的版本。

有没有一种更细粒度的分流方式？答案当然是有，Istio 就可以。Istio 叠加在 Kubernetes 之上，从机制上可以提供比 Kubernetes 更细的服务控制粒度及更强的服务管理能力，该管理能力几乎包括本章的所有内容，对于灰度发布场景，和刚才 Kubernetes 的用法进行比较会体现得更明显。

3. 基于 Istio 的灰度发布

不同于前面介绍的熔断、故障注入、负载均衡等功能，Istio 本身并没有关于灰度发布的规则定义，灰度发布只是流量治理规则的一种典型应用，在进行灰度发布时，只要写个简单的流量规则配置即可。

Istio 在每个 Pod 里都注入了一个 Envoy，因而只要在控制面配置分流策略，对目标服务发起访问的每个 Envoy 便都可以执行流量策略，完成灰度发布功能。

如图 3-18 所示为对 recommendation 服务进行灰度发布，配置 20%的流量到 v2 版本，保留 80%的流量在 v1 版本。通过 Istio 控制面 Pilot 下发配置到数据面的各个 Envoy，调用 recommendation 服务的两个服务 frontend 和 forecast 都会执行同样的策略，对 recommendation 服务发起的请求会被各自的 Envoy 拦截并执行同样的分流策略。

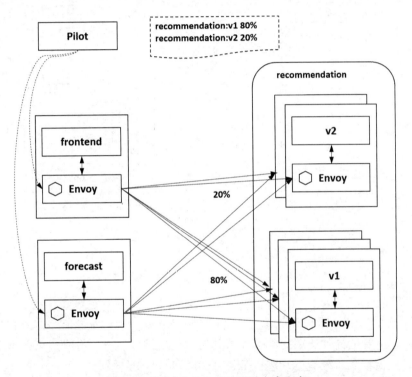

图 3-18　Istio 基于流量比例的灰度发布

在 Istio 中除了支持这种基于流量比例的策略，还支持非常灵活的基于请求内容的灰度策略。比如某个特性是专门为 Mac 操作系统开发的，则在该版本的流量策略中需要匹配请求方的操作系统。浏览器、请求的 Header 等请求内容在 Istio 中都可以作为灰度发布的特征条件。如图 3-19 所示为根据 Header 的内容将请求分发到不同的版本上。

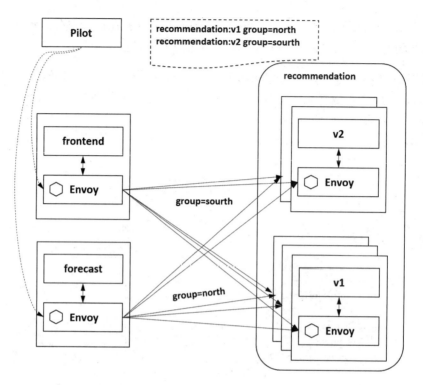

图 3-19　Istio 基于请求内容的灰度发布

3.1.5　服务访问入口

一组服务组合在一起可以完成一个独立的业务功能，一般都会有一个入口服务，从外部可以访问，主要是接收外部的请求并将其转发到后端的服务，有时还可以定义通用的过滤器在入口处做权限、限流等功能，如图 3-20 所示。

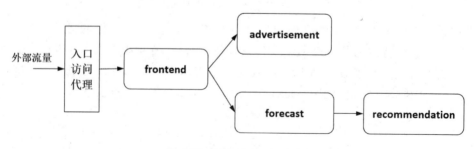

图 3-20　服务访问入口示例

1. Kuberntes 服务的访问入口

在 Kubernetes 中可以将服务发布成 Loadbalancer 类型的 Service,通过一个外部端口就能访问到集群中的指定服务,如图 3-21 所示,从外部进来的流量不用经过过滤和多余处理,就被转发到服务上。这种方式直接、简单,在云平台上部署的服务一般都可以依赖云厂商提供的 Loadbalancer 来实现。

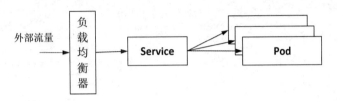

图 3-21 Kubernetes Loadbalancer 类型的 Service

Kubernetes 支持的另一种 Ingress 方式专门针对七层协议。Ingress 作为一个总的入口,根据七层协议中的路径将服务指向不同的后端服务,如图 3-22 所示,在 "weather.com" 这个域名下可以发布两个服务,forecast 服务被发布在 "weather.com/forecast" 上,advertisement 服务被发布在 "weather.com/advertisement" 上,这时只需用到一个外部地址。

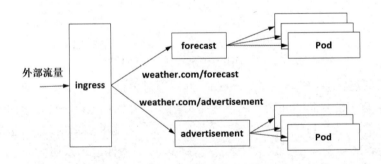

图 3-22 Kubernetes Ingress 访问入口

其中,Ingress 是一套规则定义,将描述某个域名的特定路径的请求转发到集群指定的 Service 后端上。Ingress Controller 作为 Kubernetes 的一个控制器,监听 Kube-apiserver 的 Ingress 对应的后端服务,实时获取后端 Service 和 Endpoints 等的变化,结合 Ingress 配置的规则动态更新负载均衡器的路由配置。

2. Istio 服务访问入口

如图 3-23 所示,在 Istio 中通过 Gateway 访问网格内的服务。这个 Gateway 和其他网格内的 Sidecar 一样,也是一个 Envoy,从 Istio 的控制面接收配置,统一执行配置的规则。Gateway 一般被发布为 Loadbalancer 类型的 Service,接收外部访问,执行治理、TLS 终止等管理逻辑,并将请求转发给内部的服务。

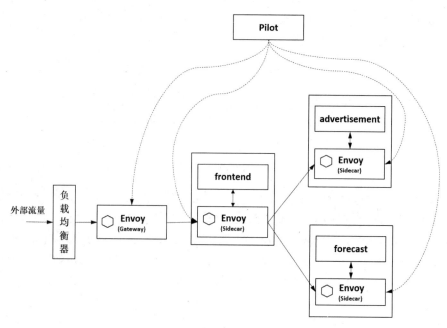

图 3-23　Istio 服务访问入口 Gateway

网格入口的配置通过定义一个 Gateway 的资源对象描述,定义将一个外部访问映射到一组内部服务上。在 Istio 0.8 版本之前正是使用本节介绍的 Kubernetes 的 Ingress 来描述服务访问入口的,因为 Ingress 七层的功能限制,Istio 在 0.8 版本的 V1alpha3 流量规则中引入了 Gateway 资源对象,只定义接入点。Gateway 只做四层到六层的端口、TLS 配置等基本功能,VirtualService 则定义七层路由等丰富内容。就这样复用了 VirtualService,外部及内部的访问规则都使用 VirtualService 来描述。

3.1.6　外部接入服务治理

随着系统越来越复杂,服务间的依赖也越来越多,当实现一个完整的功能时,只靠内部的服务是无法支撑的。且不说当前云原生环境下的复杂应用,就是在多年前的企业软件开发环境下,自己开发的程序也需要搭配若干中间件才能完成。

如图 3-24 所示，4 个服务组成一个应用，后端依赖一个数据库服务，这就需要一种机制能将数据库服务接入并治理。在当前的云化场景下，这个数据库可以是部署的一个外部服务，也可以是一个 RDS 的云服务。在托管的云平台上搭建的应用一般都会访问数据库、分布式缓存等中间件服务。

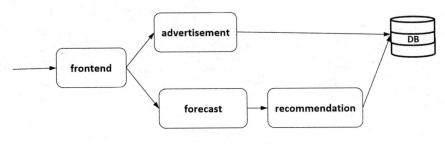

图 3-24 外部服务接入

关于这种第三方服务的管理，专门有一种 Open Service Broker API 来实现第三方软件的服务化，这种 API 通过定义 Catalog、Provisioning、Updating、Binding、Unbinding 等标准接口接入服务，在和 Kubernetes 结合的场景下，使用 Service Catalog 的扩展机制可以方便地在集群中管理云服务商提供的第三方服务，如图 3-25 所示。

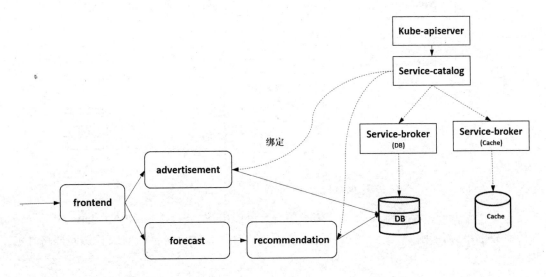

图 3-25 通过 Open Service Broker API 管理外部服务

Istio 可以方便地对网格内的服务访问进行治理，那么如何对这种网格外的服务访问进行治理呢？从实际需求上看，对一个数据库访问进行管理，比对两个纯粹的内部服务访问进行管理更重要。在 Istio 中是通过一个 ServiceEntry 的资源对象将网格外的服务注册到网格上，然后像对网格内的普通服务一样对网格外的服务访问进行治理的。

如图 3-26 所示，在 Pilot 中创建一个 ServiceEntry，配置后端数据库服务的访问信息，在 Istio 的服务发现上就会维护这个服务的记录，并对该服务配置规则进行治理，从 forecast 服务向数据库发起的访问在经过 Envoy 时就会被拦截并进行治理。

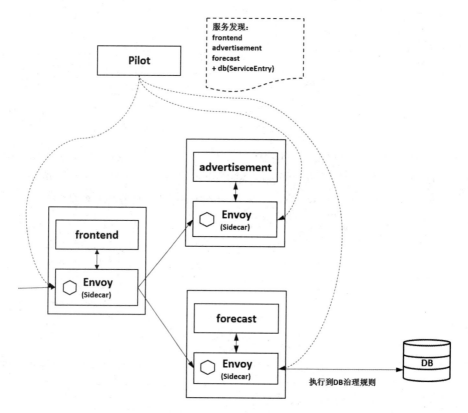

图 3-26　以 ServiceEntry 方式接入外部服务

关于 ServiceEntry 的配置方式，请参照 3.5 节的内容。ServiceEntry 是 Istio 中对网格外的服务的推荐使用方式，当然也可以选择不做治理，直接让网格内的服务访问网格外的服务。

在大多数时候，在访问网格外的服务时，通过网格内服务的 Sidecar 就可以执行治理功能，但有时需要有一个专门的 Egress Gateway 来支持，如上面的例子所示。出于对安全或者网络规划的考虑，要求网格内所有外发的流量都必须经过这样一组专用节点，需要定义一个 Egress Gateway 并分配 Egress 节点，将所有的出口流量都转发到 Gateway 上进行管理。

3.2 Istio 路由规则配置：VirtualService

VirtualService 是 Istio 流量治理的一个核心配置，可以说是 Istio 流量治理中最重要、最复杂的规则，本节详细讲解其定义和用法。

3.2.1 路由规则配置示例

在理解 VirtualService 的完整功能之前，先看如下简单示例：

```
apiVersion: networking.istio.io/v1alpha3
kind: VirtualService
metadata:
  name: forecast
spec:
  hosts:
  - forecast
  http:
  - match:
    - headers:
        location:
          exact: north
    route:
    - destination:
        host: forecast
        subset: v2
  - route:
    - destination:
        host: forecast
        subset: v1
```

Istio 的配置都是通过 Kubernetes 的 CRD 方式表达的，与传统的键值对配置相比，语法描述性更强。因此，我们很容易理解以上规则的意思：对于 forecast 服务的访问，如果在请求的 Header 中 location 取值是 north，则将该请求转发到服务的 v2 版本上，将其他请求都转发到服务的 v1 版本上。

3.2.2　路由规则定义

VirtualService 定义了对特定目标服务的一组流量规则。如其名字所示，VirtualService 在形式上表示一个虚拟服务，将满足条件的流量都转发到对应的服务后端，这个服务后端可以是一个服务，也可以是在 DestinationRule 中定义的服务的子集。

VirtualService 是在 Istio V1alpha3 版本的 API 中引入的新路由定义。不同于 V1alpha1 版本中 RouteRule 使用一组零散的流量规则的组合，并通过优先级表达规则的覆盖关系，VirtualService 描述了一个具体的服务对象，在该服务对象内包含了对流量的各种处理，其主体是一个服务而不是一组规则，更易于理解。

VirtualService 中的一些术语如下。

- ◎ Service：服务，参照 2.2.1 节 Istio 服务模型中的概念。
- ◎ Service Version：服务版本，参照 2.2.2 节 Istio 服务模型中的概念。
- ◎ Source：发起调用的服务。
- ◎ Host：服务调用方连接和调用目标服务时使用的地址，是 Istio 的几个配置中非常重要的一个概念，后面会有多个地方用到，值得注意。

通过 VirtualService 的配置，应用在访问目标服务时，只需要指定目标服务的地址即可，不需要额外指定其他目标资源的信息。在实际请求中到底将流量路由到哪种特征的后端上，则基于在 VirtualService 中配置的路由规则执行。

如图 3-27 所示是 VirtualService 的完整规则定义，可以看出其结构很复杂，本节后续将逐级展开介绍。

先看下 VirtualService 第 1 级的定义，如图 3-28 所示，可以很清楚地看到，除了 hosts、gateways 等通用字段，规则的主体是 http、tcp 和 tls，都是复合字段，分别对应 HTTPRoute、TCPRoute 和 TLSRoute，表示 Istio 支持的 HTTP、TCP 和 TLS 协议的流量规则。

非复合字段 hosts 和 gateways 是每种协议都要用到的公共字段，体现了 VirtualService 的设计思想。

（1）hosts：是一个重要的必选字段，表示流量发送的目标。可以将其理解为 VirtualService 定义的路由规则的标识，用于匹配访问地址，可以是一个 DNS 名称或 IP 地址。DNS 名称可以使用通配符前缀，也可以只使用短域名，也就是说若不用全限定域名 FQDN，则一般的运行平台都会把短域名解析成 FQDN。

第 3 章　非侵入的流量治理

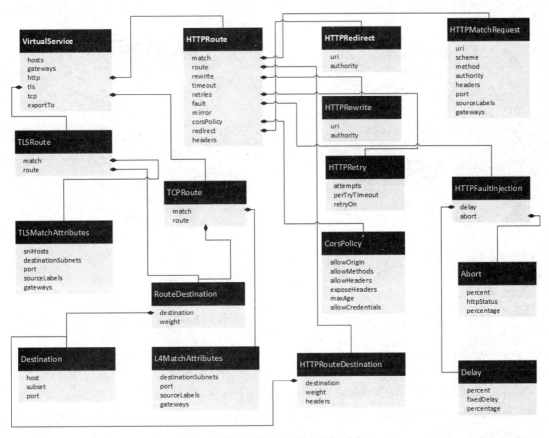

图 3-27　VirtualService 的完整规则定义

对于 Kubernetes 平台来说，在 hosts 中一般都是 Service 的短域名。如 forecast 这种短域名在 Kubernetes 平台上对应的完整域名是 "forecast.weather.svc.cluster.local"，其中 weather 是 forecast 服务部署的命名空间。而在 Istio 中，这种短域名的解析基于 VirtualService 这个规则所在的命名空间，例如在本节的示例中，hosts 的全域名是 "forecast.default.svc.cluster.local"，这与我们的一般理解不同。建议在规则中明确写完整域名，就像在写代码时建议明确对变量赋初始值，而不要依赖语言本身的默认值，这样不但代码可读，而且可以避免在某些情况下默认值与期望值不一致导致的潜在问题，这种问题一般不好定位。

注意：VirtualService 的 hosts 的短域名解析到的完整域名时，补齐的 Namespace 是 VirtualService 的 Namespace，而不是 Service 的 Namespace。

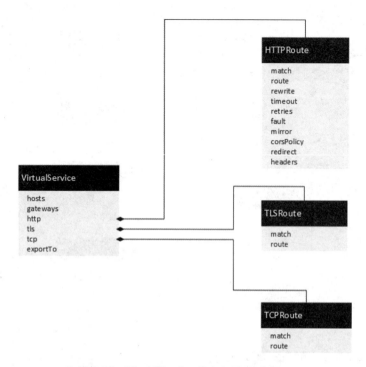

图 3-28　VirtualService 第 1 级的规则定义

hosts 一般建议用字母的域名而不是一个 IP 地址。IP 地址等多用在以 Gateway 方式发布一个服务的场景，这时 hosts 匹配 Gateway 的外部访问地址，当没有做外部域名解析时，可以是外部的 IP 地址。3.4 节将讲解如何将 VirtualService 和 Gateway 配合使用。

（2）gateways：表示应用这些流量规则的 Gateway。VirtualService 描述的规则可以作用到网格里的 Sidecar 和入口处的 Gateway，表示将路由规则应用于网格内的访问还是网格外经过 Gateway 的访问。其使用方式有点绕，需要注意以下场景。

◎ 场景 1：服务只是在网格内访问的，这是最主要的场景。gateways 字段可以省略，实际上在 VirtualService 的定义中都不会出现这个字段。一切都很正常，定义的规则作用到网格内的 Sidecar。
◎ 场景 2：服务只是在网格外访问的。配置要关联的 Gateway，表示对应 Gateway 进来的流量执行在这个 VirtualService 上定义的流量规则。
◎ 场景 3：在服务网格内和网格外都需要访问。这里要给这个数组字段至少写两个元素，一个是外部访问的 Gateway，另一个是保留关键字 "mesh"。使用中的常见问题是忘了配置 "mesh" 这个常量而导致错误。我们很容易认为场景 3 是场景 1 和场景 2 的叠加，只需在内部访问的基础上添加一个可用于外部访问的 Gateway。

注意：在 VirtualService 中定义的服务需要同时网格外部访问和内部访问时，gateways 字段要包含两个元素：一个是匹配发布成外部访问的 Gateway 名，另外一个是 "mesh" 这个关键字。

（3）http：是一个与 HTTPRoute 类似的路由集合，用于处理 HTTP 的流量，是 Istio 中内容最丰富的一种流量规则。

（4）tls：是一个 TLSRoute 类型的路由集合，用于处理非终结的 TLS 和 HTTPS 的流量。

（5）tcp：是一个 TCPRoute 类型的路由集合，用于处理 TCP 的流量，应用于所有其他非 HTTP 和 TLS 端口的流量。如果在 VirtualService 中对 HTTPS 和 TLS 没有定义对应的 TLSRoute，则所有流量都会被当成 TCP 流量来处理，都会走到 TCP 路由集合上。

以上 3 个字段在定义上都是数组，可以定义多个元素；在使用上都是一个有序列表，在应用时请求匹配的第 1 个规则生效。

注意：VirtualService 中的路由规则是一个数组，在应用时匹配的第 1 个规则生效就跳出，不会检查后面的规则。

（6）exportTo：是 Istio 1.1 在 VirtualService 上增加的一个重要字段，用于控制 VirtualService 跨命名空间的可见性，这样就可以控制在一个命名空间下定义的 VirtualService 是否可以被其他命名空间下的 Sidecar 和 Gateway 使用了。如果未赋值，则默认全局可见。"."表示仅应用到当前命名空间，"*"表示应用到所有命名空间。在 Istio 1.1 中只支持 "." 和 "*" 这两种配置。

3.2.3　HTTP 路由（HTTPRoute）

HTTP 是当前最通用、内容最丰富的协议，控制也最多，是 Istio 上支持最完整的一种协议。通过它除了可以根据协议的内容进行路由，还可以进行其他操作。

VirtualService 中的 http 是一个 HTTPRoute 类型的路由集合，用于处理 HTTP 的流量。

◎ 服务的端口协议是 HTTP、HTTP2、GRPC，即在服务的端口名中包含 http-、http2-、grpc-等。

◎ Gateway 的端口协议是 HTTP、HTTP2、GRPC，或者 Gateway 是终结 TLS，即 Gateway

外部是 HTTPS，但内部还是 HTTP。
◎ ServiceEntry 的端口协议是 HTTP、HTTP2、GRPC。

本节看看如何描述 HTTPRoute 的流量路由规则，配置示例参见 3.2.1 节 VirtualService 的配置示例。

1. HTTPRoute 规则解析

HTTPRoute 的规则定义如图 3-29 所示。

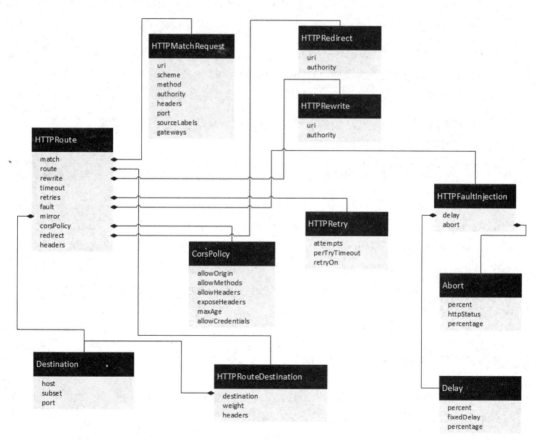

图 3-29　HTTPRoute 规则定义

HTTPRoute 规则的功能是：满足 HTTPMatchRequest 条件的流量都被路由到 HTTPRouteDestination，执行重定向（HTTPRedirect）、重写（HTTPRewrite）、重试（HTTPRetry）、故障注入（HTTPFaultInjection）、跨站（CorsPolicy）策略等。HTTP 不仅

可以做路由匹配，还可以做一些写操作来修改请求本身，如图 3-30 所示，对用户来说非常灵活。

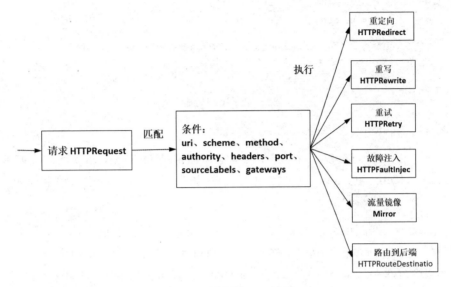

图 3-30　HTTPRoute 规则

2. HTTP 匹配规则（HTTPMatchRequest）

在 HTTPRoute 中最重要的字段是条件字段 match，为一个 HTTPMatchRequest 类型的数组，表示 HTTP 请求满足的条件，支持将 HTTP 属性如 uri、scheme、method、authority、port 等作为条件来匹配请求。一个 URI 的完整格式是：URI = scheme:[//authority]path[?query][#fragment]，如图 3-31 所示。

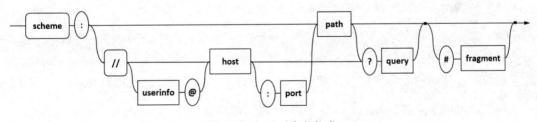

图 3-31　URI 的完整格式

Authority 的定义与 Host 的定义容易混淆，都是类似于 "weather.com" 这样的服务主机名，两者有什么差别呢？

实际上，Authority 的标准定义是："authority = [userinfo@]host[:port]"，如图 3-32 所示。

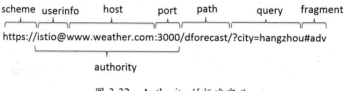

图 3-32　Authority 的标准定义

下面讲讲 Authority 标准定义中的字段。

（1）uri、scheme、method、authority：4 个字段都是 StringMatch 类型，在匹配请求时都支持 exact、prefix 和 regex 三种模式的匹配，分别表示完全匹配输入的字符串，前缀方式匹配和正则表达式匹配。

（2）headers：匹配请求中的 Header，是一个 Map 类型。Map 的 Key 是字符串类型，Value 仍然是 StringMatch 类型。即对于每一个 Header 的值，都可以使用精确、前缀和正则三种方式进行匹配。如下所示为自定义 headers 中 source 的取值为 "north"，并且 uri 以 "/advertisement" 开头的请求：

```
- match:
  - headers:
      source:
        exact: north
    uri:
      prefix: "/advertisement/"
```

（3）port：表示请求的服务端口。大部分服务只开放了一个端口，这也是在微服务实践中推荐的做法，在这种场景下可以不用指定 port。

（4）sourceLabels：是一个 map 类型的键值对，表示请求来源的负载匹配标签。这在很多时候非常有用，可以对一组服务都打一个相同的标签，然后使用 sourceLabels 字段对这些服务实施相同的流量规则。在 Kubernetes 平台上，这里的 Label 就是 Pod 上的标签。

如下表示请求来源是 frontend 服务的 v2 版本的负载：

```
http:
 - match:
   - sourceLabels:
       app: frontend
```

```
      version: v2
```

（5）gateways：表示规则应用的 Gateway 名称，语义同 VirtualService 上面的 gateways 定义，是一个更细的 Match 条件，会覆盖在 VirtualService 上配置的 gateways。

注意：在 HTTPRoute 的匹配条件中，每个 HTTPMatchRequest 中的诸多属性都是"与"逻辑，几个元素间的关系是"或"逻辑。

需要注意的是，在 VirtualService 中 match 字段都是数组类型。HTTPMatchRequest 中的诸多属性如 uri、headers、method 等是"与"逻辑，而数组中几个元素间的关系是"或"逻辑。

在下面的示例中，match 包含两个 HTTPMatchRequest 元素，其条件的语义是：headers 中的 source 取值为"north"，并且 uri 以"/advertisement"开头的请求，或者 uri 以"/forecast"开头的请求。

```
   - match:
     - headers:
         source:
           exact: north
       uri:
         prefix: "/advertisement/"
     - uri:
         prefix: "/forecast/"
```

3. HTTP 路由目标（HTTPRouteDestination）

HTTPRoute 上的 route 字段是一个 HTTPRouteDestination 类型的数组，表示满足条件的流量目标。在 3.2.1 节 forecast 服务的 VirtualService 例子中，在 http 规则上定义了两个 HTTPRoute 类型的元素，每个 HTTPRoute 都有一个 route 字段表示两个请求路由，差别是第 1 个路由有个 match 的匹配条件，第 2 个路由没有匹配条件，只有路由目标。满足匹配条件的流量走到 v2 版本的目标，剩下所有的流量走 v1 版本，这也是在灰度发布实践中根据条件从原有流量中切一部分流量给灰度版本的惯用做法。

本节通过 HTTPRouteDestination 的定义了解怎样描述这个路由目标：

```
……
  http:
  - match:
    - headers:
```

```
        source:
          exact: north
    route:
    - destination:
        host: forecast
        subset: v2
  - route:
    - destination:
        host: forecast
        subset: v1
```

在 HTTPRouteDestination 中主要有三个字段：destination（请求目标）、weight（权重）和 headers（HTTP 头操作），destination 和 weight 是必选字段。

1）destination

核心字段 destination 表示请求的目标。在 VirtualService 上执行一组规则，最终的流量要被送到这个目标上。这个字段是一个 Destination 类型的结构，通过 host、subset 和 port 三个属性来描述。

host 是 Destination 的必选字段，表示在 Istio 中注册的服务名，不但包括网格内的服务，也包括通过 ServiceEntry 方式注册的外部服务。在 Kubernetes 平台上如果用到短域名，Istio 就会根据规则的命名空间解析服务名，而不是根据 Service 的命名空间来解析。所以在使用上建议写全域名，这和 VirtualService 上的 hosts 用法类似。

还是以本节的配置示例来说明：

```
……
  namespace: weather
……
spec:
  hosts:
  - forecast
  http:
    route:
    - destination:
        host: forecast     #服务全名是 forecast.weather.svc.cluster.local
        subset: v2
    - route:
      - destination:
          host: forecast   #服务全名是 forecast.weather.svc.cluster.local
```

```
      subset: v1
```

如果在这个 VirtualService 上没有写 namespace，则后端地址会是 forecast.default.svc.cluster.local。建议通过如下方式写服务的全名，即不管规则在哪个命名空间下，后端地址总是明确的：

```
……
  route:
  - destination:
      host: forecast.weather.svc.cluster.local
      subset: v2
 - route:
    - destination:
        host: forecast.weather.svc.cluster.local
        subset: v1
```

与 host 配合来表示流量路由后端的是另一个重要字段 subset，它表示在 host 上定义的一个子集。例如，在灰度发布中将版本定义为 subset，配置路由策略会将流量转发到不同版本的 subset 上。

2）weight

除了 destination，HTTPRouteDestination 上的另一个必选字段是 weight，表示流量分配的比例，在一个 route 下多个 destination 的 weight 总和要求是 100。

在下面的示例中，从原有的 v1 版本中切分 20% 的流量到 v2 版本，这也是灰度发布常用的一种流量策略，即不区分内容，平等地从总流量中切出一部分流量给新版本：

```
……
spec:
  hosts:
  - forecast
  http:
  - route:
    - destination:
        host: forecast
        subset: v2
      weight: 20
    - destination:
        host: forecast
        subset: v1
      weight: 80
```

如果一个 route 只有一个 destination，那么可以不用配置 weight，默认就是 100。如下所示为将全部流量都转到这一个 destination 上：

```
http:
- route:
  - destination:
      host: forecast
```

3）headers

在 Istio 1.0 中，HTTPRoute 和 TCPRoute 共用一个 Destination 的定义 DestinationWeight，其结构与 Istio 1.1 中的 RouteDestination 基本类似，包括 destination 和 weight 两个字段。但 HTTPRouteDestination 在普通的 RouteDestination 上多出来一个 HTTP 特有的字段 headers。

headers 字段提供了对 HTTP Header 的一种操作机制，可以修改一次 HTTP 请求中 Request 或者 Response 的值，包含 request 和 response 两个字段。

◎ request：表示在发请求给目标地址时修改 Request 的 Header。
◎ response：表示在返回应答时修改 Response 的 Header。

对应的类型都是 HeaderOperations 类型，使用 set、add、remove 字段来定义对 Header 的操作。

◎ set：使用 map 上的 Key 和 Value 覆盖 Request 或者 Response 中对应的 Header。
◎ add：追加 map 上的 Key 和 Value 到原有 Header。
◎ remove：删除在列表中指定的 Header。

以上分别介绍了 HTTP 请求匹配条件的定义和 HTTP 目标路由的定义，这也是 HTTPRoute 的主要功能。Istio 对于 HTTP 除了可以做流量的路由，还可以做适当的其他操作，很多原来需要在代码里进行的 HTTP 操作，在使用 Istio 后通过这些配置都可以达到同样的效果，下面分别进行讲解。

4. HTTP 重定向（HTTPRedirect）

我们通过 HTTPRedirect 可以发送一个 301 重定向的应答给服务调用方，简单讲就是从一个 URL 到另外一个 URL 的永久重定向。如图 3-33 所示，用户输入一个 URL，通过 HTTPRedirect 可以将其跳转到另一个 URL。比较常见的场景：有一个在线网站，网址变了，通过这样的重定向，可以在用户输入老地址时跳转到新地址。

图 3-33 HTTP 重定向

HTTPRedirect 包括两个重要的字段来表示重定向的目标。

◎ uri：替换 URL 中的 Path 部分。
◎ authority：替换 URL 中的 Authority 部分。

需要注意的是，这里使用 HTTPRedirect 的 uri 的配置会替换原请求中的完整 Path，而不是匹配条件上的 uri 部分。如下所示，对 forecast 服务所有前缀是 "/advertisement" 的请求都会被重定向到 new-forecast 的 "/recommendation/activity" 地址：

```
apiVersion: networking.istio.io/v1alpha3
kind: VirtualService
metadata:
  name: forecast
  namespace: weather
spec:
  hosts:
  - forecast
  http:
  - match:
    - uri:
        prefix: /advertisement
    redirect:
      uri: /recommendation/activity
      authority: new-forecast
```

5. HTTP 重写（HTTPRewrite）

我们通过 HTTP 重写可以在将请求转发给目标服务前修改 HTTP 请求中指定部分的内

容，流程如图 3-34 所示。不同于重定向对用户可见，比如浏览器地址栏里的地址会变成重定向的地址，HTTP 重写对最终用户是不可见的，因为是在服务端进行的。

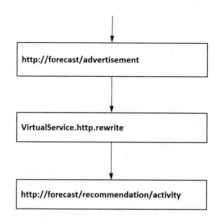

图 3-34　HTTP 重写的流程

和重定向 HTTPRedirect 的配置类似，重写 HTTPRewrite 也包括 uri 和 authority 这两个字段。

◎ uri：重写 URL 中的 Path 部分。
◎ authority：重写 URL 中的 Authority 部分。

和 HTTPRedirect 规则稍有不同，HTTPRedirect 的 uri 只能替换全部 Path，HTTPRewrite 的 uri 是可以重写前缀的，即如果原来的匹配条件是前缀匹配，则修改后也只修改匹配到的前缀。

如下所示，前缀匹配"/advertisement"的请求，其请求 uri 中的这部分前缀会被"/recommendation/activity"替换：

```
apiVersion: networking.istio.io/v1alpha3
kind: VirtualService
metadata:
  name: forecast
  namespace: weather
spec:
  hosts:
  - forecast
  http:
  - match:
```

```
      - uri:
          prefix: /advertisement
    rewrite:
      uri: /recommendation/activity
    route:
    - destination:
        host: forecast
```

6. HTTP 重试（HTTPRetry）

如图 3-35 所示，HTTP 重试是解决很多请求异常最直接、简单的办法，尤其是在工作环境比较复杂的场景下，可提高总体的服务质量。但重试使用不当也会有问题，最糟糕的情况是重试一直不成功，反而增加了总的延迟和性能开销。所以，据系统运行环境、服务自身特点，配置适当的重试规则显得尤为重要。

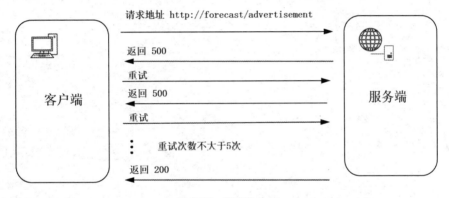

图 3-35　HTTP 重试

HTTPRetry 可以定义请求失败时的重试策略。重试策略包括重试次数、超时、重试条件等，这里分别描述相应的三个字段。

- attempts：必选字段，定义重试的次数。
- perTryTimeout：每次重试的超时时间，单位可以是毫秒（ms）、秒（s）、分钟（m）和小时（h）。
- retryOn：进行重试的条件，可以是多个条件，以逗号分隔。

其中，重试条件 retryOn 的取值包括以下几种。

- 5xx：在上游服务返回 5xx 应答码，或者在没有返回时重试。
- gateway-error：类似 5xx 异常，只对 502、503 和 504 应答码进行重试。

- connect-failure：在连接上游服务失败时重试。
- retriable-4xx：在上游服务返回可重试的 4xx 应答码时执行重试。
- refused-stream：在上游服务使用 REFUSED_STREAM 错误码重置时执行重试。
- cancelled：在 gRPC 应答的 Header 中状态码是 cancelled 时执行重试。
- deadline-exceeded：在 gRPC 应答的 Header 中状态码是 deadline-exceeded 时执行重试。
- internal：在 gRPC 应答的 Header 中状态码是 internal 时执行重试。
- resource-exhausted：在 gRPC 应答的 Header 中状态码是 resource-exhausted 时执行重试。
- unavailable：在 gRPC 应答的 Header 中状态码是 unavailable 时执行重试。

如下示例为 forecast 服务配置了一个重试策略，在"5xx,connect-failure"条件下进行最多 5 次重试，每次重试的超时时间是 3 秒：

```
apiVersion: networking.istio.io/v1alpha3
kind: VirtualService
metadata:
  name: forecast
  namespace: weather
spec:
  hosts:
  - forecast
  http:
  - route:
    - destination:
        host: forecast
    retries:
      attempts: 5
      perTryTimeout: 3s
      retryOn: 5xx,connect-failure
```

7. HTTP 流量镜像（Mirror）

HTTP 流量镜像指的是在将流量转发到原目标地址的同时将流量给另外一个目标地址镜像一份。如图 3-36 所示，把生产系统中宝贵的实际流量镜像一份到另外一个系统上，完全不会对生产系统产生影响，这里只镜像了一份流量，数据面代理只需关注原来转发的流量就可以，不用等待镜像目标地址的返回。

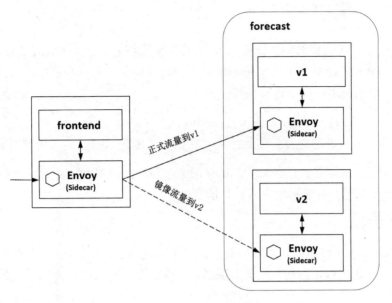

图 3-36 HTTP 流量镜像

只要使用 VirtualService 进行如下配置即可实现图 3-36 中的流量镜像效果：

```
apiVersion: networking.istio.io/v1alpha3
kind: VirtualService
metadata:
  name: forecast
  namespace: weather
spec:
  hosts:
    - forecast
  http:
  - route:
    - destination:
        host: forecast
        subset: v1
    mirror:
      host: forecast
      subset: v2
```

8. HTTP 故障注入（HTTPFaultInjection）

除了支持 Redirect、Rewrite、Retry 等 HTTP 请求的常用操作，在 HTTPRoute 上还支

持故障注入。

在场景上,与其说是 HTTP 支持 Istio 的故障注入功能,倒不如说是 Istio 的故障注入功能支持 HTTP。在 Istio 中为了支持非侵入的故障注入,要构造一定的业务故障,最好在 HTTP 这个通用的应用协议上有所支持。

实现上,在 HTTP 上做故障注入和 Redirect、Rewrite、Retry 没有太多差别,都是修改 HTTP 请求或者应答的内容。需要注意,在使用故障输入时不能启用超时和重试。

HTTPFaultInjection 通过 delay 和 abort 两个字段配置延时和中止两种故障,分别表示 Proxy 延迟转发 HTTP 请求和中止 HTTP 请求。

1)延迟故障注入

HTTPFaultInjection 中的延迟故障使用 HTTPFaultInjection.Delay 类型描述延时故障,表示在发送请求前进行一段延时,模拟网络、远端服务负载等各种原因导致的失败,主要有如下两个字段。

◎ fixedDelay:一个必选字段,表示延迟时间,单位可以是毫秒、秒、分钟和小时,要求时间必须大于 1 毫秒。
◎ percentage:配置的延迟故障作用在多少比例的请求上,通过这种方式可以只让部分请求发生故障。

如下所示为让 forecast 服务的 v2 版本上百分之 1.5 的请求产生 10 秒的延迟:

```
……
route:
- destination:
    host: forecast
    subset: v2
fault:
  delay:
    percentage:
      value: 1.5
    fixedDelay: 10s
```

2)请求中止故障注入

HTTPFaultInjection 使用 HTTPFaultInjection.Abort 描述中止故障,模拟服务端异常,给调用的客户端返回预先定义的错误状态码,主要有如下两个字段。

◎ httpStatus：是一个必选字段，表示中止的 HTTP 状态码。
◎ percentage：配置的中止故障作用在多少比例的请求上，通过这种方式可以只让部分请求发生故障，用法同延迟故障。

如下所示为在刚才的例子中增加中止故障注入，让 forecast 服务 v2 版本上百分之 1.5 的请求返回"500"状态码：

```
......
  route:
  - destination:
      host: forecast
      subset: v2
    fault:
      abort:
        percentage:
          value: 1.5
        httpStatus: 500
```

9. HTTP 跨域资源共享（CorsPolicy）

如图 3-37 所示，当一个资源向该资源所在服务器的不同的域发起请求时，就会产生一个跨域的 HTTP 请求。出于安全原因，浏览器会限制从脚本发起的跨域 HTTP 请求。通过跨域资源共享 CORS（Cross Origin Resource Sharing）机制可允许 Web 应用服务器进行跨域访问控制，使跨域数据传输安全进行。在实现上是在 HTTP Header 中追加一些额外的信息来通知浏览器准许以上访问。

在 VirtualService 中可以对满足条件的请求配置跨域资源共享。

◎ allowOrigin：允许跨域资源共享的源的列表，在内容被序列化后，被添加到 Access-Control-Allow-Origin 的 Header 上。当使用通配符"*"时表示允许所有。
◎ allowMethods：允许访问资源的 HTTP 方法列表，内容被序列化到 Access-Control-Allow-Methods 的 Header 上。
◎ allowHeaders：请求资源的 HTTP Header 列表，内容被序列化到 Access-Control-Allow-Headers 的 Header 上。

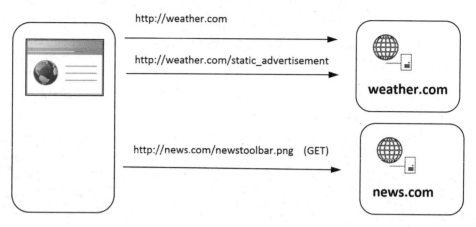

图 3-37 HTTP 跨域资源共享

- ◎ exposeHeaders：浏览器允许访问的 HTTP Header 的白名单，内容被序列化到 Access-Control-Expose-Headers 的 Header 上。
- ◎ maxAge：请求缓存的时长，被转化为 Access-Control-Max-Age 的 Header。
- ◎ allowCredentials：是否允许服务调用方使用凭据发起实际请求，被转化为 Access-Control-Allow-Credentials 的 Header。

我们给 forecast 服务配置跨域策略，允许源自 news.com 的 GET 方法的请求的访问：

```
......
  http:
  - route:
    - destination:
        host: forecast
    corsPolicy:
      allowOrigin:
      - news.com
      allowMethods:
      - GET
      maxAge: "2d"
```

3.2.4 TLS 路由（TLSRoute）

在 VirtualService 中，tls 是一种 TLSRoute 类型的路由集合，用于处理非终结的 TLS 和 HTTPS 的流量，使用 SNI（Server Name Indication，客户端在 TLS 握手阶段建立连接使用的服务 Hostname）做路由选择。TLSRoute 被应用于以下场景中。

◎ 服务的端口协议是 HTTPS 和 TLS。即在服务的端口名中包含 https-、tls-等。
◎ Gateway 的端口是非终结的 HTTPS 和 TLS。参照 3.4.3 节 Gateway 应用中终结和非终结的 HTTPS 服务的使用。
◎ ServiceEntry 的端口是 HTTPS 和 TLS。

1. TLSRoute 配置示例

简单配置如下：

```
apiVersion: networking.istio.io/v1alpha3
kind: VirtualService
metadata:
  name: total-weather-tls
  namespace: weather
spec:
  hosts:
  - "*.weather.com"
  gateways:
  - ingress-gateway
  tls:
  - match:
    - port: 443
      sniHosts:
      - frontend.weather.com
    route:
    - destination:
        host: frontend
  - match:
    - port: 443
      sniHosts:
      - recommendation.weather.com
    route:
    - destination:
        host: recommendation
```

在以上示例中，可以通过 HTTPS 方式从外面访问 weather 应用内部的两个 HTTPS 服务 frontend 和 recommendation，访问目标端口是 443 并且 SNI 是 "frontend.weather.com" 的请求会被转发到 frontend 服务上，访问目标端口是 443 并且 SNI 是 "recommendation.

weather.com"的请求会被转发到 recommendation 服务上。

2. TLSRoute 规则解析

TLSRoute 的规则定义如图 3-38 所示。

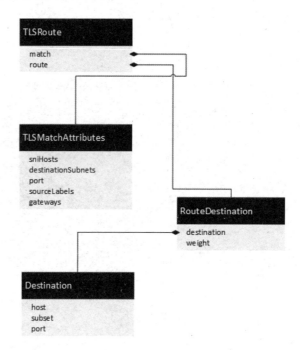

图 3-38　TLSRoute 的规则定义

可以看出，TLSRoute 的规则定义比 HTTPRoute 要简单很多，规则逻辑也是将满足一定条件的流量转发到对应的后端。在以上规则定义中，匹配条件是 TLSMatchAttributes，路由规则目标是 RouteDestination。

3. TLS 匹配规则（TLSMatchAttributes）

在 TLSRoute 中，match 字段是一个 TLSMatchAttributes 类型的数组，表示 TLS 的匹配条件。下面主要从以下几方面来描述一个 TLS 服务的请求特征。

◎ sniHosts：一个重要的属性，为必选字段，用来匹配 TLS 请求的 SNI。SNI 的值必须是 VirtualService 的 hosts 的子集。
◎ destinationSubnets：目标 IP 地址匹配的 IP 子网。

◎ port：访问的目标端口。
◎ sourceLabels：是一个 map 类型的键值对，匹配来源负载的标签。
◎ gateways：表示规则适用的 Gateway 名字。覆盖 VirtualService 上的 gateways 定义。和 HTTPMatchRequest 中 gateways 的意思相同。

可以看到，sniHosts 和 destinationSubnets 属性是 TLS 特有的，port、sourceLabels 和 gateways 属性同 HTTP 的条件定义。一般的用法是匹配 port 和 sniHosts，配置如下：

```
tls:
- match:
  - port: 443
    sniHosts:
    - frontend.weather.com
```

4. 四层路由目标 RouteDestination

TLS 的路由目标通过 RouteDestination 来描述转发的目的地址，这是一个四层路由转发地址，包含两个必选属性 destination 和 weight。

◎ destination：表示满足条件的流量的目标。
◎ weight：表示切分的流量比例。

RouteDestination 上的这两个字段在使用上有较多注意点。用法和约束同 3.2.3 节中 HTTPRouteDestination 的对应字段，参见对应描述和配置示例。

3.2.5 TCP 路由（TCPRoute）

所有不满足以上 HTTP 和 TLS 条件的流量都会应用本节要介绍的 TCP 流量规则。

1. TLSRoute 配置示例

如下所示是一个简单的 TCP 路由规则，将来自 forecast 服务 23003 端口的流量转发到 inner-forecast 服务的 3003 端口：

```
apiVersion: networking.istio.io/v1alpha3
kind: VirtualService
metadata:
  name: forecast
  namespace: weather
```

```
spec:
  hosts:
  - forecast
  tcp:
  - match:
    - port: 23003
    route:
    - destination:
        host: inner-forecast
        port:
          number: 3003
```

2. TCPRoute 规则解析

与 HTTP 和 TLS 类似，如图 3-39 所示，TCPRoute 的规则描述的也是将满足一定条件的流量转发到对应的目标后端，其目标后端的定义和 TLS 相同，也是四层的 RouteDestination。本节重点关注 TCP 特有的 4 层匹配规则 L4MatchAttributes。

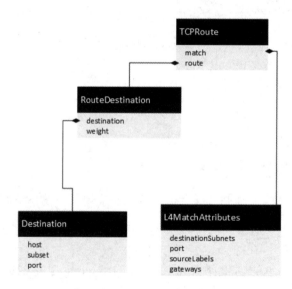

图 3-39 TCPRoute 的规则定义

3. 四层匹配规则 L4MatchAttributes

在 TCPRoute 中，match 字段也是一个数组，元素类型是 L4MatchAttributes，支持以下匹配属性。

◎ destinationSubnets：目标 IP 地址匹配的 IP 子网。
◎ port：访问的目标端口。
◎ sourceLabels：源工作负载标签。
◎ gateways：Gateway 的名称。

这几个参数和 TLSMatchAttributes 对应字段的意义相同，如下所示为基于端口和源工作负载标签描述 TCP 流量的典型示例：

```
tcp:
- match:
  - sourceLabels:
      group: beta
  - port: 23003
```

3.2.6　三种协议路由规则的对比

VirtualService 在 http、tls 和 tcp 这三个字段上分别定义了应用于 HTTP、TLS 和 TCP 三种协议的路由规则。从规则构成上都是先定义一组匹配条件，然后对满足条件的流量执行对应的操作。因为协议的内容不同，路由规则匹配的条件不同，所以可执行的操作也不同。如表 3-3 所示对比了三种路由规则，从各个维度来看，HTTP 路由规则的内容最丰富，TCP 路由规则的内容最少，这也符合协议分层的设计。

表 3-3　HTTP、TLS、TCP 路由规则的对比

比较的内容	HTTP	TLS	TCP
路由规则	HTTPRoute	TLSRoute	TCPRoute
流量匹配条件	HTTPMatchRequest	TLSMatchAttributes	L4MatchAttributes
条件属性	uri、scheme、method、authority、port、sourceLabels、gateways	sniHosts、destinationSubnets、port、sourceLabels、gateways	destinationSubnets、port、sourceLabels、gateways
流量操作	route、redirect、rewrite、retry、timeout、faultInjection、corsPolicy	route	route
目标路由定义	HTTPRouteDestination	RouteDestination	RouteDestination
目标路由属性	destination、weight、headers	destination、weight	destination、weight

3.2.7 VirtualService 的典型应用

下面结合几个典型的使用场景来看看 VirtualService 的综合用法。

1. 多个服务的组合

VirtualService 是一个广义的 Service，在如下配置中可以将一个 weather 应用的多个服务组装成一个大的虚拟服务。根据访问路径的不同，对 weather 服务的访问会被转发到不同的内部服务上：

```yaml
apiVersion: networking.istio.io/v1alpha3
kind: VirtualService
metadata:
  name: weather
  namespace: weather
spec:
  hosts:
  - weather.com
  http:
  - match:
    - uri:
        prefix: /recommendation
    route:
    - destination:
        host: recommendation
  - match:
    - uri:
        prefix: /forecast
    route:
    - destination:
        host: forecast
  - match:
    - uri:
        prefix: /advertisement
    route:
    - destination:
        host: advertisement
```

如图 3-40 所示，假设 frontend 服务访问 "weather.com" 服务，则根据不同的路径，流量会被分发到不同的后端服务上。当然，对于内部服务间的访问，更常规的用法是直接使用服务名。

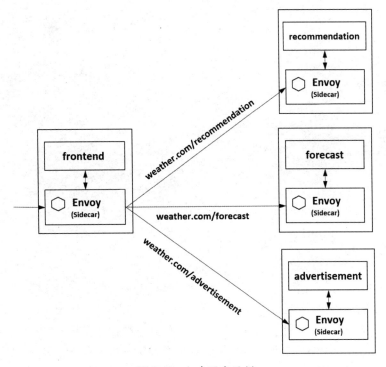

图 3-40 组合服务示例

2. 路由规则的优先级

我们可以对一个 VirtualService 配置 N 个路由，不同于 V1alpha1 版本中多个路由规则（RouteRule）要对规则设置优先级，在 VirtualService 中通过路由的顺序即可明确表达规则。例如，在下面的配置中，以"/weather/data/"开头的流量被转发到 v3 版本；以"/weather/"开头的其他流量被转发到 v2 版本；其他流量被转发到 v1 版本：

```
apiVersion: networking.istio.io/v1alpha3
kind: VirtualService
metadata:
  name: forecast
  namespace: weather
spec:
  hosts:
  - forecast
  http:
  - match:
```

```
      - uri:
          prefix: "/weather/data/"
      route:
      - destination:
          name: forecast
          subset: v3
    - match:
      - uri:
          prefix: "/weather/"
      route:
      - destination:
          name: forecast
          subset: v2
    - route:
      - destination:
          name: forecast
          subset: v1
```

以上三条路由规则随便调整顺序，都会导致另一个规则在理论上不会有流量。例如，调整 v2 和 v3 的顺序，则匹配 "/weather/" 的所有流量都被路由到 v2 版本，在 v3 版本上永远不会有流量。在路由规则执行时，只要有一个匹配，规则执行就会跳出，类似代码中的 switch 分支，碰到一个匹配的 case 就 break，不会再尝试下面的条件。这也是在设计流量规则时需要注意的。

3. 复杂条件路由

灰度发布等分流规则一般有两种用法：一种是基于请求的内容切分流量，另一种是按比例切分流量。实际上，根据需要也可以结合使用这两种用法，如下所示是一个稍微综合的用法：

```
apiVersion: networking.istio.io/v1alpha3
kind: VirtualService
metadata:
  name: forecast
  namespace: weather
spec:
  hosts:
  - forecast
  http:
  - match:
```

```
        - headers:
            cookie:
              regex: "^(.*?;)?(local=north)(;.*)?"
          uri:
            prefix: "/weather"
        - uri:
            prefix: "/data"
      route:
      - destination:
          name: forecast
          subset: v2
        weight: 20
      - destination:
          name: forecast
          subset: v3
        weight: 80
    - route:
      - destination:
          name: forecast
          subset: v1
```

这里的 http 路由包含两个 HTTPRoute，只有第 1 个包含 match 条件，根据优先级路由列表的顺序优先级原则，满足第 1 个 route 中 match 条件的流量走第 1 个路由，剩下的流量都走第 2 个路由。

在第 1 个路由的 match 条件数组中包含两个 HTTPMatchRequest 条件：第 1 个条件检查请求的 uri 和 headers；第 2 个条件检查请求的 uri。根据请求的组合规则，第 1 个条件的两个属性是"与"逻辑，第 1 个条件和第 2 个条件之间是"或"逻辑。

第 1 个 Route 包含两个路由目标，分别对应 20%和 80%的流量。

所以，整个复杂条件表达的路由规则如图 3-41 所示。

对于 forecast 服务的请求，当请求的 cookie 满足 "^(.*?;)?(local=north)(;.*)?" 表达式，并且 uri 匹配 "/weather"，或者请求的 uri 匹配 "/data" 时，流量走 v2 和 v3 版本，其中 v2 版本的流量占 20%，v3 版本占 80%；其他流量都走 forecast 服务的 v1 版本。

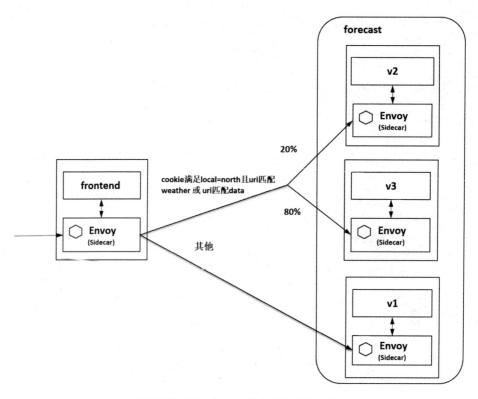

图 3-41 整个复杂条件表达的路由规则

4. 特定版本间的访问规则

之前在介绍流量的匹配条件时提到一个通用字段 sourceLabels，该通用字段可以用于过滤访问来源。如下配置就很有意思，只对 frontend 服务的 v2 版本到 forecast 服务的 v1 版本的请求设置 20 秒的延迟：

```
apiVersion: networking.istio.io/v1alpha3
kind: VirtualService
metadata:
  name: forecast
  namespace: weather
spec:
  hosts:
  - forecast
  http:
  - match:
```

```
    - sourceLabels:
        app: frontend
        version: v2
  fault:
    delay:
      fixedDelay: 20s
  route:
  - destination:
      name: forecast
      subset: v1
```

其效果如图 3-42 所示。

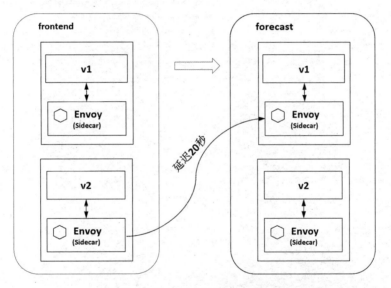

图 3-42　在特定版本间配置延迟的效果

以上只是典型的应用，掌握了规则的定义和语法，便可以自由配置需要的业务功能，非常方便和灵活。

3.3　Istio 目标规则配置：DestinationRule

在讲解 VirtualService 时，我们注意到，在路由的目标对象 Destination 中大多包含表示 Service 子集的 subset 字段，这个服务子集就是通过 DestinationRule 定义的。本节讲解

DestinationRule 的用法，不但会讲解如何定义服务子集，还会讲解在 DestinationRule 上提供的丰富的治理功能。

3.3.1 DestinationRule 配置示例

下面同样以一个简单的配置示例来直观认识 DestinationRule，其中定义了 forecast 服务的两个版本子集 v1 和 v2，并对两个版本分别配置了随机和轮询的负载均衡策略：

```
apiVersion: networking.istio.io/v1alpha3
kind: DestinationRule
metadata:
  name: forecast
  namespace: weather
spec:
  host: forecast
  subsets:
  - name: v2
    labels:
      version: v2
    trafficPolicy:
      loadBalancer:
        simple: ROUND_ROBIN
  - name: v1
    labels:
      version: v1
    trafficPolicy:
      loadBalancer:
        simple: RANDOM
```

3.3.2 DestinationRule 规则定义

DestinationRule 经常和 VirtualService 结合使用，VirtualService 用到的服务子集 subset 在 DestinationRule 上也有定义。同时，在 VirtualService 上定义了一些规则，在 DestinationRule 上也定义了一些规则。那么，DestinationRule 和 VirtualService 都是用于流量治理的，为什么有些定义在 VirtualService 上，有些定义在 DestinationRule 上呢？

为了更好地理解两者的定位、差别和配合关系，我们观察下面一段 Restful 服务端代码，在前面的 Resource 部分将"/forecast"的 POST 请求路由到一个 addForecast 的后端方法上,将"/forecast/hangzhou"的 GET 请求路由到一个 getForecast 的天气检索后端方法上:

```
/**
一个 Restful 的示例,模拟对一个天气预报系统的天气记录的维护
**/
@Path("/forecast")
public class ForecastResource {

// 录入一条天气记录
    @POST
    @Consumes({ MediaType.APPLICATION_JSON})
    public Response addForecast(
      Forecast forecast) {
        forecastRepository.addForecast(new Forecast(forecast.getId(),
          forecast.getCity(), forecast.getTemperature(),
          forecast.getWeather()));
        return
Response.status(Response.Status.CREATED.getStatusCode()).build();
    }

// 根据城市检索天气
    @GET
    @Path("/{city}")
    @Produces({ MediaType.APPLICATION_JSON})
    public forecast getForecast(@PathParam("city") String city) {
        return forecastRepository.getForecast(city);
    }
}
```

VirtualService 也是一个虚拟 Service,描述的是满足什么条件的流量被哪个后端处理。可以对应这样一个 Restful 服务,每个路由规则都对应其中 Resource 中的资源匹配表达式。只是在 VirtualService 中,这个匹配条件不仅仅是路径方法的匹配,还是更开放的 Match 条件。

而 DestinationRule 描述的是这个请求到达某个后端后怎么去处理,即所谓目标的规则,类似以上 Restful 服务端代码中 addForecast() 和 getForecast() 方法内的处理逻辑。

理解了这两个对象的定位,就不难理解其规则上的设计原理,从而理解负载均衡和熔断等策略为什么被定义在 DestinationRule 上。DestinationRule 定义了满足路由规则的流量到达后端后的访问策略。在 Istio 中可以配置目标服务的负载均衡策略、连接池大小、异

常实例驱除规则等功能。在前面 Restful 的例子中服务端的处理逻辑是服务开发者提供的，类似地，在 DestinationRule 中这些服务管理策略也是服务所有者维护和管理的。

上面说到的几个配置在 DestinationRule 中都不仅仅是对一个后端服务的配置，还可以配置到每个子集 Subset 甚至每个端口上。这也不难理解，在计算机世界里，服务是一个到处被使用的术语，从 IaaS、PaaS、SaaS 这种业务上的服务，到微服务化术语中功能实现模块的服务，其最本源的定义应该是监听在某个特定端口上对外提供功能的服务。DestinationRule 配置的策略正是配置到这种端口粒度的服务上。

DestinationRule 的数据定义如图 3-43 所示。

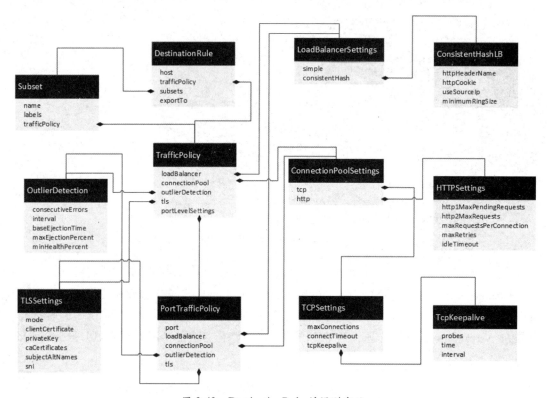

图 3-43　DestinationRule 的规则定义

DestinationRule 上的重要属性如下。

（1）host：是一个必选字段，表示规则的适用对象，取值是在服务注册中心中注册的服务名，可以是网格内的服务，也可以是以 ServiceEnrty 方式注册的网格外的服务。如果这个服务名在服务注册中心不存在，则这个规则无效。host 如果取短域名，则会根据规则所在的命名空间进行解析，方式同 3.2.3 节 VirtualService 的解析规则。

（2）trafficPolicy：是规则内容的定义，包括负载均衡、连接池策略、异常点检查等，是本节的重点内容。

（3）subsets：是定义的一个服务的子集，经常用来定义一个服务版本，如 VirtualService 中的结合用法。

（4）exportTo：Istio 1.1 在 DestinationRule 上还添加了一个重要字段，用于控制 DestinationRule 跨命名空间的可见性，这样就可以控制在一个命名空间下定义的资源对象是否可以被其他命名空间下的 Sidecar 执行。如果未赋值，则默认全局可见。"."表示仅应用到当前命名空间，"*"表示应用到所有命名空间。在 Istio 1.1 中只支持"."和"*"这两种配置。

1. 流量策略（TrafficPolicy）

从图 3-44 中流量策略的规则定义可以看出，整个 DestinationRule 上的主要数据结构集中在流量策略方面。

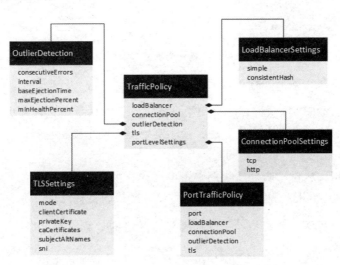

图 3-44 流量策略的规则定义

流量策略包含以下 4 个重要配置，后面将依次介绍。

◎ loadBalancer：LoadBalancerSettings 类型，描述服务的负载均衡算法。

- connectionPool：ConnectionPoolSettings 类型，描述服务的连接池配置。
- outlierDetection：OutlierDetection，描述服务的异常点检查。
- tls：TLSSettings 类型，描述服务的 TLS 连接设置。

此外，流量策略还包含一个 PortTrafficPolicy 类型的 portLevelSettings，表示对每个端口的流量策略。

2. 负载均衡设置（LoadBalancerSettings）

本节重点讲解如何配置和使用 Istio 的负载均衡。负载均衡设置的规则定义如图 3-45 所示。

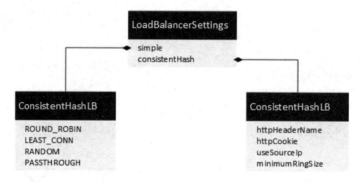

图 3-45　负载均衡设置的规则定义

simple 字段定义了如下几种可选的负载均衡算法。

- ROUND_ROBIN：轮询算法，如果未指定，则默认采用这种算法。
- LEAST_CONN：最少连接算法，算法实现是从两个随机选择的服务后端选择一个活动请求数较少的后端实例。
- RANDOM：从可用的健康实例中随机选择一个。
- PASSTHROUGH：直接转发连接到客户端连接的目标地址，即没有做负载均衡。

只要进行如下配置，就可以给一个服务设置随机的负载均衡策略：

```
trafficPolicy:
  loadBalancer:
    simple: ROUND_ROBIN
```

一致性哈希是一种高级的负载均衡策略，只对 HTTP 有效，因为在实现上基于 HTTP Header、Cookie 的取值来进行哈希。负载均衡器会把哈希一致的请求转发到相同的后端实例上,从而实现一定的会话保持。下面通过几个字段描述一致性哈希。

- httpHeaderName:计算哈希的 Header。
- httpCookie:计算哈希的 Cookie。
- useSourceIp:基于源 IP 计算哈希值。
- minimumRingSize:哈希环上虚拟节点数的最小值,节点数越多则负载均衡越精细。如果后端实例数少于哈希环上的虚拟节点数,则每个后端实例都会有一个虚拟节点。

通过如下配置可以在 cookie:location 上进行一致性哈希的会话保持:

```
trafficPolicy:
  loadBalancer:
    consistentHash:
      httpCookie:
        name: location
        ttl: 0s
```

Istio 的数据面 Envoy 其实提供了更多的负载均衡算法的支持,Istio 当前只支持以上几种。

3. 连接池设置(ConnectionPoolSettings)

通过连接池管理可以配置阈值来防止一个服务的失败级联影响到整个应用,如图 3-46 所示是对 Istio 连接池设置的规则定义,可以看到 Istio 连接池管理在协议上分为 TCP 流量和 HTTP 流量治理。

1)TCP 连接池配置(TCPSettings)

TCP 连接池可以配置如下三个属性。

- maxConnections:表示为上游服务的所有实例建立的最大连接数,默认是 1024,属于 TCP 层的配置,对于 HTTP,只用于 HTTP/1.1,因为 HTTP/2 对每个主机都使用单个连接。
- connectTimeout:TCP 连接超时,表示主机网络连接超时,可以改善因调用服务变慢导致整个链路变慢的情况。
- tcpKeepalive:设置 TCP keepalives,是 Istio 1.1 新支持的配置,定期给对端发送一个 keepalive 的探测包,判断连接是否可用。这种 0 长度的数据包对用户的程序没有影响。它包括三个字段:probes,表示有多少次探测没有应答就可以断定连接断开,默认使用操作系统额配置,在 Linux 系统中是 9;time,表示在发送探测前连接空闲了多长时间，也默认使用操作系统配置，在 Linux 系统中默认是两小时；interval，探测间隔，默认使用操作系统配置，在 Linux 中是 75 秒。

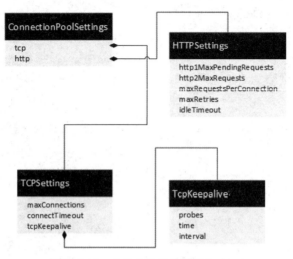

图 3-46　连接池设置的规则定义

如下所示为 forecast 服务配置了 TCP 连接池，最大连接数是 80，连接超时是 25 毫秒，并且配置了 TCP 的 Keepalive 探测策略：

```
apiVersion: networking.istio.io/v1alpha3
kind: DestinationRule
metadata:
  name: forecast
  namespace: weather
spec:
  host: forecast
  trafficPolicy:
    connectionPool:
      tcp:
        maxConnections: 80
        connectTimeout: 25ms
        tcpKeepalive:
          probes: 5
          time: 3600s
          interval: 60s
```

2）HTTP 连接池配置（HTTPSettings）

对于七层协议，可以通过对应的 HTTPSettings 对连接池进行更细致的配置。

◎ http1MaxPendingRequests：最大等待 HTTP 请求数，默认值是 1024，只适用于 HTTP/1.1 的服务，因为 HTTP/2 协议的请求在到来时会立即复用连接，不会在连接池等待。
◎ http2MaxRequests：最大请求数，默认是 1024。只适用于 HTTP/2 服务，因为 HTTP/1.1 使用最大连接数 maxConnections 即可，表示上游服务的所有实例处理的最大请求数。
◎ maxRequestsPerConnection：每个连接的最大请求数。HTTP/1.1 和 HTTP/2 连接池都遵循此参数。如果没有设置，则没有限制。设置为 1 时表示每个连接只处理一个请求，也就是禁用了 Keep-alive。
◎ maxRetries：最大重试次数，默认是 3，表示服务可以执行的最大重试次数。如果调用端因为偶尔抖动导致请求直接失败，则可能会带来业务损失，一般建议配置重试，若重试成功则可正常返回数据，只不过比原来响应得慢一点，但重试次数太多会影响性能，要谨慎使用。不要重试那些重试了也总还是失败的请求；不要对那些消耗大的服务进行重试，特别是那些不会被取消的服务。
◎ idleTimeout：空闲超时，定义在多长时间内没有活动请求则关闭连接。

HTTP 连接池配置一般和对应的 TCP 设置配合使用，如下配置就是在刚才的 TCP 连接池管理基础上增加对 HTTP 的连接池控制，为 forecast 服务配置最大 80 个连接，只允许最多有 800 个并发请求，每个连接的请求数不超过 10 个，连接超时是 25 毫秒：

```
apiVersion: networking.istio.io/v1alpha3
kind: DestinationRule
metadata:
  name: forecast
  namespace: weather
spec:
  host: forecast
  trafficPolicy:
    connectionPool:
      tcp:
        maxConnections: 80
        connectTimeout: 25ms
      http:
        http2MaxRequests: 800
        maxRequestsPerConnection: 10
```

3）Istio 连接池配置总结

表 3-4 对比了 Istio 和 Envoy 的连接池配置，可以看到两者的属性划分维度不一样：在 Istio 中根据协议划分为 TCP 和 HTTP；在 Envoy 中根据属性的业务划分为不同的分组，一部分属于 circuit_breakers 分组，另一部分属于 cluster 分组。另外，Istio 在属性名上区分标识了 HTTP/1.1 和 HTTP/2 的配置。

表 3-4　Istio 和 Envoy 的连接池配置对比

Istio 配置		Envoy 配置	
Istio 参数	参数分类	Envoy 参数	参数分组
maxConnections	TCPSettings	max_connections	cluster.circuit_breakers
http1MaxPendingRequests	HTTPSettings	max_pending_requests	cluster.circuit_breakers
http2MaxRequests	HTTPSettings	max_requests	cluster.circuit_breakers
maxRetries	HTTPSettings	max_retries	cluster.circuit_breakers
connectTimeout	TCPSettings.	connect_timeout_ms	cluster
maxRequestsPerConnection	HTTPSettings	max_requests_per_connection	cluster

考虑到如图 3-47 所示的 HTTP/1.1 和 HTTP/2 在语义上的差别，在控制最大请求数时，对 HTTP/1.1 使用 maxConnections 参数配置，对 HTTP/2 则使用 http2MaxRequests 参数配置。

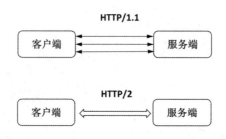

图 3-47　HTTP/1.1 和 HTTP/2 在语义上的差别

4. 异常实例检测设置（OutlierDetection）

异常点检查就是定期考察被访问的服务实例的工作情况，如果连续出现访问异常，则将服务实例标记为异常并进行隔离，在一段时间内不为其分配流量。过一段时间后，被隔离的服务实例会再次被解除隔离，尝试处理请求，若还不正常，则被隔离更长的时间。在模型上，Istio 的异常点检查符合一般意义的熔断模型。

在 Istio 中，其实可以将异常点检查理解成健康检查，但是与传统的健康检查不同。在传统的健康检查中，都是定期探测目标服务实例，根据应答来判断服务实例的健康状态，例如 Kubernetes 上的 Readiness 或者一般负载均衡器上的健康检查等。这里的健康检查是指通过对实际的访问情况进行统计来找出不健康的实例，所以是被动型的健康检查，负载均衡的健康检查是主动型的健康检查。

可以通过如下参数配置来控制检查驱逐的逻辑。

- consecutiveErrors：实例被驱逐前的连续错误次数，默认是 5。对于 HTTP 服务，返回 502、503 和 504 的请求会被认为异常；对于 TCP 服务，连接超时或者连接错误事件会被认为异常。
- interval：驱逐的时间间隔，默认值为 10 秒，要求大于 1 毫秒，单位可以是时、分、毫秒。
- baseEjectionTime：最小驱逐时间。一个实例被驱逐的时间等于这个最小驱逐时间乘以驱逐的次数。这样一个因多次异常被驱逐的实例，被驱逐的时间会越来越长。默认值为 30 秒，要求大于 1 毫秒，单位可以是时、分、毫秒。
- maxEjectionPercent：指负载均衡池中可以被驱逐的故障实例的最大比例，默认是 10%，设置这个值是为了避免太多的服务实例被驱逐导致服务整体能力下降。
- minHealthPercent：最小健康实例比例，是 Istio 1.1 新增的配置。当负载均衡池中的健康实例数的比例大于这个比例时，异常点检查机制可用；当可用实例数的比例小于这个比例时，异常点检查功能将被禁用，所有服务实例不管被认定为健康还是不健康，都可以接收请求。参数的默认值为 50%。

注意：在 Istio 1.1 的异常点检查中增加了 minHealthPercent 配置最小健康实例。当负载均衡池中的健康实例数的比例小于这个比例时，异常点检查功能将会被禁用。

如下所示为检查 4 分钟内 forecast 服务实例的访问异常情况，连续出现 5 次访问异常的实例将被隔离 10 分钟，被隔离的实例不超过 30%，在第 1 次隔离期满后，异常实例将重新接收流量，如果仍然不能正常工作，则会被重新隔离，第 2 次将被隔离 20 分钟，以此类推。

```
apiVersion: networking.istio.io/v1alpha3
kind: DestinationRule
metadata:
  name: forecast
  namespace: weather
spec:
```

```
host: forecast
trafficPolicy:
  connectionPool:
    tcp:
      maxConnections: 80
      connectTimeout: 25ms
    http:
      http2MaxRequests: 800
      maxRequestsPerConnection: 10
  outlierDetection:
    consecutiveErrors: 5
    interval: 4m
    baseEjectionTime: 10m
    maxEjectionPercent: 30
```

5. 端口流量策略设置（PortTrafficPolicy）

端口流量策略是将前面讲到的 4 种流量策略应用到每个服务端口上。如图 3-48 所示是端口流量策略的规则定义，可以发现总体和本节前面讲到的 TrafficPolicy 没有很大差别，一个关键的差别字段就是 port，表示流量策略要应用的服务端口。关于 PortTrafficPolicy，只要了解在端口上定义的流量策略会覆盖全局的流量策略即可。

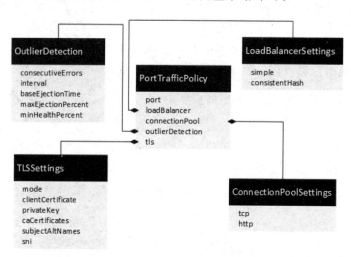

图 3-48　端口流量策略的规则定义

如下所示为 forecast 服务配置了最大连接数 80，但是为端口 3002 单独配置了最大连接数 100：

```
apiVersion: networking.istio.io/v1alpha3
kind: DestinationRule
metadata:
  name: forecast
  namespace: weather
spec:
  host: forecast
  trafficPolicy:
    connectionPool:
      tcp:
        maxConnections: 80
    portLevelSettings:
    - port:
        number: 3002
      connectionPool:
        tcp:
          maxConnections: 100
```

6. 服务子集（Subset）

Subset 的一个重要用法是定义服务的子集，包含若干后端服务实例。例如，通过 Subset 定义一个版本，在 VirtualService 上可以给版本配置流量规则，将满足条件的流量路由到这个 Subset 的后端实例上。要在 VirtualService 中完成这种流量规则，就必须先通过 DestinationRule 对 Subset 进行定义。

Subset 包含以下三个重要属性。

◎ name：Subset 的名字，为必选字段。通过 VirtualService 引用的就是这个名字。
◎ labels：Subset 上的标签，通过一组标签定义了属于这个 Subset 的服务实例。比如最常用的标识服务版本的 Version 标签。
◎ trafficPolicy：应用到这个 Subset 上的流量策略。

前面讲的若干种流量策略都可以在 Subset 上定义并作用到这些服务实例上。如下所示为给一个特定的 Subset 配置最大连接数：

```
apiVersion: networking.istio.io/v1alpha3
kind: DestinationRule
```

```yaml
metadata:
  name: forecast
  namespace: weather
spec:
  host: forecast
  subsets:
  - name: v2
    labels:
      version: v2
    trafficPolicy:
      connectionPool:
        tcp:
          maxConnections: 80
```

将上面的例子稍微修改一下：给 forecast 服务全局配置 100 的最大连接数，给它的一个子集 v2 配置 80 的最大连接数。那么，forecast 服务在 v2 版本的子集的最大连接数是多少呢？有了前面 PortTrafficPolicy 的覆盖原则，不难理解，根据本地覆盖全局的原则，v2 版本的 Subset 上的配置生效：

```yaml
apiVersion: networking.istio.io/v1alpha3
kind: DestinationRule
metadata:
  name: forecast
  namespace: weather
spec:
  host: forecast
  trafficPolicy:
    connectionPool:
      tcp:
        maxConnections: 100
  subsets:
  - name: v2
    labels:
      version: v2
    trafficPolicy:
      connectionPool:
        tcp:
          maxConnections: 80
```

当然，这里只定义了流量策略，只有真正定义了流量规则且有流量到这个 Subset 上，流量策略才会生效。比如在上面这个示例中，如果在 VirtualService 中并没有给 v2 版本定义流量规则，则在 DestinationRule 上给 v2 版本配置的最大连接数 80 不会生效，起作用的仍然是在 forecast 服务上配置的最大连接数 100。

3.3.3 DestinationRule 的典型应用

关于 DestinationRule 的典型应用有以下几种。

1. 定义 Subset

使用 DestinationRule 定义 Subset 是比较常见的用法。如下所示为 forecast 服务定义了两个 Subset：

```
apiVersion: networking.istio.io/v1alpha3
kind: DestinationRule
metadata:
  name: forecast
  namespace: weather
spec:
  host: forecast
  subsets:
  - name: v2
    labels:
      version: v2
  - name: v1
    labels:
      version: v1
```

如图 3-49 所示，通过 DestinationRule 定义 Subset，就可以配合 VirtualService 给每个 Subset 配置路由规则，可以将流量路由到不同的 Subset 实例上，这个过程对服务访问方透明，服务访问方仍然通过域名进行访问。

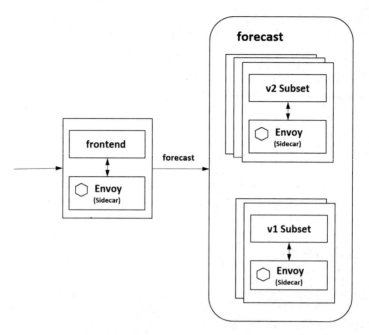

图 3-49 通过 DestinationRule 定义 Subset

2. 服务熔断

尽管 Istio 在功能上有异常点检查和连接池管理两种手段,但在使用中一般根据场景结合使用,如下所示为 forecast 服务配置了一个完整的熔断保护:

```
apiVersion: networking.istio.io/v1alpha3
kind: DestinationRule
metadata:
  name: forecast
  namespace: weather
spec:
  host: forecast
  trafficPolicy:
    connectionPool:
      tcp:
        maxConnections: 80
        connectTimeout: 25ms
      http:
        http2MaxRequests: 800
        maxRequestsPerConnection: 10
```

```
outlierDetection:
  consecutiveErrors: 5
  interval: 4m
  baseEjectionTime: 10m
  maxEjectionPercent: 30
```

假设 forecast 服务有 10 个实例，则以上配置的效果是：为 forecast 服务配置最大 80 个连接，最大请求数为 800，每个连接的请求数都不超过 10 个，连接超时是 25 毫秒；另外，在 4 分钟内若有某个 forecast 服务实例连续出现 5 次访问异常，比如返回 5xx 错误，则该 forecast 服务实例将被隔离 10 分钟，被隔离的实例总数不超过 3 个。在第 1 次隔离期满后，异常的实例将重新接收流量，如果实例工作仍不正常，则被重新隔离，第 2 次将被隔离 20 分钟，以此类推。

3. 负载均衡配置

我们可以为服务及其某个端口，或者某个 Subset 配置负载均衡策略。如下所示为给 forecast 服务的两个版本 Subset v1 和 v2 分别配置 RANDOM 和 ROUND_ROBIN 的负载均衡策略：

```
apiVersion: networking.istio.io/v1alpha3
kind: DestinationRule
metadata:
  name: forecast
  namespace: weather
spec:
  host: forecast
  subsets:
  - name: v2
    labels:
      version: v2
    trafficPolicy:
      loadBalancer:
        simple: ROUND_ROBIN
  - name: v1
    labels:
      version: v1
    trafficPolicy:
      loadBalancer:
        simple: RANDOM
```

如图 3-50 所示，这个策略通过 Pilot 下发到各个 Envoy，frontend 服务的 Envoy 在代理访问 forecast 服务时对不同的版本执行不同的负载均衡策略：对 v1 版本随机选择实例发起访问；对 v2 版本按照轮询方式选择实例发起访问。

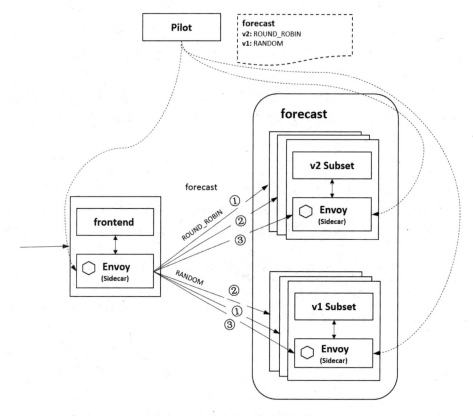

图 3-50　分版本定义负载均衡策略

4. TLS 认证配置

我们可以通过 DestinationRule 为一个服务的调用启用双向认证，当然，前提是服务本身已经通过 Config 开启了对应的认证方式。以上配置可以使对于 forecast 服务的访问使用双向 TLS，只需将模式配置为 ISTIO_MUTUAL，Istio 便可自动进行密钥证书的管理：

```
apiVersion: networking.istio.io/v1alpha3
kind: DestinationRule
metadata:
  name: forecast_istiomtls
```

```
  namespace: weather
spec:
  host: forecast
  trafficPolicy:
    tls:
      mode: ISTIO_MUTUAL
```

如图 3-51 所示，frontend 服务对 forecast 服务的访问会自动启用双向认证，对 forecast 服务和 frontend 服务的代码都无须修改，而且对双方的证书密钥也无须维护。

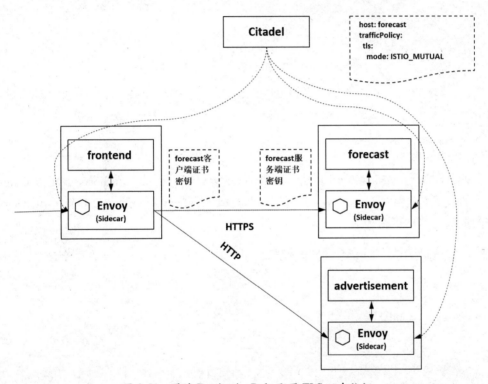

图 3-51　通过 DestinationRule 配置 TLS 双向认证

3.4　Istio 服务网关配置：Gateway

Gateway 在网格边缘接收外部访问，并将流量转发到网格内的服务。Istio 通过 Gateway 将网格内的服务发布成外部可访问的服务，还可以通过 Gateway 配置外部访问的端口、协议及与内部服务的映射关系。

3.4.1 Gateway 配置示例

下面通过一个配置示例认识 Gateway，通过 HTTP 的 80 端口访问网格内的服务：

```
apiVersion: networking.istio.io/v1alpha3
kind: Gateway
metadata:
  name: istio-gateway
  namespace: istio-system
spec:
  selector:
    app: ingress-gateway
  servers:
  - port:
      number: 80
      name: http
      protocol: HTTP
    hosts:
    - weather.com
```

另外，配合 Gateway 的使用，VirtualService 要做适当修改，在 hosts 上匹配 Gateway 上请求的主机名，并通过 gateways 字段关联定义的 Gateway 对象。3.2.1 节 VirtualService 部分的示例配置被更新为：

```
apiVersion: networking.istio.io/v1alpha3
kind: VirtualService
metadata:
  name: frontend
  namespace: weather
spec:
  hosts:
  - frontend
  - weather.com
  gateways:
  - istio-gateway.istio-system.svc.cluster.local
  - mesh
  http:
  - match:
    - headers:
        location:
          exact: north
    route:
```

```
        - destination:
            host: frontend
            subset: v2
    - route:
        - destination:
            host: frontend
            subset: v1
```

3.4.2　Gateway 规则定义

Gateway 一般和 VirtualService 配合使用。Gateway 定义了服务从外面怎样访问；VirtualService 定义了匹配到的内部服务怎么流转。正是有了 Gateway 的存在，才能在入口处对服务进行统一治理。

不同于在 V1alpha1 的 API 中使用 Kubernetes 的 Ingress 对象同时描述服务入口和对后端服务的路由，Istio 在当前的 V1alpha3 中引入的 Gateway 只是描述服务的外部访问，而服务的内部路由都在 VirtualService 中定义，从而解耦服务的外部入口和服务的内部路由。在一个 VirtualService 上定义的路由既可以对接 Gateway 应用到外部访问，也可以作为内部路由规则应用到网格内的服务间调用。例如，3.4.1 节配置示例中的规则对于内部和外部路由都可以生效。

Gateway 的规则定义如图 3-52 所示，与前面的两个规则定义相比较，Gateway 的定义看上去比较简单，主要定义了一组开放的服务列表。

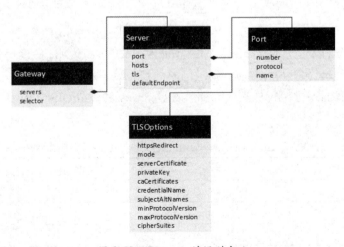

图 3-52　Gateway 的规则定义

可以看到，在 Gateway 上定义了如下两个关键字段。

◎ selector：必选字段，表示 Gateway 负载，为入口处的 Envoy 运行的 Pod 的标签，通过这个标签来找到执行 Gateway 规则的 Envoy。在 Istio 1.1 后，社区推荐 Gateway 的规则定义和 Gateway 的 Envoy 负载在同一个命名空间下。在 Istio 1.0 时没有这个要求，包括社区的 Bookinfo 经典示例仍将 Gateway 的负载部署在 istio-system 下，但是 Gateway 规则可以在另外的命名空间如 default 下。

◎ server：必选字段，表示开放的服务列表，是 Gateway 的关键内容信息，是一个数组，每个元素都是 Server 类型。

1. 后端服务 Server

Server 在结构上真正定义了服务的访问入口，可通过 port、hosts、defaultEndpoint 和 tls 来描述。

（1）port：必选字段，描述服务在哪个端口对外开放，是对外监听的端口。

（2）hosts：必选字段，为 Gateway 发布的服务地址，是一个 FQDN 域名，可以支持左侧通配符来进行模糊匹配。另外，Istio 1.1 支持在这个字段中加入命名空间条件来匹配特定命名空间下的 VirtualService。如果设置了命名空间，则会匹配该命名空间下的 VirtualService，如果未包含命名空间，则会尝试匹配所有命名空间。常用于 HTTP 服务，也可以是 TCP 或者 HTTPS。

注意：在 Istio 1.1 的 Gateway 中支持在 hosts 匹配时使用命名空间的过滤条件。

绑定到一个 Gateway 上的 VirtualService 必须匹配这里的 hosts 条件，支持精确匹配和模糊匹配。以本节的入门示例 Gateway 和 VirtualService 进行说明，假设通过 VirtualService 上的 gateways 字段已经建立了绑定，则示例中的 Gateway 在 istio-system 下，VirtualService 在 weather 下。我们通过比较如表 3-5 所示的 Gateway 和 VirtualService Hosts 的匹配示例来理解规则。

表 3-5　Gateway 和 VirtualService Hosts 的匹配示例

Gateway Hosts 表达式	VirtualService Hosts	是否匹配
*	weather.com	√
weather.com	weather.com	√
alphaweather.com	weather.com	×

续表

Gateway Hosts 表达式	VirtualService Hosts	是否匹配
*.weather.com	weather.com	×
*.com	weather.com	√
weather/*	weather.com	√
weather/weather.com	weather.com	√
alphaweather/*	weather.com	×
alphaweather/weather.com	weather.com	×
weather.com	weather.com:8888	×
*	weather.com:8888	√

在 Gateway 和 VirtualService 关联时，要注意 Istio 1.1 在 VirtualService 中增加的 exportTo 字段，只有对应的 VirtualService 的 exporTo 包含 Gateway 的命名空间，对应的关联才会生效。

（3）defaultEndpoint：是 Istio 1.1 新增的属性，表示流量转发的默认后端，可以是一个 loopback 的后端，也可以是 UNIX 的域套接字。

（4）tls：在实际使用中考虑到安全问题，在入口处都通过 HTTPS 的安全协议访问。这就需要一些额外的信息来描述，在 Gateways 上 Server 专门有个 TLSOptions 类型的字段 tls 来描述这部分定义，在下一节详细描述。

我们一般基于 port 和 hosts 字段来发布一个内部服务供外面访问，如下所示为发布一个 HTTP 的服务：

```
servers:
- port:
    number: 80
    name: http
    protocol: HTTP
  hosts:
  - weather.com
```

2. TLS 选项 TLSOptions

Server 上的另一个重要字段 tls 是与安全服务接口相关的，配置一个安全的协议总不那么容易，在这个属性上配置会比较多。

- httpsRedirect：是否要做 HTTP 重定向，在这个布尔属性启用时，负载均衡器会给所有 HTTP 连接都发送一个 301 的重定向，要求使用 HTTPS。
- mode：在配置的外部端口上使用 TLS 模式时，可以取 PASSTHROUGH、SIMPLE、MUTUAL、AUTO_PASSTHROUGH 这 4 种模式。
- serverCertificate：服务端证书的路径。当模式是 SIMPLE 和 MUTUAL 时必须指定，配置在单向和双向认证场景下用到的服务端证书。
- privateKey：服务端密钥的路径。当模式是 SIMPLE 和 MUTUAL 时必须指定，配置在单向和双向认证场景下用到的服务端私钥。
- caCertificates：CA 证书路径。当模式是 MUTUAL 时指定，在双向认证场景下配置在 Gateway 上验证客户端的证书。
- credentialName：Istio 1.1 的新特性，用于唯一标识服务端证书和密钥。Gateway 使用 credentialName 从远端的凭据存储（如 Kubernetes 的 Secrets）中获取证书和密钥，而不是使用 Mount 的文件。
- subjectAltNames：SAN 列表。SubjectAltName 允许一个证书指定多个域名，在 Gateways 上可以用来验证客户端提供的证书中的主题标识。
- minProtocolVersion：TLS 协议的最小版本。
- maxProtocolVersion：TLS 协议的最大版本。
- cipherSuites：指定的加密套件，默认使用 Envoy 支持的加密套件。

3.4.3　Gateway 的典型应用

下面认识 Gateway 的几种典型应用。

1. 将网格内的 HTTP 服务发布为 HTTP 外部访问

3.4.1 节的配置示例介绍了将一个内部的 HTTP 服务通过 Gateway 发布出去的典型场景。如图 3-53 所示，外部服务通过域名 http://weather.com 访问到应用的入口服务 frontend。VirtualService 本身定义了 frontend 服务从内部和外部访问同样的路由规则，即根据内容的不同，将请求路由到 v2 版本或 v1 版本。注意，这里 Gateway 的协议是 HTTP。

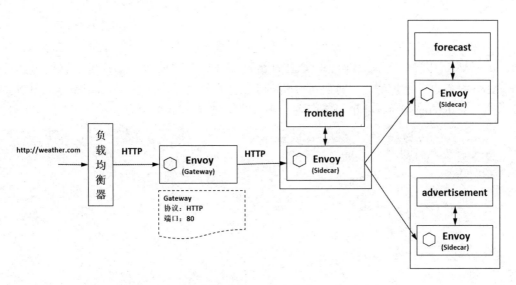

图 3-53　将网格内的 HTTP 服务发布为 HTTP 外部访问

2. 将网格内的 HTTPS 服务发布为 HTTPS 外部访问

在实际使用中更多的是配置 HTTPS 等安全的外部访问。例如，在这个场景中，将网格内的 HTTPS 服务通过 HTTPS 协议发布。这样在浏览器端中输入"https://weather.com"就可以访问到这个服务，如图 3-54 所示。

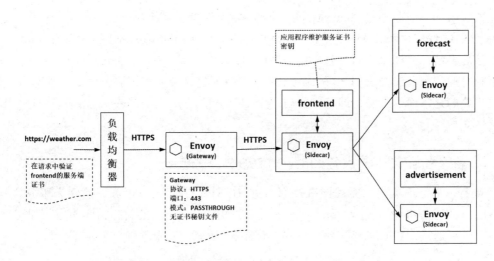

图 3-54　将网格内的 HTTPS 服务发布为 HTTPS 外部访问

如下所示是这种场景的 Gateway 配置，重点是：端口为 443，协议为 HTTPS，TLS 模式为 PASSTHROUGH，表示 Gateway 只透传应用程序提供的 HTTPS 内容。在本示例中，frontend 入口服务自身是 HTTPS 类型的服务，TLS 需要的服务端证书、密钥等都是由 frontend 服务自己维护的。这时要对 frontend 服务做路由管理，在 VirtualService 中需要配置支持 TLSRoute 规则，如果没有配置，则流量会被当作 TCP 处理：

```
apiVersion: networking.istio.io/v1alpha3
kind: Gateway
metadata:
  name: istio-gateway
  namespace: istio-system
spec:
  selector:
    app: ingress-gateway
  servers:
  - port:
      number: 443
      name: https
      protocol: HTTPS
    hosts:
    - weather.com
    tls:
      mode: PASSTHROUGH
```

这时，Istio 只是通过 Gateway 将一个内部的 HTTPS 服务发布出去。Istio 提供了通道和机制，HTTPS 的证书及网格外部 HTTPS 客户端如何访问 frontend 服务都是 frontend 服务自己的事情。这里的 HTTPS 是应用程序的 HTTPS，不是 Istio 的 Gateway 提供的 HTTPS。对于自身的服务已经是 HTTPS 的应用，Istio 支持通过这种方式把服务发布成外部可访问，但更推荐的是下面的做法，即将网格内一个 HTTP 的服务通过 Gateway 发布为 HTTPS 外部访问。

3. 将网格内的 HTTP 服务发布为 HTTPS 外部访问

与上一个场景类似，要求网格外部通过 HTTPS 访问入口服务，差别为服务自身是 HTTP，在发布的时候通过 Gateway 的配置可以提供 HTTPS 的对外访问能力。如图 3-55 所示，外部通过 HTTPS 访问，入口服务 frontend 是 HTTP 服务。

第 3 章　非侵入的流量治理

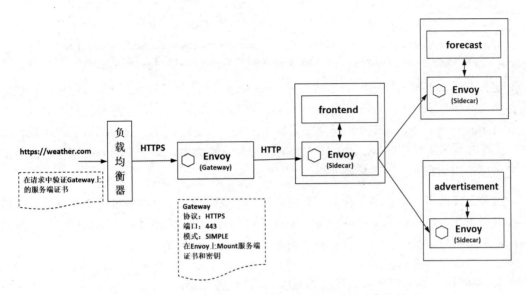

图 3-55　将网格内 HTTP 服务发布为 HTTPS 外部访问

这时配置 Gateway 如下，可以看到端口为 443，协议为 HTTPS。与前一种场景的入口服务自身为 HTTPS 不同，这里的 TLS 模式是 SIMPLE，表示 Gateway 提供标准的单向 TLS 认证。这时需要通过 serverCertificate 和 privateKey 提供服务端证书密钥。从图 3-55 也可以看到 TLS 认证的服务端是在入口的 Envoy 上创建的，入口服务 frontend 本身保持原有的 HTTP 方式：

```
apiVersion: networking.istio.io/v1alpha3
kind: Gateway
metadata:
  name: istio-gateway
  namespace: istio-system
spec:
  selector:
    app: ingress-gateway
  servers:
  - port:
      number: 443
      name: https
      protocol: HTTPS
    hosts:
    - weather.com
    tls:
```

• 115 •

```
mode: SIMPLE
serverCertificate: /etc/istio/gateway-weather-certs/server.pem
privateKey: /etc/istio/gateway-weather-certs/privatekey.pem
```

这种方式又被称为终结的 HTTPS，在 Gateway 外面是 HTTPS，但从 Gateway 往里的服务间访问还是 HTTP。入口处作为 Gateway 的 Envoy，一方面作为服务提供者的入口代理，将 frontend 服务以 HTTPS 安全协议发布出去；另一方面作为服务消费者的代理，以 HTTP 向 frontend 服务发起请求。正因为有了后面这种能力，对于 frontend 服务上的路由仍然可以使用 HTTP 的路由规则。

这种方式既可以提供第 1 种 HTTP 发布同样的灵活性，又可以满足第 2 种场景要求的入口安全访问。在 Gateway 服务发布时提供了安全的能力，对服务自身的代码、部署及网格内部的路由规则的兼容都没有影响，因此是推荐的一种做法。

4. 将网格内的 HTTP 服务发布为双向 HTTPS 外部访问

对于大多数场景，使用上面的方式将入口的 HTTP 服务发布成标准的 HTTPS 就能满足需要。在某些场景下，比如调用入口服务的是另一个服务，在服务端需要对客户端进行身份校验，这就需要用到 TLS 的双向认证，如图 3-56 所示。

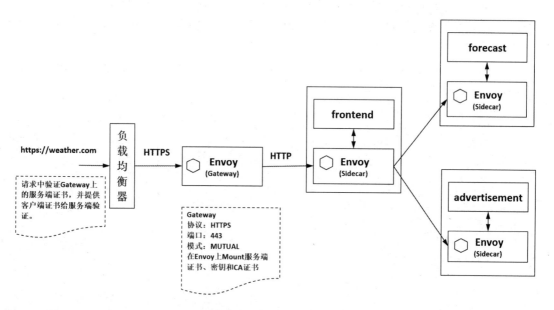

图 3-56 将网格内 HTTP 服务发布为双向 HTTPS 外部访问

这种方式的主要流程和第3种场景单向认证类似，都是在入口处 Gateway 角色的 Envoy 上开放 HTTPS 服务，外部 HTTPS 请求在 Gateway 处终止，内部 VirtualService 的路由配置仍然是 HTTP。

在如下配置方式中，可以看到，双向认证和单向认证的差别在于，Gateway 上的模式被设定为 MUTUAL 时表示双向认证，同时，为了支持双向认证，除了要配置通过 serverCertificate 和 privateKey 提供服务端证书密钥，还需要提供 caCertificates 来验证客户端的证书，从而实现和调用方的双向认证：

```yaml
apiVersion: networking.istio.io/v1alpha3
kind: Gateway
metadata:
  name: istio-gateway
  namespace: istio-system
spec:
  selector:
    app: ingress-gateway
  servers:
  - port:
      number: 443
      name: https
      protocol: HTTPS
    hosts:
    - weather.com
    tls:
      mode: MUTUAL
      serverCertificate: /etc/istio/gateway-weather-certs/server.pem
      privateKey: /etc/istio/gateway-weather-certs/privatekey.pem
      caCertificates: /etc/istio/gateway-weather-certs/ca-chain.cert.pem
```

5. 将网格内的 HTTP 服务发布为 HTTPS 外部访问和 HTTPS 内部访问

除了以上几种方式，有没有一种方式可以将一个 HTTP 服务通过 Gateway 发布为 HTTPS 服务？同时在网格内部也是 HTTPS 的双向认证？当然有，这是 Istio 安全能力的主要场景，如图 3-57 所示，不用修改代码，HTTP 服务在网格内和网格外都是 HTTPS 安全方式互访。

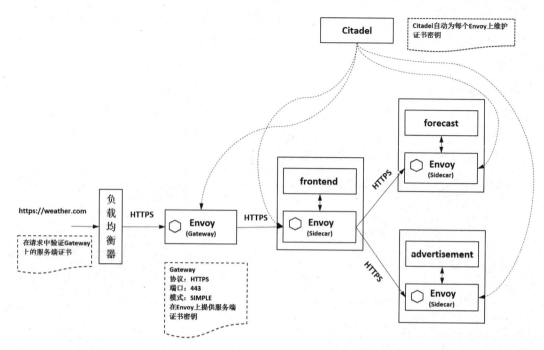

图 3-57 将网格内的 HTTP 服务发布为 HTTPS 外部访问和 HTTPS 内部访问

这里的 Gateway 的 Manifest 和场景 3 完全相同，不再重复介绍。

我们只需知道 Istio 可以透明地给网格内的服务启用双向 TLS，并且自动维护证书和密钥。入口 Gateway 和入口服务 frontend 在这种场景下的工作机制如下：

◎ frontend 服务自身还是 HTTP，不涉及证书密钥的事情；
◎ Gateway 作为 frontend 服务的入口代理，对外提供 HTTPS 的访问。外部访问到的是在 Gateway 上发布的 HTTPS 服务，使用 Gateway 上的配置提供服务端证书和密钥；
◎ Gateway 作为外部服务访问 frontend 服务的客户端代理，对 frontend 服务发起另一个 HTTPS 请求，使用的是 Citadel 分发和维护的客户端证书和密钥，与 frontend 服务的服务端证书和密钥进行双向 TLS 认证和通信。

注意：入口服务通过 Gateway 发布成 HTTPS，结合 Istio 提供的透明双向 TLS，在入口的 Envoy 上是两套证书密钥，一套是 Gateway 对外发布 HTTPS 服务使用的，另一套是 Istio 提供的网格内双向 TLS 认证，两者没有任何关系。

下面通过如表 3-6 所示的 Gateway 上的服务发布方式比较来理解以上几种场景。

表 3-6　Gateway 上的服务发布方式比较

场　　景	Gateway 认证模式	服务端认证文件的保存位置	服务端的认证文件	Istio 的角色	使 用 场 景
将网格内的 HTTP 服务发布为 HTTP 外部访问	不涉及	不涉及	不涉及	通过 Gateway 发布入口 HTTP 服务	服务自身是 HTTP 服务，对外部访问的安全性要求不高
将网格内的 HTTPS 服务发布为 HTTPS 外部访问	PASSTHROUGH	在业务容器中	服务端证书、密钥	Istio 只是将内部入口处的 HTTPS 服务通过 Gateway 开放出去。HTTPS 由业务程序维护	服务自身是 HTTPS 的系统，要发布为对外访问
将网格内的 HTTP 服务发布为 HTTPS 外部访问	SIMPLE	在 Gateway 容器中	服务端证书、密钥	Istio 在 Gateway 上为入口的访问建立 HTTPS 的安全通道。HTTPS 在 Gateway 处终结，内部访问仍是 HTTP	入口是 HTTP 服务，对外访问安全性要求高，需要对外提供 HTTPS 访问。为推荐的用法
将网格内的 HTTP 服务发布为双向 HTTPS 外部访问	MUTUAL	在 Gateway 容器中	服务端证书、密钥、CA	Istio 在 Gateway 上为入口的访问建立双向 HTTPS 认证的安全通道。HTTPS 在 Gateway 处终结，内部访问仍是 HTTP	入口是 HTTP 服务，对外访问安全性要求高，并且访问的客户端可以提供客户端认证
将网格内的 HTTP 的服务发布为 HTTPS 外部访问和 HTTPS 内部访问	SIMPLE	在 Gateway 容器中	服务端证书、密钥	Istio 在 Gateway 上为入口的访问建立 HTTPS 的安全通道。HTTPS 在 Gateway 处终结，网格内部的 HTTPS 通道由 Istio 维护，对用户业务透明	入口是 HTTP 服务，对外访问安全性要求高，内部服务间的安全性要求较高

此外，在 Gateway 上一般都是发布多个服务，如下所示为配置多个 Server 元素：

```
apiVersion: networking.istio.io/v1alpha3
kind: Gateway
```

```yaml
metadata:
  name: istio-gateway
  namespace: istio-system
spec:
  selector:
    app: ingress-gateway
  servers:
  - port:
      number: 443
      name: https
      protocol: HTTPS
    hosts:
    - weather.com
    tls:
      mode: MUTUAL
      serverCertificate: /etc/istio/gateway-weather-certs/server.pem
      privateKey: /etc/istio/gateway-weather-certs/privatekey.pem
      caCertificates: /etc/istio/gateway-weather-certs/ca-chain.cert.pem
  - port:
      number: 80
      name: http
      protocol: HTTP
    hosts:
    - weather2.com
```

3.5 Istio 外部服务配置：ServiceEntry

在 Istio 中提供了 ServiceEntry 的配置，将网格外的服务加入网格中，像网格内的服务一样进行管理。在实现上就是把外部服务加入 Istio 的服务发现，这些外部服务因为各种原因不能被直接注册到网格中。

3.5.1 ServiceEntry 配置示例

下面通过一个配置示例了解 ServiceEntry 的基本用法，在该配置示例中通过 ServiceEntry 包装了一个对 "www.weatherdb.com" 外部服务的访问。在网格内是一个完整应用，对外提供 weather 服务，但某些数据来自另一个开放数据服务 "www.weatherdb.com"，通过如下配置就可以对开放数据服务的访问进行治理：

```
apiVersion: networking.istio.io/v1alpha3
kind: ServiceEntry
metadata:
  name: weather-external
spec:
  hosts:
  - www.weatherdb.com
  ports:
  - number: 80
    name: http
    protocol: HTTP
  resolution: DNS
  location: MESH_EXTERNAL
```

3.5.2　ServiceEntry 规则的定义和用法

如图 3-58 所示是 ServiceEntry 的规则定义，可以配置外部服务的 DNS 域名、VIP、端口、协议和后端地址等。

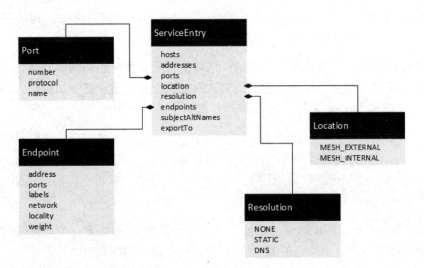

图 3-58　ServiceEntry 的规则定义

可以看到，ServiceEntry 主要包含如下几个字段。

（1）hosts：是一个必选字段，表示与 ServiceEntry 相关的主机名，可以是一个 DNS 域名，还可以使用前缀模糊匹配。在使用上有以下几点需要说明。

- HTTP 的流量，这个字段匹配 HTTP Header 的 Host 或 Authority。
- HTTPS 或 TLS 的流量，这个字段匹配 SNI。
- 其他协议的流量，这个字段不生效，使用下面的 addresses 和 port 字段。
- 当 resolution 被设置为 DNS 类型并且没有指定 endpoints 时，这个字段将用作后端的域名来进行路由。

（2）addresses：表示与服务关联的虚拟 IP 地址，可以是 CIDR 这种前缀表达式。对于 HTTP 的流量，该字段被忽略，而是使用 Header 中的 Host 或 Authority。如果 addresses 为空，则只能根据目标端口来识别，在这种情况下这个端口不能被网格里的其他服务使用。即 Sidecar 只是作为一个 TCP 代理，把某个特定端口的流量转发到配置的目标后端。

（3）ports：表示与外部服务关联的端口，是一个必选字段。

（4）location：用于设置服务是在网格内部还是在网格外部。可以取以下两种模式。

- MESH_EXTERNAL：表示在网格外部，通过 API 访问的外部服务。示例中的 "www.weatherdb.com" 就是一个外部服务。
- MESH_INTERNAL：表示在网格内部，一些不能直接注册到网格服务注册中心的服务，例如一些虚机上的服务不能通过 Kubernetes 机制自动在 Istio 中进行服务注册，通过这种方式可以扩展网格管理的服务。

location 字段会影响 mTLS 双向认证、策略执行等特性。当和网格外部服务通信时，mTLS 双向认证将被禁用，并且策略只能在客户端执行，不能在服务端执行。因为对于外部服务，远端不可能注入一个 Sidecar 来进行双向认证等操作。

（5）resolution 是一个内容较多的必选字段，表示服务发现的模式，用来设置代理解析服务的方式，将一个服务名解析到一个后端 IP 地址上，可以设置 NONE、STATIC、DNS 三种模式。另外，这里配置的解析模式不影响应用的服务名解析，应用仍然使用 DNS 将服务解析到 IP 上，这样 Outbound 流量会被 Envoy 拦截。

- NONE：用于当连接的目标地址已经是一个明确 IP 的场景。当访问外部服务且应用要被解析到一个特定的 IP 上时，要将模式设为 NONE。
- STATIC：用在已经用 endpoints 设置了服务实例的地址场景中，即不用解析。
- DNS：表示用查询环境中的 DNS 进行解析。如果没有设置 endpoints，代理就会使用在 hosts 中指定的 DNS 地址进行解析，前提是在 hosts 中未使用通配符；如果设置了 endpoints，则使用 endpoints 中的 DNS 地址解析出目标 IP。在 3.5.1 节的配置示例中使用 hosts 的值 "www.weatherdb.com" 进行解析。

（6）subjectAltNames：表示这个服务负载的 SAN 列表。在 Istio 安全相关配置的多个地方被用到，被设置时，代理将验证服务证书的 SAN 是否匹配。

（7）endpoints：表示与网格服务关联的网络地址，可以是一个 IP，也可以是一个主机名。这个字段是一个 Endpoints 的复杂结构。

- ◎ address：必选字段，表示网络后端的地址。在前面 ServiceEntry 的解析方式中 resolution 被设置为 DNS 时，address 可以使用域名，但要求是明确的地址，不可以使用模糊匹配。
- ◎ ports：端口列表。
- ◎ labels：后端的标签。
- ◎ network：这个高级配置主要用在 Istio 多集群中。所有属于相同 network 的后端都可以直接互访，不在同一个 network 的后端不能直接访问。在使用 Istio Gateway 时可以对不同 network 的后端建立连接。
- ◎ locality：后端的 locality，主要用于亲和性路由。即 Envoy 可以基于这个标识做本地化路由，优先路由到本地的后端上。locality 表示一个故障域，常见的如国家、地区、区域，也可以分割每个故障域来表示任意层次的结构。
- ◎ weight：表示负载均衡的权重，权重越高，接收的流量占比越大。

此外，Istio 1.1 在 ServiceEntry 上添加了一个重要字段 exportTo，用于控制 ServiceEntry 跨命名空间的可见性，这样就可以控制在一个命名空间下定义的资源对象是否可以被其他命名空间下的 Sidecar、Gateway 和 VirtualService 使用。如果未赋值，则默认全局可见。"."表示仅应用到当前命名空间，"*"表示应用到所有命名空间，在 Istio 1.1 中只支持 "." 和 "*" 这两种配置。

3.5.3 ServiceEntry 的典型应用

配置访问外部服务是 ServiceEntry 的典型应用，Manifest 的定义参照 3.5.1 节的配置示例，这样就可以像网格内的服务一样进行治理。如图 3-59 所示，forecast 服务对 "www.weatherdb.com" 的访问被本地的 Sidecar 拦截，从而对访问进行治理。

除了采用上面这种方式直接从网格内的 Sidecar 访问外部服务，有时对外部服务的访问必须经过一个对外的 Egress 代理的场景，因为只有这个节点有对外的 IP 或者这个节点是统一的安全出口等，访问会如图 3-60 所示。

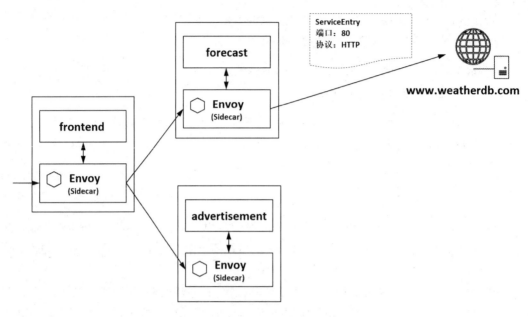

图 3-59 通过 ServiceEntry 访问网格外的服务

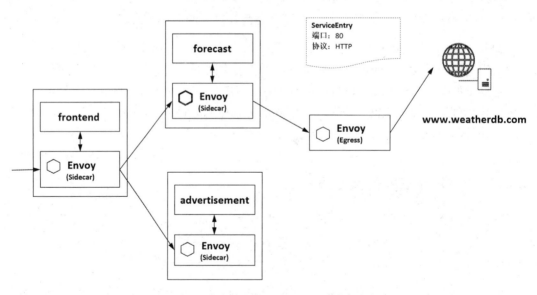

图 3-60 通过 Egress Gateway 访问外部服务

这时首先需要创建一个 Egress Gateway，创建对外部服务 "www.weatherdb.com" 的访问：

```
apiVersion: networking.istio.io/v1alpha3
kind: Gateway
metadata:
  name: egress-gateway
  namespace: istio-system
spec:
  selector:
    app: egress-gateway
  servers:
  - port:
      number: 80
      name: http
      protocol: HTTP
    hosts:
    - www.weatherdb.com
```

然后通过如下 VirtualService 定义流量规则：

```
apiVersion: networking.istio.io/v1alpha3
kind: VirtualService
metadata:
  name: egress-weatherdb
  namespace: weather
spec:
  hosts:
  - www.weatherdb.com
  gateways:
  - egress-gateway.istio-system.svc.cluster.local
  - mesh
  http:
  - match:
    - gateways:
      - mesh
      port: 80
    route:
    - destination:
        host: egress-gateway.istio-system.svc.cluster.local
  - match:
    - gateways:
      - egress-gateway.istio-system.svc.cluster.local
      port: 80
    route:
```

```
      - destination:
          host: www.weatherdb.com
```

可以看到，定义了两个 Route。

◎ 网格内流量：这个 Route 的 gateways 是 "mesh" 关键字，表示来自网格内的流量。这类流量在访问 "www.weatherdb.com" 这个外部地址时将被转发到 Egress Gateway 上。

◎ 网格对外流量：这个 Route 匹配的 gateways 字段是 Egress，表示匹配来自 Egress 的流量，这种流量将被路由到外部服务 "www.weatherdb.com" 上。

3.6 Istio 代理规则配置：Sidecar

Sidecar 这个全新的资源对象是 Istio 在 1.1 版本中引入的，用于对 Istio 数据面的行为进行更精细的控制。

3.6.1 Sidecar 配置示例

如下所示配置了一组基于命名空间描述的 Egress，定义了 weather 这个命名空间下的 Sidecar 只可以访问 istio-system 和 news 两个命名空间下的服务：

```
apiVersion: networking.istio.io/v1alpha3
kind: Sidecar
metadata:
  name: default
  namespace: weather
spec:
  egress:
  - hosts:
    - "istio-system/*"
    - "news/*"
```

3.6.2 Sidecar 规则定义

我们知道，在 Istio 里 Envoy 正是先拦截到工作负载的 Inbound 流量和 Outbound 流量，才能执行服务间访问的治理。Istio 在 1.1 版本中引入的 Sidecar 资源对象可以更精细地控制 Envoy 转发和接收的端口、协议等，并可以限制 Sidecar Outbound 流量允许到达的目标服务集合。如图 3-61 所示是 Sidecar 的规则定义。

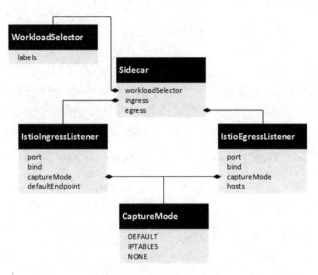

图 3-61　Sidecar 的规则定义

在 Sidecar 上主要通过三个字段来描述规则。

（1）workloadSelector：表示工作负载的选择器。Sidecar 的配置可以使用 workloadSelector 应用到命名空间下的一个或者多个负载，如果未配置 workloadSelector，则应用到整个命名空间。每个命名空间都只能定义一个没有 workloadSelector 的 Sidecar，表示对命名空间的全局配置。

如下所示为在 weather 这个命名空间下 app 标签匹配 forecast 服务的工作负载标签：

```
apiVersion: networking.istio.io/v1alpha3
kind: Sidecar
metadata:
  name: weather-forecast
  namespace: weather
spec:
  workloadSelector:
    labels:
      app: forecast
......
```

（2）egress：是一种 IstioEgressListener 类型，可用来配置 Sidecar 对网格内其他服务

的访问，如果没有配置，则只要命名空间可见，命名空间里的服务就都可以被访问。

IstioEgressListener 通过如下几个字段来描述规则。

◎ port：监听器关联的端口，被设定后会作为主机的默认目标端口。
◎ bind：监听器绑定的地址。
◎ captureMode：配置如何捕获监听器的流量，可以有 DEFAULT、IPTABLES、NONE 三种模式。DEFAULT 表示使用环境默认的捕获规则；IPTABLES 指定基于 iptabels 的流量拦截；NONE 表示没有流量拦截。
◎ hosts：是一个必选字段，表示监听器的服务，为"namespace/dnsName"格式。dnsName 需要为 FQDN 格式，可以对 namespace、dnsName 使用通配符。

如下所示，对于 istio-system 命名空间下的所有 Outbound 流量，Sidecar 都会进行转发；对于命名空间 weather 下的服务，Sidecar 只转发目标是 3002 端口的流量：

```
apiVersion: networking.istio.io/v1alpha3
kind: Sidecar
metadata:
  name: default
  namespace: weather
spec:
  egress:
  - hosts:
    - "istio-system/*"
  - hosts:
    - "weather/*"
    port:
      number: 3002
      protocol: HTTP
      name: http
```

（3）ingress：IstioIngressListener 类型，配置 Sidecar 对应工作负载的 Inbound 流量。IstioIngressListener 字段和 IstioEgressListener 字段有点像，但语义不同。

◎ port：必选字段，监听器关联的端口。
◎ bind：监听器绑定的地址。
◎ captureMode：配置如何捕获监听器的流量，该模式的取值同 IstioEgressListener 上的对应字段。
◎ defaultEndpoint：必选字段，为流量转发的目标地址。

如下所示为在命名空间 weather 下匹配 forecast 负载的 Sidecar 规则，允许其接收来自 3002 端口的 HTTP 流量，并且将请求转发到 127.0.0.1:3012 上。这种方式用在自动流量拦截功能不可用，即未能初始化 iptables 规则时，通过 Sidecar 的这种配置可以将流量转发到本地负载的 3012 端口：

```
apiVersion: networking.istio.io/v1alpha3
kind: Sidecar
metadata:
  name: default
  namespace: weather
spec:
  workloadSelector:
    labels:
      app: forecast
  ingress:
  - port:
      number: 3002
      protocol: HTTP
    defaultEndpoint: 127.0.0.1:3012
    captureMode: NONE
```

3.7 本章总结

Istio 的治理能力大部分是通过本章介绍的流量规则来配置管理的。流量规则虽然经历了从 V1alpha1 版本到 V1alpha3 版本的重构，但理解起来还是有点复杂，细节也很多。这里提取和总结一些重要内容放在表 3-7 中以帮助读者理解，可以将其认为是 Istio 规则体系设计上的几个一般性原则。

表 3-7 Istio 流量规则要点总结

规　　则	说　　明	规则适用场合
规则覆盖	本地覆盖全局原则	HTTPMatchRequest、TLSMatchAttributes、L4MatchAttributes 中对 gateways 的配置，都覆盖 VirtualService 上的配置； DestinationRulePortTrafficPolicy 和 Subset 中的负载均衡、连接池、异常点检查规则配置，都覆盖 DestinationRule 上全局的对应配置

续表

规　则	说　明	规则适用场合
组合条件	属性间的"与"逻辑，元素间的"或"逻辑，实现丰富的条件表达能力	在 VirtualService 的 HTTPMatchRequest、TLSMatchAttributes 和 L4MatchAttributes 的条件定义中，各自属性间是"与"逻辑，元素间是"或"逻辑
hosts 规则	匹配访问来源的地址；hosts 名是一个 FQDN 域名，支持精确匹配和模糊匹配	VirtualService 上的 hosts 字段：描述 VirtualService 定义的服务，匹配流量的目标地址。 TLSMatchAttributes 上 sniHosts 字段：TLS 路由匹配条件，匹配 TLS 请求的 SNI。 Gateway 的 Server 上的 hosts 字段：Gateway 后端服务的主机名，匹配服务的外部访问地址。 ServiceEntry 上的 hosts：ServiceEntry 的主机名，匹配外部服务地址
hosts 服务名	Istio 服务发现的服务名。在 Kubernetes 平台上如果用了短域名，Istio 就会根据规则的命名空间来解析服务名	VirtualService 上的 hosts 字段：描述 VirtualService 定义的服务，匹配流量的目标地址。 Destination 上的 host 字段：描述一个目标后端的服务名。 DestinationRule 上的 host 字段：描述目标规则适用的服务名

本章用了较大篇幅详细介绍 Istio 提供的流量治理能力，相信读者已经了解了 Istio 提供的诸多流量治理规则及其原理、用法、场景等。本章采用了配置示例片段来讲解规则用法，在实践篇中会有完整的流量治理实践，有兴趣的读者可以直接跳到对应的章节进行实践，也可以按顺序进入第 4 章，了解 Istio 提供的另一个强大而神奇的功能——可扩展的策略和遥测，了解如何基于 Istio 不用修改代码就能提取服务的运行数据，并控制服务间的访问。

第 4 章
可扩展的策略和遥测

本章讲解 Istio 提供的可扩展的策略和遥测功能，包括 Istio 中策略和遥测要解决的问题、实现原理和使用方式；并讲解 Istio 基于 Adapter 机制提供的 Prometheus、Fluentd、Quota 等策略和遥测功能，包括这些 Adapter 的工作机制和使用方法等；并基于这种扩展机制在不修改代码的情况下收集服务的运行数据和执行策略。

4.1 Istio 策略和遥测的原理

在第 2 章讲过，在 Istio 中通过一个专门的服务端组件提供一种扩展机制来收集服务运行的遥测数据和对服务间的访问执行一定的策略，下面通过遥测数据采集的场景来解析其解决的问题和实现原理。

4.1.1 应用场景

对服务进行全面管理，除了需要具备服务治理功能，还需要知道服务到底运行得怎么样、有没有问题、哪里有问题，这一般是 APM 的职能，涉及采集数据、存储数据和检索数据。

1. 传统的遥测数据收集方式

收集数据是最基础也最麻烦的一个阶段。为了管理不同的数据对象，就会有不同的监控数据源，并有不同格式的监控数据。在业务代码中经常混杂一大堆机械、重复的数据采集的 Client 功能代码，用于生成数据并且连接对应的 APM 服务端上报，如图 4-1 所示。不论是一个特定的 APM 服务的 SDK，还是使用通用的 Restful、gRPC 协议，数据采集代码经常是一个大杂烩，对业务代码侵入特别大。

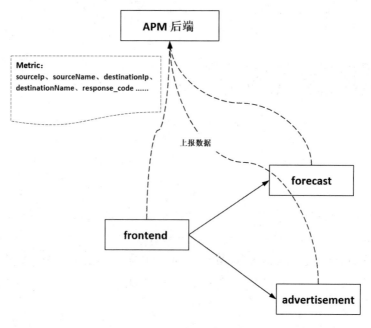

图 4-1 传统的遥测数据收集方式

在业务代码中只写一遍数据生成和上报的逻辑还好应对,我们几乎都遇到过以下场景。

◎ 场景 1:APM 协议发生变化,例如 APM 服务端做了更新,并将原来的 Restful 协议改为 gRPC 协议。

◎ 场景 2:APM 上报字段被修改,例如需要增加、删除或者修改某些上报字段。

在以上场景中,业务自身没有发生变化,却不得不跟着修改。我们大多经历过这样的事情:领导想要多关心一个信息时,APM 要跟着修改,整个项目组上报数据的所有服务都被迫机械式更新,不管修改的是硬编码的代码,还是一个所谓灵活的配置,业务代码都得改一波。

2. Sidecar 的遥测数据收集方式

在 Service Mesh 场景下,Sidecar 代理了业务的各种能力,对应的监控数据采集流程如图 4-2 所示。

第 4 章　可扩展的策略和遥测

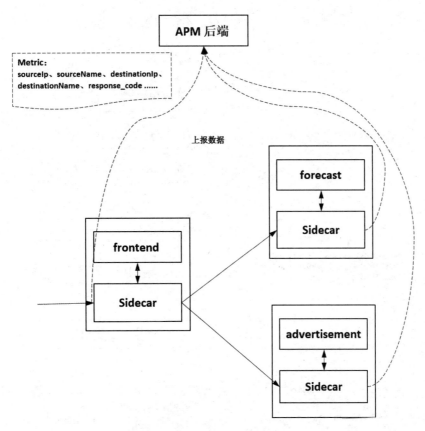

图 4-2　Sidecar 的遥测数据收集方式

可以看到，访问都被透明的 Sidecar 代理了，可以通过 Sidecar 代理上报监控数据，这时在以上两种场景中都不用修改业务代码，这也是 Service Mesh 业务非侵入的一个重要体现。这种方式解耦了业务代码开发者的工作，至少对 APM 加个字段就不用升级应用了。但是，在每次 APM 服务端发生变更时，Sidecar 作为 APM 的数据采集端都必须随之变更，就像 APM 中的各种探针或者 Agent 一样要随着服务端变更。我们除了需要应对场景 1 和场景 2 下的变更，还需要应对场景 3（多个 APM 后端场景）下的问题。

在场景 3 下，为了提供综合的 APM 能力，需要上报多种数据，即可能会对接多个 APM 后端，系统如图 4-3 所示。

可以看到图 4-3 中上报数据的线条有多乱！每个 Sidecar 都得配备多个后端地址，对接多个后端协议，分别按照各自的格式上报数据。如果以上任何一个 APM 后端的上报格式或者其他逻辑有变更，Sidecar 就必须要升级。如果用户因为业务需要再对接一个新的

APM，则不但整个访问拓扑更乱，每个 Sidecar 都还要重新开发去支持这个后端，然后全局升级。

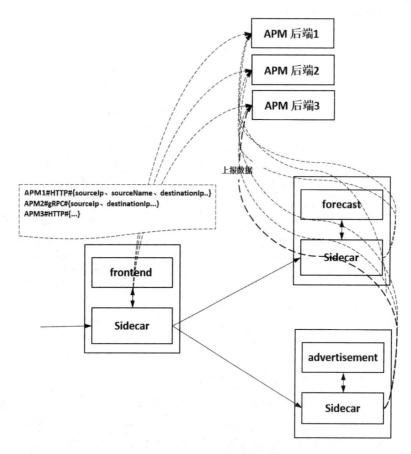

图 4-3 Sidecar 生成和上报遥测数据给多个 APM 后端

3. Istio 基于 Mixer 的遥测数据收集方式

那么，有没有一种方式能让 Sidecar 避免这种全局升级呢？Istio 在业务非侵入的基础上引入了一种更灵活的扩展机制，其灵活性体现在增加遥测和策略的功能时，不仅不用修改业务代码，还不用修改 Sidecar。

侵入少的思路逃不过"解耦"两个字。Service Mesh 形态把治理逻辑从业务代码里解耦到外面的进程中，从而做到了对业务代码的无侵入。在遥测数据采集场景下，Istio 更前进了一步,将 Envoy 里的这部分功能提取出来,放到一个服务端组件 Mixer 上,在逻辑上将 Envoy 和各种遥测数据的收集解耦,并将 Envoy 和真正的遥测后端解耦,这时,应用和代理、代理和遥测后端的调用拓扑会如图 4-4 所示。

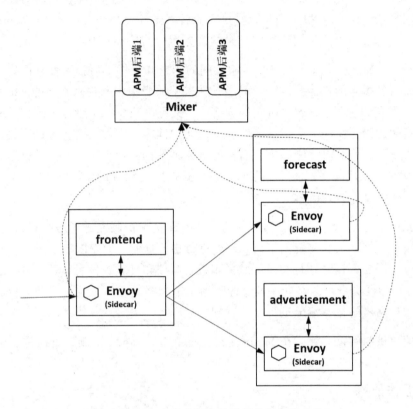

图 4-4　Istio 基于 Mixer 的遥测数据收集方式

与图 4-3 相比,在图 4-4 中看不到 Envoy 与多个后端系统那些杂乱的连接,取而代之的是 Envoy 和控制面组件 Mixer 的单条连接。下面看看本节开头提到的三种场景在 Mixer 新架构下的表现。

- 场景 1:当 APM 协议改变时,只需修改 Mixer 对接的 Adapter 的对应接口即可,数据面代理无须随之变更。
- 场景 2:当某个 APM 上报的数据格式发生变化时,只需修改 Adapter 的数据定义即可,数据面代理无感知。
- 场景 3:在对接一个新的后端时,只需基于 Mixer 的 Adapter 机制开发一个对应的 Adapter 即可,数据面代理无感知。

以上三种场景都是以比较好理解的遥测数据收集为例进行说明的,通过扩展策略进行服务访问的检查和控制也是同样的扩展逻辑,后面会讲到这些内容。

基于 Mixer Adapter 提供的扩展机制,可以做到在遥测和策略执行时对业务代码的无侵入,解耦数据面 Envoy 和遥测与策略执行的后端服务,并开发自己的 Adapter,提供扩展和定制的能力,提供满足用户特定场景的服务运行监控和控制。

可以看到,Mixer 这种架构减少了组件间的耦合并提供了可扩展性,但代价是增加了独立管理面组件引入的性能和故障点问题,在未来的版本中有规划将 Adapter 移到数据面 Sidecar 中,既可以保留 Adapter 机制的灵活性,又可以减少一个管理面组件,减少在请求中对管理面的访问,在保留适当扩展性和兼顾架构性能之间做一个更好的平衡。这样,用于 Mixer 独立组件的逻辑功能和资源消耗会被挪到数据面代理中,但会让数据面的轻量代理变重。这是 Istio 社区规划的一个方向,本书还是以在 Istio 的 1.0 和 1.1 版本中推荐使用的独立 Mixer 的设计展开讲解。

基于 Mixer 这种机制,服务运维人员会从 Mixer 这个控制点进行遥测和策略执行管理,可以方便地定义策略层和配置的接口,例如进行访问控制、速率限制和配额等;还可以通过在 Envoy 上采集的度量指标提供完整的追踪、监控和日志等信息,对网格的运行情况进行监控;并可以配合各种可视化手段,清晰地了解网格的运行情况,基于运行的数据配置治理规则,对网格的运行情况进行立体管理。

以上扩展机制的核心就是在 Mixer 上定义的一套 Adapter 机制,下面重点讲解。

4.1.2 工作原理

前面讲到每个插件就是一个 Adapter,Mixer 通过它们与不同的基础设施后端连接,提供日志、监控、配额、ACL 检查等功能。

如图 4-4 所示,Mixer 解耦了数据面 Envoy 和遥测与策略执行的后端的直接联系,在该图上只画出了主流程,对 Mixer 和后端的这部分交互做了简化。这里将主流程的对应部分展开,看看从 Envoy 到 Mixer、从 Mixer 到后端服务到底是怎么交互的,其接口是什么,都交互了些什么数据。

因为每个基础设施后端都有不同的接口和操作,所以 Mixer 需要自定义代码进行处理,这就是 Mixer 的 Adapter 机制,主要流程如图 4-5 所示。

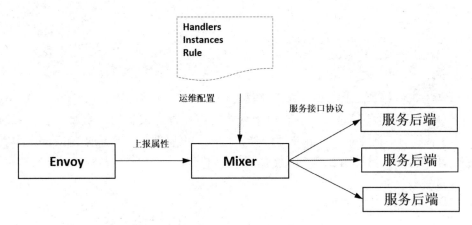

图 4-5　Mixer 的 Adapter 机制的主要处理流程

可以看到，该流程主要有两步：

（1）Envoy 生成数据并将数据上报给 Mixer，例如 Envoy 生成一条服务 A 访问服务 B 的数据，包括时间、服务 A 的 IP、服务 B 的 IP 等；

（2）Mixer 调用对应的服务后端处理收到的数据，例如 Mixer 调用一个 APM 的 Adapter，通过这个 Adapter 将数据上报到 APM 后端。

每个经过 Envoy 的请求都会调用 Mixer 上报数据，Mixer 将上报的这些数据作为策略和遥测报告的一部分发送出来，并转换为对后端服务的调用。

在 Mixer 的 Adapter 里封装了对数据的处理逻辑和和对后端服务的调用接口，Adapter 的存在实体就是一个处理数据的二进制加一个配置的定义。Adapter 提供通用接口供 Mixer 调用，然后将调用转到对应的后端服务。Mixer 通过 Protobuf 格式定义 Adapter 的配置。

4.1.3　属性

1. Istio 属性定义

刚才提到，Envoy 上报的数据在 Istio 中被称为属性（Attribute）。在 Istio 的官方描述中，属性是一小块数据，描述服务请求或者服务运行环境的信息。例如，目标地址是一个属性，请求的应答码也是一个属性，每个属性都包括一个属性名和属性类型，如下所示：

```
source.ip: 172.16.0.75
source.namespace: weather
```

```
destination.ip:172.16.8.84
destination.namespace: weather
response.size: 234
response.code: 200
```

所以严格来讲，在以上 Mixer 处理流程的两个阶段，从 Envoy 到 Mixer 及从 Mixer 到后端服务，处理的对象都是属性。在以上两个阶段也都生成属性，当然，最主要的是在 Envoy 中生成属性，但专用的 Mixer 适配器也可以生成属性。在给定的 Istio 部署中有一组固定的属性词汇表，可参照官方 Mixer 的属性词汇表。

2. Istio 支持的属性表达式

在 Istio 中一般通过如下方式使用属性，表示把右边的属性赋给左边的字段，比如在 Metric 的数据中收集的 response_code 就是 response.code 这个属性在请求中的取值，这样 Metric 就可以有这几个字段了：

```
source_workload: source.workload.name
source_workload_namespace: source.workload.namespace
source_app: source.labels["app"]
source_version: source.labels["version"]
destination_app: destination.labels["app"]
destination_version: destination.labels["version"]
destination_service: destination.service.host
destination_service_namespace: destination.service.namespace
response_code: response.code
```

除了直接使用上面的属性，在 Istio 中允许基于表达式描述属性。例如，在生产中上面配置示例的正式用法一般是：

```
source_workload: source.workload.name | "unknown"
source_workload_namespace: source.workload.namespace | "unknown"
source_app: source.labels["app"] | "unknown"
source_version: source.labels["version"] | "unknown"
destination_app: destination.labels["app"] | "unknown"
destination_version: destination.labels["version"] | "unknown"
destination_service: destination.service.host | "unknown"
destination_service_namespace: destination.service.namespace | "unknown"
response_code: response.code | 200
```

在上面这个配置中，如果某个字段没有取到值，则可以用默认值。例如，若 response.code 为空，response_code 就会被赋默认值 200。当然，这在 Mixer 中是简单的表达式,实际上,在 Metric 的定义中经常有这样一个 reporter 字段,可以通过如下表达式描述 Metric 是从 source 还是 destination 端上报上去的:

```
reporter: conditional((context.reporter.kind | "inbound") == "outbound", "source", "destination")
```

还可以通过如下方式判定是不是 forecast 服务 v2 版本的负载实例发起的请求:

```
source.labels["app"]=="forecast" && source.labels["version"]=="v2"
```

除了这些简单的表达式,还有更多的可以选择的方式。在 Istio 中使用了 CEXL(Mixer Configuration Expression Language)来描述表达式,如表 4-1 了列出常用的属性表达式。

表 4-1 Istio 常用的属性表达式

操作符	定义	示例	说明
==	等于	request.size == 200	
!=	不等于	request.auth.principal != "admin"	
||	逻辑或	(request.size == 200) ||(request.auth.principal == "admin")	
&&	逻辑与	(request.size == 200) && (request.auth.principal == "admin")	
[ ]	Map 访问	request.headers["x-request-id"]	
+	加	request.host + request.path	
>	大于	response.code > 200	
>=	大于或等于	request.size >= 100	
<	小于	response.code < 500	
<=	小于或等于	request.size <= 100	
|	取第 1 个非空的值	source.labels["app"] |source.labels["svc"] | "unknown"	最常用的用法,可以从多个取值中选择第 1 个非空的赋值
match	全局匹配	match(destination.service, "*.ns1.svc.cluster.local")	判定是否匹配表达式
email	文本转换成 EMAIL_ADDRESS 类型	email("awesome@istio.io")	

续表

操 作 符	定 义	示 例	说 明
dnsName	文本转换成 DNS_NAME 类型	dnsName("www.istio.io")	
ip	文本转换成 IP_ADDRESS 类型	source.ip == ip("10.11.12.13")	
timestamp	转换成 TIMESTAMP 类型	timestamp("2015-01-02T15:04:35Z")	
uri	转换成 URI 类型	uri("http://istio.io")	
.matches	正则表达式匹配	"svc.*".matches(destination.service)	验证参数是否匹配表达式
.startsWith	前缀匹配	destination.service.startsWith("acme")	验证参数是否满足前缀匹配
.endsWith	后缀匹配	destination.service.endsWith("acme")	验证参数是否满足后缀匹配
emptyStringMap	创建空字符串 Map	request.headers | emptyStringMap()	
conditional	三元运算符	conditional((context.reporter.kind |"inbound ") == "outbound", "client", "server")	若满足条件，则返回第 2 个参数，否则返回第 3 个参数
toLower	转小写	toLower("User-Agent")	
size	取字符串长度	size("admin")	

4.1.4　Mixer 的配置模型

Istio 主要通过 Handler（业务处理）、Instance（数据定义）和 Rule（关联规则）这三个资源对象来描述对 Adapter 的配置。如图 4-6 所示，在 Rule 中定义了基于满足 match 条件的请求构造的 Instance 对象，并将 Instance 对象发送给配置的 Handler 处理。

下面分别讲解 Handler、Instance 和 Rule。

1. Handler

Handler 描述定义的 Adapters 及其配置。Mixer 的每个适配器都需要一些配置才能运行,这也是 Adapter 这个程序的配置,不同的 Adapter 有不同的配置,例如服务后端的 URL、证书等。

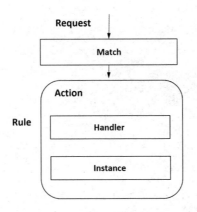

图 4-6 Mixer 的配置模型

关于 Mixer 中 Adapter 和 Handler 在术语上的细微差别,我们可以认为 Adapter 是对一个模板的定义,而 Handler 是这个模板的一个实现。

Adapter 是通过一个代码实现加上一个配置模板定义的。Mixer 支持如图 4-7 所示的 Adapter,每个 Adapter 都有对应的代码实现。

图 4-7 Mixer 内置的 Adapter 代码目录

另外,每个 Adapter 都需要有一个配置,定义这个 Adapter 需要哪些参数来配置,如下所示是 Stdio 的配置定义。当然,基于这套模板机制,用户完全可以自己开发一个新的 Adapter:

```
    Level metric_level = 3;
    // Whether to output a console-friendly or json-friendly format. Defaults to true.
    bool output_as_json = 4;
    Level output_level = 5;
    string output_path = 6;
    int32 max_megabytes_before_rotation = 7;
    int32 max_days_before_rotation = 8;
    int32 max_rotated_files = 9;
```

对应的 Handler 是 Adapter 定义的这个模板的一个实现,通过给模板上的参数赋值来进行实例化。所以,Adapter 是一种静态定义,Handler 是动态的实现,一个 Adapter 可以有任意多个实现。

如下所示,Stdio 这个 Handler 是对 Stdio Adapter 的一个实现,为 Adapter 定义的模板参数赋值。如下 Handler 对 outputAsJson 参数的赋值为 true,表示使用 JSON 的格式输出:

```
apiVersion: "config.istio.io/v1alpha2"
kind: handler
metadata:
  name: stdio
  namespace: istio-system
spec:
  compiledAdapter: stdio
  params:
    outputAsJson: true
```

Handler 的规则定义如图 4-8 所示。

在 Handler 上主要包括如下字段。

◎ name:必选字段,为 Handler 的名称,在 Rule 中引用的正是这个字段定义的 Handler 名称。

◎ compiledAdapter:必选字段,为进程内 Adapter 的名称,匹配 Mixer 的一个 Adapter,其实就是 Adapter 代码中的常量定义。

◎ adapter:必选字段,非进程内的 Adapte 名称,是 Adapter 代码中的常量定义。

◎ params：在 Handler 中配置的参数。例如，本节的配置示例在 Stdio 的 Adapter 中定义了多个参数，在 Handler 的 Manifest 中对参数进行配置。
◎ connection：配置对一个进程外的 Adapter 的连接信息，主要是一个 Adapter 服务的地址。当然，根据 Adapter 的要求，还包括相关认证的配置。

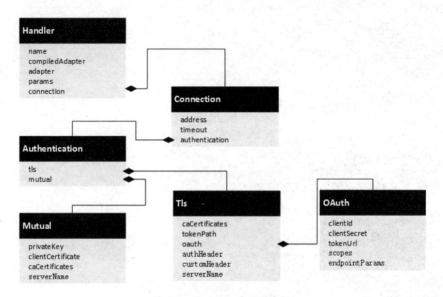

图 4-8　Handler 的规则定义

Istio 1.1 在 Mixer 的 Adapter 模型上使用统一的 Handler 资源对象来取代在之前的版本中单独定义 CRD 的方式，在本书后面的内容中也会使用这种新的定义来描述 Mixer 内置的重要的 Adapter。Stdio 的 Handler 示例配置用 Stdio 的 CRD 表示如下，可以比较其区别：

```
apiVersion: "config.istio.io/v1alpha2"
kind: stdio
metadata:
  name: handler
  namespace: istio-system
spec:
  outputAsJson: true
```

2. Instance

Instance 定义了 Adapter 要处理的数据对象，通过模板为 Adapter 提供对元数据的定义。Mixer 通过 Instance 把来自代理的属性拆分并分发给不同的适配器。例如，在前面 Metric

的定义中将 response.code 映射成 response_code。如下所示为配置了一个日志的 Instance：

```
apiVersion: "config.istio.io/v1alpha2"
kind: instance
metadata:
  name: logentry
  namespace: istio-system
spec:
  compiledTemplate: logentry
  params:
    severity: '"Default"'
    timestamp: request.time
    variables:
      sourceIp: source.ip | ip("0.0.0.0")
      destinationIp: destination.ip | ip("0.0.0.0")
      sourceUser: source.principal | ""
      method: request.method | ""
      url: request.path | ""
      protocol: request.scheme | "http"
      responseCode: response.code | 0
      responseSize: response.size | 0
      requestSize: request.size | 0
      latency: response.duration | "0ms"
    monitored_resource_type: '"UNSPECIFIED"'
```

Instance 包括如下几个重要字段。

◎ name：必选字段，指 Instance 的名称。在 Rule 的 Action 定义中引用该名称表示对该 Instance 的引用。
◎ compiledTemplate：必选字段，指模板名，匹配编译模板名。
◎ template：必选字段，指模板名，匹配非编译模板名。
◎ params：必选字段，真正的参数定义。不同的模板会有不同的参数定义及不同的参数赋值和配置。
◎ attributeBindings：用来配置将 Adapter 生成的属性映射到属性列表中。

在 Istio 1.1 中，在 Mixer 的 Adapter 模型上使用统一的 Instance 资源对象来取代 Istio 1.1 版本之前单独定义 CRD 方式，在本书后面的内容中也都会使用这种新的格式定义来描述在 Mixer 内置的重要的 Adapter 上用到的 Instance。不过 Istio 1.1 的大部分官方材料现在仍在采用 CRD 方式，官方计划是在 Istio 1.2 时完成全部切换。对于刚才示例中的 accesslog

的 Instance 用 CRD 表示如下，可以看到 CRD 和 Instance 两种方式只是参数的位置不同：

```
apiVersion: "config.istio.io/v1alpha2"
kind: logentry
metadata:
  name: accesslog
  namespace: istio-system
spec:
  severity: '"Default"'
  timestamp: request.time
  variables:
    sourceIp: source.ip | ip("0.0.0.0")
    destinationIp: destination.ip | ip("0.0.0.0")
    sourceUser: source.principal | ""
    method: request.method | ""
    url: request.path | ""
    protocol: request.scheme | "http"
    responseCode: response.code | 0
    responseSize: response.size | 0
    requestSize: request.size | 0
    latency: response.duration | "0ms"
  monitored_resource_type: '"UNSPECIFIED"'
```

3. Rule

Rule 配置了一组规则，告诉 Mixer 有哪个 Instance 在什么时候被发送给哪个 Handler 来处理，一般包括一个匹配的表达式和执行动作（Action）。匹配表达式控制在什么时候调用 Adapter，在 Action 里配置 Adapter 和 Instance。

如下所示为给 Stdio 配置一个规则：将协议是 HTTP 或者 gRPC 的请求转发到 Stdio 这个 Handler 上，并且通过 logentry 这个 Instance 定义处理的数据格式：

```
apiVersion: "config.istio.io/v1alpha2"
kind: rule
metadata:
  name: stdio
  namespace: istio-system
spec:
  match: context.protocol == "http" || context.protocol == "grpc"
  actions:
   - handler: stdio
```

```
instances:
- logentry
```

如图 4-9 所示是 Rule 的规则定义，主要包括两个配置字段 match 和 actions。

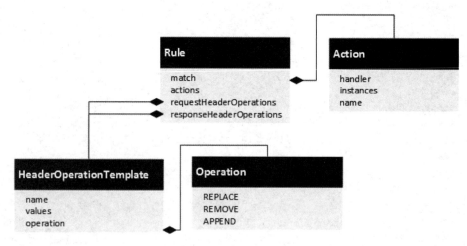

图 4-9　Rule 规则定义

下面讲讲 match 和 actions 这两个配置字段。

（1）match：是一个必选字段，表示匹配条件。Mixer 在收到请求时会根据该条件来决定是否执行在下面的 actions 中定义的动作。如果未定义条件，则判定为总是匹配。当然，最常见的是使用属性的操作表达式来描述条件，例如 match(source.workload.name, "forecast*")，或者一般的 context.protocol == "http" || context.protocol == "grpc"这种表达式。

（2）actions：是一个数组，表示在满足条件后执行的动作。主要包括如下信息。

◎ handler：必选字段，Handler 名称，需要是全名。
◎ instances：Instance 的全名，通过解析字段的取值来构造 Instance，并将构造的对象传给定义的 handler。

如下所示为用 Stdio 这个 Handler 处理 logentry 这个 Instance：

```
actions:
- handler: stdio
  instances:
  - logentry
```

可选字段 requestHeaderOperations 和 responseHeaderOperations 是在 Istio 1.1 中新引入

的字段，通过这个配置模板可以动态地修改 HTTP Header 的值。即除了可以通过之前的版本对请求进行 Check 和 Report，还可以根据在 Handler 上生成的属性来修改 HTTP 的对应 Header。

如下所示为用 headercheck 这个 Handler 的执行结果 x.output.value 替换 Header "user-status"，这里没有指定模板的操作方法，默认是 REPLACE，表示用生成的属性替换 Header 中原有的值。除了可以是 REPLACE，这里定义的模板方法还可以是 REMOVE 和 APPEND，分别表示清除一个 Header 和在 Header 的值后面追加一个 Value：

```
……
actions:
- handler: headercheck
  instances:
   - checkentity
  name: x
requestHeaderOperations:
- name: user-status
  values:
   - x.output.value
```

可以看到，Mixer 扮演了数据面和服务后端的一个中介，基于这种中介就可以动态地将一个策略执行或者遥测数据管理的后端能力接入 Istio 中。基于这种机制可以有很大的灵活性：只要能配置，绝对不用写代码；能在运维阶段动态配置，就不在开发阶段写死。这种思路其实贯穿到 Istio 的所有功能中，只是在策略和遥测方面做得更灵活一些。

在 Istio 中，我们甚至可以在运行时通过 Adapter 机制对一个后端进行启用、停用、配置等。这在传统的架构中完全是不可想象的。下面以 Istio 提供的几个典型应用来认识 Adapter 机制，同时理解 Istio 通过扩展机制提供的能力。

4.2　Istio 遥测适配器配置

本节介绍在 Mixer 中内置的几个典型的收集遥测收据的 Adapter，包括其定义和用法。在 Istio 的安装包中默认包含 Prometheus 等 Adapter 和对应的 APM 后端，只要启用 Istio，并在网格内部署用户的应用程序，则无须修改代码和配置，就可以在各种 APM 中看到服务运行的数据了，真正做到了开箱即用。我们可以将各种专用 Adapter 理解为这几个项目提供给 Istio 的驱动。

4.2.1 Prometheus 适配器

Prometheus 应该是当前应用最广的开源系统监控和报警平台了,随着以 Kubernetes 为核心的容器技术的发展,Prometheus 强大的多维度数据模型、高效的数据采集能力、灵活的查询语法,以及可扩展性、方便集成的特点,尤其是和云原生生态的结合,使其获得了越来越广泛的应用。Prometheus 于 2015 年正式发布,于 2016 年加入 CNCF,并于 2018 年成为第 2 个从 CNCF 毕业的项目。

图 4-10 展示了 Prometheus 的工作原理。Prometheus 的主要工作为抓取数据存储,并提供 PromQL 语法进行查询或者对接 Grafana、Kiali 等 Dashboard 进行显示,还可以根据配置的规则生成告警。

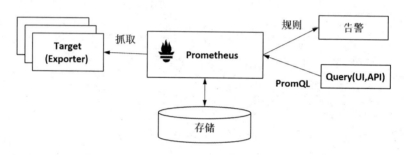

图 4-10　Prometheus 的工作原理

这里重点关注 Prometheus 工作流程中与 Mixer 流程相关的数据采集部分,如图 4-10 所示。不同于常见的数据生成方向后端上报数据的这种 Push 方式,Prometheus 在设计上基于 Pull 方式来获取数据,即向目标发送 HTTP 请求来获取数据,并存储获取的数据。这种使用标准格式主动拉取数据的方式使得 Prometheus 在和其他组件配合时更加主动,这也是其在云原生场景下得到广泛应用的一个重要原因。

1. Adapter 的功能

我们一般可以使用 Prometheus 提供的各种语言的 SDK 在业务代码中添加 Metric 的生成逻辑,并通过 HTTP 发布满足格式的 Metric 接口。更通用的方式是提供 Prometheus Exporter 的代理,和应用一起部署,收集应用的 Metric 并将其转换成 Prometheus 的格式发布出来。

Exporter 方式的最大优点不需要修改用户的代码,所以应用非常广泛。Prometheus 社区提供了丰富的 Exporter 实现(https://prometheus.io/docs/instrumenting/exporters/),除了

包括我们熟知的 Redis、MySQL、TSDB、Elasticsearch、Kafka 等数据库、消息中间件，还包括硬件、存储、HTTP 服务器、日志监控系统等。

如图 4-11 所示，在 Istio 中通过 Adapter 收集服务生成的 Metric 供 Prometheus 采集，这个 Adatper 就是 Prometheus Exporter 的一个实现，把服务的 Metric 以 Prometheus 格式发布出来供 Prometheus 采集。

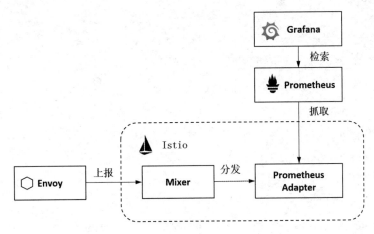

图 4-11　Prometheus Adapter 的工作机制

结合图 4-11 可以看到完整的流程，如下所述。

（1）Envoy 通过 Report 接口上报数据给 Mixer。

（2）Mixer 根据配置将请求分发给 Prometheus Adapter。

（3）Prometheus Adapter 通过 HTTP 接口发布 Metric 数据。

（4）Prometheus 服务作为 Addon 在集群中进行安装，并拉取、存储 Metric 数据，提供 Query 接口进行检索。

（5）集群内的 Dashboard 如 Grafana 通过 Prometheus 的检索 API 访问 Metric 数据。

可以看到，关键步骤和关键角色是作为中介的 Prometheus Adapter 提供数据。观察"/prometheus/prometheus.yml"的如下配置，可以看到 Prometheus 数据采集的配置，包括采集目标、间隔、Metric Path 等：

```
- job_name: 'istio-mesh'
  # Override the global default and scrape targets from this job every 5 seconds.
```

```
    scrape_interval: 5s

    kubernetes_sd_configs:
    - role: endpoints
      namespaces:
        names:
        - istio-system

    relabel_configs:
    - source_labels: [__meta_kubernetes_service_name,
__meta_kubernetes_endpoint_port_name]
      action: keep
      regex: istio-telemetry;prometheus
```

在 Istio 中，Prometheus 除了默认可以配置 istio-telemetry 抓取任务从 Prometheus 的 Adapter 上采集业务数据，还可以通过其他多个采集任务分别采集 istio-pilot、istio-galley、istio-policy、istio-telemetry 对应的内置 Metric 接口。

2. Adapter 的配置

将在 Adapter 配置模型中涉及的三个重要对象 Handler、Instance 和 Rule 在 Prometheus 中分别配置如下。

1）Handler 的配置

Handler 的标准格式包括 name、adapter、compiledAdapter、params 等，name、adapter 和 compiledAdapter 都是公用字段，不同的 Handler 有不同的 params 定义，这里重点介绍 params 字段的使用方法。如图 4-12 所示是 Prometheus Handler 的参数定义。

可以看到，Prometheus 的 Adapter 配置比前面示例中的 Stdio 要复杂得多，其实 Prometheus 应该是 Istio 当前支持的多个 Adapter 中最复杂的一个，也是功能最强大的一个。

（1）metricsExpirationPolicy：配置 Metric 的老化策略，metricsExpiryDuration 定义老化周期，expiryCheckIntervalDuration 定义老化的检查间隔。

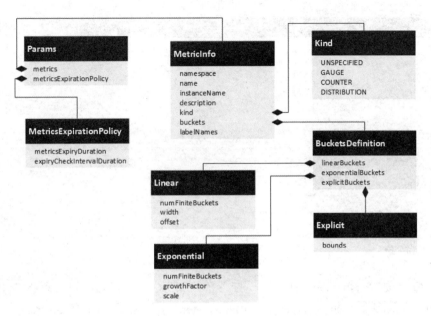

图 4-12　Prometheus Handler 的参数定义

通过以下配置的 Prometheus Handler，可清理 5 分钟未更新的 Metric，并且每隔 30 秒做一次检查，检查周期 expiryCheckIntervalDuration 是个可选字段，若未配置，则使用老化周期的一半时间：

```
metricsExpirationPolicy:
  metricsExpiryDuration: "5m"
  expiryCheckIntervalDuration: "30s"
```

（2）metrics：配置在 Prometheus 中定义的 Metric。这里是一个数组，每个元素都是一个 MetricInfo 类型的结构，分别定义 Metric 的 namespace、name、instanceName、description、kind、buckets、labelNames，这些都是要传给 Prometheus 的定义。有以下几个注意点。

◎ Metric 的 namespace 和 name 会决定 Prometheus 中的 Metric 全名。例如 requests_total 这个请求统计的 Metric 对应图 4-13 中 Prometheus 的 Metric：istio_requests_total，即由命名空间 istio 和 Metric 名称 requests_total 拼接而成。
◎ instanceName 是一个必选字段，表示 instance 定义的全名。
◎ kind 表示指标的类型，根据指标的业务特征，请求计数 requests_total 的类型为 COUNTER，请求耗时 request_duration_seconds 的类型为 DISTRIBUTION。对于 DISTRIBUTION 类型的指标可以定义其 buckets。

图 4-13　Prometheus 的 Metric 查询

如下所示是 Prometheus Handler 的一个定义示例,定义了 15 秒的老化时间及 Prometheus 中的多个 Metric,有的是 HTTP 的 Metric,有的是 TCP 的 Metric:

```
apiVersion: "config.istio.io/v1alpha2"
kind: handler
metadata:
  name: prometheus
  namespace: istio-system
spec:
  compiledAdapter: prometheus
  params:
    metricsExpirationPolicy:
      metricsExpiryDuration: 15s
    metrics:
    - name: requests_total
      instance_name: requestcount.metric.istio-system
      kind: COUNTER
      label_names:
      - source_app
      - source_principal
      - destination_service_name
      ......
    - name: request_duration_seconds
      instance_name: requestduration.metric.istio-system
      kind: DISTRIBUTION
      ......
```

```
    - name: request_bytes
      instance_name: requestsize.metric.istio-system
      kind: DISTRIBUTION
......
    - name: response_bytes
      instance_name: responsesize.metric.istio-system
      kind: DISTRIBUTION
......
    - name: tcp_sent_bytes_total
      instance_name: tcpbytesent.metric.istio-system
      kind: COUNTER
......
    - name: tcp_received_bytes_total
      instance_name: tcpbytereceived.metric.istio-system
      kind: COUNTER
```

2）Instance 的配置

Prometheus 作为一个处理 Metric 的监控系统，其对应的模板正是 Metric，这也是 Mixer 中使用最广泛的一种 Instance。如图 4-14 所示是对 Metric Instance 的定义。

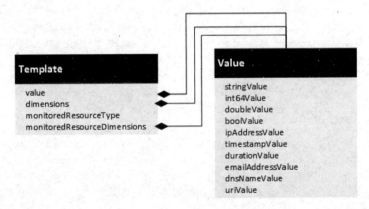

图 4-14　Metric Instance 的定义

在本节配置示例中用到的 requests_total 这个 Metric 的定义如下：dimensions 记录每个请求上的重要属性信息，可以使用在 4.1.3 节介绍的属性和属性表达式；value: "1" 表示每个请求被记录一次：

```
apiVersion: "config.istio.io/v1alpha2"
kind: instance
metadata:
```

```
      name: requestcount
      namespace: istio-system
    spec:
      compiledTemplate: metric
      params:
        value: "1" # count each request twice
        dimensions:
          reporter: conditional((context.reporter.kind | "inbound") == "outbound", "source", "destination")
          source_workload_namespace: source.workload.namespace | "unknown"
          source_principal: source.principal | "unknown"
          source_app: source.labels["app"] | "unknown"
          source_version: source.labels["version"] | "unknown"
          destination_workload: destination.workload.name | "unknown"
          destination_workload_namespace: destination.workload.namespace | "unknown"
          destination_principal: destination.principal | "unknown"
          destination_app: destination.labels["app"] | "unknown"
          destination_version: destination.labels["version"] | "unknown"
          destination_service: destination.service.host | "unknown"
          destination_service_name: destination.service.name | "unknown"
          destination_service_namespace: destination.service.namespace | "unknown"
          request_protocol: api.protocol | context.protocol | "unknown"
          response_code: response.code | 200
          response_flags: context.proxy_error_code | "-"
          permissive_response_code: rbac.permissive.response_code | "none"
          permissive_response_policyid: rbac.permissive.effective_policy_id | "none"
          connection_security_policy: conditional((context.reporter.kind | "inbound") == "outbound", "unknown", conditional(connection.mtls | false, "mutual_tls", "none"))
        monitored_resource_type: '"UNSPECIFIED"'
```

使用这种方式可以定义其他多个 Metric，例如 Istio 中常用的 requestcount、requestduration、requestsize、responsesize、tcpbytesent、tcpbytereceived 等。

3）Rule 的配置

通过 Rule 可以将 Handler 和 Instance 建立关系，例如，下面两个 Rule 可以分别处理 HTTP 和 TCP 的 Instance：

```
apiVersion: "config.istio.io/v1alpha2"
kind: rule
metadata:
  name: promhttp
  namespace: istio-system
spec:
  match: (context.protocol == "http" || context.protocol == "grpc") &&
(match((request.useragent | "-"), "kube-probe*") == false)
  actions:
  - handler: prometheus
    instances:
    - requestcount
    - requestduration
    - requestsize
    - responsesize
---
apiVersion: "config.istio.io/v1alpha2"
kind: rule
metadata:
  name: promtcp
  namespace: istio-system
spec:
  match: context.protocol == "tcp"
  actions:
  - handler: prometheus
    instances:
    - tcpbytesent
    - tcpbytereceived
```

只要通过以上配置，我们不用修改任何代码就可以在 Prometheus 上看到各种 Metric，进而对服务的访问吞吐量、延时、上行流量、下行流量等进行管理。

4.2.2 Fluentd 适配器

Fluentd 是一个被广泛应用的开源日志数据收集器，提供了可高度定制化的功能，通过简单的配置，可以将不同来源的日志收集到对应的日志后端。

如图 4-15 所示，不同来源的日志被发送给 Fluentd，Fluentd 根据配置通过插件将信息转发到不同的日志后端，日志后端可以是文件、数据库或者其他系统。图 4-15 上原来左

边的 X 个数据源要提供日志数据给 Y 个日志后端,需要有 $X*Y$ 个连线,但是在使用 Fluentd 做中介后,只需 $X+Y$ 条连线即可。这个中介角色与 Mixer 解耦 Envoy 和各个遥测后端的作用类似。

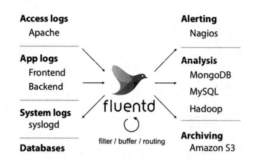

图 4-15　Fluentd 的工作原理(来自 Fluentd 官网)

1. Adapter 的功能

在使用 Fluentd Adapter 后,可以通过 Mixer 将收集的日志分发给在监听接收日志的 Fluentd 守护进程。如图 4-16 所示是 Adapter 通过 Fluentd 收集日志并与 Elasticsearch、Kibana 相结合的一个典型场景。

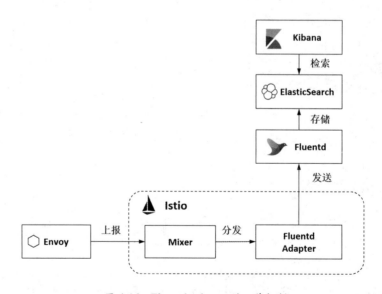

图 4-16　Fluentd Adapter 的工作机制

完整流程如下。

（1）Envoy 通过 Report 接口上报数据给 Mixer。

（2）Mixer 根据配置将 Mixer 请求分发给 Fluentd Adapter。

（3）Fluentd Adapter 连接配置的 Fluentd Daemon 发送日志。

（4）Fluentd 写日志到 Elasticsearch 中，Elasticsearch 在存储日志的同时建立索引供检索。

（5）Kibana 从 Elasticsearch 中检视存储的日志。

2. Adapter 的配置

将在 Adapter 配置模型中涉及的三个重要对象 Handler、Instance 和 Rule 在 Fluentd 中分别配置如下。

1）Handler 的配置

Fluentd 的 Handler 主要有如下几个配置。

- address：Fluentd Daemon 的监听地址，默认在本地的 24224 上监听。
- integerDuration：是否将日志中的持续时间类型转换成整型。
- instanceBufferSize：缓存大小，其实就是 Fluentd Adapter 向 Fluentd 后端推送数据的队列长度，默认值是 1024。若超过这个值，则在处理不及时丢弃。
- maxBatchSizeBytes：Fluentd Adapter 向 Fluentd 后端一次批量推送数据的大小，当数据达到这个大小时就会向后端推送，默认值是 8MB。
- pushIntervalDuration：批量推送数据的间隔，默认为 1 分钟。
- pushTimeoutDuration：批量推送数据超时时间，默认为 1 分钟。

如下所示为配置一个基本的 Fluentd 的 Handler，假设在 istio-system 下已经有一个 Fluentd 的后端服务在 24224 上接收数据，则通过如下配置即可向这个后端推送数据，对其他参数采用默认值：

```
apiVersion: "config.istio.io/v1alpha2"
kind: handler
metadata:
  name: fluentd
  namespace: istio-system
```

```
spec:
  compiledAdapter: fluentd
  params:
    address: "fluentd:24224"
```

2）Instance 的配置

在 Fluentd 用到的日志模板中包括如下重要信息。

◎ variables：在每条日志记录中包含的变量，其实就是日志的内容，为属性表达式。
◎ timestamp：日志时间戳。
◎ severity：日志级别。

如下所示为描述了 Fluentd 收集的 Istio 访问日志的基础信息的典型配置示例：

```
apiVersion: "config.istio.io/v1alpha2"
kind: instance
metadata:
  name: logentry
  namespace: istio-system
spec:
  compiledTemplate: logentry
  params:
    severity: '"Default"'
    timestamp: request.time
    variables:
      sourceIp: source.ip | ip("0.0.0.0")
      destinationIp: destination.ip | ip("0.0.0.0")
      sourceUser: source.principal | ""
      method: request.method | ""
      url: request.path | ""
      protocol: request.scheme | "http"
      responseCode: response.code | 0
      responseSize: response.size | 0
      requestSize: request.size | 0
      latency: response.duration | "0ms"
    monitored_resource_type: '"UNSPECIFIED"'
```

3）Rule 的配置

通过如下 Rule 可以配置使用 Fluentd 这个 Handler 来处理日志，并且因为匹配条件为永真，所以所有访问日志都被 Fluentd 收集并输出：

```
apiVersion: "config.istio.io/v1alpha2"
kind: rule
metadata:
  name: logfluentd
  namespace: istio-system
spec:
  match: "true" # match for all requests
  actions:
   - handler: fluentd
     instances:
      - logentry
```

4.2.3 StatsD 适配器

StatsD 也是一个处理 Metric 的开源系统。不同于 Prometheus 是一个完整的监控解决方案，包括存储、Query 语法及一个报警系统，StatsD 早在 10 年前就出现了，只是一个纯粹监听并接收 Metric 的 Daemon。如图 4-17 所示为 StatsD 接收客户端发送来的数据，将数据解析、聚合并定期推送给后端，一般是个时序数据库，再通过 Dashboard 显示。StatsD 默认在 UDP 上监听数据，速度很快。

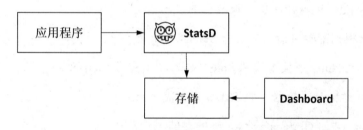

图 4-17 StatsD 的工作原理

1. Adapter 的功能

和前面几个 Adapter 一样，我们重点关注数据的生成。StatsD 协议比较简单，几乎每种语言都有对应的客户端库实现。应用程序可以使用对应的客户端库将数据推送给 StatsD 的 Server。即在客户端数据上报方式上，Prometheus 是拉的方式，StatsD 是更传统的推的方式。

如图 4-18 所示，Istio 中 StatsD 的 Adapter 实现比较简单，就是在 Adapter 上收到 Mixer

分发的请求时，根据定义生成 Metric，使用 StatsD 的 Client 将 Metric 推送给 StatsD Server。

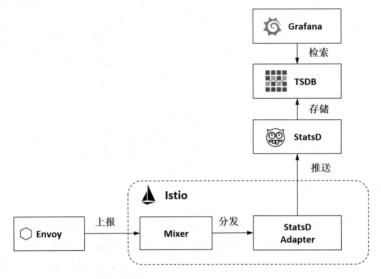

图 4-18　StatsD Adapter 的工作机制

完整的流程如下。

（1）Envoy 通过 Report 接口上报配置的日志数据给 Mixer。

（2）Mixer 根据配置将请求分发给 StatsD Adapter。

（3）StatsD Adapter 连接配置的 StatsD Server 来推送 Metric。

（4）StatsD 连接时序数据库如 TSDB 来存储 Metric。

（5）Dashboard 如 Grafana 从 Metric 的存储中检索数据。

2. Adapter 的配置

在 StatsD 的 Adapter 配置模型中涉及的重要对象 Handler、Instance 和 Rule 的配置如下。

1）Handler 的配置

Handerl 的主要属性如下。

◎ address：表示后端的 StatsD Server 的地址，例如 "statsd:8125"。

◎ prefix：Metric 的前缀。
◎ flushDuration：向 StatsD Server 发送 Metric 的周期。
◎ flushBytes：向 StatsD Server 发送 Metric 的 UDP 包大小，满足 flushBytes 和 flushDuration 条件中的任意一个条件，就会发送数据。
◎ samplingRate：采样率。
◎ metrics：定义的 Metric 列表。

一个简单的 Handler 配置示例如下，通过该配置发送 Metric 到后端的 StatsD 上：

```
apiVersion: "config.istio.io/v1alpha2"
kind: handler
metadata:
  name: statsd
  namespace: istio-system
spec:
  compiledAdapter: statsd
  params:
    address: "statsd:8125"
```

2）Instance 的配置

作为处理监控的服务，其操作的数据模板也是 Metric，其定义参照在 4.2.1 节讲到的 Prometheus Instance 的定义。

4.2.4　Stdio 适配器

Stdio 只是将数据通过标准输出打印出来，Mixer 的 Stdio Adapter 也是最简单的一种数据输出。

1. Adapter 的功能

通过 Stdio Adapter，Istio 将网格内日志或者 Metric 输出到 Mixer 的标准输出、标准错误输出或者其他文件。在输出文件时，日志还可以自动滚动。采用这种方式时只是将数据输出，还需要对接其他手段去真正采集。Adapter 的工作机制如图 4-19 所示。

2. Adapter 的配置

在 Stdio 的 Adapter 配置模型中涉及的重要对象 Handler、Instance、Rule 的配置如下。

1）Handler 的配置

Stdio 的配置也比较简单，如图 4-20 所示。

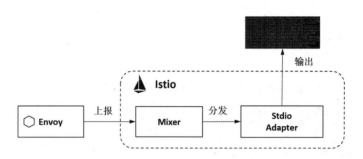

图 4-19　Stdio Adapter 的工作机制

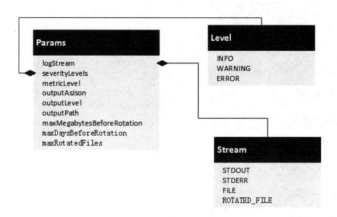

图 4-20　Stdio Handler 的参数定义

其中的重要属性如下。

- logStream：定义了输出到哪个标准输出流，可以是 Mixer 的标准输出流、标准错误输出流，也可以是一个可大小滚动的文件。默认是 Mixer 的标准错误输出 STDERR。
- outputAsJson：定义了是否要输出一个 JSON 友好的格式，默认是 true。
- outputPath：当配置文件类型的输出时，可以通过 outputPath 定义文件目录。对于滚动文件类型，ROTATED_FILE 还可以通过 maxMegabytesBeforeRotation、maxDaysBeforeRotation、maxRotatedFiles 对日志的滚动进行详细设置，类似一般的日志输出的做法。

关于 Stdio 的 Handler 使用示例，可直接参照 4.1.4 节 Handler 的配置示例。

2）Instance 的配置

Stdio 可以输出日志和 Metric，分别对应 metric 和 logentry 这两种模板，可参照 4.2.1 和 4.2.2 Prometheus 和 Fluentd 对应的模板定义。

4.2.5 Zipkin 适配器

Zipkin 是较早出现的一种开源实时分布式调用链跟踪系统，也是对大名鼎鼎的 Dapper 论文的比较经典的实现。Zipkin 提供了一种完整的从调用链埋点、收集、存储、检索到 UI 的完整方案。虽然后期出现的 Opentracing 标准和以 Jaeger 为代表的新的调用链框架获得了越来越多的关注和使用， Zipkin 的使用仍然广泛。

如图 4-21 所示，调用链埋点在应用程序中完成，大部分语言都有 SDK。Zipkin 服务在一个服务上监听并存储数据，支持 Memory、MySQL、Cassandra、Elasticsearch 等多种存储系统。还有一个对应的 WebUI 可以通过 Zipkin 的检索 API 来查询调用链数据。

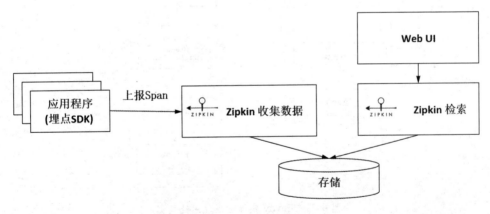

图 4-21　Zipkin 的工作原理

1. Adapter 的功能

Istio 官方的调用链数据采集通过 Envoy 直接连接调用链的后端直接上报数据。在 Envoy 的启动参数中通过如下方式指定 Envoy 直接上报 Trace 到后端的调用链接收接口：

```
- args:
   ......
```

```
    - --discoveryAddress
    - istio-pilot.istio-system:15007
    - --discoveryRefreshDelay
    - 1s
    - --zipkinAddress
 - zipkin.istio-system:9411
......
```

如图 4-22 所示，调用链的这种采集方式与 Metric、日志等通过 Mixer 采集的风格有点不一致。

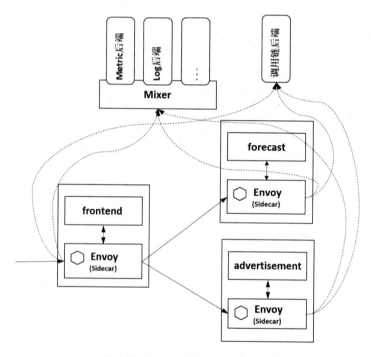

图 4-22　Envoy 直接上报调用链数据

为了给上报的调用链数据提供更丰富的信息，并且提供更强大的调用链管理功能，包括华为在内的很多厂商都在实践中基于 Mixer 来采集调用链数据。社区的 Zipkin Adapter 是在 Istio 1.1 中新增的一个 Adapter，支持从 Mixer 对接 Zipkin 后端。如图 4-23 所示为从 Mixer 上收集调用链上报给 Zipkin 后端，在 Cassandra 中存储，并提供 Query 接口进行调用链检索。

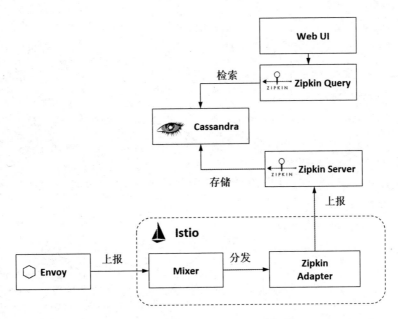

图 4-23 Zipkin Adapter 的工作机制

2. Adapter 的配置

将 Adapter 配置模型中 Handler、Instance 和 Rule 这三个对象分别配置如下。

1）Handler 的配置

Zipkin 提供的 Adapter 配置比较简单，就是配置后端的 Zipkin Server 地址和采样率：

```
apiVersion: "config.istio.io/v1alpha2"
kind: handler
metadata:
  name: zipkin
  namespace: istio-system
spec:
  compiledAdapter: zipkin
  params:
    url: "zipkin:9411"
    sampleProbability: 0.01
```

2）Instance 的配置

这里需要重点关注调用链上报的数据 Span 的数据结构。可以看到，信息比较多，也没有 Metric 上的属性那么单纯,为了调用能成"链"真的做了很多事情,其背后的原理可以参照 Google 的 Dapper 论文,这里只做简单解析。

- traceId:trace 的 Id,在第 1 个 span 生成时生成 traceId,然后一直向后传递。通过这个字段关联多个请求的 Span。
- spanId:Span 记录一次请求中的一段调用,在 Span 创建时分配 ID。
- parentSpanId:父 SpanId,为本级调用的前一个阶段,可将其理解成链表的直接前驱。
- spanName:表示一次调用的内容,例如方法名等,根据场景来定义。
- startTime:Span 的开始时间。
- endTime:Span 的结束时间。
- spanTags:在一个 Span 上要附加的信息,一般是一组键值对。
- httpStatusCode:本次请求的 HTTP Code。
- clientSpan:是否是调用方生成的 Span,true 表示由客户端生成,false 或者未赋值表示由服务端生成。
- rewriteClientSpanId:是有关调用链埋点风格的一个配置,在 Zipkin 的主流风格上调用方生成一个 Span ID,被调用方会共用这个 ID,即一个 Span 是两个服务间的调用;但在某些模型中推荐客户端和服务端在这个过程中维护两个独立的 Span,即有两个 ID。
- sourceName:服务发起方的名称。
- sourceIp:服务发起方的 IP。
- destinationName:目标服务的名称。
- destinationIp:目标服务的 IP。
- requestSize:请求体的大小。
- requestTotalSize:总请求的大小,包括请求体和 Header。
- responseSize:总应答大小。
- responseTotalSize:应答大小,包括返回体和 Header。
- apiProtocol:协议,例如 HTTP、HTTPS、gRPC 等。

如下所示是一个 TraceSpan 的典型配置,可以从中看到维护调用链数据结构关系的几个重要信息:traceId、spanId 和 parentSpanId,这些信息都是从请求 Header 的保留关键字中得到的。这里对数据的提取和 Metric 相比没有什么不同,但要求在请求 Header 中必须维护好这些字段:

```
apiVersion: "config.istio.io/v1alpha2"
kind: instance
metadata:
  name: tracespan
  namespace: istio-system
spec:
  compiledTemplate: tracespan
  params:
    severity: '"Default"'
    traceId: request.headers["x-b3-traceid"]
    spanId: request.headers["x-b3-spanid"] | ""
    parentSpanId: request.headers["x-b3-parentspanid"] | ""
    traceId: request.headers["x-b3-traceid"]
    spanId: request.headers["x-b3-spanid"] | ""
    parentSpanId: request.headers["x-b3-parentspanid"] | ""
    spanName: request.path | "/"
    startTime: request.time
    endTime: response.time
    clientSpan: (context.reporter.kind | "inbound") == "inbound"
    rewriteClientSpanId: false
    spanTags:
      http.method: request.method | ""
      http.status_code: response.code | 200
      http.url: request.path | ""
      request.size: request.size | 0
      response.size: response.size | 0
      source.principal: source.principal | ""
      source.version: source.labels["version"] | ""
```

3）**Rule 的配置**

通过如下 Rule 可以配置使用 Zipkin 这个 Handler 来处理 Mixer 收集到的调用链的 Span，将其发送到 Zipkin 的后端并存储，通过查询接口就可以将这些独立的 Span 关联成一条完整的调用链，对网格内服务间的调用进行分析和故障定界：

```
apiVersion: "config.istio.io/v1alpha2"
kind: rule
metadata:
  name: zipkin
  namespace: istio-system
spec:
  actions:
```

```
        - handler: zipkin
          instances:
          - tracespan
```

至此介绍了 Mixer 中常用的遥测的 Adapter，包括日志、Metric 和调用链。在华为云应用服务网格中，这些后端服务和前端 Web-UI 都可以选择安装，可以一键启用这些能力，如图 4-24 所示。

图 4-24 华为云应用服务网格插件管理

4.2.6 厂商适配器

除了这些开源的框架和工具，主流的云厂商和性能运维监控厂商为了对 Istio 服务网格中服务的运行进行全面管理，一般都利用 Mixer 提供的 Adapter 机制对接其后端专业系统，向用户提供完整的服务监控解决方案。

例如，华为云在应用服务网格中基于 Mixer 的扩展机制提供的 APM Adapter 和 AOM Adapter 通过非侵入的方式收集服务网格运行数据，深度整合华为云应用性能管理服务和应用运维管理服务，提供服务运行监控、实时流量拓扑、调用链等服务性能监控和运行诊断，构建全景的服务运行视图，如图 4-25 所示。

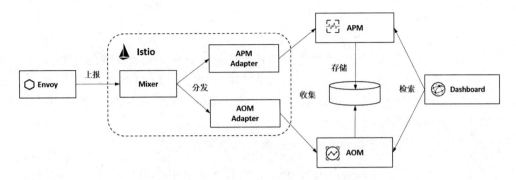

图 4-25 华为云服务网格 AOM/APM Adapter

类似地，Google 等云计算厂商也基于 Mixer 的 Adapter 机制对接 Stackdriver 等后端服务；SignalFx、Datadog 等监控厂商等也通过类似的方式来采集和管理在 Istio 中生成的服务数据。

4.3 Istio 策略适配器配置

除了遥测数据收集，Istio Adapter 机制的另外一个重要应用是策略执行。策略执行 Adapter 负责处理 Mixer 转发的 Check 请求，并将该请求分发给对应的策略执行后端，根据后端的判断逻辑返回拒绝或通过，来控制网格内服务之间的访问。本节挑选几个典型的策略执行后端来讲解其工作机制。

4.3.1 List 适配器

List 适配器是最简单的判断逻辑的 Adapter，它配置了一个黑名单或者白名单，匹配白名单则放行；匹配黑名单则拒绝。

1. Handler 的配置

对 Handler 的配置如下。

- providerUrl：名单的地址，当使用本地名单时可以不进行配置。
- refreshInterval：获取名单的刷新间隔。
- ttl：名单保存时长。

- ◎ cachingInterval：缓存的间隔。
- ◎ cachingUseCount：缓存的记录数。
- ◎ overrides：重要字段，该列表中的名单覆盖从 providerUrl 获取的名单。
- ◎ entryType：名单条目的类型，可以是 STRINGS、CASE_INSENSITIVE_STRINGS、IP_ADDRESSES 和 REGEX，分别表示字符串、大小写不敏感的字符串、IP 地址（段）和表达式。
- ◎ blacklist：是否是黑名单，影响匹配后的判断逻辑。

如下所示配置了一个白名单的 Handler，只有满足 IP 段条件的检查通过：

```
apiVersion: "config.istio.io/v1alpha2"
kind: handler
metadata:
  name: listchecker
  namespace: istio-system
spec:
  compiledAdapter: listchecker
  params:
    overrides: ["10.247.0.0/16"]
    blacklist: false
    entryType: IP_ADDRESSES
```

2. Instance 的配置

下面在模板中定义待检查的数据格式。策略执行的模板一般比遥测数据的模板简单，就是配置待检查的字段，在如下 Instance 中定义了从请求中提取 IP 作为检查输入。这样，配合前面的 Handler，对源 IP 在 10.247.0.0/16 范围内的请求放行：

```
apiVersion: "config.istio.io/v1alpha2"
kind: instance
metadata:
  name: listentry
  namespace: istio-system
spec:
  compiledTemplate: listentry
  params:
    value: source.ip | ip("0.0.0.0")
```

3. Rule 的配置

配置如下 Rule 关联 Handler 和 Instance，只有来源负载上标签是"forecast"的请求执行名单检查：

```
apiVersion: config.istio.io/v1alpha2
kind: rule
metadata:
  name: checksourceip
  namespace: istio-system
spec:
  match: source.labels["app"] == "forecast"
  actions:
  - handler: listchecker
    instances:
    - listentry
```

4.3.2 Denier 适配器

Denier 适配器也是一个比较简单的 Adapter，按照配置总是返回拒绝。

1. Handler 的配置

Denier 适配器的 Handler 的主要配置（见图 4-26）就是定义拒绝的状态信息 status，包括状态码（code）、消息（message）和详情（details），类似在写代码时定义的异常信息。还有两个有意思的字段：validDuration 和 validUseCount，分别表示有效间隔和有效次数。当时间不超过 validDuration 时，检查次数若不超过 validUseCount，则不再做检查。

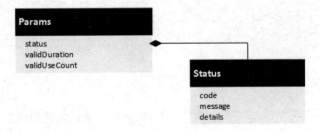

图 4-26 Denier Handler 的主要配置

如下所示，在满足条件时将会返回"1333"状态码：

```
apiVersion: "config.istio.io/v1alpha2"
kind: handler
metadata:
  name: denier
  namespace: istio-system
spec:
  compiledAdapter: denier
  params:
    status:
      code: 1333
      message: Denied
```

2. Instance 的配置

Denier 的检查对象同 4.3.1 节 List 名单中的检查对象定义。

3. Rule 的配置

只需配置如下所示的 Rule 让上面的 Handler 生效，来自标签为"forecast"的服务请求就都会被拒绝，并返回"1333"状态码：

```
apiVersion: "config.istio.io/v1alpha2"
kind: rule
metadata:
  name: deny
  namespace: istio-system
spec:
  match: source.labels["app"]=="forecast"
  actions:
  - handler: denier
    instances:
    - listentry
```

4.3.3　Memory Quota 适配器

Memory Quota 适配器是一个配额管理后端服务，主要的使用场景是设置一个生效时间进行限流，即设置在一个时间段内的访问配额。Memory Quota 只能用于单 Mixer 实例的场景，因此一般不能在生产环境中应用。

1. Handler 的配置

Memory Quota 适配器的 Handler 配置如图 4-27 所示。

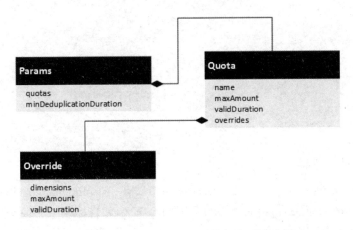

图 4-27　Memory Quota 适配器的 Handler 配置

其中涉及的几个属性如下。

- name：Quota 的名称。
- maxAmount：Quota 的上限。
- validDuration：生效时间。在限流场景中有用，表示在多长时间内允许多少流量通过。在其他场景中将这个值设置为 0 即可。
- overrides：对某些条件配置单独的 Quota，可以覆盖定义的全局 Quota。Overrides 包括三个重要属性：dimensions、maxAmount 和 validDuration。dimensions 表示 Quota 应用的维度，后两个属性在语义和 Quota 上的定义一致。

值得注意的是，Quota 是一个数组对象，因此可以配置多个 Quota。如下所示定义了一个 memquota 的 Handler，每秒最多运行 10000 个请求，从 frontend 服务到 forecast 服务的访问限流为每秒 100 次请求：

```
apiVersion: "config.istio.io/v1alpha2"
kind: handler
metadata:
  name: memquotahandler
  namespace: istio-system
spec:
  compiledAdapter: memquota
```

```
params:
  quotas:
  - name: requestquota.instance
    maxAmount: 10000
    validDuration: 1s
    overrides:
    - dimensions:
        destination: forecast
        source: frontend
      maxAmount: 100
      validDuration: 1s
```

2. Instance 的配置

在 Quota 的 Instance 定义配额检查的字段中，只有一个 dimensions 的 Map 字段定义配额检查的维度。在上面的 Handler 配置中用到了访问源和目标两个字段来检查，所以可以定义如下类型的 Instance：

```
apiVersion: "config.istio.io/v1alpha2"
kind: instance
metadata:
  name: requestquota
  namespace: istio-system
spec:
  compiledTemplate: quota
  params:
    dimensions:
      source: source.labels["app"] | source.service | "unknown"
      destination: destination.labels["app"] | destination.service.name | "unknown"
```

3. Rule 的配置

通过如下 Rule 关联用 memquotahandler 处理 requestquota，从而实现以上描述的限流功能：

```
apiVersion: "config.istio.io/v1alpha2"
kind: rule
metadata:
  name: quota
  namespace: istio-system
```

```
spec:
  actions:
  - handler: memquotahandler
    instances:
    - requestquota
```

4.3.4　Redis Quota 适配器

Memory Quota 并不具备 HA 能力，在生产中基本不会用到，取而代之的是一个基于 Redis 后端的配额管理系统，多个 Mixer 服务实例使用同一个 Redis 后端，因此可以支持多个 Mixer 实例。

1. Handler 的配置

Redis Quota 的 Handler 配置如图 4-28 所示，可以看到与 Memory Quota 类似，本节只介绍不同之处。

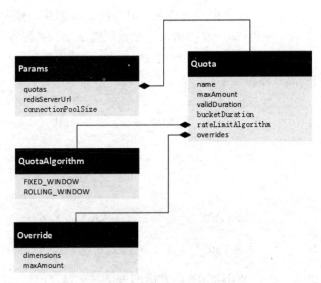

图 4-28　Redis Quota 的 Handler 配置

在全局配置上，在 Redis Quota 中需要通过 redisServerUrl 配置后端 Redis Server 的地址，同时可以通过 connectionPoolSize 配置对后端 Redis 的连接数，默认是每个 CPU 10 个连接。在对每个 Quota 的定义上，除了可以通过 maxAmount 和 validDuration 配置 Quota 和时长，还可以通过 rateLimitAlgorithm 配置 Quota 算法。Redis Quota 支持固定窗口

FIXED_WINDOW 和滑动窗口 ROLLING_WINDOW 两种算法。

固定窗口比较简单，就是在配置的时间内计数，如果达到配置的上限，就拒绝后面的请求。这种算法有一个非常明显的问题，就是限制不均匀。如图 4-29 所示，假如限流 1 秒内最多请求 1000 次，如果在前 100 毫秒内突破 1000 次，则在后面的 900 毫秒内所有的请求都会被拒绝。

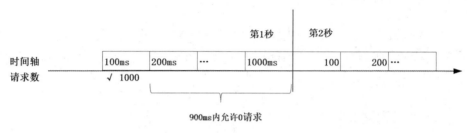

图 4-29　固定窗口限流不均匀

另外，更致命的是两倍的配置速率问题。限流要求仍然是每秒 1000 个请求，如图 4-30 所示，如果在第 1 秒的前 900 毫秒内没有请求，但是在最后 100 毫秒内有 1000 次请求，紧跟着在第 2 秒的前 100 毫秒有 1000 次请求，则根据固定窗口的限流算法，这种请求是满足限流规则的。但很明显，如果考察中间的 200 毫秒，则总共有 2000 个请求，超过了每秒 1000 个请求的限流目标，这个瞬时大流量可能会对后端服务造成过大的压力。

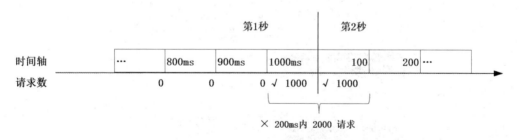

图 4-30　固定窗口两倍配速问题

采用滑动窗口 ROLLING_WINDOW 的算法则可以避免这个问题，思路也比较简单：把原来大的固定考察时段划分成小的桶，每个桶独立计数，将总的考察时段作为一个可以滑动的窗口，如图 4-31 所示。在采用了滑动窗口后，在以上固定窗口的示例中，相邻的 200 毫秒 2000 次请求的问题就不会发生了。当限流规则是每秒限流 1000 次时，后面的请求因不满足规则被拒绝。在 Handler 中通过 bucketDuration 来配置每个桶的长度，要满足 0< bucketduration < validduration。另外，Bucket 越小，控制就会越平滑，限流就会越精确。

但记录的数据越多，对后端 Redis 资源的要求就会越高。

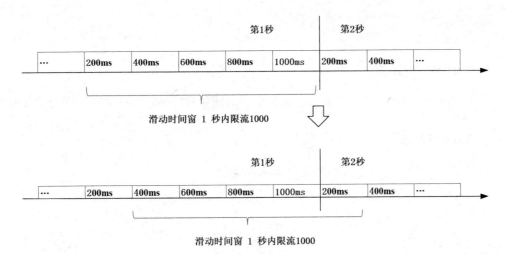

图 4-31 滑动窗口算法

下面使用 Redis Quota 配置在 4.3.3 节讲到的访问限流。配置后端 Redis 服务，在 Quota 中配置限流算法为滑动窗口，每个桶的长度为 200 毫秒。限流的目标还是每秒最多运行 10000 个请求，对于从 frontend 服务对 forecast 服务的访问限流为每秒 100 次请求。在使用 Redis Quota 的方式后，服务的 HA 和限流质量都会有所提升：

```
apiVersion: "config.istio.io/v1alpha2"
kind: handler
metadata:
  name: redisquotahandler
  namespace: istio-system
spec:
  compiledAdapter: redisquota
  params:
    redisServerUrl: redis-svc:6379
    connectionPoolSize: 10
    quotas:
    - name: requestquota.instance
      maxAmount: 10000
      validDuration: 1s
      bucketDuration: 200ms
      rateLimitAlgorithm: ROLLING_WINDOW
      overrides:
```

```
          - dimensions:
              destination: forecast
              source: frontend
            maxAmount: 100
```

2. Instance 的配置

类似 Memory Quota，Redis Quota 也是使用 Quota 的模板，配置配额检查的字段即可。

3. Rule 的配置

通过如下 Rule 配置使用 Redis Quota 的 Handler：

```
apiVersion: "config.istio.io/v1alpha2"
kind: rule
metadata:
  name: quota
  namespace: istio-system
spec:
  actions:
  - handler: redisquotahandler
    instances:
    - requestquota
```

以上是几种策略控制的 Adapter，在了解这些基本原理和用法后，可以方便地开发自己的 Adapter，对接不同的后端来完成各种检查和控制功能。厂商如 Google 的 Apigee 基于 Mixer 的 Adapter 机制提供控制策略，控制 Quota、Oath 等是比较典型的应用。

4.4 Kubernetes Env 适配器配置

在 Istio 中还有一个内置的 Adapter：Kubernetes Env，从功能上来说这个 Adapter 并未提供前面两节介绍的遥测和策略执行的业务能力，但在 Kubernetes 环境下这个 Adapter 是 Mixer 进行属性处理非常重要的一步，可以提取 Kubernetes 中服务的元数据并交给后续的 Adapter 处理。

在 Istio 中，Envoy 和某些 Mixer Adapter 都会生成属性，Kubernetesenv Adapter 正是 Kubernetes 环境中可以生成属性的一个典型 Adapter。

一个比较好理解的场景：在 Envoy 上报数据时，在上报的访问源和目标信息中一般只包含 IP 等基础信息，不会包含服务的命名空间信息，但后端 APM 需要基于命名空间对数据进行分组管理。这时基于负载的标识关联和补齐其他需要的属性就可以通过 Kubernetesenv Adapter 来实现，补齐的属性就可以在后续的 APM Adapter 中使用。

1. Handler 的配置

Kubernetes Env 最主要的一个参数是通过 kubeconfigPath 配置 Kubeconfig 的文件位置，即找到 Kube-apiserver，从 Kube-apiserver 上获取需要的信息。配置如下：

```
apiVersion: "config.istio.io/v1alpha2"
kind: handler
metadata:
  name: kubernetesenv
  namespace: istio-system
spec:
  compiledAdapter: kubernetesenv
  params:
    kubeconfig_path: "mixer/adapter/kubernetes/kubeconfig"
```

2. Instance 的配置

在 Kubernetes Instance 中定义 Kubernetesenv Adapter 如何发现和生成需要的与 Pod 相关的数据，如下所述。

◎ sourceUid：源 Pod 的 UID。
◎ sourceIp：源 Pod 的 IP。
◎ destinationUid：目标 Pod 的 UID。
◎ destinationIp：目标 Pod 的 IP。
◎ destinationPort：目标容器的端口。

另外，通过定义 attribute_binding 将 Kubernetesenv Adapter 输出的属性绑定到 Mixer 的属性上，可以供其他 Adapter 使用。

在 Kubernetes Output 模板中能提取的属性如下。

（1）源 Pod 的信息：sourcePodUid、sourcePodIp、sourcePodName、sourceLabels、sourceNamespace、sourceServiceAccountName、sourceHostIp、sourceWorkloadUid、sourceWorkloadName、sourceWorkloadNamespace、sourceOwner。

（2）目标 Pod 的信息：destinationPodUid、destinationPodIp、destinationPodName、destinationContainerName、destinationLabels、destinationNamespace、destinationServiceAccountName、destinationHostIp、destinationOwner、destinationWorkloadUid、destinationWorkloadName、destinationWorkloadNamespace。

字段名本身表达了对应的内容，这里不做过多解释。

基于以上定义，在 Istio 安装时会定义 Kubernetes 的如下模板实例，通过 Kubernetesenv Adapter 提取访问源和目标 Pod 上的重要信息给后续 Adapter 使用。例如，从 Kubernetes 的上下文环境中提取和输出 source_namespace 信息并赋值给 source.namespace 属性，这样后面执行的 Adapter 就可以使用该属性的值组织自己的业务了：

```
apiVersion: "config.istio.io/v1alpha2"
kind: instance
metadata:
  name: attributes
  namespace: istio-system
  labels:
spec:
  compiledTemplate: kubernetes
  params:
    source_uid: source.uid | ""
    source_ip: source.ip | ip("0.0.0.0")
    destination_uid: destination.uid | ""
    destination_port: destination.port | 0
  attributeBindings:
    source.ip: $out.source_pod_ip | ip("0.0.0.0")
    source.uid: $out.source_pod_uid | "unknown"
    source.labels: $out.source_labels | emptyStringMap()
    source.name: $out.source_pod_name | "unknown"
    source.namespace: $out.source_namespace | "default"
    source.owner: $out.source_owner | "unknown"
    source.serviceAccount: $out.source_service_account_name | "unknown"
    source.workload.uid: $out.source_workload_uid | "unknown"
    source.workload.name: $out.source_workload_name | "unknown"
    source.workload.namespace: $out.source_workload_namespace | "unknown"
    destination.ip: $out.destination_pod_ip | ip("0.0.0.0")
    destination.uid: $out.destination_pod_uid | "unknown"
    destination.labels: $out.destination_labels | emptyStringMap()
    destination.name: $out.destination_pod_name | "unknown"
```

```
        destination.container.name: $out.destination_container_name | "unknown"
        destination.namespace: $out.destination_namespace | "default"
        destination.owner: $out.destination_owner | "unknown"
        destination.serviceAccount: $out.destination_service_account_name |
"unknown"
        destination.workload.uid: $out.destination_workload_uid | "unknown"
        destination.workload.name: $out.destination_workload_name | "unknown"
        destination.workload.namespace: $out.destination_workload_namespace |
"unknown"
```

3. Rule 的配置

通过如下 Rule 关联，可以在 Kubernetesenv 中使用以上模板实例：

```
apiVersion: "config.istio.io/v1alpha2"
kind: rule
metadata:
  name: kubeattrgenrulerule
  namespace: istio-system
spec:
  actions:
  - handler: kubernetesenv
    instances:
    - attributes
```

4.5 本章总结

本章通过多个典型的遥测和策略的 Adapter 的实现讲解了 Mixer 的 Adapter 工作机制和使用方法。除了可以配置使用 Istio 内置的这些 Adapter，读者还可以使用类似的机制开发自己的 Adapter 来实现自定义逻辑。关于如何从 0 开始开发一个 Adapter，请参照 15.4 节的内容。

第 5 章
可插拔的服务安全

对于应用开发者来说,安全总是绕不开的话题。它很重要,但有时又有点儿沉重。我们可能都经历过以下窘境:

◎ 项目要发布了,做安全稽查时却发现不满足某项安全标准,被迫再规划一个里程碑做安全加固,导致项目延期、苦不堪言;

◎ 因为要处理某项安全要求,所以不得不在干干净净的业务代码里引入各种安全库,并添加各种安全处理,导致部分代码面目全非;

◎ 好不容易给服务提供了双向 TLS 认证,在运行一段时间后服务访问却出问题了,调查很久后才发现原来是证书过期了。

那么,有没有一种机制或者手段能把必要的安全能力在应用外提供,使对应用的影响尽可能减小,最好可插拔,可以动态启停、动态配置呢?

本章重点介绍 Istio 如何解决以上问题,Istio 提供了什么样的安全功能,以及我们怎样使用这些安全功能,并讲解如何在不修改代码的前提下,通过简单配置使用 Istio 提供的认证、授权等安全功能。

5.1 Istio 服务安全的原理

Istio 的安全功能大大超越了对"手段"这种形态的追求,因为它是以一种安全基础设施方式提供的,对业务开发者完全透明,让不涉及安全问题的代码安全运行,让不太懂安全的人可以开发和运维安全的服务。

用一句话描述 Istio 的安全目标:不用修改业务代码就能提供服务访问安全。Istio 提供了一个透明的分布式安全层,并提供了底层安全的通信通道,管理服务通信的认证、授权和加密，还提供了 Pod 到 Pod、服务到服务的通信安全，开发人员在这个安全基础设施层上只需专注于应用程序级别的安全性。

Istio 的安全原理如图 5-1 所示，可以看到，Istio 的服务安全目标主要由 4 个重要组件共同实现。

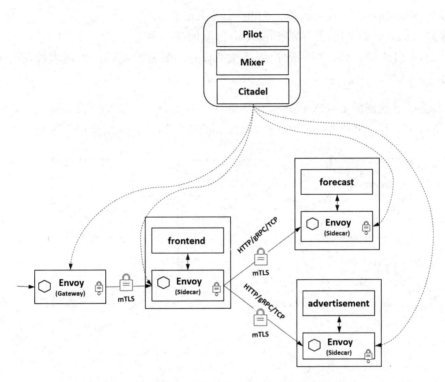

图 5-1　Istio 的安全原理

其中：

◎ 安全核心组件 Citadel 用于密钥和证书管理；
◎ Envoy 作为数据面组件代理服务间的安全通信，包括认证、通道加密等；
◎ Pilot 作为配置管理服务，在安全场景下将安全相关的配置分发给 Envoy；
◎ Mixer 可以通过配置 Adapter 来做授权和访问审计。

首先，在部署和配置阶段关注安全相关的从控制面到数据面的配置流程：Citadel 监听 Kube-apiserver，为每个 Service 都生成密钥和证书，并保存为 Kubernetes Secrets；当创建 Pod 时，Kubernetes 将包含密钥和证书的 Secret 挂载到对应的 Pod 中；Citadel 会维护证书的生命周期，并根据配置定期重建 Kubernetes Secrets 以自动更新证书；Pilot 生成配置信息，定义哪个 Service Account 可以运行哪个服务，并将这个配置下发给 Envoy。

然后，我们看看数据面 Envoy 在转发业务流量时是如何处理安全相关工作的，主要流程如下：

- ◎ 客户端的 Envoy 拦截到服务的 Outbound 流量；
- ◎ 客户端的 Envoy 和服务端的 Envoy 进行双向 TLS 握手；
- ◎ 在双向 TLS 建立后，请求到达服务端 Envoy，服务端 Envoy 将请求转发给本地服务。

图 5-2 展示了数据面 Envoy 代理安全功能的主要流程，这里结合 TLS 的工作原理再次通过这个流程来看看图 5-2 中 mTLS 的双向箭头的工作细节，并细化以上流程。

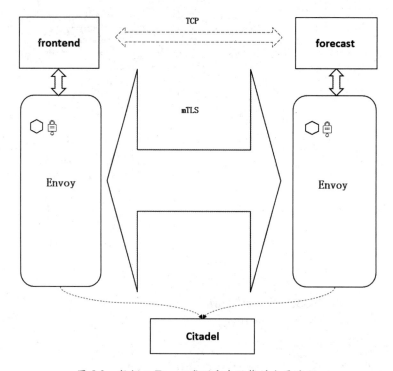

图 5-2　数据面 Envoy 代理安全功能的主要流程

Istio 提供的安全功能主要有认证（Authentication，证明谁是谁）和授权（Authorization，描述谁能干什么），下面分别看看这两个功能在 Istio 中是如何实现的。

5.1.1 认证

在安全的理论模型中,认证是基础。在 Istio 安全功能的设计和实现上,认证同样是基础。在 Istio 的服务间访问时,需要交换身份凭证来进行相互认证。互相认证了身份,才能进行访问授权的控制,才能交换数据。

本节讲解这个身份凭证如何被应用于 Istio 的双向认证和访问授权,这个过程被称为建立服务间访问的信任并定义服务间访问策略。一般是客户端检查要访问的服务端的标识,检查是否是授权运行的服务,在服务端根据授权策略来判断客户端访问的资源。

在实现上,Istio 可以支持多种不同平台的身份标识,可以对接各种云平台的 Service Account。Kubernetes 平台的标识就是 Kubernetes Service Account。在服务部署时分配该标识,用户的标识被赋值在 X.509 证书的 SAN 字段上,大致格式为:"spiffe://<domain>/ns/<namespace>/sa/<serviceaccount>"。

1. Istio 的认证方式

在 Istio 中提供了两种认证方式。

◎ 传输认证:又被称为从服务到服务的认证。因为 Istio 的主要功能就是管理从服务到服务的访问,所以传输认证是主要场景。在 Istio 中基于双向 TLS 来实现传输认证,包括双向认证、通道安全和证书自动维护。要求给每个服务都提供标识,用于服务间访问的双向认证,基于双向 TLS 可以保护从服务到服务的通信。

◎ 来源认证:又被称为最终用户认证,用于认证请求的最终用户或者设备。在 Istio 中一般支持使用 JWT(JSON Web Token)方式验证请求级别的验证。JWT 常常用于保护服务端的资源,客户端将 JWT 通过 HTTP Header 发送给服务端,服务端计算、验证签名以判断该 JWT 是否可信。

2. Istio 双向 TLS 认证的原理

在 Istio 中通过透明双向 TLS 方式提供从服务到服务的传输认证,下面简单讲解其原理。

就像流量管理和可观察性的功能一样,关于 Istio 中对外提供的认证功能是怎么工作的,"是数据面 Envoy 提供的"总是一个安全的答案。但是 Envoy 到底是怎样提供双向认证的呢?在 Istio 中为什么提供的是双向认证而不是单向认证呢?请尝试从下面的原理分析中找到答案。

我们知道，TLS 协议就是建立了一个加密的双向网络通道在两台主机间传输数据，一般也会和其他协议结合使用提供安全的应用层，例如我们熟知的 HTTPS、FTPS 等。

TLS 主要提供如下功能：

- 使用对称加密算法来加密传输的数据，从而实现通道安全；
- 提供通信双方的身份认证，可以是在 Istio 中推荐的双向认证，也可以是在更多场景下只对服务端进行的单向认证；
- 提供数据完整性校验。

经常被问到 TLS 和 SSL 是啥关系，其实 SSL 就是 TLS 的前身。如图 5-3 所示，在 Handshake 阶段用于通信的双方交换信息，包括通信双方的认证、确定加密算法等。在这个阶段，单向认证和双向认证做的事情不太一样。

- 在单向认证中，只有服务端维护证书，在应答客户端请求时将服务端的证书发给客户端，只有客户端校验服务端的证书；服务端不需要校验客户端的证书，服务端对客户端的验证通过业务层来实现，一般用于人机访问场景下。典型的 Web 应用大多是 TLS 单向认证，因为访问的客户端又多又杂，所以不需要在 TLS 这个协议层对用户的身份进行校验，一般都是在应用代码中验证用户的合法性。
- 在双向认证中，客户端和服务端都必须持有标识身份的证书，在双方通信时要求客户端校验服务端，同时客户端也要提供证书供服务端校验。比起单向认证，双向认证更加安全，除了可以避免客户端访问到一个假冒的服务端，服务端也会确认来访的客户端的合法身份。这种方式主要被用于服务对服务的访问场景下。

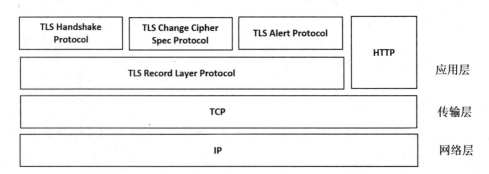

图 5-3　TLS 协议

Istio 中服务间的访问就属于机机场景，所以在 Istio 中提供的是双向认证。双向认证比单向认证更安全，但安全和代价总是成反比，要能对每个客户端的身份都进行标识不是件轻松的事情。当然，在 Istio 中有自己的一套机制做得非常方便，后面会讲解。

这里先简单看下双向 TLS 和单向 TLS 的认证过程，这样会更容易理解以上内容。重点理解认证主要流程即可，详细的协议请参考 TLS 官方资料。

TLS 单向认证的思路是：客户端使用服务端返回的证书验证服务端的身份，在验证完成后，双方协商一个对称密钥进行数据交换。步骤如下：

（1）客户端发起请求；

（2）服务端回复。服务端发送证书给客户端，在证书中包含服务端的公钥；

（3）客户端验证服务端的证书，检查证书时间、证书的数字签名等；

（4）客户端生成对称加密的密钥，使用服务端的证书中的公钥对其进行加密并发给服务端；

（5）服务端使用自己的私钥解出加密密钥；

（6）客户端和服务端使用协商的对称密钥来交换数据。

TLS 双向认证的思路是：客户端验证服务端的身份，同时服务端验证客户端的身份，在验证完成后双方协商一个对称密钥交换数据。步骤如下：

（1）客户端发起请求；

（2）服务端应答，包括选择的协议版本等。服务端发送证书给客户端，在证书中包含服务端的公钥；

（3）客户端验证服务端的证书，检查证书时间、验证证书的数字签名等；

（4）服务端要求客户端提供证书；

（5）客户端发送自己的证书到服务端；

（6）服务端校验客户端的证书，获取客户端的公钥；

（7）客户端生成对称加密的密钥，使用服务端的证书中的公钥对其进行加密并发给服务端；

（8）服务端使用自己的私钥解出加密密钥；

（9）客户端和服务端使用协商的对称密钥来交换数据。

在 Istio 中，服务间端到端的通信安全是通过服务发起方和服务接收方的 Envoy 来实现的。因而在以上流程中描述的客户端、服务端就是如图 5-4 所示的双方的 Envoy，双向 TLS 认证在两个 Envoy 间进行。在这整个过程中服务端和客户端的应用程序是不感知的，还是用它们约定的应用协议进行通信。只需在 Istio 中配置认证策略，数据面的 Envoy 就可以代理完成以上双向认证和安全通信。

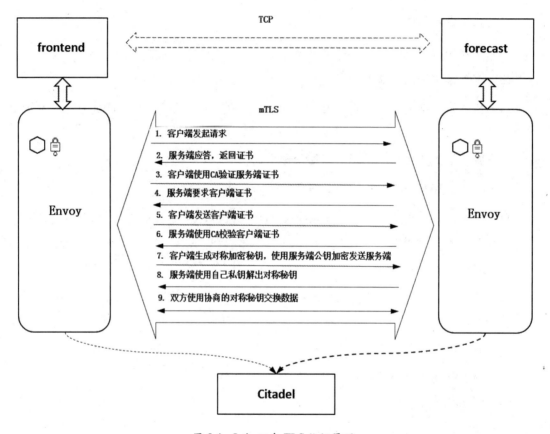

图 5-4 Istio 双向 TLS 认证原理

在 Istio 中，认证通过如图 5-5 所示的方式配置和生效。管理员通过 Kube-apiserver 配置认证策略，在策略中描述对命名空间是 ref 的所有服务启用认证服务，对命名空间 weather 内的 frontend 服务启用认证服务。Pilot 会将对应的配置下发到 Envoy，并在 Envoy 上执行。

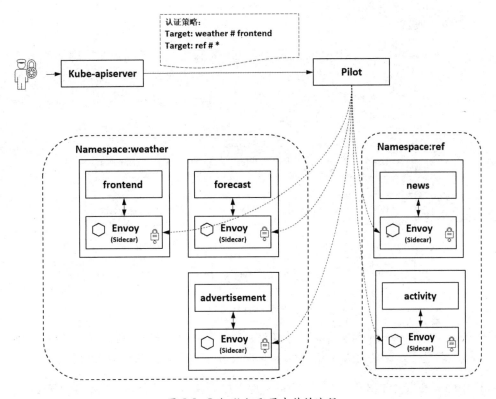

图 5-5　Istio 认证配置生效的流程

对于服务调用方和被调用方分别有不同的配置。

◎ 服务被调用方：使用认证策略配置服务端的认证，Pilot 将认证策略转换成 Envoy 可识别的格式并下发给 Envoy，Envoy 再根据收到的配置做身份验证。
◎ 服务调用方：如果用户采用了双向 TLS 认证，则通过 DestinationRule 进行配置，Pilot 将配置信息下发到对应的 Envoy，Envoy 再根据配置进行双向 TLS 通信；如果用户采用 JWT 进行来源身份验证，则需要应用程序获取 JWT 凭证并将其包含在请求中。

5.1.2　授权

有了前面的认证，就可以描述允许什么人干什么事情，从而进行安全管理，即该授权上场了。在 Istio 中使用基于角色的访问权限控制 RBAC 模型进行授权控制。

1. RBAC 模型

基于角色的访问控制（RBAC）是基于角色和特权定义的访问控制机制。如图 5-6 所示，把权限分配给角色，相应角色的用户就具备了对应功能的权限。其实我们用到的很多管理系统，包括最典型的操作系统都是按照这个思想来设计的，例如创建若干个 Guest、Admin 之类的角色，再将角色分配给用户。

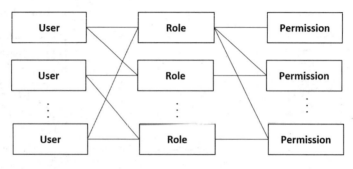

图 5-6　RBAC 模型

这就是一个用户→角色→权限的模型，一个用户可以有多个角色，每个角色又可以有多个权限，都是多对多的关系。用户拥有的权限等于其所有的角色持有权限的合集。

在 RBAC 模型中，Role 可以比较自然地关联到实际的业务，例如，管理员角色可以有更多的权限，Editor 角色可以做资源的增删编辑权限，而 Viewer 角色只有查看权限等。同时，使用 Role 作为权限的分组也比较有利于复用，避免了给多个用户重复分配相同的权限。一个 Role 就是一个权限集，只需把该权限集赋给某个用户即可，不用在创建每个用户时费劲地从大量的细碎权限列表中找到对应的权限进行分配。

2. Istio 的 RBAC

Istio 可以为网格中的服务提供命名空间级别、服务级别和方法级别的授权管理。在语法上包括基于角色的语义、服务到服务和最终用户到服务的授权，还可以在角色和角色绑定方面提供灵活的自定义属性支持。

Istio 的整个授权配置的工作流程如图 5-7 所示，和其他 Istio 的服务管理流程一样，包括配置规则、下发规则和执行规则。

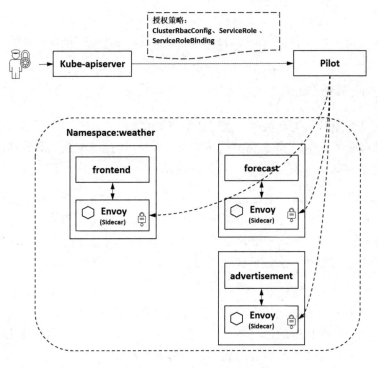

图 5-7 Istio 授权配置的工作流程

其中：

◎ 管理员配置授权规则，将授权配置信息存储在 Kube-apiserver 中；
◎ Pilot 从 Kube-apiserver 处获取授权配置策略，和下发其他规则一样将配置发送给对应服务的 Envoy；
◎ Envoy 在运行时基于授权策略来判断是否允许访问。

在 Istio 的认证中使用了两个重要的数据结构 ServiceRole 和 ServiceRoleBinding，分别对应 RBAC 模型中的角色和角色绑定。ServiceRole 描述有什么权限，是一个权限的集合，表示对服务的动作。ServiceRoleBinding 描述的是将权限 ServiceRole 授予给指定的对象，当然，对象的描述可以是一个用户、一个用户组，也可以是一个服务。

通过这个配置就可以描述允许谁做什么，其中的"谁"就是角色授予的主体；干什么就是在角色中定义的权限。在 Istio 中除了配置"谁可以干什么"，还可以在上面的表达式中叠加一个条件"谁在什么条件下允许干什么"，可以认为是 RBAC 模型在 Istio 上应用的扩展。

在 Istio RBAC 中建议启用认证功能,在授权策略中使用认证的标识。对于老的系统,如果没有对接认证,也没有提供双向 TLS,则可以通过客户端 IP 等来做授权控制。

5.1.3 密钥证书管理

不同于前面介绍的认证和授权,密钥证书管理在理论上来说属于内部的功能,不算开放给用户的业务功能,但是在 Istio 中非常重要。Istio 通过一个独立的管理面组件 Citadel 来实现密钥证书管理,是 Istio 认证和授权的基础。

简单理解,数字证书就是通过证明公钥属于一个特定的实体来防止身份假冒的。相应地,数字证书签发的原理就是 CA 把证书拥有者的公钥和身份信息绑在一起,使用 CA 专有的私钥生成正式的数字签名,表示这个证书是权威 CA 签发的。在证书校验时用 CA 的公钥对这个证书上的数字签字进行验证即可。

在 Istio 的双向 TLS 场景下,服务端维护一个在 CA 上获取的服务端证书,在客户端请求时将该证书回复给客户端。客户端使用 CA 的公钥进行验证,若验证通过,就可以拿到服务端的公钥,从而执行后面的步骤。当然,这是基本原理,在数字证书上除了有核心的证书所有者的公钥、证书所有者的名称,还有证书起始时间、到期时间等信息,在进行证书校验时会用到。

正因为 Istio 基于 Citadel 提供了自动生成、分发、轮换与撤销密钥和证书的功能,才避免了用户自己维护的麻烦事。

每个集群都有一个 Citadel 服务,Citadel 服务主要做 4 个操作:

◎ 给每个 Service Account 都生成 SPIFFE 密钥证书对;
◎ 根据 Service Account 给对应的 Pod 分发密钥和证书对;
◎ 定期替换密钥证书;
◎ 根据需要撤销密钥证书。

在 Istio 的 X.509 证书中包含了用户身份,可以为每个工作负载都提供标识。在 Istio 1.1 中,Envoy 可以通过 SDS API 来请求证书和密钥。

图 5-8 展示了在启用了认证后 frontend 服务调用 forecast 服务时 Citadel 自动维护密钥证书的细节,这是服务间双向 TLS 通信和访问授权控制的基础。

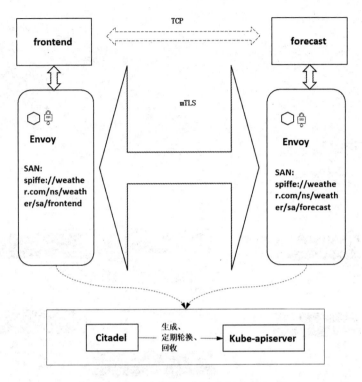

图 5-8　Citadel 自动维护密钥证书的细节

5.2　Istio 服务认证配置

下面讲解如何使用 Istio 的认证策略来配置认证。

5.2.1　认证策略配置示例

按照惯例，我们以一个最常见的场景来体验 Istio 的认证策略。通过如下配置为 forecast 开启双向认证，forecast 服务使用双向认证来接收调用方的访问，只处理 TLS 通道上加密的请求：

```
apiVersion: "authentication.istio.io/v1alpha1"
kind: "Policy"
metadata:
  name: "forecast-weather-mtls"
```

```
  namespace: weather
spec:
  targets:
  - name: forecast
    peers:
    - mtls: {}
```

5.2.2 认证策略的定义

认证策略的完整定义如图 5-9 所示。

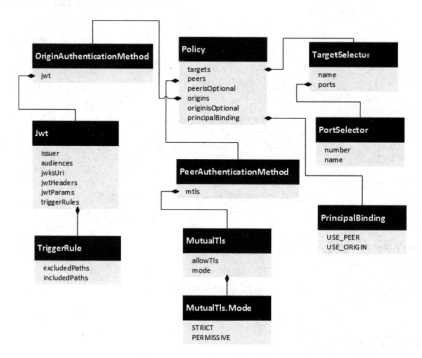

图 5-9 认证策略的规则定义

下面讲讲如图 5-9 所示的一些重要字段。

（1）targets：表示这个策略作用的目标对象，如果为空，则对策略作用范围内的所有服务都生效。从配置示例上可以看到，这个字段是一个数组类型，所以认证策略可以作用在多个服务的描述上，数组元素是一个 TargetSelector 类型的结构，name 字段表示目标服务的名称，ports 数组表示策略可以在服务的端口粒度进行控制。

如下配置认证策略作用在两个服务 frontend 和 forecast 上，其中对于 forecast 服务只作用于 3002 端口：

```
targets:
- name: frontend
- name: forecast
  ports:
  - number: 3002
```

（2）peers：描述传输认证的配置。在 Istio 中主要使用 mTLS 的双向认证方式，这个字段一般被赋值 mtls，如果不使用传输认证，则可以不用赋值。

mTLS 支持两种模式：STRICT 和 PERMISSIVE。前者要求服务端和客户端都必须提供证书，即通过 mTLS 方式连接；而后者可以省略客户端的证书，即服务端可以接收 TLS 和明文通信。

PERMISSIVE 模式在处理旧系统迁移时比较有用。如果对一个服务设置了默认的 mTLS 认证，则来自老系统没有注入 Sidecar 的客户端请求可能会访问不通，因为它们没有带客户端证书。如下所示为设置 PERMISSIVE 可以在迁移过程中接收没有客户端证书的连接：

```
peers:
- mtls:
    mode: PERMISSIVE
```

（3）origins：与传输认证对应的是 Istio 支持的另一种认证方式：访问来源认证，又称最终用户认证，对应配置的是 origins 字段。从如图 5-10 定义的结构上可以看到 Istio 1.1 只支持 JWT 方式的来源身份认证。

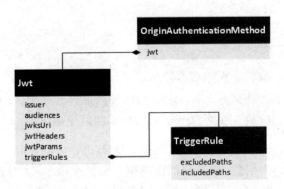

图 5-10　访问来源认证 OriginAuthenticationMethod 的规则定义

不同于传输认证只需要简单指定模式，JWT 的来源认证有多项配置。

- issuer：JWT 颁发者的标识，通常是 URL 或者 Email 地址。
- audiences：JWT 的受众名单，包含这些 Aud 的 JTW 将被接收。
- jwksUri：JWT 验证的公钥 URL。
- jwtHeaders：传送 JWT 的请求的 Header。
- jwtParams：传送 JWT 的 URL 参数。
- triggerRules：Istio 1.1 的新特性，为一组触发规则列表，用来判断是否使用 JTW 来验证请求，只有在条件匹配时才会进行 JWT 验证。如果触发规则非空但是没有条件匹配，则会跳过 JWT 验证；如果这个字段为空，则总会执行 JWT 验证。

triggerRules 通过 includedPaths 和 excludedPaths 两个字段来描述，即验证请求的路径是否符合规则，要求两个条件同时匹配：

```
issuer: https://example.com
jwks_uri: https://example.com/.well-known/jwks.json
trigger_rules:
- excluded_paths:
  - exact: /verion
  - prefix: /status/
```

在 Istio 1.1 中，triggerRules 非常重要的一个用处是可以配置对某些访问接口启用和忽略 JWT 验证。例如，以上配置中查看版本"/verion"接口和查询状态"/status/"等非业务功能可以忽略认证。

（4）principalBinding：描述使用传输身份认证还是来源身份认证和请求主体关联，对应 USE_PEER 和 USE_ORIGIN。默认取值 USE_PEER，表示传输身份认证。

5.2.3 TLS 访问配置

在认证策略配置正确后，服务端将使用证书校验客户端的访问，对应的服务调用方需要实现一定的认证机制才能完成认证。Istio 的两种认证方式在服务端认证策略中通过 peer 和 origin 分别配置，相应地，在客户端也有两种不同的使用方式。

- 如果服务端要求来源认证，且当前只支持 JWT，要求在客户端应用的访问请求中带上需要的 JWT 信息，则这只能由应用自己解决，Istio 本身没有提供透明的手段。
- 如果服务端要求 mTLS 传输认证，则可以使用服务规则 DestinationRule 来配置。

DestinationRule 在 3.3 节有全面介绍，本节只介绍 DestinationRule 中认证相关的配置，实现 Istio 的双向 TLS 认证。在 DestinationRule 流量策略字段 TrafficPolicy 中包含一个 TLSSettings 的结构来描述 TLS 认证相关配置。

通过如下配置就可以使得对 advertisement 服务的访问使用双向 TLS 认证：

```
apiVersion: networking.istio.io/v1alpha3
kind: DestinationRule
metadata:
  name: advertisement_istiomtls_requset
  namespace: weather
spec:
  host: advertisement
  trafficPolicy:
    tls:
      mode: ISTIO_MUTUAL
```

其中，tls 这个字段为 TLSSettings 类型的配置，TLSSettings 的规则定义如图 5-11 所示，我们一起看看 TLSSettings 如何定义 TLS 访问。

TLSSettings 规则主要配置如下信息。

（1）mode：最重要的一个必选字段，用来表示是否使用 TLS，以及使用哪种模式。在 Istio 中支持以下 4 种模式。

- Disable：对指定服务的连接不使用 TL。
- SIMPLE：发起与服务端的 TLS 连接。
- MUTUAL：使用双向认证对服务端发起安全连接，并且提供客户端证书。即需要应用程序提供客户端证书，在配置中指定证书文件路径。
- ISTIO_MUTUAL：使用双向认证对服务端发起安全连接，证书由 Istio 自动生成。即不用指定证书路径等。

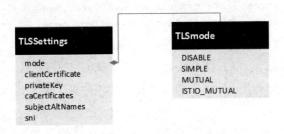

图 5-11　TLSSettings 的规则定义

（2）clientCertificate：客户端证书路径，为 MUTUAL 模式时必须指定，为 ISTIO_MUTUAL 模式时无须指定。

（3）privateKey：客户端私钥路径，为 MUTUAL 模式时必须指定，为 ISTIO_MUTUAL 模式时无须指定。

（4）caCertificates：验证服务端证书的 CA 文件路径，若未指定则忽略校验服务端证书。为 ISTIO_MUTUAL 模式时无须指定。

（5）subjectAltNames：验证在服务端证书中标识的列表文件，为 ISTIO_MUTUAL 模式时无须指定。

（6）sni：在 TLS 握手阶段提供给服务端的 SNI 字符串，为 ISTIO_MUTUAL 模式时无须指定。

clientCertificate、privateKey、caCertificates、subjectAltNames、sni 字段都是用于双向认证的配置。当模式是 ISTIO_MUTUAL 时，这些内容都会由 Istio 的证书管理功能自动生成，都不用手动配置；而 MUTVAL 模式需要手动配置。本节示例的功能使用 MUTUAL 模式配置如下，可以看出内容明显烦琐得多，更麻烦的是，如果证书文件有变化，则需要手动更新：

```
apiVersion: networking.istio.io/v1alpha3
kind: DestinationRule
metadata:
  name: advertisement_mtls_requset
  namespace: weather
spec:
  host: advertisement
  trafficPolicy:
    tls:
      mode: MUTUAL
      clientCertificate: /etc/certs/myclientcert.pem
      privateKey: /etc/certs/client_private_key.pem
      caCertificates: /etc/certs/rootcacerts.pem
```

所以，在 Istio 中使用双向 TLS 认证时首推 ISTIO_MUTUAL 模式，证书的生成、加载、在通信中的使用对应用都是透明的，这也是 Istio 这个基础设施在安全层面提供给服务开发者的巨大便利。

本节的配置要和认证策略的配置结合使用，只有对指定的服务配置了认证策略，同时对这些服务的访问使用了对应的 TLS 配置,双方的访问才能正常进行。如下几种场景都会导致通信不正常。

- 给 forecast 服务配置了双向认证策略,但是在 DestinationRule 中未配置 TLS,或者网格外的服务对 forecast 服务的访问没有 Envoy 代理,则访问不通。
- 未给 forecast 服务配置双向认证策略,或者服务 forecast 属于网格外的服务,但是在 DestinationRule 中配置了 TLS,则访问不通。

若通过 DestinationRule 为 advertisement 服务启用了 ISTIO_MUTUL 的 TLS 模式,并且通过认证策略 Policy 配置为 advertisement 服务的访问启用了双向认证,则如图 5-12 所示,开发者完全不用修改任何代码和服务自身的配置,即可实现对 advertisement 服务的安全访问。

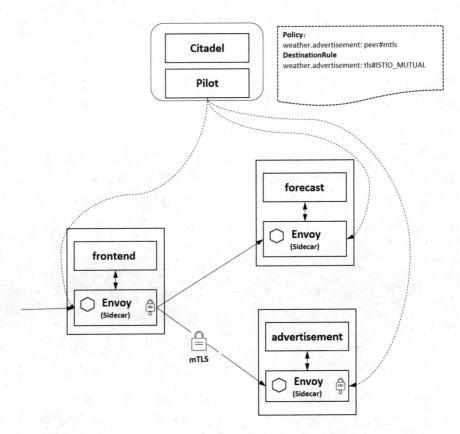

图 5-12　Policy 和 DestinationRule 配置 Istio 双向认证

5.2.4 认证策略的典型应用

下面讲解认证策略的几个典型应用。

1. 认证策略的作用范围

在 Istio 中支持多种范围的认证策略,包括整个网格范围和命名空间范围。如下所示为定义整个网格范围的统一认证策略:

```
apiVersion: "authentication.istio.io/v1alpha1"
kind: "MeshPolicy"
metadata:
  name: "default"
spec:
  peers:
  - mtls: {}
```

这个策略的类型不同于前面介绍的认证策略类型 Policy,是一种特殊的 MeshPolicy,为 Mesh 级别的配置,并且策略的名字固定为"default"。其实这也不难理解,因为网格范围的认证策略对所有服务都生效。除了能固定策略名,这种全局的配置只能定义一次,并且不能指定 targets 字段。

Policy 类型的认证策略如下,用于配置指定命名空间下的服务认证策略,在这种策略中可以通过 target 来指定作用于当前命名空间下的哪个服务。如果未指定 target,则表示作用于命名空间下的所有服务,并且在同一命名空间下这种策略只能存在一个:

```
apiVersion: "authentication.istio.io/v1alpha1"
kind: "Policy"
metadata:
  name: "default"
  namespace: "weather"
spec:
  peers:
  - mtls: {}
```

Istio 提供的认证策略包含三个范围。

◎ 全网格范围:作用于网格中的所有服务,通过认证策略 MeshPolicy 定义。
◎ 命名空间范围:作用于指定命名空间下的所有服务,通过认证策略 Policy 定义,不指定 targets。

◎ Service 范围：作用于命名空间下的特定 Service，通过认证策略 Policy 定义，作用范围通过 targets 字段来描述。

对于一个服务只能有一种认证策略。如果以上三种策略都匹配，则生效规则是服务范围最优先，然后是命名空间范围，最后是全网格范围，即本地优先原则。

若利用以上原则为某命名空间下除某个服务外的其他服务启用双向认证，则除了列举所有要认证的服务，一个更便捷且好理解的做法是配置如下两个 Policy：

```
apiVersion: authentication.istio.io/v1alpha1
kind: Policy
metadata:
  name: disable_adv_tls
  namespace: weather
spec:
  targets:
  - name: advertisement
---------------------------------------------------------------
apiVersion: authentication.istio.io/v1alpha1
kind: Policy
metadata:
  name:enable_weather_tls
  namespace: weather
spec:
  peers:
  - mtls:
```

通过这种方式可以先配置整个命名空间启用，再配置某个服务不启用，类似如图 5-13 所示集合运算上的取非操作，可避免在 targets 中枚举出所有其他服务的麻烦，并且增加了灵活性。在命名空间下又添加一个新服务时，认证策略不需要更新。

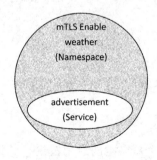

图 5-13　在命名空间下只对个别服务禁用认证

2. 组合 TLS 认证和来源认证

在 Istio 的认证策略中可以同时配置传统 TLS 认证和来源认证，方法就是同时设置 peer 和 origins 两个字段。在如下配置中为 advertisement 配置了两种认证方法，并从来源的认证中获取主体信息：

```yaml
apiVersion: authentication.istio.io/v1alpha1
kind: Policy
metadata:
  name: peer_and_origins
  namespace: weather
spec:
  target:
  - name: advertisement
  peers:
  - mtls:
  origins:
  - jwt:
      issuer: "https://securetoken.istio.com"
      audiences:
      - " advertisement "
      jwksUri: "https://www.istioapis.com/oauth2/v1/certs"
      jwt_headers:
      - "x-istio-iap-jwt-assertion"
  principaBinding: USE_ORIGIN
```

5.3 Istio 服务授权配置

本节介绍 Istio 服务授权相关的配置，包括为集群启用授权和授权策略管理。

5.3.1 授权启用配置

在 Istio 中通过网格的全局配置对象 ClusterRbacConfig 启用授权。

1. ClusterRbacConfig 配置示例

如下所示为只对 weather 这个命名空间启用授权，对其他命名空间下的服务都不启用授权：

```
apiVersion: "rbac.istio.io/v1alpha1"
kind: ClusterRbacConfig
metadata:
  name: default
spec:
  mode: 'ON_WITH_INCLUSION'
  inclusion:
    namespaces: ["weather"]
```

2. ClusterRbacConfig 配置定义

在语义上，ClusterRbacConfig 是一个全局配置，所以这个配置只能创建一次，配置名也固定是"default"，主要包含三个属性，其中 mode 字段表示授权配置的模式。

- ◎ OFF：为网格中的所有服务都禁用授权。
- ◎ ON：为网格中的所有服务都启用授权。
- ◎ ON_WITH_INCLUSION：只为 inclusion 列表中的 namespaces 和 services 启用 Istio 授权，对其他服务全部禁用授权。
- ◎ ON_WITH_EXCLUSION：只为 exclusion 列表中的 namespaces 和 services 禁用 Istio 授权，对其他服务全部启用授权。

另外两个字段 inclusion 和 exclusion 分别配置在 ON_WITH_INCLUSION 和 ON_WITH_EXCLUSION 模式下启用和禁用授权的 namespaces 和 services 列表。在如上配置示例中只对 weather 的命名空间启用授权，也可以配置只对某个服务启用或禁用授权。

5.3.2 授权策略配置

Istio 的授权策略通过两个对象来描述 ServiceRole 和 ServiceRoleBinding。在详细解释这两个对象的用法前，先看一个配置示例。

1. 授权策略配置示例

以下配置示例通过 ServiceRole 定义了一个 advertisement-reader 角色，这个角色对 advertisement 服务的 GET 方法有权限；同时通过 ServiceRoleBinding 定义了一个角色绑定配置，将 advertisement-reader 这个角色绑定到命名空间是 terminal 的服务上：

```
apiVersion: "rbac.istio.io/v1alpha1"
kind: ServiceRole
```

```
metadata:
  name: advertisement-reader
  namespace: weather
spec:
  rules:
  - services: ["advertisement.weather.svc.cluster.local"]
    methods: ["GET"]
```

```
apiVersion: "rbac.istio.io/v1alpha1"
kind: ServiceRoleBinding
metadata:
  name: binding-advertisement-reader
  namespace: weather
spec:
  subjects:
  - properties:
      source.namespace: "terminal"
  roleRef:
    kind: ServiceRole
    name: "advertisement-reader"
```

2. ServiceRole 定义

首先看看如何使用 ServiceRole 配置一个角色，其实就是看看怎么描述一组权限。从 ServiceRole 的结构来看，规则主体是 AccessRule 的数组，表示权限许可的集合，如图 5-14 所示。

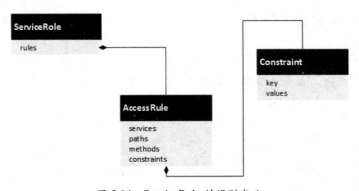

图 5-14 ServiceRole 的规则定义

AccessRule 通过如下字段来描述。

（1）services：是 AccessRule 上最重要的一个必选字段，表示作用的服务集合。在本节入门配置示例中只有一个目标服务"advertisement"。在实际使用上，services 可以是一个开放的表达式，可以匹配前缀、后缀等。可以进行如下配置：

```
services: ["advertisement.weather","forecast.weather"]    #匹配对 advertisement
和 forecast 两个服务的权限
    services: ["adv"]    # 匹配以 adv 开头的服务
    services: [".weather"]    #匹配所有带".weather"后缀的服务
    services: ["*"]    #匹配指定命名空间下的所有服务
```

（2）paths：配置对应服务的接口列表，对于 HTTP 是 Path 列表，对于 gRPC 就是方法列表。paths 是一个可选字段，支持前缀后缀匹配，当未指定时，表示匹配所有 Path。可以进行如下配置：

```
    paths: ["/v2/weatherdata"," /v2/activity"]    #匹配两个 paths
    paths: ["/v2/"]    #匹配所有以"/v2/"开头的 paths
    paths: ["/weatherdata"]    #匹配所有带"/weatherdata"后缀的 paths
```

（3）methods：在描述权限时，除了可以指定服务的接口，还可以指定接口的方法 methods，对应 HTTP 的 GET、POST 等方法。对于 gRPC 协议，这个字段会被忽略，因为所有 gRPC 都基于 POST 方法。

（4）constraints：是非常值得我们关注的字段，虽然也是一个可选择字段，但为 Istio 授权中的角色描述带来了很大的灵活性。字面翻译是约束，将其理解成服务的扩展字段可能更加适当。constraints 是一个开放的键值对集合，其中，constraints 的元素和前面的 services、paths 等一样是个数组，并支持前缀后缀匹配。

在定义授权角色时，Istio 支持如下扩展字段。这里以使用场景的频度高低为顺序讲解这几个扩展字段。

◎ destination.labels：目标服务上的标签。这也是 Istio 和 Kubernetes 结合的一种常用机制，例如比较常用的基于版本标签做灰度发布，通过指定 destination.labels[version]是["v1"]或者["v2"]来描述对服务的特定版本的权限。

◎ request.headers：请求的 HTTP Header，通过 Header 上的取值来描述规则，例如 request.headers[login-group]的取值["editor"]表示特定 Header 的请求。

◎ destination.ip：目标服务实例的 IP 地址，可以是单个 IP，也可以是 CIDR 描述的地址，例如["10.154.118.69", "10.154.0.0/16"]这种格式。

◎ destination.port：目标服务端口，可以是个数组，例如["3002", "3003"]。

◎ destination.namespace：目标服务的命名空间。
◎ destination.user：在目标服务的负载上取到的标识。

这样，ServiceRole 就支持从 namespace、services、paths、methods、constrainsts 这几个不同的粒度描述权限。

3. ServiceRoleBinding 的规则定义

ServiceRoleBinding 的规则定义如图 5-15 所示。

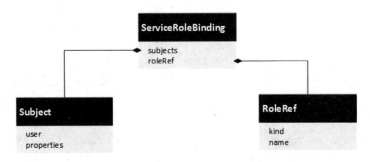

图 5-15　ServiceRoleBinding 的规则定义

ServiceRoleBinding 作为一个绑定的定义，主要绑定两个对象：一个是定义的角色 roleRef，另一个是角色分配的目标对象 subjects。

（1）roleRef：是一个必选字段，表示要绑定的角色。当前版本的 roleRef 只支持 ServiceRole 这一种角色定义，要求 ServiceRole 和 ServiceRoleBinding 必须属于同一个命名空间。

（2）subjects：是一个必选字段，表示角色分配的目标。subjects 是个列表，可以将一个角色分配到多个对象上，每个对象都通过 Subject 的结构来定义，通过 Subject 的定义可以了解角色分配的主体的描述方式。在 Istio 授权中通过 user 和 properties 两个可选字段来定义 subjects。

user 表示对象的用户名或者 ID，user: "*"表示授权给所有用户和服务，无论是认证的还是未认证的；properties 是一个 Map，类似于 ServiceRole 中的 constraints 结构，也是个扩展属性，用来描述主体信息。当前支持如下属性。

◎ source.ip：表示源服务实例的 IP 地址，可以是单个 IP，也可以是 CIDR 描述的地址，例如["10.154.118.69", "10.154.0.0/16"]。

- source.namespace：源服务的命名空间。
- source.principal：源服务的标识，例如"cluster.local/ns/weather/sa/frontend"，是从证书上提取的源负载的标识，表示只是授权给认证的 frontend 服务；而配置为"*"表示授权给所有认证用户和服务。
- request.headers：请求的 HTTP Header，通过 Header 上的取值来描述规则，例如 request.headers[login-group]取值["editor"]。在 ServiceRole 中同样有这个扩展字段，最终都是服务访问的过滤条件。
- request.auth.principal：请求中的认证主体。
- request.auth.audiences：认证信息的目标受众。
- request.auth.presenter：授权的凭证提供者。
- request.auth.claims：来源 JWT 声明。

在 ServiceRoleBinding 的 Subject 中，properties 的形式和 ServiceRole 中的 constraints 非常类似，但一个鲜明的不同之处是：properties 中的属性都是源服务的配置，而 constraints 中的属性都是目标服务的配置。不难理解，前者配置的是权限中服务访问的主体，当然是源；后者描述的是权限中服务作用的对象，当然是目标。

还需要注意，HTTP 支持以上两个扩展中的所有属性，而 TCP 只支持部分属性。

5.3.3 授权策略的典型应用

下面讲解授权策略的几个典型应用。

1. 特定命名空间的授权

这是比较常用的做法，只允许一个命名空间下的服务访问另外一个命名空间下的服务，即命名空间下的服务都使用一个授权访问策略。如下所示为对 weather 命名空间下的所有服务都定义一种角色，并且只允许 client 命名空间下的服务访问：

```
apiVersion: "rbac.istio.io/v1alpha1"
kind: ServiceRoleBinding
metadata:
  name: binding-advertisement-reader
  namespace: weather
spec:
  subjects:
```

```
      - properties:
          source.namespace: "client"
    roleRef:
      kind: ServiceRole
      name: "advertisement-reader"
```

```
apiVersion: "rbac.istio.io/v1alpha1"
kind: ServiceRole
metadata:
  name: advertisement-reader
  namespace: weather
spec:
  rules:
  - services: ["*"]
    methods: ["*"]
```

2. 特定服务的授权

如下所示为配置通过 GET 方式访问 advertisement 服务：

```
apiVersion: "rbac.istio.io/v1alpha1"
kind: ServiceRole
metadata:
  name: advertisement-reader
  namespace: weather
spec:
  rules:
  - services: ["advertisement.weather.svc.cluster.local"]
    methods: ["GET"]
```

3. 特定服务接口的授权

在以上服务粒度的角色定义基础上通过添加 paths 字段，可以定义接口粒度的角色。如下所示只是对 advertisement 的 "/v2/weatherdata" 接口单独定义角色，对一些敏感、重要的接口可能需要分配特定的授权策略。这里的 paths 可以通过数组定义多个，为有某种共同特点的一组接口定义一个角色：

```
apiVersion: "rbac.istio.io/v1alpha1"
kind: ServiceRole
metadata:
  name: advertisement-reader
```

```
  namespace: weather
spec:
 rules:
 - services: ["advertisement.weather.svc.cluster.local"]
   paths: ["/v2/weatherdata"]
   methods: ["GET"]
```

可以对服务的特定接口的某个特定操作分配权限，但是不能对接口里的特定逻辑做权限控制，这种涉及业务逻辑的授权控制无法在协议上通用处理，只能在业务代码中实现。

4. 特定版本的授权

基于 ServiceRole 的扩展属性 constraints 通过目标服务的 label 标签定义对服务的特定版本定义角色并进行授权：

```
apiVersion: "rbac.istio.io/v1alpha1"
kind: ServiceRole
metadata:
  name: advertisement-reader
  namespace: weather
spec:
 rules:
 - services: ["advertisement.weather.svc.cluster.local"]
   methods: ["GET"]
   constraints:
   - key: "destination.labels[version]"
     value: ["v2"]
```

5. 特定源 IP 的授权

本章强调 Istio 对授权的推荐用法是和认证结合使用，最好是启用了 mTLS，使用 ServiceAccount 来标识服务身份，或者使用 JWT 方式在请求中携带认证方式。老系统对网格内服务进行访问时，这些系统无法提供自身的认证信息，但可以通过授权中对来源的特征进行适当限制来达到一定授权管理目标，并借助 ServiceRoleBinding 的 properties 扩展对访问来源进行限制。如下所示为限制只有来自特定 IP 范围的请求才可以访问 advertisement 服务：

```
apiVersion: "rbac.istio.io/v1alpha1"
kind: ServiceRoleBinding
metadata:
```

```
  name: binding-advertisement-reader
  namespace: weather
spec:
  subjects:
  - properties:
      source.ip: 10.154.0.0/16
  roleRef:
    kind: ServiceRole
    name: "advertisement-reader"
```

5.4 本章总结

本章从目标、原理和配置方式几个方面讲解了 Istio 安全相关的内容，相信读者已经了解到 Istio 提供的安全能力和使用方法。本章涉及的示例都是片段，在本书的安全实践章节准备了完整的 Istio 安全实践，若有兴趣可以直接阅读相关章节并进行实践。

第 6 章
透明的 Sidecar 机制

Istio 的流量管理、遥测、治理等功能均需要通过下发配置规则到应用所在的运行环境执行才能生效，而负责执行这些配置规则的组件在服务网格中被称为服务代理。我们通常将承载服务的实体称为应用，将承载服务代理的实体称为应用 Sidecar（简称 Sidecar）。本章主要讲解服务网格中这种特殊、透明的 Sidecar 技术。

6.1 Sidecar 注入

我们都知道，Istio 的流量管理、策略、遥测等功能无须应用程序做任何改动，这种无侵入式的方式全部依赖于 Sidecar。应用程序发送或者接收的流量都被 Sidecar 拦截，并由 Sidecar 进行认证、鉴权、策略执行及遥测数据上报等众多治理功能。

如图 6-1 所示，在 Kubernetes 中，Sidecar 容器与应用容器共存于同一个 Pod 中，并且共享同一个 Network Namespaces，因此 Sidecar 容器与应用容器共享同一个网络协议栈，这也是 Sidecar 能够通过 iptables 拦截应用进出口流量的根本原因。

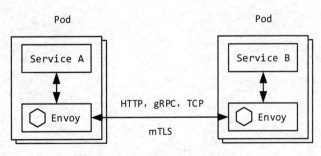

图 6-1　Istio 的 Sidecar 模式

在 Istio 中进行 Sidecar 注入有两种方式：一种是通过 istioctl 命令行工具手动注入，另一种是通 Istio Sidecar Injector 自动注入。这两种方式的最终目的都是在应用 Pod 中注入 init 容器及 istio-proxy 容器这两个 Sidecar 容器。如下所示，通过部署 Istio 的 sleep 应用，Sidecar 是通过 sidecar-injector 自动注入的，查看注入的 Sidecar 容器：

（1） istio-proxy 容器：

```
    - args:                         # istio-proxy 容器命令行参数
      - proxy
      - sidecar
      - --domain
      - $(POD_NAMESPACE).svc.cluster.local
      - --configPath
      - /etc/istio/proxy
      - --binaryPath
      - /usr/local/bin/envoy
      - --serviceCluster
      - sleep.default
      - --drainDuration
      - 45s
      - --parentShutdownDuration
      - 1m0s
      - --discoveryAddress
      - istio-pilot.istio-system:15011
      - --zipkinAddress
      - zipkin.istio-system:9411
      - --connectTimeout
      - 10s
      - --proxyAdminPort
      - "15000"
      - --controlPlaneAuthPolicy
      - MUTUAL_TLS
      - --statusPort
      - "15020"
      - --applicationPorts
      - ""
      env:                          # istio-proxy 容器环境变量
      - name: POD_NAME
        valueFrom:
          fieldRef:
            apiVersion: v1
```

```yaml
      fieldPath: metadata.name
- name: POD_NAMESPACE
  valueFrom:
    fieldRef:
      apiVersion: v1
      fieldPath: metadata.namespace
- name: INSTANCE_IP
  valueFrom:
    fieldRef:
      apiVersion: v1
      fieldPath: status.podIP
- name: ISTIO_META_POD_NAME
  valueFrom:
    fieldRef:
      apiVersion: v1
      fieldPath: metadata.name
- name: ISTIO_META_CONFIG_NAMESPACE
  valueFrom:
    fieldRef:
      apiVersion: v1
      fieldPath: metadata.namespace
- name: ISTIO_META_INTERCEPTION_MODE
  value: REDIRECT
- name: ISTIO_METAJSON_LABELS
  value: |
    {"app":"sleep","pod-template-hash":"7f59fddf5f"}
image: gcr.io/istio-release/proxyv2:release-1.1-20190124-15-51
imagePullPolicy: IfNotPresent
name: istio-proxy
……
volumeMounts:                    # istio-proxy挂载的证书及配置文件
- mountPath: /etc/istio/proxy
  name: istio-envoy
- mountPath: /etc/certs/
  name: istio-certs
  readOnly: true
- mountPath: /var/run/secrets/kubernetes.io/serviceaccount
  name: sleep-token-26619
  readOnly: true
```

（2）istio-init 容器：

```
initContainers:              # istio-init 容器，用于初始化 Pod 网络
- args:
  - -p
  - "15001"
  - -u
  - "1337"
  - -m
  - REDIRECT
  - -i
  - '*'
  - -x
  - ""
  - -b
  - ""
  - -d
  - "15020"
  image: gcr.io/istio-release/proxy_init:release-1.1-20190124-15-51
  imagePullPolicy: IfNotPresent
  name: istio-init
  ……
  securityContext:
    capabilities:
      add:
      - NET_ADMIN
    procMount: Default
```

6.1.1　Sidecar Injector 自动注入的原理

Sidecar Injector 是 Istio 中实现自动注入 Sidecar 的组件，它是以 Kubernetes 准入控制器 Admission Controller 的形式运行的。Admission Controller 的基本工作原理是拦截 Kube-apiserver 的请求，在对象持久化之前、认证鉴权之后进行拦截。Admission Controller 有两种：一种是内置的，另一种是用户自定义的。Kubernetes 允许用户以 Webhook 的方式自定义准入控制器，Sidecar Injector 就是这样一种特殊的 MutatingAdmissionWebhook。

如图 6-2 所示，Sidecar Injector 只在创建 Pod 时进行 Sidecar 容器注入，在 Pod 的创建请求到达 Kube-apiserver 后，首先进行认证鉴权，然后在准入控制阶段，Kube-apiserver 以 REST 的方式同步调用 Sidecar Injector Webhook 服务进行 init 与 istio-proxy 容器的注入，

最后将 Pod 对象持久化存储到 etcd 中。

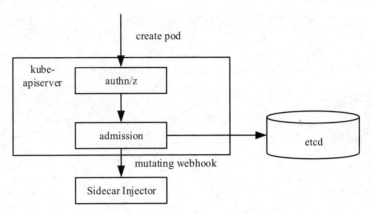

图 6-2 Sidecar Injector 的工作原理

Sidecar Injector 可以通过 MutatingWebhookConfiguration API 动态配置生效，Istio 中的 MutatingWebhook 配置如下：

```
apiVersion: admissionregistration.k8s.io/v1beta1
kind: MutatingWebhookConfiguration
metadata:
  creationTimestamp: "2019-02-12T06:00:51Z"
  generation: 4
  labels:
    app: sidecarInjectorWebhook
    chart: sidecarInjectorWebhook
    heritage: Tiller
    release: istio
  name: istio-sidecar-injector
  resourceVersion: "2974010"
  selfLink: /apis/admissionregistration.k8s.io/v1beta1/mutatingwebhookconfigurations/istio-sidecar-injector
  uid: 8d62addb-2e8b-11e9-b464-fa163ed0737f
webhooks:
- clientConfig:
    caBundle: ……
    service:
      name: istio-sidecar-injector
      namespace: istio-system
```

```yaml
    path: /inject
  failurePolicy: Fail
  name: sidecar-injector.istio.io
  namespaceSelector:
    matchLabels:
      istio-injection: enabled
  rules:
  - apiGroups:
    - ""
    apiVersions:
    - v1
    operations:
    - CREATE
    resources:
    - pods
  sideEffects: Unknown
```

从以上配置可知，Sidecar Injector 只对标签匹配"istio-injection: enabled"的命名空间下的 Pod 资源对象的创建生效。Webhook 服务的访问路径为"/inject"，地址及访问凭证等都在 clientConfig 字段下进行配置。

Istio Sidecar Injector 组件是由 sidecar-injector 进程实现的，本书在之后将二者视为同一概念。Sidecar Injector 的实现主要由两部分组成：

◎ 维护 MutatingWebhookConfiguration；
◎ 启动 Webhook Server，为应用工作负载自动注入 Sidecar 容器。

MutatingWebhookConfiguration 对象的维护主要指监听本地证书的变化及 Kubernetes MutatingWebhookConfiguration 资源的变化，以检查 CA 证书或者 CA 数据是否有更新，并且在本地 CA 证书与 MutatingWebhookConfiguration 中的 CA 证书不一致时，自动更新 MutatingWebhookConfiguration 对象。

6.1.2 Sidecar 注入的实现

Sidecar Injector 以轻量级 HTTPS 服务器的形式处理 Kube-apiserver 的 AdmissionRequest 请求。目前 Kubernetes Admission Webhook 都不支持双向认证，所以 Sidecar Injector 服务器并不校验客户端证书。进程启动命令如下：

```
/usr/local/bin/sidecar-injector --caCertFile=/etc/istio/certs/root-cert.pem
```

```
--tlsCertFile=/etc/istio/certs/cert-chain.pem
--tlsKeyFile=/etc/istio/certs/key.pem --injectConfig=/etc/istio/inject/config
--meshConfig=/etc/istio/config/mesh --healthCheckInterval=2s
--healthCheckFile=/health
```

  HTTPS 服务器所用的证书密钥、配置文件(injectConfig)及服务网格配置(meshConfig)都是以 Kubernetes Volume 的形式挂载到容器中的，通过 istio-sidecar-injector Pod 的 YAML 文件便可以看出：

```
apiVersion: v1
kind: Pod
metadata:
  name: istio-sidecar-injector-9998b846-hm26k
  namespace: istio-system
  ……
spec:
  ……
  containers:
  - args:
    - --caCertFile=/etc/istio/certs/root-cert.pem
    - --tlsCertFile=/etc/istio/certs/cert-chain.pem
    - --tlsKeyFile=/etc/istio/certs/key.pem
    - --injectConfig=/etc/istio/inject/config
    - --meshConfig=/etc/istio/config/mesh
    - --healthCheckInterval=2s
    - --healthCheckFile=/health
    image: gcr.io/istio-release/sidecar_injector:release-1.1-20190124-15-51
    name: sidecar-injector-webhook
    volumeMounts:
    - mountPath: /etc/istio/config
      name: config-volume
      readOnly: true
    - mountPath: /etc/istio/certs
      name: certs
      readOnly: true
    - mountPath: /etc/istio/inject
      name: inject-config
      readOnly: true
    - mountPath: /var/run/secrets/kubernetes.io/serviceaccount
      name: istio-sidecar-injector-service-account-token-wnndx
      readOnly: true
```

```
......
volumes:
- configMap:                           # 网格全局配置
    defaultMode: 420
    name: istio
  name: config-volume
- name: certs                          # Server 证书
  secret:
    defaultMode: 420
    secretName: istio.istio-sidecar-injector-service-account
- configMap:                           # Sidecar 注入模板
    defaultMode: 420
    items:
    - key: config
      path: config
    name: istio-sidecar-injector
  name: inject-config
- name: istio-sidecar-injector-service-account-token-wnndx
  secret:
    defaultMode: 420
    secretName: istio-sidecar-injector-service-account-token-wnndx
```

其中，Sidecar 配置文件（injectConfig）来源于名为 istio-sidecar-injector 的 Kubernetes Configmap，由 Istio 在部署时创建。原始配置模板来源于 install/kubernetes/helm/istio/templates/sidecar-injector-configmap.yaml，详细配置请查看 Istio 代码库，其主要包含 Sidecar 容器模板定义。网格全局配置文件与 Pilot 一样都是通过名为 istio 的 Configmap 挂载卷的方式获取的。配置文件模板的加载主要通过网格配置数据及 Pod 元数据 ObjectMeta 进行。

如图 6-3 所示，通常 Pod Sidecar 容器的注入由以下步骤完成。

（1）解析 Webhook REST 请求，将 AdmissionReview 原始数据反序列化。

（2）解析 Pod，将 AdmissionReview 中的 AdmissionRequest 反序列化。

（3）利用 Pod 及网格配置渲染 Sidecar 配置模板。

（4）利用 Pod 及渲染后的模板创建 JSON patch。

（5）构造 AdmissionResponse。

（6）构造 AdmissionReview，在进行 JSON 编码后，将其发送给 HTTP 客户端即 Kube-apiserver。

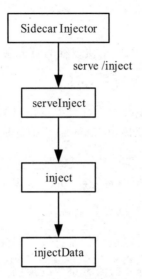

图 6-3　Pod Sidecar 容器的注入流程

6.2　Sidecar 流量拦截

　　Sidecar 流量拦截其实指基于 iptables 规则（由 init 容器在 Pod 启动的时候首先设置 iptables 规则），拦截应用容器 Inbound/Outbound 的流量，目前只能拦截 TCP 流量，不能拦截 UDP，因为 Envoy 目前并不支持 UDP 的转发。如图 6-4 所示为流量进入 Istio 应用及从应用发出的流量流出 Pod 的过程，虚线表示 Inbound 流量，实线表示 Outbound 流量。

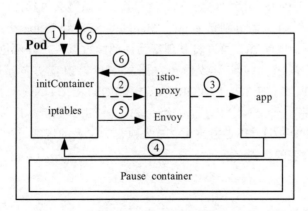

图 6-4　Istio 流量的流向

可以看出：

（1）Inbound 流量在进入 Pod 的网络协议栈时首先被 iptables 规则拦截；

（2）iptables 规则将数据包转发给 Envoy；

（3）Envoy 再根据自身监听器的配置，将流量转发给应用进程。注意，Envoy 在将流量转发给应用时也会流经内核协议栈由 iptables 规则处理，这里 init 容器设置的规则并没有拦截，因此中间省略 iptables 的处理过程；

（4）Outbound 流量由应用发出，首先被 iptables 规则拦截；

（5）iptables 规则将出口数据包转发给 Envoy；

（6）Envoy 再根据自身配置决定是否将流量转发到容器外。

iptables 在 Istio 流量拦截过程中扮演着重要的角色，为了深入理解 Istio Sidecar 流量拦截的原理，首先需要了解 iptables 的基本原理。

6.2.1　iptables 的基本原理

我们通常所说的 iptables 严格来讲其实应该叫作 Netfilter。Netfilter 是一种内核防火墙框架，可以实现网络安全策略的许多功能，包括数据包过滤、数据包处理、地址伪装、透明代理、网络地址转换（NAT）等。iptables 则是一个应用层的二进制工具，可以基于 Netfilter 接口设置内核中的 Netfilter 配置表。为方便起见，本书不对 iptables、Netfilter 进行区分。

如图 6-5 所示，iptables 由表及构成表的链组成，每条链又由具体的规则组成。iptables 内置 4 张表和 5 条链，4 张表分别是 RAW、Mangle、NAT 和 Filter 表，5 条链又叫作数据包的 5 个挂载点（Hook Point，可以将其理解为回调函数点，在数据包到达这些位置时，内核会主动调用回调函数，使得数据包在路由时可以改变方向或者内容），分别是 PREROUTING、INPUT、OUTPUT、FORWARD 和 POSTROUTING。对于不同表中相同类型链的规则执行顺序，iptables 定义了优先级，该优先级由高到低排序为 raw、mangle、nat、filter。例如，对于 PREROUTING 链来说，首先执行 raw 表的规则，然后执行 mangle 表的规则，最后执行 nat 表的规则。

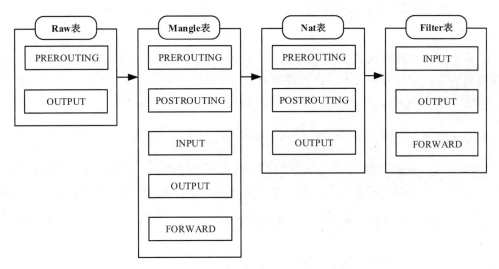

图 6-5 iptables 表与链的关系

1. Filter 表

Filter 表示 iptables 的默认表,如果在创建规则时未指定表,那么默认使用 Filter 表,主要用于数据包过滤,根据具体规则决定是否放行该数据包(DROP、ACCEPT、REJECT、LOG)。

Filter 表包含如下三种内建链。

◎ INPUT 链:过滤目的地址是本机的所有数据包。
◎ OUTPUT 链:过滤本机产生的所有数据包。
◎ FORWARD 链:过滤经过本机的所有数据包(原地址和目的地址都不是本机)。

2. NAT 表

NAT 表主要用于修改数据包的 IP 地址、端口号等信息,包含以下三种内建链。

◎ PREROUTING 链:DNAT,处理刚到达本机并在路由转发前转换数据包的目的地址。
◎ POSTROUTING 链:SNAT,处理即将离开本机的数据包,转换数据包的源地址。
◎ OUTPUT 链:MASQUERADE,改变本机产生的数据包的源地址。

3. Mangle 表

主要用于修改数据包的 TOS、TTL，以及为数据包设置 Mark 标记，以实现 QoS 调整及策略路由等。它包含所有 5 条内置规则链：PREROUTING、POSTROUTING、INPUT、OUTPUT 和 FORWARD。

4. RAW 表

RAW 表是 iptables 在 1.2.9 版本之后新增的表，主要用于决定数据包是否被状态跟踪机制处理。RAW 表的规则要优先于其他表，包含两条规则链：OUTPUT 和 PREROUTING。

如图 6-6 所示，我们根据 iptables 规则链处理数据包的时机，来理顺 5 种规则链的作用方式。

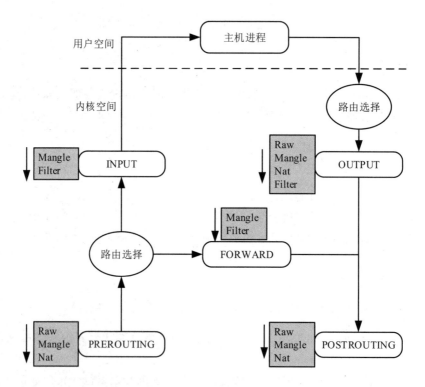

图 6-6　iptables 规则链处理数据包的时机

如图 6-6 所示，网卡接收的数据包会进入内核协议栈被 PREROUTING 规则链处理（是否进行目的地址转换），之后由内核协议栈进行路由选择，如果数据包的目的地址是本机，则内核协议栈会将其传给 INPUT 链处理，INPUT 链在允许通过后，数据包由内核空间进入用户空间，被主机进程处理。

如果 PREROUTING 链处理后的数据包的目的地址不是本机地址，则将其传给 FORWARD 链进行处理，最后交给 POSTROUTING 链。

本机进程发出的数据包首先进行路由选择，然后经过 OUTPUT 链，然后到达 POSTROUTING 链，这时的数据源地址可能已经做过转换了。

注意：多条同类规则链的执行顺序由其所在表的优先级决定。

6.2.2 iptables 的规则设置

iptables 的语法格式为：

`iptables [-t 表名] 管理选项 [链名] [条件匹配] [-j 目标动作或跳转]`

如果不指定表名，则默认使用 filter 表；如果不指定链名，则默认设置该表的所有链。

iptables 命令的参数解释如下所述。

- [-t 表名]：指定操作哪个表，默认为 filter 表。
- –A：在规则链的最后新加一条规则。
- –I：插入一条规则，原本在该位置的规则向后移动，如果没有指定编号，则默认为 1。
- –R：替换某条规则，不会改变其所在规则链的顺序。
- –P：设置某条规则的默认动作。
- –N：创建一条新的规则链。
- –nL：查看当前的规则列表。
- [-p 协议类型]：指定规则应用的协议，包含 tcp、udp、icmp 等。。
- [-s 源 IP 地址]：源主机的 IP 地址或子网地址。
- [--sport 源端口号]：数据包的 IP 的源端口号。
- [-d 目标 IP 地址]：目标主机的 IP 地址或子网地址。
- [--dport 目标端口号]：数据包的 IP 的目标端口号。
- [--dport 目标端口号]：数据包的 IP 的目标端口号。

iptables 命令的参数如表 6-1 所示。

表 6-1　iptables 命令的参数

	table	command	chain	Parameter & xx match	target
iptables	-t　filter 　　nat 　　mangle 　　raw	-A -D -L -F -P -I -R -N	INPUT OUTPUT PREROUTING POSTROUTING FORWARD	-p tcp -s -d --sport --dport --dports -m tcp 　　state 　　multiport	-j　ACCEPT 　　DROP 　　REJECT 　　DNAT 　　SNAT

6.2.3　流量拦截原理

在 Istio 中，流量拦截的实现依赖 initContainer iptables 规则的设置，目前有两种流量拦截模式：REDIRECT 模式和 TPROXY 模式。

◎ TPROXY 模式用来做透明代理，操作的是 mangle 表，同时需要原始客户端 socket 设置 IP_TRANSPARENT 选项，笔者认为 TPROXY 模式目前并不成熟，并且依赖过多，不建议生产使用。

◎ REDIRECT 模式虽然会进行源地址转换，但依然是默认的设置，因为：配合 Istio 提供的遥测数据依然可以进行调用链分析；在 Kubernetes 平台上 Pod 及其 IP 地址并不是持久不变的，会随着集群的资源状况动态销毁及迁移，所以源地址这种传统的软件系统记录客户端的方式并不适合云原生应用平台 Kubernetes。

流量拦截的工作原理如下所述。

1. 流量拦截规则设置

Istio 流量拦截的规则通过 initContainer 进行设置，initContainer 的启动参数及镜像如下：

```
initContainers:
# 容器启动参数
- args:
```

```
      - -p
      - "15001"
      - -u
      - "1337"
      - -m
      - REDIRECT
      - -i
      - '*'
      - -x
      - ""
      - -b
      - "9080"
      - -d
      - "15020"
      # docker 镜像
      image: docker.io/istio/proxy_init:1.1.0-rc.0
      imagePullPolicy: IfNotPresent
  name: istio-init
```

其中：

- [-p port]指定 Envoy 转发 TCP 流量的端口，默认为 15001；
- [-u uid]指定用户 uid，由该用户发出的数据包不被 iptables 转发，防止由 Envoy 发出的数据包又被 iptables 转发到 Envoy，形成死循环；
- [-m mode]指定 iptables 拦截模式，默认为 REDIRECT；
- [-i ip ranges]是 CIDR 形式的 IP 地址范围列表，目的地址在此范围内的数据包将会被转发到 Envoy；
- [-x ip ranges]是 CIDR 形式的 IP 地址范围列表，目的地址在此范围内的数据包不会被转发；
- [-b port list]是入口端口，进入主机方向的目标端口在该范围内的数据包会被转发到 Envoy，默认为应用服务监听端口；
- [-d port list]是入口端口，进入主机方向的目标端口在该范围内的数据包不会被转发到 Envoy，默认为 15020，这是 Sidecar 容器的健康检查端口。

Docker 镜像由如下 Dockerfile 构建而来，可以看到，initContainer 容器的启动命令是执行 istio-iptables.sh 脚本，通过此脚本，initContainer 为整个 Pod 的网络命名空间设置所需的 iptables 规则：

```
FROM ubuntu:xenial
RUN apt-get update && apt-get upgrade -y && apt-get install -y \
    iproute2 \
    iptables \
 && rm -rf /var/lib/apt/lists/*

ADD istio-iptables.sh /usr/local/bin/
ENTRYPOINT ["/usr/local/bin/istio-iptables.sh"]
```

2. Sidecar 容器中 iptables 数据包的处理

通过 nsenter 可以查看在 weather 应用容器中设置的 iptables 规则：

```
$ nsenter -t $pid -n iptables -t nat -S
-P PREROUTING ACCEPT
-P INPUT ACCEPT
-P OUTPUT ACCEPT
-P POSTROUTING ACCEPT
-N ISTIO_INBOUND
-N ISTIO_IN_REDIRECT
-N ISTIO_OUTPUT
-N ISTIO_REDIRECT
-A PREROUTING -p tcp -j ISTIO_INBOUND
-A OUTPUT -p tcp -j ISTIO_OUTPUT
-A ISTIO_INBOUND -p tcp -m tcp --dport 9080 -j ISTIO_IN_REDIRECT
-A ISTIO_IN_REDIRECT -p tcp -j REDIRECT --to-ports 15001
-A ISTIO_OUTPUT ! -d 127.0.0.1/32 -o lo -j ISTIO_REDIRECT
-A ISTIO_OUTPUT -m owner --uid-owner 1337 -j RETURN
-A ISTIO_OUTPUT -m owner --gid-owner 1337 -j RETURN
-A ISTIO_OUTPUT -d 127.0.0.1/32 -j RETURN
-A ISTIO_OUTPUT -j ISTIO_REDIRECT
-A ISTIO_REDIRECT -p tcp -j REDIRECT --to-ports 15001
```

iptables 在 NAT 表中新建了 4 条规则链：ISTIO_INBOUND、ISTIO_IN_REDIRECT、ISTIO_OUTPUT 和 ISTIO_REDIRECT，通过这 4 条规则链拦截进出口的流量。典型的规则链的作用原理如图 6-7 所示。

第 6 章 透明的 Sidecar 机制

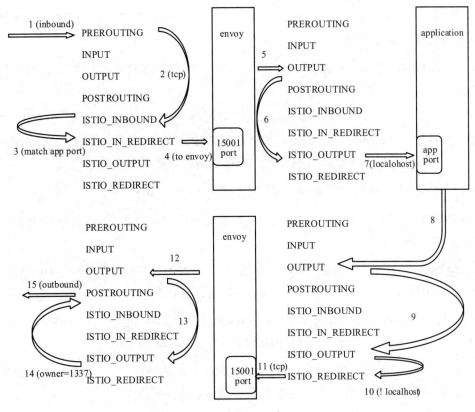

图 6-7 典型的规则链作用原理

可以看出，iptables 流量拦截的流程如下。

（1）进入 Pod 的 Inbound 流量首先被 PREROUTING 链拦截并处理。

（2）PREROUTING 链处理规则（-A PREROUTING -p tcp -j ISTIO_INBOUND）拦截 TCP 数据包，将其转到 ISTIO_INBOUND 链处理。

（3）ISTIO_INBOUND 链处理规则（-A ISTIO_INBOUND -p tcp -m tcp --dport 9080 -j ISTIO_IN_REDIRECT）将目的端口匹配应用端口的 TCP 数据包交给 ISTIO_INBOUND_REDIRECT 链处理。

（4）ISTIO_INBOUND_REDIRECT 链处理规则（-A ISTIO_IN_REDIRECT -p tcp -j REDIRECT --to-ports 15001）将 TCP 数据包重定向到 15001 端口，交由 Envoy 应用进程处理。

（5）Envoy 根据数据包的目的地址查看 Inbound 方向的监听器配置，根据监听器及路由、Cluster、Endpoint 等配置，决定是否将数据包转发到应用。

（6）OUTPUT 链规则（-A OUTPUT -p tcp -j ISTIO_OUTPUT）将 TCP 数据包交给 ISTIO_OUTPUT 链处理。

（7）ISTIO_OUTPUT 链按照顺序插入了 5 条规则，这里匹配第 2 条规则（-A ISTIO_OUTPUT -m owner --uid-owner 1337 -j RETURN），直接返回 uid 是 1337 的数据包，不再执行 ISTIO_OUTPUT 链的后续规则，数据包随后到达应用进程。

（8）应用处理完成后，发送响应数据包，被 OUTPUT 链拦截处理。

（9）OUTPUT 链处理规则（-A OUTPUT -p tcp -j ISTIO_OUTPUT）将 TCP 数据包交给 ISTIO_OUTPUT 链处理。

（10）ISTIO_OUTPUT 链匹配第 1 条规则（-A ISTIO_OUTPUT ! -d 127.0.0.1/32 -o lo -j ISTIO_REDIRECT），将目的地址不是 127.0.0.1 的数据包交给 ISTIO_REDIRECT 链处理。

（11）ISTIO_REDIRECT 链（-A ISTIO_REDIRECT -p tcp -j REDIRECT --to-ports 15001）将 TCP 数据包重定向到 15001 端口，交给 Envoy 处理。

（12）Envoy 根据数据包的目的地址查看 Outbound 方向的监听器配置，根据监听器及路由、Cluster、Endpoint 等配置，决定是否将数据包向外转发。

（13）Envoy 向外发送的数据包同样先被 OUTPUT 链拦截，与流程 6 和 9 的处理相同，数据包被 OUTPUT 链处理完成后交由 ISTIO_OUTPUT 链处理。

（14）ISTIO_OUTPUT 链匹配第 2 条规则（-A ISTIO_OUTPUT -m owner --uid-owner 1337 -j RETURN），直接返回 uid 为 1337 的数据包，不再执行 ISTIO_OUTPUT 链后面的规则，随后将数据包交由 POSTROUTING 链处理。

（15）POSTROUTING 链在处理完成后，根据路由表选择合适的网卡发送出去。

6.3 本章总结

本章重点讲解 Sidecar 容器的注入及流量拦截的原理、实现方式。Sidecar 注入分为手动注入及自动注入两种模式，本章重点介绍了 Sidecar Injector 的自动注入模式。值得注意的是，Sidecar Injector 在注入容器时，会自动解析业务容器的容器端口，设置 Readiness

Probe。同时，如果未给 Pod 实例创建相应的 Service，那么 Sidecar 健康检查会失败，即 Pod 永远处于 NotReady 状态。在这种情况下，应用容器访问受限。

在一般情况下，Istio 如果设置了双向认证，则会影响 Kubernetes 正常的 Readiness 与 Liveness Probe。但是在 Istio 1.1 中设置了一个 rewriteAppHTTPProbe 参数，如果该参数被设置为 true，则 Sidecar Injector 在注入容器时会自动重写原有应用容器的 HTTP 类型的 Probe，使得 HTTP 类型的 Probe 不被 Envoy 拦截，而是由 Pilot-agent 进行处理并转发给应用进程。

第 7 章

多集群服务治理

多集群服务治理是 Istio 较新的发展比较迅速的一个特性,是随着云计算领域的混合云、多云场景的发展而出现的,也是 Istio 重点发展的方向之一。云原生应用会越来越多地面向跨云、跨区域、跨集群的部署场景,因此支持多集群是 Istio 必不可少的功能之一。本章便讲解 Istio 多集群服务治理的功能与原理。

7.1 Istio 多集群服务治理

随着 Kubernetes 成为云原生领域应用编排的标准,传统企业及新型互联网企业都在逐步将应用容器化及云化。为了实现高并发和高可用,企业通常会将应用部署在多集群甚至多云、混合云等多种环境中,因此,多集群方案逐步成为企业应用部署的最佳选择。很多云厂商都推出了自己的多云、混合云方案,虽然几乎都提供了多集群管理及跨集群的服务访问能力,但是在服务治理方面都有所欠缺。

因此,越来越多的用户对跨集群的服务治理表现出强烈的兴趣和需求。在此背景下,Istio 作为 Service Mesh 领域的事实标准,推出了三种多集群管理方案,7.2 ~ 7.4 节会分别讲解这 3 种方案。

7.1.1 Istio 多集群的相关概念

下面通过几个概念来理解 Istio 多集群模型及原理。

◎ 集群:共享 API 服务器的 Kubernetes 节点集合。虽然还有其他集群如虚拟机集群,但是 Istio 社区主要支持 Kubernetes 集群。

◎ 网络：从网络角度来看，直接连通的一组端点（Endpoint）或者服务实例都位于同一个网络内，Istio 要求同一网络至少支持四层互通。至于如何实现四层的网络连通，这并不属于 Istio 的职责范围。Istio 可以使用虚拟私有云（VPC）、虚拟专用网（VPN）或任意类型的 Overlay 网络。
◎ 网格：属于同一控制面管理的工作负载集合。

以上概念没有特定的从属关系。但事实上，我们已经看到了网格、集群及网络的各种组合关系。例如，在某些云环境中，网络与集群直接相关，每个集群都有自己的网络，并独立于其他集群的网络。因此，不同的集群都可能会被分配重叠的 Pod 地址及服务地址。类似地，虚拟机通常在 Kubernetes 集群外运行，可以属于同一网格并且在同一网络中运行，例如连接到虚拟私有云时。

7.1.2 Istio 多集群服务治理现状

Istio 从 1.0 版本开始支持跨集群服务治理，它虽然在一定程度上实现了跨集群通信的功能，但对每个集群的要求都比较苛刻，它要求所有集群共享同一个网络并且每个集群的 Pod 及服务地址范围都不能重叠。这种扁平的网络拓扑对云厂商或者混合云场景都提出了挑战，因此在实际生产环境中较少用到。

为了使 Istio 多集群服务治理更能满足生产环境的需求，Istio 社区在 1.1 版本中持续投入对多集群的支持工作，又引入了两种多集群模型，分别是集群感知的服务路由及多控制面拓扑。其中，集群感知的服务路由方式是多集群单控制面的模型，它与单控制面模型的最大区别是没有扁平的网络要求。多集群多控制面拓扑模型实际上是在每个集群中单独部署 Istio 控制面，并且要求使用相同的根 CA 证书，每个集群看起来都是独立的网格，但可以通过 ServiceEntry 规则将多个网格联合成一个大的服务网格。

注意：Istio 1.1 提供了另外两种多集群方案，不需要扁平网络。

在实际生产环境中往往需要管理多云、混合云、多网络等复杂场景，Istio 1.1 中的三种多集群管理方案基本满足了复杂网络场景下的基本服务治理需求。因此可以这么说，Istio 从 1.1 版本开始才真正提供生产环境的多集群管理。

7.2 多集群模式 1：多控制面

多控制面拓扑模型是在 Istio 1.1 中新增的一种多集群管理模型，如图 7-1 所示，每个 Kubernetes 集群都分别部署自己独立的 Istio 控制面，并且每个集群的控制面部署形态都是相似的，都各自管理自身的 Endpoint。

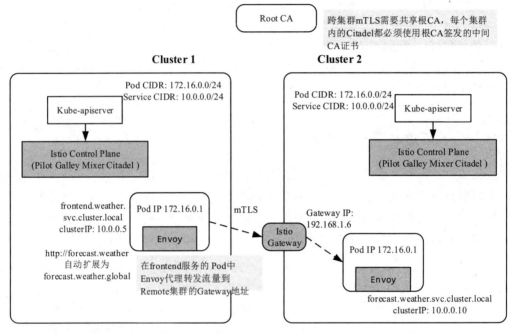

图 7-1 多控制面拓扑模型

多控制面模型还有以下特点。

◎ 共享根 CA。为了支持安全的跨集群通信 mTLS，该模型要求每个集群控制面都使用相同的中间 CA 证书，供 Citadel 签发证书使用，以支持跨集群的 TLS 双向认证。

◎ 不要求不同集群之间共享网络，即容器网络不需要打通，跨集群的访问通过 Istio Gateway 转发。

◎ 每个 Kubernetes 集群的 Pod 地址范围与服务地址范围都可以与其他集群重叠，双方集群互不干扰，因为每个集群的 Istio 控制面都只管理自己集群的 Endpoint。

◎ 该模型依赖于 DNS 解析，允许服务实例解析本集群或者远端集群的服务名称。它除了使用了 Kubernetes 默认的 cluster.local 和<namesapce>.cluster.local 后缀，还扩展了 Pod 的 DNS 解析，添加了对 ".global" 后缀的服务支持，以支持 remote 集群的服务地址解析。

在多控制面 Gateway 直连模型中，每个工作负载都可以像单集群一样使用典型的 Kubernetes 服务域名访问同一集群内的服务。然而对于 Remote 集群的服务访问，Istio 扩展了 CoreDNS 服务器，处理 "<name>.<namespace>.global" 形式的服务地址解析。

在多控制面 Gateway 直连模型中，服务间的访问方式分为以下两种。

◎ 同一集群内部的服务访问。这种访问方式与单集群模型没有任何区别。
◎ 跨集群的服务访问。这种方式需要用户创建 ServiceEntry 规则，将 Remote 集群的服务暴露在本集群的服务网格内，并且由于集群之间的网络并不互通，所以这种模型依赖 Remote 集群的 Gateway 中转流量。

7.2.1 服务 DNS 解析的原理

在多控制面模型中，每个集群都由独立的 Istio 控制面管理。我们可以在宏观上认为不同集群的工作负载属于不同的网格。但是在微观上，其实是所有集群联合起来构建了一个大的网格，因为在本地集群中可以以服务域名的形式访问 Remote 集群的服务。例如，Remote 集群的 forecast 服务在命名空间 weather 中，那么本地集群在访问 forecast 服务时使用的是 forecast.weather.global 域名。这种带 ".global" 后缀的域名是 Istio 在多控制面模型中设计的虚假域名。在本地集群中，DNS 将这种带 ".global" 后缀的服务域名解析成一个虚假的在服务网格内没有使用的 IP 地址。

多控制面 DNS 的解析原理为：多控制面模型要求 Istio 能够提供 Remote 集群的服务地址解析，并且不影响已有的服务。典型的应用期望使用服务 DNS 名称解析服务地址，并通过地址访问服务。Istio 的 Sidecar 本身在服务之间路由请求时并不使用 DNS 名称，但是 Istio 离不开 DNS 解析，这是因为在一般情况下服务实例是以域名形式访问其他服务的，所以在服务实例发起请求时首先进行 DNS 解析，才能将请求发送出去。本地集群的服务共享相同的 DNS 后缀（svc.cluster.local），Kubernetes 集群默认的 DNS 服务器提供对这类服务的域名解析。

对于 Remote 集群的服务，本地集群的 DNS 显得束手无策，因为 Kubernetes DNS 只能通过 Kube-apiserver 获取本集群的服务及服务实例信息。Istio 为支持 Remote 集群的服务 DNS 解析，做出了如下要求。

1. **在每个 Kubernetes 集群中都额外部署一个 istiocoredns 组件**

istiocoredns 与在集群中默认安装的 kube-dns 和 CoreDNS 是级联的关系，协助默认的 DNS 服务器解析带 ".global" 后缀的服务，因此需要配置 kube-dns 和 CoreDNS 的私有 DNS 域服务器。如下所示为 kube-dns 服务器配置私有 DNS 域（stub domains）：

```
apiVersion: v1
kind: ConfigMap
metadata:
  name: kube-dns
  namespace: kube-system
  data:
stubDomains: |
  {"global": ["$(kubectl get svc -n istio-system istiocoredns -o jsonpath={.spec.clusterIP})"]}
```

CoreDNS 的私有 DNS 域设置如下：

```
apiVersion: v1
kind: ConfigMap
metadata:
  name: coredns
  namespace: kube-system
data:
  Corefile: |
    .:53 {
        errors
        health
        kubernetes cluster.local in-addr.arpa ip6.arpa {
            pods insecure
            upstream
            fallthrough in-addr.arpa ip6.arpa
        }
        prometheus :9153
        proxy . /etc/resolv.conf
        cache 30
        loop
```

```
        reload
        loadbalance
    }
    global:53 {
        errors
        cache 30
        proxy . $(kubectl get svc -n istio-system istiocoredns -o jsonpath={.spec.clusterIP})
    }
```

这两种 DNS 服务器的私有 DNS 域服务器都指向了 istiocoredns 服务，这样 "<name>.<namespace>.global" 类型的域名解析都会被转发到 istiocoredns 服务器上。至于 istiocoredns 服务器为什么可以解析 "<name>.<namespace>.global"，请继续阅读下文。

2. 为 Remote 集群服务创建 ServiceEntry

我们可以通过创建 ServiceEntry 将 Remote 集群的服务暴露到本地集群内，除此之外，在多控制面模型中，ServiceEntry 还可以用于带 ".global" 后缀的服务 DNS 进行解析。如下所示是 remote 集群的 forecast 服务在 primary 集群中创建的 ServiceEntry：

```yaml
apiVersion: v1
apiVersion: networking.istio.io/v1alpha3
kind: ServiceEntry
metadata:
  name: forecast
spec:
  hosts:
  # 必须是 name.namespace.global 的格式
  - forecast.weather.global
  # 将 Remote 集群的服务认为是网格内部的服务，因为所有的集群共享相同的根证书
  location: MESH_INTERNAL
  ports:
  - name: http1
    number: 8000
    protocol: http
  resolution: DNS
  addresses:
  # 虚假的地址，所有发到这个地址的流量都会被 Envoy 拦截
  # 并转发到${CLUSTER2_GW_ADDR}
  - 127.255.0.2
  endpoints:
```

```
  # 集群 2 的入口网关地址
  - address: ${CLUSTER2_GW_ADDR}
    ports:
      http1: 15443 # Do not change this port value
```

其中，host 名称必须是 "<name>.<namespace>.global" 形式，address 字段必须是在网格中没有使用过的唯一 IP 地址，"<name>.<namespace>.global" 服务的地址将被 istiocoredns 解析成该 IP 地址。必须将 endpoints 设置为 Remote 集群的 Gateway 的地址和端口，这里的端口必须是网关服务的 TLS 端口，默认是 15443。

注意：在多控制面的多集群模式下，网关地址必须是从对端集群可以访问的地址，在一般情况下，会通过负载均衡器为网关服务分配一个从集群外部可以访问的虚拟 IP 地址。

继续回到 forecast.weather.global 域名解析的主题上来，Kubernetes 集群默认部署的 DNS 服务器根本没有该类型服务的 IP 信息，但是配置了存根域 DNS 服务器 istiocoredns。istiocoredns 是 Istio 社区为了支持全局的服务 DNS 解析而专门部署的。Istio 社区专门开发了一个 CoreDNS 插件（https://github.com/istio-ecosystem/istio-coredns-plugin/blob/master/plugin.go）用于解析 ServiceEntry 获取全局服务的 IP 地址，然后与 CoreDNS 部署在同一个 Pod 中，通过 gRPC 协议提供 "*.global" 类型的服务的 DNS 解析。

"*.global" 类型的服务域名解析流程如下。

（1）为支持 Remote 集群的 forecast 服务访问，需要创建 ServiceEntry。

（2）在本地集群中访问 "forecast.weather.global" 服务时首先会进行 DNS 解析，Kubernetes 集群内的 DNS 解析首先会被发送到 kube-dns 服务。

（3）默认的 kube-dns/coredns 根据存根 DNS 的设置，将 "*.global" 类型的域名解析请求转发到私有 DNS 服务器 istiocoredns。

（4）istiocoredns 通过 Kube-apiserver 获取 ServiceEntry 进而获取 "forecast.weather.global" 的 IP 地址。

*.global 类型的服务域名解析流程如图 7-2 所示。

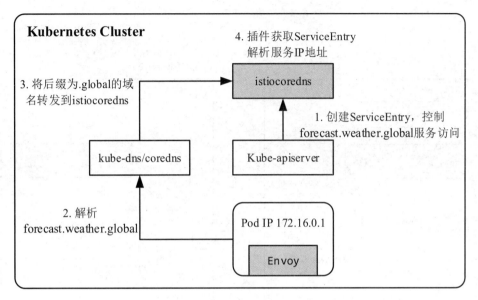

图 7-2 *.global 类型的服务域名解析流程

7.2.2 Gateway 连接的原理

在多控制面模型中，Istio 对于底层网络连通性没有过多的要求，跨集群的服务访问完全通过 Gateway 转发，因而只需每个集群的 Gateway 服务都对外暴露一个虚拟 IP 地址，供集群外部访问。从网络拓扑来看，多控制面模型部署比较轻量化。

最简单的多控制面跨集群访问模型如图 7-3 所示，其中，Cluster1 中的 frontend 服务访问 Cluster2 中的 forecast 服务，集群 1 中的工作负载发起到 forecast.weather.global 的请求，请求首先被 Sidecar 拦截，Sidecar 再根据配置规则将请求转发到 Cluster2 的 Gateway，Gateway 再将请求转发到 forecast 服务实例，基本的流量转发依赖 Istio 的 ServiceEntry、Gateway、VirtualService 配置规则。

随着多集群的复杂度提高，例如在级联多集群场景下，相同的应用及服务跨集群部署频见，这对 Istio 配置规则的设置要求非常高，并且很难自动控制不同集群中服务实例的负载均衡权重。虽然这种多控制面模型基本能够满足跨集群的服务访问，但是需要额外设置很多 VirtualService、DestinationRule、Gateway、ServiceEntry 等 API 对象，比较复杂。

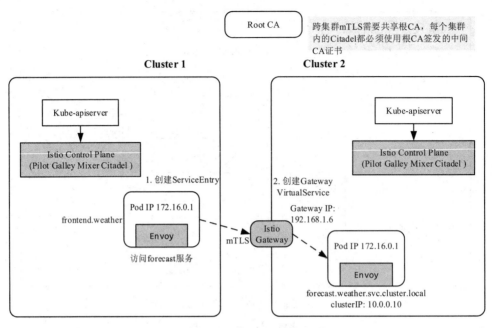

图 7-3 最简单的多控制面跨集群访问模型

7.3 多集群模式 2：VPN 直连单控制面

多集群的单控制面模型指多个集群共用同一套 Istio 控制面，这套 Istio 控制面感知所有集群中的 Service、Endpoint、Istio API 资源等，并控制集群内或者跨集群的服务间访问。根据底层网络是否扁平，Istio 设计了两种单控制面模型：

◎ 多集群容器网络通过 VPN 直连（Istio 1.0 版本）；
◎ 集群感知服务路由（Istio 1.1 版本）。

在 VPN 直连的多集群中，服务网格中的每个 Pod 都可以从任何集群通过 Pod 的 IP 直接访问。

如图 7-4 所示为多集群 VPN 直连的单控制面模型，只需 Istio 控制面组件部署在一个集群中，就可以通过一个控制面管理所有集群的 Service 和 Endpoint。除此之外，VirtualService、DestionationRule、Gateway 和 ServiceEntry 等 API 对象只需被创建在控制面所在的 Kubernetes 集群中，Istio 本地集群的配置规则控制服务网格所有集群内部服务间的通信、安全、遥测等。

第 7 章 多集群服务治理

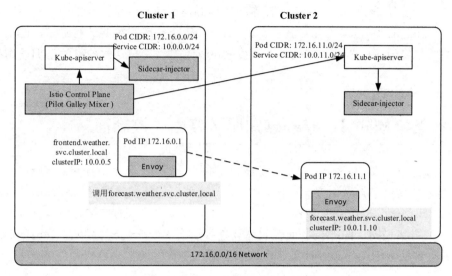

图 7-4 多集群 VPN 直连的单控制面模型

另外，Sidecar Injector 组件作为 Admission Webhook 服务器，在每个集群中都是独立部署的，方便本集群 Kube-apiserver 调用。集群控制面的 Pilot 组件连接访问所有集群的 Kube-apiserver 获取每个集群的 Service、Endpoint、Pod 和 Node，并负责所有集群 Sidecar 代理的 xDS 配置分发。

跨集群的服务访问基本与集群内部的服务访问没有区别，不强制要求创建 Istio 配置规则。单控制面模型并不提供额外的 DNS 服务器来解析 Remote 集群中的服务，所以单控制面模型要求在每个集群中都有相同的 Sevices 对象，可以没有服务实例。Service 作为占位符，仅供每个 Kubernetes 集群的 kube-dns 服务提供网格服务的域名解析。

例如，Cluster1 中的 frontend 服务在访问 Cluster2 中的 forecast 服务时，应用容器发起的到 forecast.weather.svc.cluster.local 的 HTTP 请求会经历以下过程。

（1）首先，应用容器会进行 DNS 域名解析，在 Cluster1 中实际上只有一个占位 forecast 服务，DNS 解析之后返回一个 Cluster1 中的 cluster ip。

（2）HTTP 请求被发送到第 1 步解析的 IP 地址，被 Sidecar 拦截。

（3）Sidecar 根据自身的 xDS 配置，依次查询 Listerner、Route、Cluster 和 Endpoint 配置，最终将 HTTP 请求转发到集群 2 的 forecast 服务实例 172.16.11.1。

VPN 直连的多集群模型除了 DNS 解析有点奇怪，其他流程与单一集群的服务网格没有任何差别。还需要注意的是，VPN 直连的多集群模型还有一个重要的要求：不同集群的服务 IP 及 Pod 的 IP 范围不能重叠。总的来说，VPN 直连的模型虽然简洁，但是其对扁平网络的要求将很多用户都拒之门外。所以 Istio 1.1 引入了另外两种模型来加速用户的生产落地。

7.4 多集群模式 3：集群感知服务路由单控制面

如果打通不同集群 Pod 之间直接连通的网络比较困难，则还可以通过配置 Istio Gateway 转发，使用单控制面多集群的拓扑模型。这种模型依赖集群感知或者水平分割 EDS（Endpoint Discovery Service）特性。这是 Istio 1.1 引入的唯一的单控制面多集群方案。与 VPN 直连的方案相同，Istio 控制面仍然需要连接所有 Kubernetes 集群的 Kube-apiserver，如果这一点都做不到，那么多控制面模型或许是一个更好的多集群管理方案。

如图 7-5 所示，Split Horizon EDS 模型在同一集群内部的请求转发与单集群模型一样，如果一个目标服务实例运行在另外一个集群中，则目标集群的 Gateway 被用来转发服务的请求。

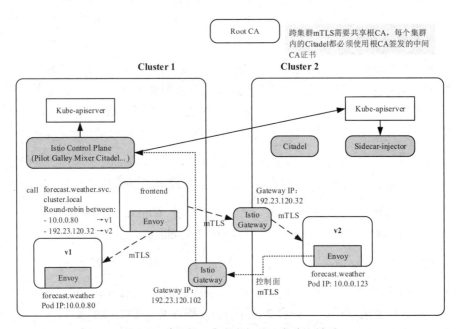

图 7-5 单控制面集群感知的服务路由模型

目标集群的网关在转发请求时使用基于 SNI 的路由，因此 Split Horizon EDS 要求 Istio 在部署时必须打开双向 TLS。除此之外，Gateway 的转发一定需要通过 Gateway 资源对象配置监听器规则。下面基于 SNI 的路由配置 Gateway，使每个集群的 Gateway 都能接收并转发所有对带 "*.local" 后缀的服务的请求：

```
apiVersion: networking.istio.io/v1alpha3
kind: Gateway
metadata:
  name: cluster-aware-gateway
  namespace: istio-system
spec:
  selector:
    istio: ingressgateway
  servers:
  - port:
      number: 443
      name: tls
      protocol: TLS
    tls:
      mode: AUTO_PASSTHROUGH
    hosts:
    - "*.local"
```

从图 7-5 还可以看到，从集群 1 的 frontend 应用发起的对 forecast 服务的请求路由流程如下。

（1）在 frontend 容器中发起对 forecast 服务的请求。

（2）该请求被 Sidecar 拦截，Sidecar 根据路由算法选择合适的后端实例如本集群的 Pod IP 或者集群 2 的网关 IP，然后将请求转发出去。

（3）如果请求被转发到集群 2 的网关，网关则解析 TLS 证书中的 SNI，根据 SNI 选择合适的路由。

可以看出，集群感知的服务路由核心技术就是如何为每个 Sidecar 都生成个性化的 EDS 配置（将其他集群的服务实例地址转换成入口网关的地址），即在集群 1 的工作负载访问集群 2 的工作负载时，如何将 EDS 配置 ClusterLoadAssignment 中的 LbEndpoint 地址转换为集群 2 的入口网关的地址。

为了向 Istio 提供集群或者网络上下文,每个集群都有自己的集群标签(ClusterID)及对应的网络标签(Network),并且每个集群都有一个特定的入口网关。ClusterID、Network、Gateway 这三个概念是 Split Horizon EDS 的基础,它们的关系如图 7-6 所示。Pilot 可以根据多集群访问的 Secret 及 MeshNetworks 配置自动感知每个集群的 Network 及入口网关地址,并且自动在 EDS 配置生成时将目标集群的 Endpoint 地址转换成集群的入口网关地址。

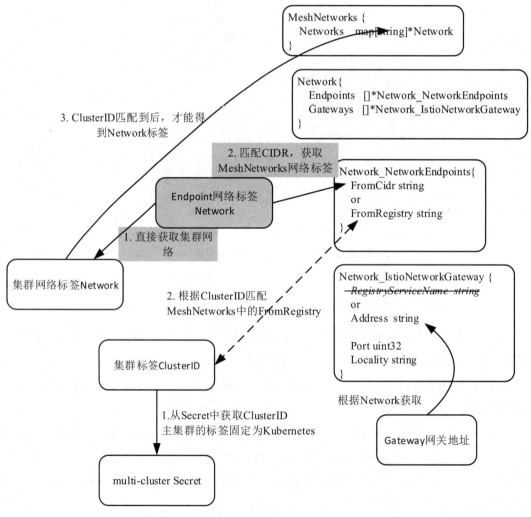

图 7-6 Split Horizon EDS 基本概念之间的关系

下面分别讲解 ClusterID、Network、网关地址及 Split Horizon EDS。

1. ClusterID

在单控制面模型中，Pilot 需要连接所有集群的 Kube-apiserver。在 Istio 控制面所在的集群-Primary 集群中，Pilot 可以通过 Pod 内置的凭证连接所在集群的 Kube-apiserver，该集群使用固定的集群标签 "Kubernetes"。其他集群则通过 Secret 为 Pilot 提供访问其他集群的凭据。这种特殊的 Secret，标签为 "istio/multiCluster: "true""，包含集群的标签及集群访问凭据 KubeConfig，如下所示：

```
apiVersion: v1
data:
  # 集群标签为 cluster2，值为集群 2 的访问凭据
  cluster2: ……
  # 集群标签为 cluster3，值为集群 3 的访问凭据
  cluster3: ……
kind: Secret
metadata:
  labels:
    istio/multiCluster: "true"
  name: multicluster
  namespace: istio-system
type: Opaque
```

Pilot 利用上述 Secret 为每个集群都创建一个控制器，监视集群内的所有服务及相关资源对象。ClusterID 被保存在每个控制器对象中，并用于后面集群网络标签的获取。

2. Network

Kubernetes 集群的 Network 由 MeshNetworks 配置指定，并且集群内所有的服务实例都属于同一个网络。

如图 7-7 所示，MeshNetworks 配置由配置文件提供，Pilot 在启动后解析 MeshNetworks 文件，随后通过 FileWatcher 动态监视 MeshNetworks 配置文件的变化，动态加载新的 MeshNetworks 配置。

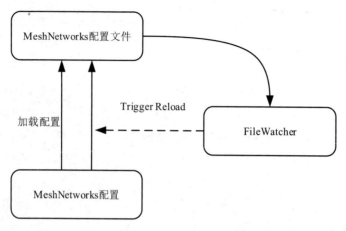

图 7-7 MeshNetworks 配置的加载

MeshNetworks 配置加载主要包含以下两个步骤。

（1）集群网络标签的获取。由上文可知，每个集群都有一个对应的控制器对象，在控制器对象中保存了 ClusterID。如图 7-6 所示，首先从 MeshNetworks.Networks.Endpoints.FromRegistry 列表中寻找 ClusterID，如果找到了，集群的网络标签就是 MeshNetworks.Networks 的 key 值，将其保存到控制器中；如果找不到，那么集群的网络标签就是未设置状态。

（2）Endpoint 网络标签的获取。这里的 Endpoint 在广义上是指 Kubernetes 集群中的 Endpoints 资源，Endpoints 资源最终被转换成 IstioEndpoint。如果集群网络标签存在，则 Endpoint 网络标签等同于其所在集群的网络标签。如果未设置集群 Network 标识，则实际通过匹配 Endpoint 地址所属的 MeshNetworks.Networks.Endpoints.FromCidr 地址范围，从 MeshNetworks.Networks 键值中直接获取。不难理解，Istio 支持两种形式的 Network 标签获取方式：

◎ FromRegistry，通过与 ClusterID 关联来获取；
◎ FromCidr，通过指定 Endpoint 网络的地址范围来获取。

3. 网关地址

网关地址由 MeshNetworks.Networks.Gateways 设置，目前 Istio 1.1 只支持 Address 方式的设置。

4. Split Horizon EDS

在 Istio 单控制面集群感知的服务路由模型中,数据面的请求流向如图 7-8 所示。

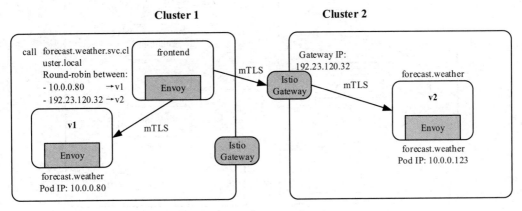

图 7-8 数据面的请求流向

客户端的工作负载在发起请求时,针对本集群的服务工作负载,数据流量直接被转发到其容器中;针对其他集群的服务工作负载,数据流量首先被转发到目标所在集群的入口网关,然后由网关将请求转发到工作负载容器。

Split Horizon EDS 模型的核心就是,在为所有的代理 Envoy 生成 EDS 配置时,自动根据客户代理所在的网络及 Endpoint 所在的网络,自动转换 LbEndpoint 的地址,具体的转换过程如图 7-9 所示。

首先,Pilot 不考虑任何 Network 标签,将服务的所有 Endpoint 都组合起来,构建 EDS 的 LocalityLbEndpoints,将所有的 Endpoint 都同等对待。

然后,如果集群 L3 不通,则根据在第 1 步生成的配置进行跨集群访问时,会有连接问题。Pilot 将根据 Proxy 及 Endpoint 的网络标签,对 LocalityLbEndpoints 中的所有 Endpoint 都做一次地址转换。如果 Endpoint 与 Sidecar Proxy 在同一 Network 内,例如 Endpoint 1,则其地址保持不变。如果 Endpoint 与 Sidecar 代理不在同一 Network 内,例如 Endpoint 2、Endpoint 3,则将其地址转换为所在集群的入口网关地址并且合并,调整负载均衡权重,真实反映网关的后端实例数量。

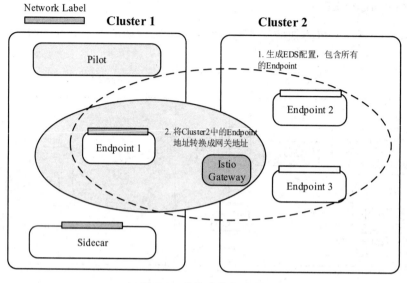

图 7-9 具体的转换过程

7.5 本章总结

本章主要介绍 Istio 多集群的三种方案模型。

其中单控制面 VPN 直连的模型对环境要求比较多：首先，所有集群的网络三层互通；其次，每个集群的网络范围（Pod 及 Service 的地址范围）不能重叠。单控制面 VPN 直连的方案难以在复杂的生产环境中应用。

多控制面 Gateway 连接的方案虽然不强制要求集群之间网络互连，但是在使用时需要创建额外的配置规则，如果通过 Federation 管理集群（在不同的集群中部署相同的服务），则需要更多的配置规则，才能保证服务可访问。

单控制面 Split Horizon EDS 模型相对来说用户体验最好，Pilot 只需要根据 MeshNetworks 配置就能自动感知 Endpoint 网络，但是它要求一个服务同时存在于所有集群中，否则 DNS 解析会有麻烦。网关在使用 SNI 路由时，只能提供 TCP 级别的指标监控，并且在调用链追踪中不会出现。

虽然随着时间的推移，Istio 社区在不断改进多集群模型方案，但用户体验在目前仍然是个最大的问题。相信 Istio 社区在以后的版本中会重点提升多集群的用户体验。

实 践 篇

本篇通过操作一个微服务化架构的天气预报应用来讲解 Istio 的功能，帮助读者熟悉 Istio 的应用场景，以及加深对 Istio 原理的理解与认知，并体会到 Istio 的强大。实践篇按照应用场景对各章进行分类，内容涉及流量监控、灰度发布、流量治理、服务保护和多集群管理。虽然灰度发布也属于流量治理的范畴，但由于其在生产实践中的重要性，我们将它独立为一章进行全面演示和讲解。本篇每一章的实践功能不一定由 Istio 的单一组件完成，可能会涉及多个不同的核心组件。例如，流量治理的多数策略由 Pilot 负责管理，但限流功能由 Mixer 实现；服务保护的主要功能依赖于 Citadel 组件，黑白名单配置则由 Mixer 实施。在各个功能的实践过程中除了使用命令行和日志进行讲解，也会插入可视化工具的效果图来帮助读者理解原理。

第 8 章

环境准备

Istio 支持在不同的平台下安装其控制平面,例如 Kubernetes、Mesos、Cloud Foundry 和虚拟机等。本书以 Kubernetes 为基础讲解如何在集群中安装 Istio(Istio 1.1 要求 Kubernetes 的版本在 1.11 及以上)。用户可以在本地或公有云上搭建 Istio 环境,也可以直接使用公有云平台上已经集成了 Istio 的托管服务。

8.1 在本地搭建 Istio 环境

本节讲解如何在本地搭建 Istio 环境。

8.1.1 安装 Kubernetes 集群

在本地计算机上部署 Kubernetes,可以帮助开发人员高效地配置和运行 Kubernetes 集群,并在开发阶段方便地测试应用程序。目前有许多软件提供了在本地搭建 Kubernetes 集群的能力,这里推荐使用 Minikube 来安装 Kubernetes 集群。

Minikube 是一个在本地快速开启虚拟机部署 Kubernetes 集群的命令行工具,适用于所有主流操作系统平台,包括 Linux、MacOS 和 Windows。用户通过几条简单的命令就能完成一个单节点 Kubernetes 集群的部署。在安装 Minikube 前必须在计算机的 BIOS 中启用了 VT-x 或 AMD-v 虚拟化,且具备虚拟机管理程序,例如 VirtualBox、KVM 等。下面以 Linux 平台为例,简要说明 Minikube 的安装步骤。

(1)直接下载 Minikube 二进制文件,并添加执行权限:

```
$ curl -Lo minikube
https://storage.googleapis.com/minikube/releases/latest/minikube-linux-amd64 &&
```

```
chmod +x minikube
```

（2）将 Minikube 的可执行文件放到系统 PATH 目录下：

```
$ sudo mv minikube /usr/local/bin
```

（3）启动一个 CPU 数量是 4、内存大小是 8GB、Kubernetes 版本是 1.11.0 的本地单节点集群：

```
$ minikube start --memory=8192 --cpus=4 --kubernetes-version=v1.11.0
```

在安装完成后，用户需要使用 kubectl 工具操作集群中的各种资源。kubectl 是在 Kubernetes 集群中部署和管理应用程序的命令行工具，安装步骤如下。

（1）下载与集群版本对应的 kubectl 文件：

```
$ curl -LO
https://storage.googleapis.com/kubernetes-release/release/v1.11.0/bin/linux/amd64/kubectl
```

（2）添加执行权限并将 kubectl 放到系统 PATH 目录下：

```
$ chmod +x kubectl && sudo mv kubectl /usr/local/bin
```

（3）kubectl 配置文件默认位于 "~/.kube/config" 目录，执行命令查看 Kubernetes 的集群信息：

```
$ kubectl cluster-info
```

其他平台的安装步骤请参考 Minikube 的官方文档：https://github.com/kubernetes/minikube#installation。

8.1.2 安装 Helm

Helm 是 Kubernetes 的包管理工具，借助它可以在 Kubernetes 集群中方便地安装、升级和卸载 Kubernetes 应用。Helm 由客户端工具和服务端工具两部分组成，这里只安装 Helm 的客户端工具，具有 Service Account 的服务端工具 Tiller 将在部署 Istio 时安装。

下面以二进制包方式安装 Helm，前往 Helm 的发布页面 https://github.com/helm/helm/releases 找到对应平台的安装包并下载，执行命令解压并安装（以 Helm 2.13.1 为例）：

```
$ tar -xzf helm-v2.13.1-linux-amd64.tar.gz
$ mv linux-amd64/helm /usr/local/bin/helm
```

查看已安装的客户端版本信息：

```
$ helm version
Client: &version.Version{SemVer:"v2.13.1", GitCommit:"618447cbf203d147601b4b9bd7f8c37a5d39fbb4", GitTreeState:"clean"}
```

其他平台的 Helm 安装步骤请参考 https://github.com/helm/helm/blob/master/docs/install.md。

8.1.3 安装 Istio

在 Istio 的版本发布页面 https://github.com/istio/istio/releases 下载最新的安装包并解压（以 Linux 平台的 istio-1.1.0-linux.tar.gz 为例）：

```
$ tar -xzf istio-1.1.0-linux.tar.gz
$ cd istio-1.1.0
$ ls -l
total 40
drwxr-xr-x  2 root root  4096 Mar 19 05:08 bin
drwxr-xr-x  6 root root  4096 Mar 19 05:08 install
-rw-r--r--  1 root root   602 Mar 19 05:08 istio.VERSION
-rw-r--r--  1 root root 11343 Mar 19 05:08 LICENSE
-rw-r--r--  1 root root  5921 Mar 19 05:08 README.md
drwxr-xr-x 15 root root  4096 Mar 19 05:08 samples
drwxr-xr-x  7 root root  4096 Mar 19 05:08 tools
```

表 8-1 列出了 Istio 的安装目录及其说明。

表 8-1 Istio 的安装目录及其说明

文件/文件夹	说明
bin	包含客户端工具 istioctl，用于和 Istio APIs 交互
install	包含 Consul、GCP 和 Kubernetes 平台的 Istio 安装脚本和文件。在 Kubernetes 平台上分为 YAML 资源文件和 Helm 安装文件
istio.VERSION	配置文件包含版本信息的环境变量
README.md	Istio 项目和组件的概要
samples	在官方文档中用到了各种应用示例如 bookinfo、helloworld、httpbin、sleep 和 websockets 等，这些示例可帮助读者理解 Istio 的功能及如何与 Istio 的各个组件进行交互
tools	包含用于性能测试和在本地机器上进行测试的脚本文件和工具

有以下几种方式安装 Istio：

◎ 使用 install/kubernetes 文件夹中的 istio-demo.yaml 进行安装；
◎ 使用 Helm template 渲染出 Istio 的 YAML 安装文件进行安装；
◎ 使用 Helm 和 Tiller 方式进行安装。

对于生产环境下或大规模的应用，推荐使用 Helm 和 Tiller 方式安装 Istio，这样可以灵活控制 Istio 的所有配置项，方便管理各个组件。

Istio 1.1 默认的安装配置禁用了部分功能，为了能够顺利完成本书实践篇的任务，需要对 install/kubernetes/helm/istio/value.yaml 中的部分参数修改后再进行安装。表 8-2 列出了建议修改的参数。

表 8-2　建议修改的参数

参　　数	值	描　　述
grafana.enabled	true	安装 Grafana 插件
tracing.enabled	true	安装 Jaeger 插件
kiali.enabled	true	安装 Kiali 插件
global.proxy.disablePolicyChecks	false	启用策略检查功能
global.proxy.accessLogFile	"/dev/stdout"	获取 Envoy 的访问日志

另外，Pilot 的默认请求内存为 2048MiB，如果环境资源有限，且集群规模和服务数量不大，则可以通过设置 --set pilot.resources.requests.memory 适当减少 Pilot 的内存请求（例如 512MiB）。

Istio 1.1 为了提高系统的性能，将默认的跟踪取样率设置为 1%，这样会影响调用链数据的显示，可以根据需要适当调大 pilot.traceSampling 的值。

如果在安装 Istio 后需要修改配置参数，则可以通过 helm upgrade 命令实现，例如：

```
$ helm upgrade istio install/kubernetes/helm/istio --namespace istio-system
--set global.proxy.accessLogFile="/dev/stdout"
```

关于使用 Helm 安装 Istio 的配置参数的详细解释，请参考官网 https://istio.io/docs/reference/config/installation-options/。

使用 Helm 和 Tiller 安装 Istio 的步骤如下。

（1）为 Tiller 创建 Service Account：

```
$ kubectl apply -f install/kubernetes/helm/helm-service-account.yaml
```

(2)使用 Service account 在集群上安装 Tiller:

```
$ helm init --service-account tiller
```

等待并确认 Tiller 对应的 Pod 启动成功:

```
$ kubectl -nkube-system get po -l name=tiller
NAME                              READY   STATUS    RESTARTS   AGE
tiller-deploy-85d76d6d78-gjfx2    1/1     Running   0          2m
```

查看 Tiller 的版本信息:

```
$ helm version | grep Server
Server: &version.Version{SemVer:"v2.13.1", GitCommit:"618447cbf203d147601b4b9bd7f8c37a5d39fbb4", GitTreeState:"clean"}
```

(3)使用 istio-init chart 安装 Istio CRD 资源:

```
$ helm install install/kubernetes/helm/istio-init --name istio-init --namespace istio-system
```

等待几分钟,并确认创建成功的 Istio CRD 数量是 53(没有安装 cert-manager):

```
$ kubectl get crds | grep 'istio.io\|certmanager.k8s.io' | wc -l
53
```

(4)根据需要修改 install/kubernetes/helm/istio/value.yaml 的默认配置,然后使用 helm install 命令安装 Istio 的各个组件:

```
$ helm install install/kubernetes/helm/istio --name istio --namespace istio-system
```

等待几分钟,确认所有组件对应的 Pod 状态都变为 Running 或 Completed,说明 Istio 部署完成:

```
$ kubectl get pods -n istio-system
NAME                                      READY   STATUS      RESTARTS   AGE
grafana-5744dd756d-q6pwh                  1/1     Running     0          13m
istio-citadel-769cf589b5-psbml            1/1     Running     0          13m
istio-galley-7744c5766-gbsxc              1/1     Running     0          13m
istio-ingressgateway-597b6fd7c9-drdfq     1/1     Running     0          13m
istio-init-crd-10-9kgjh                   0/1     Completed   0          34m
istio-init-crd-11-44k44                   0/1     Completed   0          34m
istio-pilot-7779d6cc58-fcwxs              2/2     Running     0          13m
```

```
istio-policy-5795778989-wbtg4              2/2    Running    4    13m
istio-sidecar-injector-5868dcc79f-dtmjh    1/1    Running    0    13m
istio-telemetry-57d58795f-5b7s9            2/2    Running    5    13m
istio-tracing-758bc5784-ng4wf              1/1    Running    0    13m
kiali-7dcbcfc7b9-mhzkm                     1/1    Running    0    13m
prometheus-74564464df-clft2                1/1    Running    0    13m
```

8.2 在公有云上使用 Istio

目前,主流的公有云厂商普遍提供了托管的 Kubernetes 服务,但只有部分厂商推出了完全托管的服务网格控制平面。

用户可以在公有云提供的 Kubernetes 集群上,手动安装 Istio 的社区版本使用其功能。为了能够从外部访问网格内的服务,需要对 Ingress Gateway 的 Service 绑定外部 ELB 的 IP。

用户也可以直接使用某些公有云厂商提供的完整的微服务管理解决方案。这些平台的网格服务相对于 Istio 的社区版本,做了很多增强和定制的特性,并搭配了商用的监控系统。例如:华为云 Istio 服务、Google 的 GKE、IBM 的 Cloud Kubernetes Service、阿里云的 Kubernetes 容器服务等。下面以华为云的 Istio 服务为例进行简要说明。

用户在华为云创建账号并完成认证后,可以前往云容器引擎 CCE 产品页 https://www.huaweicloud.com/product/cce.html 体验,如图 8-1 所示。

图 8-1 CCE 产品页

通过"Istio 直通车"登录 Istio 服务网格控制台,在"总览"界面单击"购买 Istio 服务网格"对已创建的 CCE 集群开启 Istio 的功能，如图 8-2 所示。

图 8-2　启用 Istio 服务网格

用户也可以在控制台"总览"界面"资源总览"处单击集群名称后的"启用 Istio"进行启用，如图 8-3 所示。

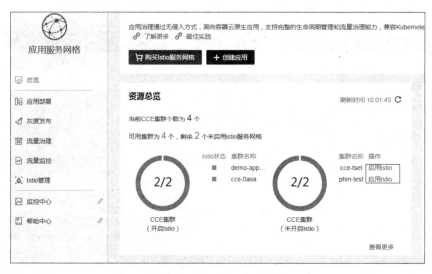

图 8-3　Istio 服务网格控制台

在"启用 Istio 服务网格"页面提交配置并等待 Istio 组件安装完成后，用户就可以在开启了 Istio 功能的集群中使用灰度发布、流量治理和流量监控的相关功能，并且在 Istio 管理界面对控制面组件和数据面 Sidecar 进行监控、扩缩容和升级管理。

8.3 尝鲜 Istio 命令行

istioctl 是一个简单的客户端 CLI 工具，类似于与 Kubernetes API 交互的 kubectl 二进制工具。开发运维人员可以使用它轻松地与 Istio 交互，对在集群中部署的服务和网络进行观察、检测和调试。本节列出了 istioctl 的常用命令，并对其用法进行了简要说明。

进入 Istio 安装目录，将 bin 文件夹下的 istioctl 客户端工具放到系统 PATH 目录下：

```
$ sudo mv bin/istioctl /usr/local/bin
```

执行 istioctl version 命令，查看客户端的详细版本信息：

```
$ istioctl version
version.BuildInfo{Version:"1.1.0",
GitRevision:"82797c0c0649a3f73029b33957ae105260458c6e", User:"root",
Host:"996cd064-49c1-
11e9-813c-0a580a2c0506", GolangVersion:"go1.10.4",
DockerHub:"docker.io/istio", BuildStatus:"Clean", GitTag:"1.1.0-rc.6"}
```

执行 istioctl version --remote --short 命令，查看服务端的版本信息：

```
$ istioctl version --remote --short
client version: 1.1.0
citadel version: 1.1.0
galley version: 1.1.0
ingressgateway version: 1.1.0
pilot version: 1.1.0
policy version: 1.1.0
sidecar-injector version: 1.1.0
telemetry version: 1.1.0
```

常用的命令及其描述和例子如表 8-3 所示。

表 8-3 常用的命令及其描述和例子

常用的命令	描述	例子
istioctl kube-inject	将 Envoy Sidecar 注入 Kubernetes 的工作负载中	在对资源文件执行 Envoy Sidecar 注入后，将其保存为文件：istioctl kube-inject -f deployment.yaml -o deployment-injected.yaml
istioctl validate	离线校验 Istio 的策略和规则	istioctl validate -f bookinfo-gateway.yaml
istioctl version	输出工具的版本信息	istioctl version
istioctl authn tls-check	检查服务的认证策略、目标规则，以及 TLS 设置是否匹配	检查某个特定服务的设置：istioctl authn tls-check foo.bar.svc.cluster.local
istioctl proxy-config bootstrap	获取指定 Pod 中 Envoy 实例的启动信息	istioctl proxy-config bootstrap <pod-name[.namespace]>
istioctl proxy-config cluster	获取指定 Pod 中 Envoy 实例的集群信息	istioctl proxy-config clusters <pod-name>
istioctl proxy-config endpoint	获取指定 Pod 中 Envoy 实例的端点信息	istioctl proxy-config endpoint <pod-name[.namespace]>
istioctl proxy-config listener	获取指定 Pod 中 Envoy 实例的监听器信息	istioctl proxy-config listeners <pod-name[.namespace]>
istioctl proxy-config route	获取指定 Pod 中 Envoy 实例的路由信息	istioctl proxy-config routes <pod-name[.namespace]>
istioctl proxy-status	获取整个网格中每个 Envoy 的最新 xDS 同步状态	istioctl proxy-status

在虚拟机集成中用到的服务实例注册命令 istioctl register 和解除命令 istioctl deregister，以及一些实验性的命令 istioctl experimental 请参考官方文档，这里不做解释。

注意：Istio 1.2 之前的 istioctl 对 Istio 的规则（例如 VirtualService Gateway DestinationRule ServiceEntry 等）有增删改查命令：istioctl create/delete/replace/get。这部分功能将在 Istio 1.2 后全部被 kubectl 代替。

另外，在 Istio 1.1 的后续版本中，istioctl 计划加入更多的功能来提升易用性。

◎ istioctl check：预先检查环境是否满足 Istio 的安装要求。
◎ istioctl meshify：自动将 Sidecar 注入 Pod 中。
◎ istioctl upgrade：将 Istio 升级到新版本。

8.4 应用示例

本节介绍贯穿整个实战篇的天气预报应用示例，以及如何将应用部署到 Kubernetes 集群中。

8.4.1 Weather Forecast 简介

Weather Forecast 是一款查询城市的天气信息的应用示例，其展示的数据并不是真实的，只是一些静态的 dummy 数据，一共包含 4 个微服务：frontend、advertisement、forecast 和 recommendation（为方便叙述，后面称服务，但它们仍属微服务类型）。

- frontend：前台服务，会调用 advertisement 和 forecast 这两个服务，展示整个应用的页面，使用 React.js 开发而成。
- advertisement：广告服务，返回静态的广告图片，使用 Golang 开发而成。
- forecast：天气预报服务，返回相应城市的天气数据，使用 Node.js 开发而成。
- recommendation：推荐服务，根据天气情况向用户推荐穿衣和运动等信息，使用 Java 开发而成。

frontend 服务有两个版本。

- v1 版本的界面按钮为绿色。
- v2 版本的界面按钮为蓝色。

forecast 服务有两个版本。

- v1 版本直接返回天气信息。
- v2 版本会请求 recommendation 服务，获取推荐信息，并结合天气信息一起返回数据。

各个服务之间的调用关系如图 8-4 所示。

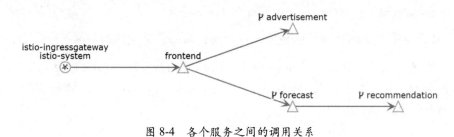

图 8-4 各个服务之间的调用关系

8.4.2　Weather Forecast 部署

Weather Forecast 应用在 Kubernetes 集群上的部署流程如下。

（1）下载 Weather Forecast 的安装文件、配置文件和程序源码：

```
$ git clone https://github.com/cloudnativebooks/cloud-native-istio
```

（2）创建一个名为 weather 的命名空间，并为这个命名空间打上 istio-injection=enabled 标签：

```
$ kubectl create ns weather
$ kubectl label namespace weather istio-injection=enabled
```

（3）进入安装根目录，执行以下命令在 weather 的命名空间下创建应用：

```
$ kubectl apply -f install/weather-v1.yaml -n weather
```

这个 YAML 文件只安装了 frontend、advertisement、forecast 这 3 个服务的 v1 版本，不包括它们的 v2 版本和 recommendation 服务。

（4）确认所有服务和相应的 Pod 都已创建并启动成功：

```
$ kubectl get service -n weather
NAME            TYPE        CLUSTER-IP      EXTERNAL-IP   PORT(S)    AGE
advertisement   ClusterIP   10.247.31.72    <none>        3003/TCP   21s
forecast        ClusterIP   10.247.71.253   <none>        3002/TCP   21s
frontend        ClusterIP   10.247.86.162   <none>        3000/TCP   21s
$ kubectl get pods -n weather
NAME                                READY   STATUS    RESTARTS   AGE
advertisement-v1-6f69c464b8-5xqjv   2/2     Running   0          1m
forecast-v1-65599b68c7-sw6tx        2/2     Running   0          1m
frontend-v1-67595b66b8-jxnzv        2/2     Running   0          1m
```

（5）配置 Gateway 和 frontend 服务的 VirtualService，使应用可以被外部的请求访问：

```
$ kubectl apply -f install/weather-gateway.yaml
```

（6）在浏览器中访问外部访问地址，打开前台页面体验应用的功能。

- 在本地环境下，直接打开 http://localhost 网址浏览应用的 Web 页面。
- 在公有云环境下，设置 GATEWAY_URL（istio-ingressgateway 需要云服务商提供外部负载均衡器）。

```
$ export GATEWAY_URL=$(kubectl -n istio-system get service istio-ingressgateway
-o jsonpath='{.status.loadBalancer.ingress[0].ip}')
```

在浏览器中打开 http://$GATEWAY_URL 网址来浏览应用的 Web 页面，如图 8-5 所示。

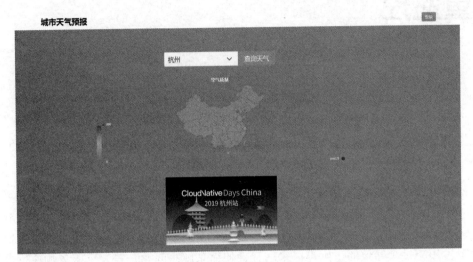

图 8-5　应用的 Web 页面

8.5　本章总结

本章是整个实践篇的基础，围绕环境、工具和示例等准备工作展开。首先介绍了在本地 Kubernetes 集群和公有云 Kubernetes 集群中如何安装和配置 Istio，接着对 istioctl 工具的常用命令进行了说明，最后引入一个典型的包含多个服务的天气应用，作为后面各章的 Istio 的功能实践的例子。在具备了这些条件后，我们在第 9 章先从服务的可观测性入手，开启 Istio 功能的体验之旅。

第 9 章

流量监控

监控系统是自动化运维的基础。在服务众多的大型分布式系统中，要找出故障的原因，往往很困难，我们可以借助监控指标对故障进行快速定位并分析系统的性能瓶颈。

Istio 的 Proxy 通过拦截系统中所有网络的通信，来提供可用于获得整个应用的可观察性的指标和数据。利用 Istio 的核心组件和一些开源工具，能够构建一套良好的监控系统，并通过分析收集到的信息来对症下药，做出相应的处理。比如：若一个服务响应过慢是由于 CPU 占用率过高导致的，则可以采用弹性伸缩来解决问题；若一个服务响应过慢是由于访问量突然增大引起的，则可以采用熔断限流等措施。

本章介绍如何使用 Jaeger、Prometheus、Grafana、Kiali 等配合 Istio 的开源软件来监控应用的运行指标和系统的状态，这也为后续灰度发布、流量治理和服务安全等 Istio 高级功能提供了可视化分析的手段。

9.1 预先准备：安装插件

在使用 Istio 的流量监控功能前，需要在集群中安装 Jaeger、Prometheus、Grafana 和 Kiali 等插件。如果这些插件在部署 Istio 时未启用，则可以使用 helm upgrade 命令进行启用。

- ◎ Grafana：--set grafana.enabled=true。
- ◎ Kiali：--set kiali.enabled=true。
- ◎ Prometheus：--set prometheus.enabled=true。
- ◎ Tracing：--set tracing.enabled=true。

另外，在登录 Kiali 时需要输入用户名和密码，执行以下命令创建 Kiali 的 Secret：

```
$ kubectl apply -f chapter-files/telemetry/kiali-secret.yaml
```

kiali-secret.yaml 保存了经过 Base64 编码的用户名和密码信息，初始的用户名是 admin，密码也是 admin。用户可以在 Secret 中按需修改这部分信息。在创建 Secret 后需要重启 Kiali 负载才能生效。

在所有插件都安装成功后，为了在集群外的浏览器中打开界面，请配置每个插件的对外访问方式。下面提供一种使用 Gateway 设置 HTTP 访问插件的方式：

```
$ kubectl apply -f chapter-files/telemetry/access-addons.yaml
```

在 Gateway 网络资源创建完成后，在浏览器中输入对应插件的地址进行访问。

- Kiali：http://<IP ADDRESS OF CLUSTER INGRESS>:15029/kiali。
- Prometheus：http://<IP ADDRESS OF CLUSTER INGRESS>:15030/。
- Grafana：http://<IP ADDRESS OF CLUSTER INGRESS>:15031/。
- Tracing：http://<IP ADDRESS OF CLUSTER INGRESS>:15032/。

9.2 调用链跟踪

调用链跟踪是一种用于分析和监控微服务应用的方法，有助于运维人员快速查明故障发生的位置或导致系统性能下降的原因。OpenTracing 是分布式跟踪的 API 规范，提供了统一的接口，方便开发者在自己的服务中集成一种或多种分布式追踪的实现。目前主流的分布式追踪实现基本都已支持 OpenTracing，包括 Jaeger、Appdash 等。

Istio 使用 Jaeger 作为调用链的引擎。Jaeger 来自 Uber 的项目，是一个开源的分布式跟踪系统，包含用于存储、可视化和过滤跟踪的组件。

一次调用链跟踪（Trace）由若干个 Span 组成，Span 是请求数据的最小单位，包括这次跟踪的开始时间、结束时间、操作名称及一组标签和日志。尽管 Proxy 可以自动生成 Span，但是应用程序需要传播相应的 HTTP Header，这样这些 Span 才能被正确关联到一个跟踪。因此，应用程序需要收集传入请求中的以下 HTTP Header 并将其传播出去：

- x-request-id
- x-b3-traceid
- x-b3-spanid
- x-b3-parentspanid
- x-b3-sampled

◎ x-b3-flags

◎ x-ot-span-context

Istio 默认不启动 Jaeger 组件，请参照 9.1 节启用 Jaeger 并配置对外访问方式，然后在 Web 浏览器中输入"http://<IP ADDRESS OF CLUSTER INGRESS>:15032/"来打开 Jaeger，Jaeger 界面如图 9-1 所示。

图 9-1　Jaeger 界面

在 Web 浏览器中访问前台页面查询天气信息，在这个过程中会产生调用链信息。从界面左边面板的 Service 下拉列表中选择 frontend.weather，并单击左下角的"Find Traces"按钮检索调用链，右侧会显示调用链记录的列表，跟踪仪表盘界面如图 9-2 所示。

图 9-2　跟踪仪表盘界面

调用链数据的频繁采集会对系统造成严重的性能损失。Istio 1.1.0 为了提高系统性能，设置默认取样率为 1%。如果遇到调用链信息不能正常获取的情况，则需要调整跟踪取样率。如下所示，Istio 的跟踪取样率被设置为 istio-pilot 的环境变量 PILOT_TRACE_SAMPLING，取值范围为 1.0～100.0：

```
$ kubectl -n istio-system edit deploy istio-pilot
……
  env:
  - name: POD_NAME
    valueFrom:
      fieldRef:
        apiVersion: v1
        fieldPath: metadata.name
  - name: POD_NAMESPACE
    valueFrom:
      fieldRef:
        apiVersion: v1
        fieldPath: metadata.namespace
  - name: GODEBUG
    value: gctrace=1
  - name: PILOT_PUSH_THROTTLE
    value: "100"
  - name: PILOT_TRACE_SAMPLING
    value: "100"
  - name: PILOT_DISABLE_XDS_MARSHALING_TO_ANY
    value: "1"
```

单击某一次跟踪记录，可以查看其包含的所有 Span 和每个 Span 的消耗时间。在如图 9-3 所示的例子中的跟踪信息有 7 个 Span，涉及 4 个服务，一共耗时 58.15 毫秒。

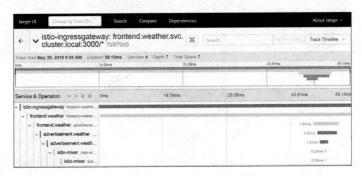

图 9-3　例子中的跟踪信息

在跟踪（Trace）的详情页面可以单击单个 Span 来查看其详细信息，包括被调用的 URL、HTTP 方法、响应状态和其他 Header 的信息，如图 9-4 所示。

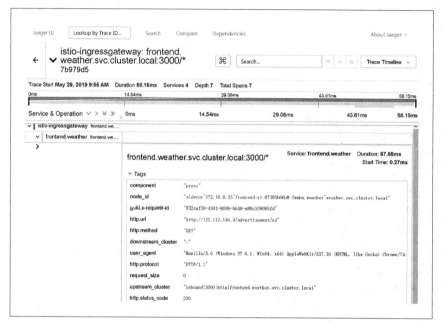

图 9-4　某个 Span 的详细信息

此外，Jaeger 还提供了 Compare 功能（用来对比不同的 Trace 信息）和 Dependencies 视图（展现各个服务如何互相调用）。单击 Dependencies 选项的 DAG 标签页，可以查看服务的拓扑关系，类似图 9-5 所示。

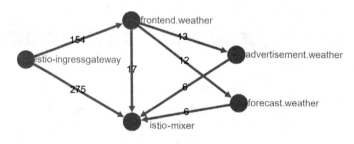

图 9-5　服务的拓扑关系

和 Kiali 的服务拓扑图相比，Jaeger 的视图在界面和功能上还有很大的差距，只能作为最简单的关系依赖图使用，没有更多的额外信息。

9.3 指标监控

Metrics 是服务的监控指标数据,可以帮助运维人员了解应用程序和系统服务的执行情况,指标数据通常分为 4 类:Counter、Gauge、Histogram 和 Summary。Istio 内置了几种常见的度量标准类型,用户也可以创建自定义指标。常用的查询监控指标的组件有 Prometheus 和 Grafana。

9.3.1 Prometheus

Prometheus 是一款开源的系统监控报警框架,采用 Pull 方式去搜集被监控对象的 Metrics 数据,然后将这些数据保存在时序数据库中,以便后续可以按照时间进行检索。Istio 默认启动了预置的 Prometheus 组件,配置文件被定义在 istio-system 命名空间下的名称为 Prometheus 的 ConfigMap 中,并被挂载到 Prometheus 的 Pod 内。Prometheus 容器内的配置文件 "/etc/prometheus/prometheus.yaml" 如下:

```
global:
  scrape_interval: 15s
scrape_configs:

- job_name: 'istio-mesh'
  kubernetes_sd_configs:
  - role: endpoints
    namespaces:
      names:
        - istio-system

  relabel_configs:
  - source_labels: [__meta_kubernetes_service_name,
__meta_kubernetes_endpoint_port_name]
    action: keep
    regex: istio-telemetry;Prometheus
……
```

在以上配置中定义了 Prometheus 需要抓取目标数据的参数,例如监控集群中的哪些 Pod,获取 Metrics 的接口路径等。下面通过 Prometheus 查看 Metrics,在 Web 浏览器中输入 "http://<IP ADDRESS OF CLUSTER INGRESS>:15030/" 打开 Prometheus,Prometheus 界面如图 9-6 所示。

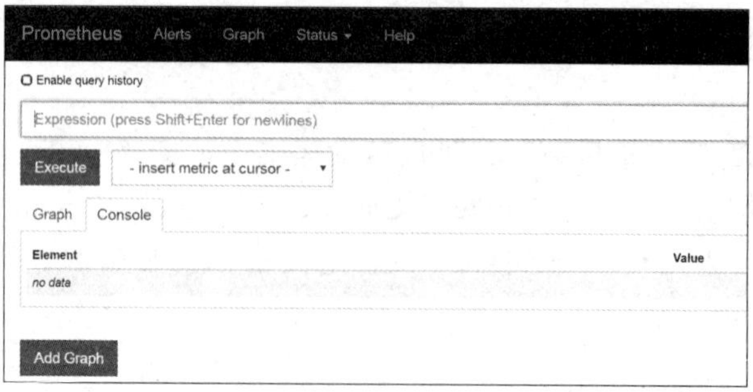

图 9-6　Prometheus 界面

在网页顶部的 Expression 输入框中输入"istio",Prometheus 会自动补齐并显示从 Envoy 收集的所有相关指标。选择或输入"istio_request_total",然后单击 Execute 按钮,检索得到 Istio 请求总数的 Metrics。Metrics 检索结果如图 9-7 所示。

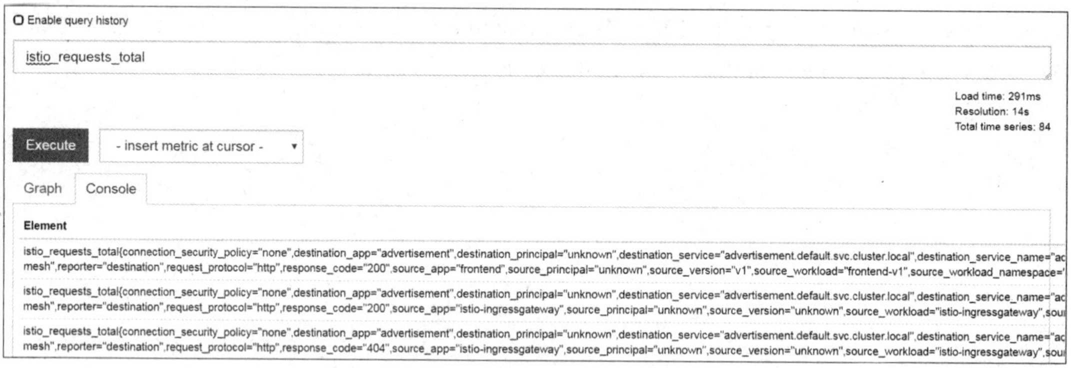

图 9-7　Metrics 检索结果

如果没有数据返回,则需要访问前台页面产生 Metrics,并重新检索指标数据。Prometheus 也支持组合查询表达式,例如想查询过去 5 分钟对 advertisement 服务的请求成功率,则可输入下面的表达式查询指标:

```
sum(rate(istio_requests_total{
    reporter="destination",
    destination_service_namespace="weather",
    destination_service_name="advertisement",
    response_code!~"5.*"
  }[5m]
))/sum(rate(istio_requests_total{
    reporter="destination",
    destination_service_namespace="weather",
```

```
        destination_service_name="advertisement",
    }[5m]
)) * 100
```

如图 9-8 所示，advertisement 服务的请求成功率为 62%。

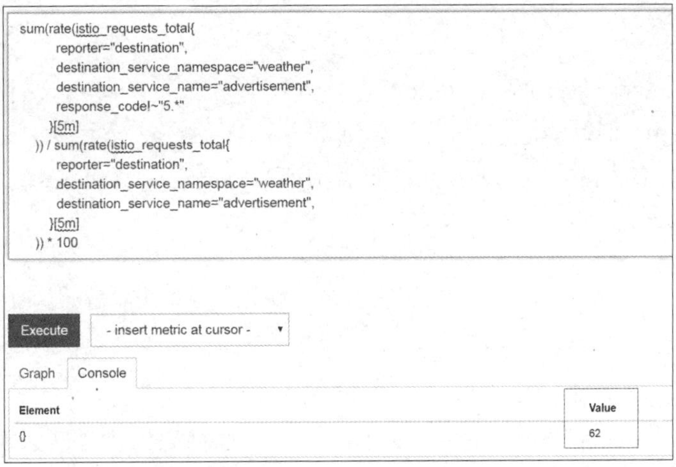

图 9-8　表达式检索的结果

如果 Istio 内置的 Metrics 不能满足需求，则用户还可以创建自定义的 Metrics，例如需要查询请求的 Method、Path 和 Useragent 等属性。执行如下命令创建新的指标及数据流：

```
$ kubectl apply -f chapter-files/telemetry/customer-request-count.yaml
```

从浏览器访问前台页面产生流量，在 Prometheus 界面顶部的 Expression 输入框中输入"istio_customer_request_count"，然后单击 Execute 按钮，结果将类似图 9-9 所示。

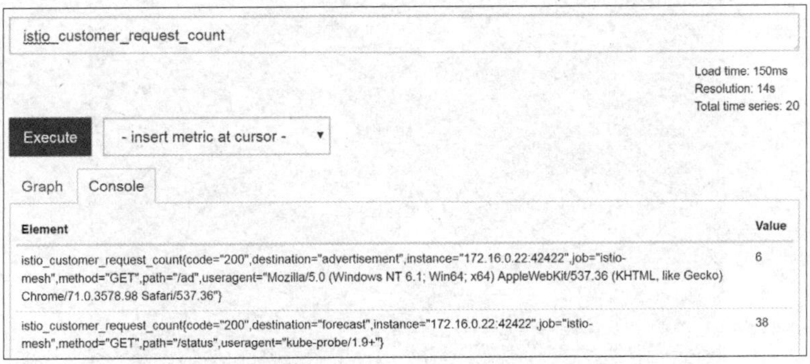

图 9-9　自定义指标检索的结果

从图 9-9 可以看到，Prometheus 能够从 Istio 收集相关的指标数据并提供查询，但它只是提供了一个简单的表达式浏览界面。我们通常希望从仪表盘直观地看到实时数据的变化趋势，而 Grafana 能够可视化显示 Istio 的指标，帮助我们更好地了解网格中服务的状态。

9.3.2　Grafana

Grafana 是一款优秀的可视化和监控开源软件，支持多种后端，例如 Prometheus、Graphite、InfluxDB 和 Elasticsearch 等。它提供了一种全局的系统运行时的数据展示，运维人员可以通过查看 Grafana 仪表盘随时了解服务的性能和健康状况。

Grafana 需要配置的两个主要组件如下。

（1）Datasource（数据源）：Grafana 从配置的后端数据源中获取指标。Istio 集成的 Grafana 使用 Prometheus 数据源显示默认的指标。

（2）Dashboard（仪表盘）：显示数据源中的各种指标。Grafana 支持多种视觉元素，例如 Graph、Singlestat 和 Heatmap 等，并且支持扩展插件来构建自己的视觉元素。

Istio 的安装包携带了预置的 Grafana 组件，但默认不安装。请参照 9.1 节启用 Grafana 并配置对外访问方式，然后在浏览器中输入 "http://<IP ADDRESS OF CLUSTER INGRESS>:15031/" 打开 Grafana，可以看到 Istio 定制的 Grafana 集成了包括网格、服务、工作负载和 Istio 核心组件在内的多个 Dashboard，如图 9-10 所示。

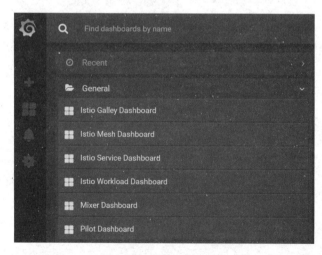

图 9-10　Grafana 仪表盘

1. Istio Mesh Dashboard

Istio Mesh Dashboard 提供网格的全局摘要视图，在多次访问应用产生流量后，可以在仪表盘实时看到全局的数据请求量、成功率，以及服务和工作负载的列表等信息，如图9-11所示。

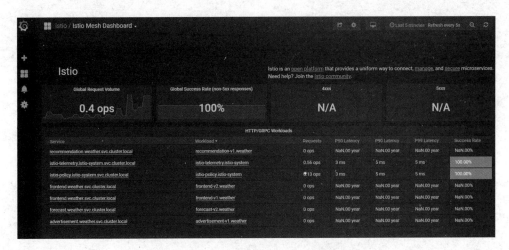

图 9-11　Istio Mesh Dashboard 界面

2. Istio Service Dashboard

Istio Service Dashboard 提供每个服务的 HTTP、gRPC 和 TCP 的请求和响应的度量指标，以及有关此服务的客户端和服务端工作负载的指标。在界面左上角单击 Home 菜单并选择 Istio Service Dashboard，然后选择 advertisement.weather 服务，如图 9-12 所示。

3. Istio Workload Dashboard

Istio Workload Dashboard 提供每个工作负载请求流量的动态数据，以及入站和出站的相关指标。单击 Home 菜单并选择 Istio Workload Dashboard，然后选择命名空间为 weather，工作负载为 advertisement-v1，如图 9-13 所示。

4. Istio Performance Dashboard

Istio Performance Dashboard 用来监控 istio-proxy、istio-telemetry、istio-policy 和 istio-ingressgateway 的 vCPU、内存和每秒传输字节数等关键指标，用于测量和评估 Istio 的整体性能表现，如图 9-14 所示。

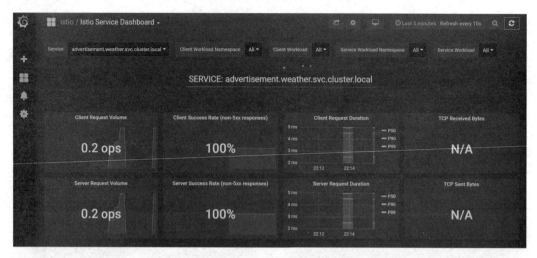

图 9-12　Istio Service Dashboard 界面

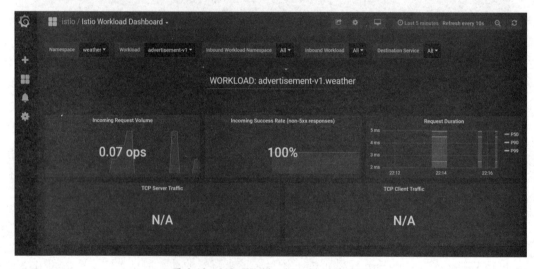

图 9-13　Istio Workload Dashboard 界面

5. 自定义 Dashboard

Istio 默认集成的仪表盘缺少对 Kubernetes Pod 的资源使用情况的展示，用户需要创建自定义的仪表盘来监控 Pod 的相关指标。在本书的示例代码中提供了一个 USE Dashboard 供读者参考，文件位于 chapter-files/telemetry/Istio-USE-dashboard.json。

打开 Import Dashboard 的导入界面，如图 9-15 所示。

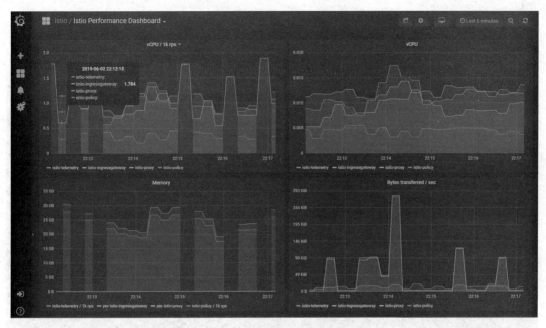

图 9-14 Istio Performance Dashboard 界面

图 9-15 Import Dashboard 的导入界面

单击 Upload 按钮，上传 Istio-USE-dashboard.json 配置文件，在导入此 JSON 文件后会立刻显示 USE Dashboard，如图 9-16 所示。

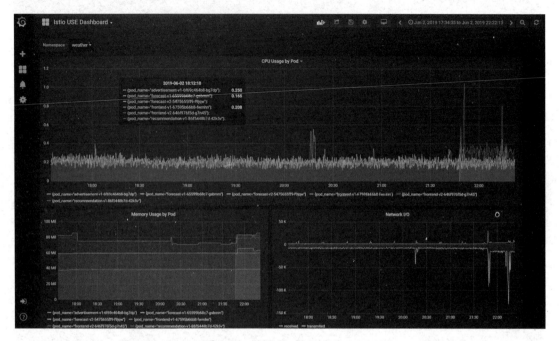

图 9-16　USE Dashboard 界面

可以看到，这个 Dashboard 显示了指定命名空间下所有 Pod 的 CPU、内存和网络 I/O 的使用情况。

另外，用户可以在 Grafana 官网（https://grafana.com/dashboards）查找其他开发人员或组织公开发布的配置文件进行使用。例如，"https://grafana.com/dashboards/1471"展示了指定命名空间下容器的关键 Metrics：request rate、error rate、response times、pod count、cpu 和 memory usage，导入 Kubernetes App Metrics Dashboard 后如图 9-17 所示。

这些 Pod 的相关指标以可视化的形式展示出来，对我们的日常运维工作有很大帮助。

第 9 章　流量监控

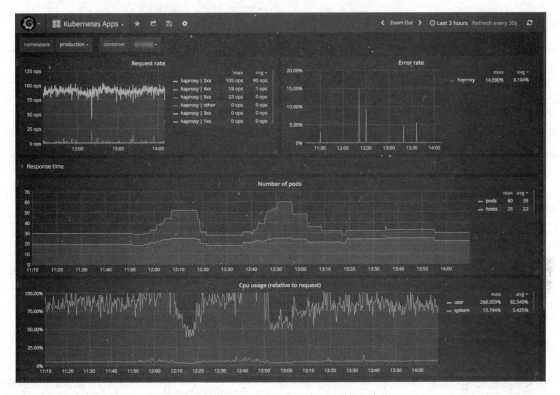

图 9-17　Kubernetes App Metrics Dashboard 界面

9.4　服务网格监控

　　Kiali 是一个为 Istio 提供图形化界面和丰富观测功能的 Dashboard 的开源项目，其名称源于希腊语，意思是望远镜。用户利用 Kiali 可以监测网格内服务的实时工作状态，管理 Istio 的网络配置，快速识别网络问题。

　　Istio 默认不安装 Kiali 组件，请参照 9.1 节启用 Kiali 并配置对外访问方式，然后在浏览器中输入 "http://<IP ADDRESS OF CLUSTER INGRESS>:15029/kiali" 打开 Kiali 的登录页面，输入用户名 admin 和密码 admin。登录成功后，Kiali 的总览视图如图 9-18 所示。

　　Kiali 的总览视图展示了集群中所有命名空间的全局视图，以及各个命名空间下应用的数量、健康状态和其他功能视图的链接图标。单击界面左侧的"Graph"菜单项，可以查看服务拓扑关系，深入了解服务之间如何通信，如图 9-19 所示。

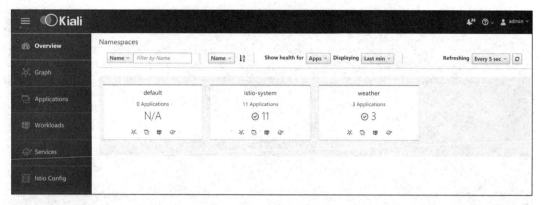

图 9-18　Kiali 的总览视图

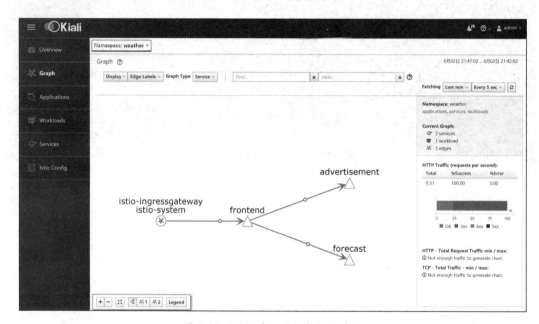

图 9-19　Kiali 展示的服务拓扑关系

用户可以从中获得实时的动态流量数据，包括 HTTP/TCP 的每秒请求数、流量比例、成功率及不同返回码的占比等。

在 Kiali 中，应用指具有相同标签的服务和工作负载的集合，是一个虚拟概念。单击界面左侧的 Applications 菜单项可以根据命名空间查看应用列表。单击应用的名称进入应用详情页，可以看到与应用关联的服务和工作负载、健康状况、入站和出站流量的请求和响应指标等信息，如图 9-20 所示。

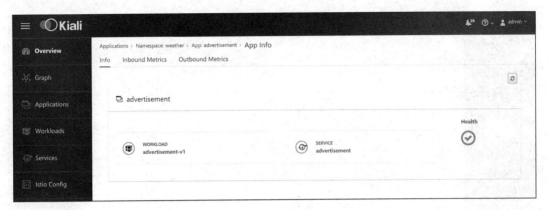

图 9-20　应用详情页

工作负载详情页包含了负载的标签、创建时间、健康状态、关联的 Pod 信息、Service 信息、Istio 资源对象和 Metrics 等，如图 9-21 所示。

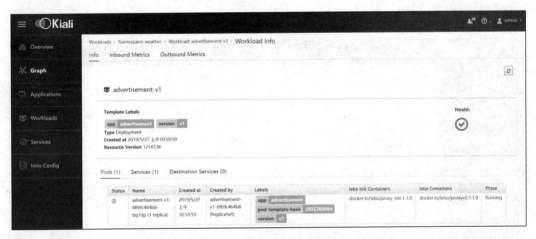

图 9-21　工作负载详情页

同样，服务详情页展示了服务的标签、端口信息、工作负载、健康状态、Istio 资源对象和 Metrics 等，如图 9-22 所示。

用户通过上面的信息可以检查 Pod 和服务是否满足 Istio 规范，例如，Service 是否定义了包含协议的端口名称、Deployment 是否带有正确的 app 和 version 标签等。

图 9-22　服务详情页

Istio Config 菜单页显示了网格中所有的 Istio 资源和规则，用户可以对单个配置进行查看、修改和删除操作，如图 9-23 所示。

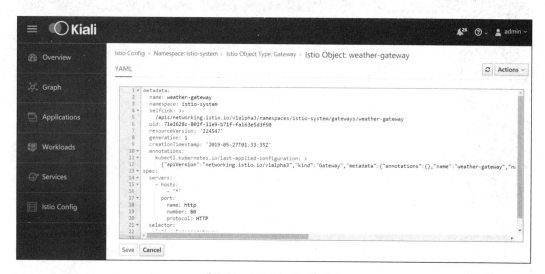

图 9-23　Istio Config 菜单页

同时，Kiali 会对网格内的 Istio 规则进行在线的语法校验。如果出现网格范围内的配置冲突，Kiali 就会按照严重程度（Warning 或 Error）高亮显示这些冲突提示用户。例如：VirtualService 绑定的 Gateway 不存在；Subset 没有定义；同一个主机存在定义了不同 Subsets 的多个 DestinationRule 等。更多配置错误信息的描述请参考：https://www.kiali.io/documentation/overview/#_validations_performed。

另外，Istio 1.1.0 默认安装包里的 Kiali 版本是 0.14。用户可以使用 Kiali Operator 升级 Kiali 到最新版本。Kiali Operator 是部署在 kiali-operator 命名空间下的组件，用于对 Kiali 进行安装、升级、卸载和配置管理。执行如下命令获取 Kiali Operator 并升级 Kiali：

```
$ bash <(curl -L https://git.io/getLatestKialiOperator)
```

请根据提示依次卸载 Kiali 的老版本，选择登录方式，定义用户名和密码，最后等待新版本实例正常运行。新版本的 Kiali 提供了更丰富的功能，包括：

- ◎ 支持匿名登录方式；
- ◎ 更全面的规则校验；
- ◎ 基于权重的路由向导；
- ◎ 基于请求内容的路由向导；
- ◎ 流量中止向导；
- ◎ TLS 和负载均衡算法等高级设置。

9.5 本章总结

微服务场景需要良好的可视化工具。本章展示了如何利用 Jaeger 查看调用链信息，如何借助 Prometheus 和 Grafana 监控服务的关键指标，以及如何结合 Kiali 的功能来观察服务拓扑、Metrics、动态流量和 Istio 策略等。我们在后面会借助这些可观测工具分析结果，以更好地理解 Istio 的原理和功能。

第 10 章

灰度发布

目前一些大型的互联网或金融行业的公司，都有自己的发布系统。但是对一些初创公司，从零开始构建这样一套系统并不简单，有一定的门槛。利用 Istio 提供的流量路由功能可以很方便地构建一个流量分配系统米做灰度发布和 AB 测试。

10.1 预先准备：将所有流量都路由到各个服务的 v1 版本

在开始本章的实践前，先将 frontend、advertisement 和 forecast 服务的 v1 版本部署到集群中，命名空间是 weather，执行如下命令确认 Pod 成功启动：

```
$ kubectl get pods -n weather
NAME                                  READY   STATUS    RESTARTS   AGE
advertisement-v1-6f69c464b8-5xqjv     2/2     Running   0          1m
forecast-v1-65599b68c7-sw6tx          2/2     Running   0          1m
frontend-v1-67595b66b8-jxnzv          2/2     Running   0          1m
```

对每个服务都创建各自的 VirtualService 和 DestinationRule 资源，将访问请求路由到所有服务的 v1 版本：

```
$ kubectl apply -f install/destination-rule-v1.yaml -n weather
$ kubectl apply -f install/virtual-service-v1.yaml -n weather
```

查看配置的路由规则，以 forecast 服务为例：

```
$ kubectl get vs -n weather forecast-route -o yaml
apiVersion: networking.istio.io/v1alpha3
kind: VirtualService
……
  name: forecast-route
```

```
  namespace: weather
......
spec:
  hosts:
  - forecast
  http:
  - route:
    - destination:
        host: forecast
        subset: v1
```

在浏览器中多次加载前台页面，并查询城市的天气信息，确认显示正常。各个服务之间的调用关系如图 10-1 所示。

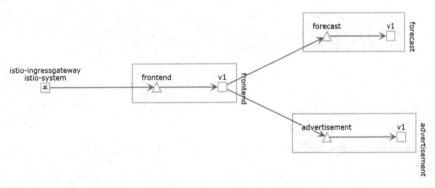

图 10-1　各个服务之间的调用关系

10.2　基于流量比例的路由

Istio 能够提供基于百分数比例的流量控制，精确地将不同比例的流量分发给指定的版本。这种基于流量比例的路由策略用于典型的灰度发布场景。

1. 实战目标

用户需要软件能够根据不同的天气状况推荐合适的穿衣和运动信息。于是开发人员增加了 recommendation 新服务，并升级 forecast 服务到 v2 版本来调用 recommendation 服务。在新特性上线时，运维人员首先部署 forecast 服务的 v2 版本和 recommendation 服务，并对 forecast 服务的 v2 版本进行灰度发布。

2. 实战演练

（1）部署 recommendation 服务和 forecast 服务的 v2 版本：

```
$ kubectl apply -f install/recommendation-service/recommendation-all.yaml -n weather
$ kubectl apply -f install/forecast-service/forecast-v2-deployment.yaml -n weather
```

执行如下命令确认部署成功：

```
$ kubectl get po -n weather
NAME                                    READY   STATUS    RESTARTS   AGE
advertisement-v1-6f69c464b8-5xqjv       2/2     Running   0          33m
forecast-v1-65599b68c7-sw6tx            2/2     Running   0          33m
forecast-v2-5475655ff9-zq68g            2/2     Running   0          11s
frontend-v1-67595b66b8-jxnzv            2/2     Running   0          33m
recommendation-v1-86f5448b7d-xdc72      2/2     Running   0          23s
```

（2）执行如下命令更新 forecast 服务的 DestinationRule：

```
$ kubectl apply -f install/forecast-service/forecast-v2-destination.yaml -n weather
```

查看下发成功的配置，可以看到增加了 v2 版本 subset 的定义：

```
$ kubectl get dr forecast-dr -o yaml -n weather
……
spec:
  host: forecast
  subsets:
  - labels:
      version: v1
    name: v1
  - labels:
      version: v2
    name: v2
```

这时在浏览器中查询天气，不会出现推荐信息，因为所有流量依然都被路由到 forecast 服务的 v1 版本，不会调用 recommendation 服务。

（3）执行如下命令配置 forecast 服务的路由规则：

```
$ kubectl apply -f chapter-files/canary-release/vs-forecast-weight-based-50.yaml -n weather
```

查看 forecast 服务的 VirtualService 配置，其中的 weight 字段显示了相应服务的流量占比：

```
$ kubectl get vs forecast-route -oyaml -n weather
apiVersion: networking.istio.io/v1alpha3
kind: VirtualService
metadata:
……
  name: forecast-route
  namespace: weather
……
spec:
  hosts:
  - forecast
  http:
  - route:
    - destination:
        host: forecast
        subset: v1
      weight: 50
    - destination:
        host: forecast
        subset: v2
      weight: 50
```

在浏览器中查看配置后的效果：多次刷新页面查询天气，可以发现在大约 50%的情况下不显示推荐服务，表示调用了 forecast 服务的 v1 版本；在另外 50%的情况下显示推荐服务，表示调用了 forecast 服务的 v2 版本。我们也可以通过可视化工具来进一步确认流量数据，如图 10-2 所示。

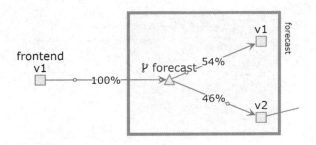

图 10-2　通过可视化工具进一步确认流量数据

（4）逐步增加 forecast 服务的 v2 版本的流量比例，直到流量全部被路由到 v2 版本：

```
$ kubectl apply -f chapter-files/canary-release/vs-forecast-weight-based-v2.yaml -n weather
```

查看 forecast 服务的 VirtualService 配置，可以看到 v2 版本的流量比例被设置为 100：

```
$ kubectl get vs forecast-route -oyaml -n weather
apiVersion: networking.istio.io/v1alpha3
kind: VirtualService
metadata:
……
  name: forecast-route
  namespace: weather
……
spec:
  hosts:
  - forecast
  http:
  - route:
    - destination:
        host: forecast
        subset: v1
      weight: 0
    - destination:
        host: forecast
        subset: v2
      weight: 100
```

在浏览器中查看配置后的效果：多次刷新页面查询天气，每次都会出现推荐信息，说明访问请求都被路由到了 forecast 服务的 v2 版本。可通过可视化工具进一步确认准确的流量数据，如图 10-3 所示。

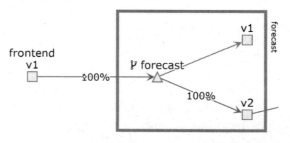

图 10-3　通过可视化工具进一步确认流量数据

（5）保留 forecast 服务的老版本 v1 一段时间，在确认 v2 版本的各性能指标稳定后，删除老版本 v1 的所有资源，完成灰度发布。

10.3 基于请求内容的路由

Istio 可以基于不同的请求内容将流量路由到不同的版本，这种策略一方面被应用于 AB 测试的场景中，另一方面配合基于流量比例的规则被应用于较复杂的灰度发布场景中，例如组合条件路由。

1. 实战目标

在生产环境中同时上线了 forecast 服务的 v1 和 v2 版本，运维人员期望让不同的终端用户访问不同的版本，例如：让使用 Chrome 浏览器的用户看到推荐信息，但让使用其他浏览器的用户看不到推荐信息。

2. 实战演练

参照 10.2.2 节在集群中部署 recommendation 服务和 forecast 服务的 v2 版本，并更新 forecast 服务的 DestinationRule。

执行如下命令配置 forecast 服务的路由规则：

```
$ kubectl apply -f chapter-files/canary-release/vs-forecast-header-based.yaml -n weather
```

在浏览器中查看配置后的效果：用 Chrome 浏览器多次查询天气信息，发现始终显示推荐信息，说明访问到 forecast 服务的 v2 版本；用 IE 或 Firefox 浏览器多次查询天气信息，发现始终不显示推荐信息，说明访问到 forecast 服务的 v1 版本。

3. 工作原理

使用 kubectl 命令查看 forecast 服务的路由配置：

```
$ kubectl get vs forecast-route -oyaml -n weather
……
  hosts:
  - forecast
  http:
```

```
    - match:
      - headers:
          User-Agent:
            regex: .*(Chrome/([\d.]+)).*
      route:
      - destination:
          host: forecast
          subset: v2
    - route:
      - destination:
          host: forecast
          subset: v1
```

在上面的路由规则中，match 条件使来自 Chrome 浏览器的请求被路由到 forecast 服务的 v2 版本，使来自其他浏览器的请求被路由到 forecast 服务的 v1 版本。

10.4 组合条件路由

一些复杂的灰度发布场景需要使用上面两种路由规则的组合形式，下面会进行详细讲解。

1. 实战目标

在生产环境中同时上线了 frontend 服务的 v1 和 v2 版本，v1 版本的按钮颜色是绿色的，v2 版本的按钮颜色是蓝色的。运维人员期望使用 Android 操作系统的一半用户看到的是 v1 版本，另一半用户看到的是 v2 版本；使用其他操作系统的用户看到的总是 v1 版本。

2. 实战演练

（1）部署 frontend 服务的 v2 版本：

```
$ kubectl apply -f install/frontend-service/frontend-v2-deployment.yaml -n weather
```

执行如下命令确认部署成功：

```
$ kubectl get po -n weather
NAME                                    READY   STATUS    RESTARTS   AGE
advertisement-v1-6f69c464b8-5xqjv       2/2     Running   2          12h
forecast-v1-65599b68c7-sw6tx            2/2     Running   2          12h
```

```
forecast-v2-5475655ff9-zq68g         2/2      Running   2   12h
frontend-v1-67595b66b8-jxnzv         2/2      Running   2   12h
frontend-v2-646f976f5d-rtt9v         2/2      Running   0   19s
recommendation-v1-86f5448b7d-xdc72   2/2      Running   2   12h
```

（2）执行如下命令更新 frontend 服务的 DestinationRule：

```
$ kubectl apply -f install/frontend-service/frontend-v2-destination.yaml -n weather
```

查看下发的 DestinationRule，发现增加了 v2 版本 subset 的定义：

```
$ kubectl get dr frontend-dr -o yaml -n weather
……
spec:
  host: frontend
  subsets:
  - labels:
      version: v1
    name: v1
  - labels:
      version: v2
    name: v2
```

（3）执行如下命令配置 frontend 服务的路由策略：

```
$ kubectl apply -f chapter-files/canary-release/vs-frontend-combined-condition.yaml -n weather
```

查看配置后的效果：用 Android 手机多次查询前台页面，有一半概率显示绿色按钮，另一半概率显示蓝色按钮。在 Windows 操作系统上多次查询前台页面，始终显示绿色按钮。

3. 工作原理

查看 frontend 服务的路由配置：

```
$ kubectl get vs frontend-route -o yaml -n weather
……
  http:
  - match:
    - headers:
        User-Agent:
          regex: .*((Android)).*
    route:
```

```
      - destination:
          host: frontend
          subset: v1
        weight: 50
      - destination:
          host: frontend
          subset: v2
        weight: 50
    - route:
      - destination:
          host: frontend
          subset: v1
```

在上面的路由规则中，通过 match 条件将 50%的 Android 用户的请求路由到 frontend 服务的 v1 版本，将剩下 50%的 Android 用户的请求路由到 frontend 服务的 v2 版本；将其他操作系统的用户的全部流量都路由到 frontend 服务的 v1 版本。

10.5　多服务灰度发布

在一些系统中往往需要对同一应用下的多个组件同时进行灰度发布，这时需要将这些服务串联起来。例如，只有测试账号才能访问这些服务的新版本并进行功能测试；其他用户只能访问老版本，不能使用新功能。

1. 实战目标

运维人员对 frontend 和 forecast 两个服务同时进行灰度发布，frontend 服务新增 v2 版本，界面的按钮变为蓝色，forecast 服务新增 v2 版本，增加了推荐信息。测试人员在用账号 tester 访问天气应用时会看到这两个服务的 v2 版本，其他用户只能看到这两个服务的 v1 版本，不会出现服务版本交叉调用的情况。

2. 实战演练

参照 10.2.2 节在集群中部署 recommendation 服务和 forecast 服务的 v2 版本，并更新 forecast 服务的 DestinationRule，在 DestinationRule 中增加对 v2 版本 subset 的定义。

按照 10.4.2 节的前两个步骤在集群中部署 frontend 服务的 v2 版本，并更新 frontend 服务的 DestinationRule，增加对 v2 版本 subset 的定义。

对非入口服务 forecast 使用 match 的 sourceLabels 创建 VirtualService：

```
$ kubectl apply -f
chapter-files/canary-release/vs-forecast-multiservice-release.yaml -n weather
```

对入口服务 frontend 设置基于访问内容的规则：

```
$ kubectl apply -f
chapter-files/canary-release/vs-frontend-multiservice-release.yaml -n weather
```

查看配置后的效果：用 tester 账号登录并访问前台页面，界面的按钮是蓝色的，表示访问到的是 frontend 服务的 v2 版本，在查询天气时会显示推荐信息，表示访问到 forecast 服务的 v2 版本；不登录或者以其他用户名登录后访问前台页面，看到的按钮是绿色的，表示访问到 frontend 服务的 v1 版本，在查询天气时看不到推荐信息，表示访问到 forecast 服务的 v1 版本。

3. 工作原理

查看 forecast 服务的路由配置：

```
$ kubectl get vs forecast-route -oyaml -n weather
……
  hosts:
  - forecast
  http:
  - match:
    - sourceLabels:
        version: v2
    route:
    - destination:
        host: forecast
        subset: v2
  - route:
    - destination:
        host: forecast
        subset: v1
```

上面的配置使得只有带 "version: v2" 标签的 Pod 实例的流量，才能进入 forecast 服务的新版本 v2 实例。查看 frontend 服务的路由配置：

```
$ kubectl get vs frontend-route -oyaml -n weather
……
```

```yaml
http:
- match:
  - headers:
      cookie:
        regex: ^(.*?;)?(user=tester)(;.*)?$
  route:
  - destination:
      host: frontend
      subset: v2
- route:
  - destination:
      host: frontend
      subset: v1
```

对于测试账号即 Cookie 带有 "user=tester" 信息的请求，Istio 会将这种特殊用户的流量导入 frontend 服务的 v2 版本的 Pod 实例；根据 forecast 服务的路由规则，这些流量在访问 forecast 服务时会被路由到 forecast 服务的 v2 版本的 Pod 实例。

对于其他用户的请求，Istio 会将流量导入 frontend 服务的 v1 版本的 Pod 实例；这些流量在访问 forecast 服务时会被路由到 forecast 服务的老版本 v1 的 Pod 实例。

综上所述，整个服务链路上的一次访问流量要么都被路由到两个服务的 v1 版本的 Pod 实例，要么都被路由到两个服务的 v2 版本的 Pod 实例。

10.6 TCP 服务灰度发布

如前所述的灰度发布场景主要针对 HTTP 服务，下面以 Istio 安装包中的 TCP Echo 服务为例进行 TCP 服务的灰度发布实践（TCP 服务基于流量比例的路由功能是 Istio 1.1 新引入的功能）。

1. 实战目标

在 Kubernetes 集群上部署 TCP Echo 服务的 v1 和 v2 版本，对两个版本实施基于流量比例的策略。

2. 实战演练

（1）部署 TCP Echo 服务的 v1 版本：

```
$ kubectl apply -f install\tcp-echo-service\tcp-echo-v1.yaml -n weather
```

等待 TCP Echo 服务的 v1 版本的工作负载启动完成：

```
$ kubectl -nweather get po -l app=tcp-echo
NAME                          READY   STATUS    RESTARTS   AGE
tcp-echo-v1-854c8b7dc9-lmwdq  2/2     Running   0          21s
```

（2）配置对应的 Gateway、DestinationRule 和 VirtualService：

```
$ kubectl apply -f chapter-files\canary-release\vs-tcp-echo-gateway.yaml -n weather
```

通过 Ingress Gateway 访问 TCP Echo 服务：

```
$ export INGRESS_HOST=$(kubectl -n istio-system get service istio-ingressgateway -o jsonpath='{.status.loadBalancer.ingress[0].ip}')
$ echo test | nc $INGRESS_HOST 31400 -w 1
v1 test
```

（3）部署 TCP Echo 服务的 v2 版本：

```
$ kubectl apply -f .\install\tcp-echo-service\tcp-echo-v2.yaml -n weather
deployment.extensions "tcp-echo-v2" created
```

等待 TCP Echo 服务的 v2 版本的工作负载启动完成：

```
$ kubectl -nweather get po -l app=tcp-echo
NAME                          READY   STATUS    RESTARTS   AGE
tcp-echo-v1-854c8b7dc9-lmwdq  2/2     Running   0          3m
tcp-echo-v2-85886d4d4c-68m8f  2/2     Running   0          19s
```

（4）对 TCP Echo 服务配置路由规则，使 80% 的请求流量访问 v1 版本，20% 的请求流量访问 v2 版本：

```
$ kubectl apply -f .\chapter-files\canary-release\vs-tcp-echo-weight-based-20.yaml -n weather
```

查看 TCP Echo 服务的路由配置：

```
$ kubectl get vs tcp-echo -oyaml -n weather
……
  tcp:
  - route:
    - destination:
        host: tcp-echo
```

```
        port:
          number: 9000
        subset: v1
      weight: 80
    - destination:
        host: tcp-echo
        port:
          number: 9000
        subset: v2
      weight: 20
```

（5）对 TCP Echo 服务发起 10 次请求：

```
$ for i in `seq 1 10`; do echo test | nc $INGRESS_HOST 31400 -w 1;done
v1 test
v2 test
v1 test
v1 test
v1 test
v1 test
v2 test
v1 test
v1 test
v1 test
```

从上面的返回结果来看，有 80%的请求被路由到了 TCP Echo 服务的 v1 版本，剩下 20%的请求被路由到了 TCP Echo 服务的 v2 版本，说明对于 TCP 服务的基于流量比例的策略生效了。

10.7　自动化灰度发布

前面介绍的灰度发布，包括策略配置和指标分析，都需要人工干预。在持续交付过程中，为了解决部署和管理的复杂性，需要通过自动化工具实现基于权重的灰度发布。

Flagger 是一个基于 Kubernetes 和 Istio 提供灰度发布、监控和告警等功能的开源软件，通过使用 Istio 的流量路由和 Prometheus 指标来分析应用程序的行为，从而实现灰度版本的自动部署，可以使用 Webhook 扩展 Canary 分析，以运行集成测试、压力测试或其他自定义测试。

Flagger 将控制发布行为的参数定义在一个名为 Canary 的 CRD 资源中,逐渐将流量转移到灰度版本,同时测量关键的性能指标,例如 HTTP 请求成功率、请求平均持续时间和 Pod 健康状况,并根据 KPI 分析逐步完成或取消灰度发布,并将结果发布给 Slack。Flagger 具体的灰度部署流程如图 10-4 所示。

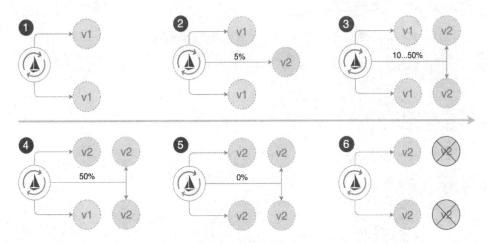

图 10-4　Flagger 具体的灰度部署流程

使用 Helm 将 Flagger 部署在 Kubernetes 集群的 istio-system 命名空间下:

```
$ helm repo add flagger https://flagger.app
$ helm upgrade -i flagger flagger/flagger --namespace=istio-system \
--set metricsServer=http://prometheus.istio-system:9090
```

Flagger 的其他安装方式和详细介绍请参考 https://docs.flagger.app。

10.7.1　正常发布

1. 实战目标

使用 Flagger 对 ad 服务的 v2 版本进行灰度发布,自动调整流量比例,直到 v2 版本全部接管流量,完成灰度发布。

2. 实战演练

部署 ad 服务的工作负载:

```
$ kubectl apply -f chapter-files/canary-release/ad-deployment.yaml -nweather
deployment "ad" created
```

创建 Canary 资源,其中定义了自动化发布的参数:

```
$ kubectl apply -f chapter-files/canary-release/auto-canary.yaml -nweather
canary "ad" created
```

等待几秒,Flagger 会创建用于自动化灰度发布的相关资源:

```
deployment.apps/ad-primary
service/ad
service/ad-canary
service/ad-primary
virtualservice.networking.istio.io/ad
```

用 kubectl 命令查看 Canary 配置:

```
$ kubectl -n weather get canary ad -o yaml
apiVersion: flagger.app/v1alpha3
kind: Canary
……
spec:
  canaryAnalysis:
    interval: 40s                     #数据分析的时间间隔
    stepWeight: 20                    #每次调整流量比例的步长
    threshold: 3                      #最大失败次数,达到后判定为发布失败,回退版本
    maxWeight: 100                    #路由到灰度版本的最大权重
    metrics:
    - name: request error rate        #自定义监控指标及请求的错误率(非"200"返回码请求)
      query: |
        100 - sum(rate(istio_requests_total{
            reporter="destination",
            destination_service_namespace="weather",
            destination_workload="ad",
            response_code="200"
          }[30s]
        ))/sum(rate(istio_requests_total{
            reporter="destination",
            destination_service_namespace="weather",
            destination_workload="ad",
          }[30s]
        )) * 100
      threshold: 5                    #最大请求错误率,若超过此门限值,则判定失败一次
```

……

进入 frontend 容器,开始对 ad 服务发起连续的请求,将请求间隔设为 1 秒:

```
$ kubectl -nweather exec -it frontend-v1-67595b66b8-x8c8b bash
# for i in `seq 1 1000`; do curl http://ad.weather:3003/ad --silent --w "Status: %{http_code}\n" -o /dev/null ;sleep 1;done
```

新建一个 Bash 窗口,执行以下命令更新 ad 服务的 Deployment 的镜像,触发对 v2 版本的灰度发布任务:

```
$ kubectl -n weather set image deployment/ad ad=istioweather/advertisement:v2
deployment "ad" image updated
```

Flagger 在检测到 Deployment 的镜像版本发生变化后,会部署一个镜像为 v2 版本的临时 Deployment,并根据检测到的 Metrics 配置逐步调整权重,实时的流量变化情况如图 10-5 所示。

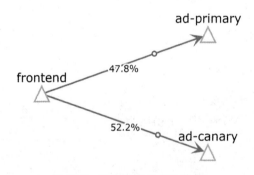

图 10-5 实时的流量变化情况

执行如下命令查看 Canary 资源对象的 Events 字段,可以获得整个灰度发布过程的信息:

```
$ kubectl -nweather describe canary ad
……
Status:
  Canary Weight:       0
  Failed Checks:       0
  Iterations:          0
  Phase:               Succeeded
Events:
  Type      Reason   Age   From     Message
  ----      ------   ----  ----     -------
  Warning   Synced   8m    flagger  Halt advancement ad-primary.weather waiting for rollout to finish: 0 of 1 updated replicas are available
```

```
  Normal  Synced  8m   flagger  Initialization done! ad.weather
  Normal  Synced  4m   flagger  New revision detected! Scaling up ad.weather
  Normal  Synced  3m   flagger  Starting canary analysis for ad.weather
  Normal  Synced  3m   flagger  Advance ad.weather canary weight 20
  Normal  Synced  2m   flagger  Advance ad.weather canary weight 40
  Normal  Synced  2m   flagger  Advance ad.weather canary weight 60
  Normal  Synced  1m   flagger  Advance ad.weather canary weight 80
  Normal  Synced  40s  flagger  Advance ad.weather canary weight 100
  Normal  Synced  40s  flagger  Copying ad.weather template spec to
ad-primary.weather
  Normal  Synced  0s   flagger  (combined from similar events): Promotion
completed! Scaling down ad.weather
```

如果检测到的 Metrics 值始终低于设定的门限值，Flagger 就会按照设定的步长（20%）逐步增加 v2 版本的流量比例。在达到 100%后，Flagger 会将 ad-primary 的 Deployment 的镜像改为 v2，删掉临时的 Deployment，完成对 v2 版本的灰度发布。

10.7.2 异常发布

1．实战目标

对 ad 服务发布一个有 Bug 的 v3 版本，这个版本会导致对 ad 服务的请求失败。在灰度发布过程中，Flagger 在检测到多次访问失败后会终止灰度发布任务，并且自动回滚到前一个版本。

2．实战演练

进入 frontend 容器，对 ad 服务发起连续的请求，将请求间隔设为 1 秒：

```
$ kubectl -nweather exec -it frontend-v1-67595b66b8-x8c8b bash
# for i in `seq 1 1000`; do curl http://ad.weather:3003/ad --silent --w
"Status: %{http_code}\n" -o /dev/null ;sleep 1;done
```

新建一个 Bash 窗口，执行以下命令更新 ad 服务的 Deployment 的镜像，触发对 v3 版本的灰度发布：

```
$ kubectl -n weather set image deployment/ad ad=istioweather/advertisement:v3
deployment "ad" image updated
```

v3 版本是一个有 Bug 的版本，会随机返回"500"状态码。在灰度发布过程中，如果

Flagger 检测到请求错误率大于 5%，且这种失败情况的次数达到 3 次，流量就会被自动切回 Primary，并删掉临时的 Deployment，宣布发布失败：

```
$ kubectl -nweather describe canary ad
……
Status:
  Canary Weight:        0
  Failed Checks:        0
  Iterations:           0
  Phase:                Failed
  Tracked Configs:
Events:
  Type     Reason   Age   From     Message
  ----     ------   ----  ----     -------
  Warning  Synced   8m    flagger  Halt advancement ad-primary.weather waiting for rollout to finish: 0 of 1 updated replicas are available
  Normal   Synced   8m    flagger  Initialization done! ad.weather
  Normal   Synced   6m    flagger  New revision detected! Scaling up ad.weather
  Normal   Synced   5m    flagger  Starting canary analysis for ad.weather
  Normal   Synced   5m    flagger  Advance ad.weather canary weight 20
  Warning  Synced   4m    flagger  Halt ad.weather advancement request error rate 33.33 > 5
  Warning  Synced   4m    flagger  Halt ad.weather advancement request error rate 25.00 > 5
  Normal   Synced   3m    flagger  Advance ad.weather canary weight 40
  Warning  Synced   2m    flagger  Halt ad.weather advancement request error rate 14.29 > 5
  Warning  Synced   2m    flagger  Rolling back ad.weather failed checks threshold reached 3
  Warning  Synced   2m    flagger  Canary failed! Scaling down ad.weather
```

第 11 章
流量治理

为了使系统不出现单点故障，服务需要有多个实例增加冗余来提供高可用性，这就需要负载均衡技术；为了请求处理的高效性，又要求有会话保持功能；重试是服务的容错处理机制；故障注入是对系统鲁棒性的测试方法；熔断限流用于保护服务端且提高整个系统的稳定性。Istio 在不侵入代码的情况下，可以提供以上这些流量治理技术。

11.1 流量负载均衡

在选择集群中的多个实例之间分配流量时，要考虑用最有效的方式利用资源。可以通过设置 DestinationRule 的 spec.trafficPolicy.loadBalance.simple 字段，来选择合适的负载均衡算法。

11.1.1 ROUND_ROBIN 模式

1. 实战目标

为 advertisement 服务配置 ROUND_ROBIN 算法，期望对 advertisement 服务的请求被平均分配到后端实例。

2. 实战演练

将 advertisement 服务扩展到两个实例，用 kubectl 命令查看确认：

```
$ kubectl get pods -l app=advertisement -n weather
NAME                                   READY   STATUS    RESTARTS   AGE
advertisement-v1-585f4bd975-bgq59      2/2     Running   0          3m
```

```
advertisement-v1-585f4bd975-cwxps     2/2         Running   0          4m
```

为 advertisement 服务设置 ROUND_ROBIN 算法的负载均衡：

```
$ kubectl apply -f
chapter-files/traffic-management/dr-advertisement-round-robin.yaml -n weather
```

进入 frontend 容器，对 advertisement 服务发起 6 个请求：

```
$ kubectl -n weather exec -it frontend-v1-79b59c69cd-wgmbr bash
$ for i in `seq 1 6`; do curl http://advertisement.weather:3003/ad --silent -w
"Status: %{http_code}\n" -o /dev/null;done
```

分别查看两个实例的 Proxy 日志，可以看到它们各收到了 3 个请求，表示对 advertisement 服务发起的 6 个请求被平均分配到两个后端实例：

```
$ kubectl -n weather logs advertisement-v1-585f4bd975-bgq59 -c istio-proxy
……
    [2019-02-27T08:27:22.997Z] "GET /ad HTTP/1.1" 200 - 0 25 1 0 "-" "curl/7.38.0"
"95c44798-ebd5-41fc-a0a6-7bf46d636c3f" "advertisement.weather:3003"
"127.0.0.1:3003"
    [2019-02-27T08:27:23.024Z] "GET /ad HTTP/1.1" 200 - 0 25 0 0 "-" "curl/7.38.0"
"cce7c5c6-8859-4853-8993-433a82bd5e57" "advertisement.weather:3003"
"127.0.0.1:3003"
    [2019-02-27T08:27:23.048Z] "GET /ad HTTP/1.1" 200 - 0 25 0 0 "-" "curl/7.38.0"
"0742715d-9fa6-427a-8e52-afc6dabec8a3" "advertisement.weather:3003"
"127.0.0.1:3003"
$ kubectl -n weather logs advertisement-v1-585f4bd975-cwxps -c istio-proxy
……
    [2019-02-27T08:27:22.983Z] "GET /ad HTTP/1.1" 200 - 0 25 1 0 "-" "curl/7.38.0"
"3f0355d1-68e4-49d6-86a8-ca2a168f937c" "advertisement.weather:3003"
"127.0.0.1:3003"
    [2019-02-27T08:27:23.011Z] "GET /ad HTTP/1.1" 200 - 0 25 0 0 "-" "curl/7.38.0"
"1b88b043-d301-4617-a3ad-75d193c31fee" "advertisement.weather:3003"
"127.0.0.1:3003"
    [2019-02-27T08:27:23.036Z] "GET /ad HTTP/1.1" 200 - 0 25 0 0 "-" "curl/7.38.0"
"1dd53989-bf2e-4dac-8324-f90457f8b973" "advertisement.weather:3003"
"127.0.0.1:3003"
```

3. 工作原理

查看 advertisement 服务的 DestinationRule 配置：

```
$ kubectl get dr advertisement-dr -o yaml -n weather
```

```
......
  host: advertisement
  subsets:
  - labels:
      version: v1
    name: v1
    trafficPolicy:
      loadBalancer:
        simple: ROUND_ROBIN
```

由于执行负载均衡策略的是请求端的 Proxy，所以在验证时需要在 frontend 服务的 Pod 内访问服务端 advertisement 服务的实例，流量便会通过请求端 frontend 服务的 Proxy 被路由到 advertisement 服务的实例。

11.1.2 RANDOM 模式

1. 实战目标

为 advertisement 服务配置 RANDOM 算法，期望对 advertisement 服务的请求被随机分配到后端实例。

2. 实战演练

将 advertisement 服务扩展到两个实例，用 kubectl 命令查看确认：

```
$ kubectl get pods -l app=advertisement -n weather
NAME                                  READY   STATUS    RESTARTS   AGE
advertisement-v1-585f4bd975-bgq59     2/2     Running   0          3m
advertisement-v1-585f4bd975-cwxps     2/2     Running   0          4m
```

为 advertisement 服务设置 RANDOM 算法的负载均衡：

```
$ kubectl apply -f chapter-files/traffic-management/dr-advertisement-random.yaml -n weather
```

用 kubectl 查看下发的配置：

```
$ kubectl get dr advertisement-dr -o yaml -n weather
......
  host: advertisement
  subsets:
  - labels:
```

```
      version: v1
    name: v1
    trafficPolicy:
      loadBalancer:
        simple: RANDOM
```

进入 frontend 容器，对 advertisement 服务发起 6 个请求：

```
$ kubectl -n weather exec -it frontend-v1-79b59c69cd-wgmbr bash
$ for i in `seq 1 6`; do curl http://advertisement.weather:3003/ad --silent -w
"Status: %{http_code}\n" -o /dev/null;done
```

分别查看两个实例的 Proxy 日志，可以看到一个实例收到两个请求，另一个实例收到 4 个请求，请求分配不再均匀：

```
$ kubectl -n weather logs advertisement-v1-585f4bd975-bgq59 -c istio-proxy
……
    [2019-02-27T08:34:53.389Z] "GET /ad HTTP/1.1" 200 - 0 35 1 0 "-" "curl/7.38.0"
"fbcf5d05-a5bc-91ca-9167-fe54571f2211" "advertisement.weather:3003"
"127.0.0.1:3003"
    [2019-02-27T08:34:53.402Z] "GET /ad HTTP/1.1" 200 - 0 35 0 0 "-" "curl/7.38.0"
"cbb1e8f9-88c1-4af7-8d35-4dcca8115941" "advertisement.weather:3003"
"127.0.0.1:3003"
$ kubectl -n weather logs advertisement-v1-585f4bd975-cwxps -c istio-proxy
……
    [2019-02-27T08:34:53.336Z] "GET /ad HTTP/1.1" 200 - 0 35 1 0 "-" "curl/7.38.0"
"390daf10-f980-438e-ae90-a198cb05c4c4" "advertisement.weather:3003"
"127.0.0.1:3003"
    [2019-02-27T08:34:53.350Z] "GET /ad HTTP/1.1" 200 - 0 35 0 0 "-" "curl/7.38.0"
"83432dfd-6823-4798-9fee-9d3777edd7a2" "advertisement.weather:3003"
"127.0.0.1:3003"
    [2019-02-27T08:34:53.363Z] "GET /ad HTTP/1.1" 200 - 0 35 0 0 "-" "curl/7.38.0"
"f33a3ce6-997d-9534-81d5-b1d1abf81eb7" "advertisement.weather:3003"
"127.0.0.1:3003"
    [2019-02-27T08:34:53.376Z] "GET /ad HTTP/1.1" 200 - 0 35 0 0 "-" "curl/7.38.0"
"72ee008f-19ca-9bce-9917-2e2ac9266561" "advertisement.weather:3003"
"127.0.0.1:3003"
```

11.2 会话保持

会话保持是将来自同一客户端的请求始终映射到同一个后端实例中，让请求具有记忆性。会话保持带来的好处是：如果在服务端的缓存中保存着客户端的请求结果，且同一个客户端始终访问同一个后端实例，就可以一直从缓存中获取数据。Istio 利用一致性哈希算法提供了会话保持功能，也属于负载均衡算法，这种负载均衡策略只对 HTTP 连接有效。

11.2.1 实战目标

对 advertisement 服务配置会话保持策略，期望将对 advertisement 服务的所有请求都被转发到同一个后端实例。

11.2.2 实战演练

将 advertisement 服务扩展到两个实例，用 kubectl 命令查看确认：

```
$ kubectl get pods -l app=advertisement -n weather
NAME                                  READY   STATUS    RESTARTS   AGE
advertisement-v1-585f4bd975-bgq59     2/2     Running   0          3m
advertisement-v1-585f4bd975-cwxps     2/2     Running   0          4m
```

为 advertisement 服务设置会话保持模式的负载均衡，根据 Cookie 中的 user 数据得到所使用的哈希值：

```
$ kubectl apply -f chapter-files/traffic-management/dr-advertisement-consistenthash.yaml -n weather
```

用 kubectl 查看下发的配置：

```
$ kubectl get dr advertisement-dr -o yaml -n weather
……
  host: advertisement
  subsets:
  - labels:
      version: v1
    name: v1
  trafficPolicy:
    loadBalancer:
      consistentHash:
        httpCookie:
          name: user
          ttl: 60s
```

进入 frontend 容器，对 advertisement 服务发起在 Cookie 中携带 user 信息的 6 个请求：

```
$ kubectl -n weather exec -it frontend-v1-79b59c69cd-wgmbr bash
$ for i in `seq 1 6`; do curl http://advertisement.weather:3003/ad --cookie
"user=tester" --silent -w "Status: %{http_code}\n" -o /dev/null;done
```

分别查看两个实例的 Proxy 日志，可以看到只有一个实例收到这 6 个请求，说明会话保持策略生效：

```
$ kubectl -n weather logs advertisement-v1-585f4bd975-bgq59 -c istio-proxy
......
    [2019-02-28T00:44:27.947Z] "GET /ad HTTP/1.1" 200 - 0 25 1 0 "-" "curl/7.38.0"
"42d3e9f9-2197-47ad-a67b-20fada2ccad7" "advertisement.weather:3003"
"127.0.0.1:3003"
    [2019-02-28T00:44:27.961Z] "GET /ad HTTP/1.1" 200 - 0 25 1 0 "-" "curl/7.38.0"
"ef4b4394-63f0-402e-98e8-d2ebcc674870" "advertisement.weather:3003"
"127.0.0.1:3003"
    [2019-02-28T00:44:27.974Z] "GET /ad HTTP/1.1" 200 - 0 25 0 0 "-" "curl/7.38.0"
"0b567f2b-c33f-4e69-bb93-1f0541afcb41" "advertisement.weather:3003"
"127.0.0.1:3003"
    [2019-02-28T00:44:27.986Z] "GET /ad HTTP/1.1" 200 - 0 25 0 0 "-" "curl/7.38.0"
"c6b109b7-257d-43cd-8dbb-c7146b726f28" "advertisement.weather:3003"
"127.0.0.1:3003"
    [2019-02-28T00:44:27.998Z] "GET /ad HTTP/1.1" 200 - 0 25 0 0 "-" "curl/7.38.0"
"4acf4db0-3661-486b-a6bc-3a47cf533f78" "advertisement.weather:3003"
"127.0.0.1:3003"
    [2019-02-28T00:44:28.010Z] "GET /ad HTTP/1.1" 200 - 0 25 0 0 "-" "curl/7.38.0"
"678b1c1b-1a42-4ad9-93e2-e312ad9f6d3a" "advertisement.weather:3003"
"127.0.0.1:3003"
```

11.3 故障注入

故障注入是一种软件测试方式，通过在代码中引入故障来发现系统软件中隐藏的 Bug，并且通常与压力测试一起用于验证软件的稳健性。目前，Istio 故障注入功能支持延迟注入和中断注入。

11.3.1 延迟注入

延迟属于时序故障，模仿增加的网络延迟或过载的上游服务。故障配置可以设置在特定条件下对请求注入故障,也可以限制发生请求故障的百分比。

1. 实战目标

为 advertisement 服务注入 3 秒的延迟,期望访问 advertisement 服务的返回时间是 3 秒。

2. 实战演练

在正常情况下,进入 frontend 容器访问 advertisement 服务,可以看到返回时间远远少于 3 秒:

```
$ kubectl -n weather exec -it frontend-v1-79b59c69cd-wgmbr bash
# time curl http://advertisement.weather:3003/ad
……
real0m 0.01s
user0m 0.00s
sys0m 0.00s
```

用可视化工具查看结果,如图 11-1 所示。

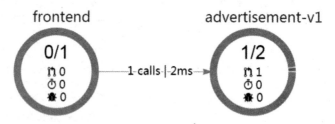

图 11-1 可视化工具显示的结果

为 advertisement 服务注入 3 秒的延迟调用:

```
$ kubectl apply -f
chapter-files/traffic-management/vs-advertisement-fault-delay.yaml -n weather
```

用 kubectl 命令查看配置:

```
$ kubectl get vs advertisement-route -o yaml -n weather
……
spec:
  hosts:
  - advertisement
  http:
```

```
      - fault:
          delay:
            fixedDelay: 3s
            percent: 100
……
```

进入 frontend 容器访问 advertisement 服务，查询得到的返回时间是 3 秒，延时注入成功：

```
$ kubectl -n weather exec -it frontend-v1-79b59c69cd-wgmbr bash
# time curl http://advertisement.weather:3003/ad
……
real  0m3.015s
user  0m0.005s
sys   0m0.004s
```

用可视化工具查看结果，如图 11-2 所示。

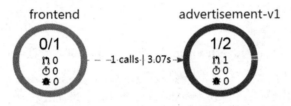

图 11-2　可视化工具显示的结果

在验证完毕后删除故障策略。

11.3.2　中断注入

中断注入是模拟上游服务的崩溃失败，通常以 HTTP 地址错误或 TCP 连接失败的形式出现。

1. 实战目标

为 advertisement 服务注入 HTTP 500 错误，期望在访问 advertisement 服务时始终返回 "500" 状态码。

2. 实战演练

为 advertisement 服务的调用注入 HTTP 500 错误：

```
$ kubectl apply -f
chapter-files/traffic-management/vs-advertisement-fault-abort.yaml -n weather
```

用 kubectl 命令查看配置：

```
$ kubectl get vs advertisement-route -o yaml -n weather
......
spec:
  hosts:
  - advertisement
  http:
  - fault:
      abort:
        httpStatus: 500
        percent: 100
......
```

进入 frontend 容器访问 advertisement 服务，返回"500"状态码，说明故障注入成功：

```
$ kubectl -n weather exec -it frontend-v1-79b59c69cd-wgmbr bash
# curl http://advertisement.weather:3003/ad --silent -w
"Status: %{http_code}\n"
fault filter abort
Status: 500
```

在验证完毕后删除故障策略。

11.4 超时

程序在长时间不能正常返回时，需要设置超时控制机制，即过了设置的时间就应该返回错误。如果长期处于等待状态，就会浪费资源，甚至引起级联错误导致整个系统不可用。虽然超时配置可以通过修改程序的代码完成，但是这样不灵活，可以利用 Istio 设置超时参数达到上述目的。

1. 实战目标

如果 forecast 服务处理请求的时间超过 1 秒，则请求端收到超时错误。

2. 实战演练

部署 forecast 服务的 v2 版本，在浏览器中查询天气信息，始终可以看到推荐的信息。服务间的调用关系如下：

```
frontend v1 --> forecast v2 --> recommendation v1
```

为 forecast 服务设置 1 秒的超时：

```
$ kubectl apply -f chapter-files/traffic-management/vs-forecast-timeout.yaml -n weather
```

用 kubectl 命令查看配置：

```
$ kubectl get vs forecast-route -o yaml -n weather
……
  http:
  - route:
    - destination:
        host: forecast
        subset: v2
    timeout: 1s
```

这时如果从前台应用访问 forecast 服务，就会立刻收到响应，不会报错，因为 forecast 服务和 recommendation 服务处理得很快，远远少于 1 秒。

为了使 forecast 服务的返回时间多于 1 秒触发超时，给 recommendation 服务注入一段 4 秒的延迟，使 forecast 服务在 1 秒内收不到 recommendation 的响应，不能向 frontend 服务及时返回信息，从而导致超时报错。

下面为 recommendation 服务注入 4 秒的延迟：

```
$ kubectl apply -f chapter-files/traffic-management/vs-recommendation-fault-delay.yaml -n weather
```

用 kubectl 命令查看配置：

```
$ kubectl get vs recommendation-route -o yaml -n weather
……
  http:
  - fault:
      delay:
        fixedDelay: 4s
        percent: 100
```

```
    route:
    - destination:
        host: recommendation
        subset: v1
```

进入 frontend 容器访问 forecast 服务，返回 "504" 超时错误：

```
$ kubectl -n weather exec -it frontend-v1-79b59c69cd-wgmbr bash
$ curl http://forecast.weather:3002/weather?locate=hangzhou --silent -w
"Status: %{http_code}\n"
upstream request timeout
Status: 504
```

在验证完毕后删除故障注入和超时策略。

11.5 重试

服务在网络不稳定的环境中经常会返回错误，这时需要增加重试机制，通过多次尝试返回正确的结果。虽然也可以将重试逻辑写在业务代码中，但 Istio 可以让开发人员通过简单配置就完成重试功能，不用去考虑这部分的代码实现，增强服务的鲁棒性。

1. 实战目标

当对 forecast 服务请求失败（返回码为 500）时，请求端自动重试 3 次。

2. 实战演练

为 recommendation 服务注入故障：

```
$ kubectl apply -f chapter-files/traffic-management/vs-recommendation-fault-abort.yaml -n weather
```

进入 frontend 容器访问一次 forecast 服务，由于 recommendation 被注入错误，导致 forecast 服务也返回 "500" 状态码：

```
$ kubectl -n weather exec -it frontend-v1-79b59c69cd-wgmbr bash
# curl http://forecast.weather:3002/weather?locate=hangzhou --silent -w
"Status: %{http_code}\n" -o /dev/null
Status: 500
```

查看 forecast 服务 v2 版本的 Proxy 日志，看到同一时刻只有一次请求记录：

```
$ kubectl -nweather logs forecast-v2-5475655ff9-z666h -c istio-proxy|grep "GET
/weather"
……
[2019-04-15T02:45:11.387Z] "GET /weather?locate=hangzhou HTTP/1.1" 500
```

对 forecast 服务设置重试机制:

```
$ kubectl apply -f chapter-files/traffic-management/vs-forecast-retry.yaml -n
weather
```

用 kubectl 命令查看配置:

```
$ kubectl get vs forecast-route -o yaml -n weather
……
  http:
  - retries:
      attempts: 3
      perTryTimeout: 1s
      retryOn: 5xx
    route:
    - destination:
        host: forecast
        subset: v2
```

这里的 retries 表示: 如果服务在 1 秒内没有得到正确的返回值, 就认为这次请求失败, 然后重试 3 次, 重试条件是返回码为 "5xx"。

进入 frontend 容器再次访问 forecast 服务:

```
$ kubectl -n weather exec -it frontend-v1-79b59c69cd-wgmbr bash
# curl http://forecast.weather:3002/weather?locate=hangzhou --silent -w
"Status: %{http_code}\n" -o /dev/null
Status: 500
```

查看 forecast 服务的 Proxy 日志, 发现同一时刻有 4 次请求记录(有 3 次是重试的请求):

```
$ kubectl -nweather logs forecast-v2-5475655ff9-z666h -c istio-proxy|grep "GET
/weather"
……
[2019-04-15T02:49:54.234Z] "GET /weather?locate=hangzhou HTTP/1.1" 500
[2019-04-15T02:49:54.238Z] "GET /weather?locate=hangzhou HTTP/1.1" 500
[2019-04-15T02:49:54.304Z] "GET /weather?locate=hangzhou HTTP/1.1" 500
[2019-04-15T02:49:54.411Z] "GET /weather?locate=hangzhou HTTP/1.1" 500
```

11.6　HTTP 重定向

HTTP 重定向（HTTP Redirect）能够让单个页面、表单或者整个 Web 应用都跳转到新的 URL 下，该操作可以应用于多种场景：网站维护期间的临时跳转，网站架构改变后为了保持外部链接继续可用的永久重定向，上传文件时的进度页面等。

1. 实战目标

将对 advertisement 服务的路径 "/ad" 的请求重定向到 "http://advertisement.weather.svc.cluster.local/maintenanced"。

2. 实战演练

执行如下命令设置重定向规则：

```
$ kubectl apply -f chapter-files/traffic-management/redirect.yaml -n weather
```

用 kubectl 命令查看配置：

```
$ kubectl get vs advertisement-route -o yaml -n weather
……
  http:
  - match:
    - uri:
        prefix: /ad
    redirect:
      authority: advertisement.weather.svc.cluster.local
      uri: /maintenanced
```

HTTP 重定向用来向下游服务发送 "301" 转向响应，并且能够用特定值来替换响应中的认证、主机及 URI 部分。上面的规则会将向 advertisement 服务的 "/ad" 路径发送的请求重定向到 http://advertisement.weather.svc.cluster.local/maintenanced。

进入 frontend 容器，对 advertisement 服务发起请求，返回 "301" 状态码：

```
$ kubectl -n weather exec -it frontend-v1-79b59c69cd-wgmbr bash
# curl http://advertisement.weather:3003/ad -v
*   Trying 10.103.218.223……
* TCP_NODELAY set
* Connected to advertisement.weather (10.103.218.223) port 3003 (#0)
> GET /ad HTTP/1.1
```

```
> Host: advertisement.weather:3003
> User-Agent: curl/7.52.1
> Accept: */*
>
< HTTP/1.1 301 Moved Permanently
< location: http://advertisement.weather.svc.cluster.local/maintenanced
```

11.7 HTTP 重写

HTTP 重写（HTTPRewrite）用来在 HTTP 请求被转发到目标之前，对请求的内容进行部分改写。

1. 实战目标

在访问 advertisement 服务时，用户期望对路径"/demo"的访问能够自动重写成对 advertisement 服务的请求。

2. 实战演练

执行如下命令设置重定向规则：

```
$ kubectl apply -f chapter-files/traffic-management/rewrite.yaml -n weather
```

用 kubectl 命令查看配置：

```
$ kubectl get vs advertisement-route -o yaml -n weather
……
  http:
  - match:
    - uri:
        prefix: /demo
    rewrite:
      uri: /
    route:
    - destination:
        host: advertisement
        subset: v1
```

在对 advertisement 服务的 API 进行调用之前，Istio 会将 URL 前缀"/demo/"替换为"/"。

进入 frontend 容器，对 advertisement 服务发起请求，如果请求路径不带"/demo"，则返回"404"响应码：

```
$ kubectl -n weather exec -it frontend-v1-79b59c69cd-wgmbr bash
# curl http://advertisement.weather:3003/ad --silent -w
"Status: %{http_code}\n" -o /dev/null
  Status: 404
```

再次对 advertisement 服务发起请求，请求路径带"/demo"，返回成功：

```
# curl http://advertisement.weather:3003/demo/ad --silent -w
"Status: %{http_code}\n" -o /dev/null
  Status: 200
```

11.8 熔断

服务端的 Proxy 会记录调用发生错误的次数，然后根据配置决定是否继续提供服务或者立刻返回错误。使用熔断机制可以保护服务后端不会过载。

1. 实战目标

在对 forecast 服务发起多个并发请求的情况下，为了保护系统整体的可用性，Istio 根据熔断配置会对一部分请求直接返回"503"状态码，表示服务处于不可接收请求状态。另外，在服务被检测到一段时间内发生了多次连续异常后，Istio 会对部分后端实例进行隔离。

2. 实战演练

在实战演练开始前，需要部署访问 forecast 服务的客户端 fortio，这个程序可以控制连接数、并发数及 HTTP 请求的延迟，安装文件在 Istio 安装包的 sample 目录中。

进入 Istio 的安装包根目录执行如下命令：

```
$ kubectl apply -f samples/httpbin/sample-client/fortio-deploy.yaml -n weather
```

确认 fortio 客户端运行正常：

```
$ kubectl get po -l app=fortio -n weather
NAME                              READY   STATUS    RESTARTS   AGE
fortio-deploy-75d9467fcc-xlddr    2/2     Running   0          3m
```

注意：fortio 也被注入了 Proxy，稍后可以通过查看 fortio 客户端中 Proxy 的统计日志验证熔断效果。

为了有更好的演示效果，建议将 forecast 服务的实例扩展到 5 个，然后用 kubectl 查看结果：

```
$ kubectl -n weather get po -l app=forecast
NAME                              READY   STATUS    RESTARTS   AGE
forecast-v2-5475655ff9-hclm4      2/2     Running   0          3m
forecast-v2-5475655ff9-hj9jm      2/2     Running   0          3m
forecast-v2-5475655ff9-qmc9d      2/2     Running   0          3m
forecast-v2-5475655ff9-s92hk      2/2     Running   0          3m
forecast-v2-5475655ff9-tblkd      2/2     Running   0          3m
```

为 forecast 服务配置熔断策略：

```
$ kubectl apply -f chapter-files/traffic-management/circuit-breaking.yaml -n weather
```

执行如下命令查看熔断配置：

```
$ kubectl -n weather get dr forecast-dr -o yaml
……
  trafficPolicy:
    connectionPool:
      http:
        http1MaxPendingRequests: 5
        maxRequestsPerConnection: 1
      tcp:
        maxConnections: 3
    outlierDetection:
      baseEjectionTime: 2m
      consecutiveErrors: 2
      interval: 10s
      maxEjectionPercent: 40
```

其中，connectionPool 表示如果对 forecast 服务发起超过 3 个 HTTP/1.1 的连接，并且存在 5 个及以上的待处理请求，就会触发熔断机制。

进入 fortio 容器，执行如下命令，使用 10 个并发连接进行 100 次调用触发熔断：

```
$ kubectl -n weather exec -it fortio-deploy-75d9467fcc-xlddr -c fortio /usr/bin/fortio -- load -c 10 -qps 0 -n 100 -loglevel Warning
```

```
http://forecast.weather:3002/weather?locate=hangzhou
```

在输出中可以看到以下部分：

```
Code 200 : 81 (81.0 %)
Code 503 : 19 (19.0 %)
```

上面的结果表示有 81% 的请求成功，其余部分则被熔断（"503 Service Unavailable" 表示服务处于不可接收请求状态，由 Proxy 直接返回此状态码）。

为了进一步验证测试结果，在 fortio 客户端的 Proxy 中查看统计信息：

```
$ kubectl -n weather exec -it fortio-deploy-75d9467fcc-xlddr -c istio-proxy bash
# curl localhost:15000/stats | grep forecast | grep pending
```

其输出包含如下信息：

```
cluster.outbound|3002|v2|forecast.weather.svc.cluster.local.upstream_rq_pending_active: 0
cluster.outbound|3002|v2|forecast.weather.svc.cluster.local.upstream_rq_pending_failure_eject: 0
cluster.outbound|3002|v2|forecast.weather.svc.cluster.local.upstream_rq_pending_overflow: 19
cluster.outbound|3002|v2|forecast.weather.svc.cluster.local.upstream_rq_pending_total: 81
```

upstream_rq_pending_overflow 表明有 19 次调用被标志为熔断。

接下来验证异常检测功能，再次查看这部分配置：

```
$ kubectl -n weather get dr forecast-dr -o yaml
……
    outlierDetection:
      baseEjectionTime: 2m
      consecutiveErrors: 2
      interval: 10s
      maxEjectionPercent: 40
```

outlierDetection 表示每 10 秒扫描一次 forecast 服务的后端实例，在连续返回两次网关错误的实例中有 40%（本例是两个）会被移出连接池两分钟。

注意：在 Istio 的异常检测配置中 consecutiveErrors 对应 Envoy 配置的 consecutive_gateway_failure，不是 consecutive_5xx。consecutive_gateway_failure 是连续网关故障，表示上游主机连续返回一定数量的网关错误（状态码为 502、503 或 504，但不包括 500），该主机就会被驱逐。

第 11 章 流量治理

为 forecast 服务设置超时并对 recommendation 服务注入延迟故障,导致所有访问 forecast 服务的请求都返回 "504" 错误:

```
$ kubectl -n weather apply -f chapter-files/traffic-management/vs-forecast-timeout.yaml
$ kubectl -n weather apply -f chapter-files/traffic-management/vs-recommendation-fault-delay.yaml
```

进入 fortio 容器中执行如下命令,使用 5 个并发连接进行 20 次调用,触发连续网关故障异常检测:

```
$ kubectl -n weather exec -it fortio-deploy-75d9467fcc-xlddr -c fortio /usr/bin/fortio -- load -c 5 -qps 0 -n 20 -loglevel Warning http://forecast.weather:3002/weather?locate=hangzhou
```

由于没有达到 connectionPool 的限制,所以这里不会触发熔断返回 "503" 状态码,所有请求都返回 "504 Gateway Timeout" 错误。在 fortio 客户端的 Proxy 中查看异常检测结果:

```
$ kubectl -n weather exec -it fortio-deploy-75d9467fcc-xlddr -c istio-proxy bash
# curl localhost:15000/stats | grep forecast | grep ejections_active
……
cluster.outbound|3002|v2|forecast.weather.svc.cluster.local.outlier_detection.ejections_active: 2
……
```

ejections_active: 2 表示有两个服务端实例被移出了负载均衡池。

在两分钟的移除时间过后再去查看统计结果,之前被移除的两个实例又被移回了负载均衡池:

```
$ kubectl -n weather exec -it fortio-deploy-75d9467fcc-xlddr -c istio-proxy bash
# curl localhost:15000/stats | grep forecast | grep ejections_active
……
cluster.outbound|3002|v2|forecast.weather.svc.cluster.local.outlier_detection.ejections_active: 0
……
```

11.9 限流

限流是一种预防措施,在发生灾难发生前就对并发访问进行限制。Istio 的速率限制特性可以实现常见的限流功能,即防止来自外部服务的过度调用。衡量指标主要是 QPS(每秒请求量），实现方式是计数器方式。Istio 支持 Memquota 适配器和 Redisquota 适配器。本节使用 Memquota 适配器进行演示。

11.9.1 普通方式

1. 实战目标

首先对目标服务 advertisement 在上线前进行性能测试，找到此服务最大能承受的性能值，在上线时利用这个性能值设置限流规则，使得在请求达到限制的速率时触发限流。Istio 的限流是直接拒绝多出来的请求，对客户端直接返回 "429：RESOURCE_EXHAUSTED" 状态码。

> 注意：速率限制需要启用 Istio 策略检查功能。

2. 实战演练

执行如下命令查看是否已经启用了 Istio 的策略检查功能：

```
$ kubectl -n istio-system get cm istio -o jsonpath="{@.data.mesh}" | grep disablePolicyChecks
```

disablePolicyChecks: false 表示开启了策略检查。如果没有开启，则请使用 helm upgrade 命令更新 disablePolicyChecks 参数，开启策略检查功能。

为 advertisement 服务配置速率限制：

```
$ kubectl apply -f chapter-files/traffic-management/ratelimiting.yaml
```

Memquota 规定 advertisement 服务在 5 秒内最多能被访问 4 次，代码如下：

```
apiVersion: config.istio.io/v1alpha2
kind: memquota
metadata:
  name: handler
  namespace: istio-system
spec:
  quotas:
  - name: requestcount.quota.istio-system
    maxAmount: 200
    validDuration: 1s
    overrides:
```

```
    - dimensions:
        destination: advertisement
      maxAmount: 4
      validDuration: 5s
```

在命令执行完成后等待几秒，通过浏览器验证效果，在 5 秒内刷新前台页面 5 次，可以看到有 1 次显示 advertisement 服务不可用；或者在 Bash 中执行如下命令对 advertisement 服务在 5 秒内发起 5 个请求：

```
$ for i in `seq 1 5`; do curl http://advertisement.weather:3003/ad --silent -w "Status: %{http_code}\n" -o /dev/null ;sleep 1;done
Status: 200
Status: 200
Status: 200
Status: 200
Status: 429
```

可以看到，advertisement 服务在 5 秒内成功返回 4 个请求，多余的 1 个请求被限制，返回 "429：RESOURCE_EXHAUSTED:Quota is exhausted for: requestcount"。

11.9.2　条件方式

1. 实战目标

Istio 的速率限制还可以用于另一种场景：普通用户在使用 advertisement 服务时，只被提供免费的配额，若超过免费配额的请求，则被限制。对于付费的特殊用户会取消速率限制。

2. 实战演练

在上一节的配置基础上执行如下命令更新 rule：

```
$ kubectl apply -f chapter-files/traffic-management/ratelimiting-conditional.yaml
```

用 kubectl 命令查看 rule：

```
$ kubectl get rule quota -o yaml -n istio-system
apiVersion: config.istio.io/v1alpha2
kind: rule
metadata:
```

```
......
  name: quota
  namespace: istio-system
......
spec:
  actions:
  - handler: handler.memquota
    instances:
    - requestcount.quota
    match: match(request.headers["cookie"], "user=tester") == false
```

上面的规则利用了 Rule 的 match 字段实现了有条件的速率限制：如果在请求的 cookie 信息中带有 user=tester，就不会执行限流策略。

执行如下命令对 advertisement 服务发起多次请求（在 Cookie 中携带 user=tester 信息）：

```
$ for i in `seq 1 8`; do curl http://advertisement.weather:3003/ad --cookie "user=tester" --silent -w "Status: %{http_code}\n" -o /dev/null ;done
Status: 200
Status: 200
Status: 200
Status: 200
Status: 200
Status: 200
Status: 200
Status: 200
```

可以看到，对每个请求都返回了"200"状态码，没有配额限制。

再次对 advertisement 服务发起 Cookie 携带其他用户信息（user=visitor）的多次请求：

```
$ for i in `seq 1 8`; do curl http://advertisement.weather:3003/ad --cookie "user=visitor" --silent -w "Status: %{http_code}\n" -o /dev/null ;done
Status: 429
Status: 200
Status: 200
Status: 200
Status: 200
Status: 429
Status: 429
Status: 429
```

结果显示，非 tester 用户受到速率限制的影响。

11.10 服务隔离

Sidecar 资源的配置是 Istio 1.1 新引入的功能，支持定义 Sidecar 可访问的服务范围，让用户能够更精确地控制 Sidecar 的行为。

11.10.1 实战目标

配置 Sidecar 资源使 weather 命名空间下的 httpbin 服务对 default 命名空间下的 sleep 服务不可见，即 sleep.default 只能访问 httpbin.default，不能访问 httpbin.weather。

11.10.2 实战演练

在 default 命名空间下部署 Istio 安装包中的 sleep 和 httpbin 两个服务：

```
$ kubectl label namespace default istio-injection=enabled
$ kubectl apply -f samples/sleep/sleep.yaml
$ kubectl apply -f samples/httpbin/httpbin.yaml
```

在 weather 命名空间下部署 Istio 安装包中的 httpbin 服务：

```
$ kubectl apply -f samples/httpbin/httpbin.yaml -nweather
```

进入 sleep.default 的 Proxy 查看 clusters，可以看到 httpbin.default 和 httpbin.weather 的信息：

```
$ kubectl exec -it sleep-66bd85d6d7-zpt68 -c istio-proxy bash
# curl http://localhost:15000/clusters | grep httpbin
......
outbound|8000||httpbin.default.svc.cluster.local::10.0.0.37:80::cx_active::1
outbound|8000||httpbin.default.svc.cluster.local::10.0.0.37:80::cx_connect_fail::0
outbound|8000||httpbin.default.svc.cluster.local::10.0.0.37:80::cx_total::1
......
outbound|8000||httpbin.weather.svc.cluster.local::10.0.0.43:80::cx_active::0
outbound|8000||httpbin.weather.svc.cluster.local::10.0.0.43:80::cx_connect_fail::0
outbound|8000||httpbin.weather.svc.cluster.local::10.0.0.43:80::cx_total::0
......
```

从 sleep.default 的容器中分别访问 httpbin.default 和 httpbin.weather，请求均成功：

```
$ kubectl exec -it sleep-66bd85d6d7-zpt68 /bin/sh
# curl httpbin.weather:8000/ip -s -o /dev/null -w "%{http_code}\n"
200
# curl httpbin.default:8000/ip -s -o /dev/null -w "%{http_code}\n"
200
```

为命名空间 default 配置 Sidecar 资源对象：

```
$ kubectl apply -f chapter-files/traffic-management/sidecar-demo.yaml
```

用 kubectl 查看 Sidecar 资源对象：

```
$ kubectl get sidecars sidecars-test -o yaml
apiVersion: networking.istio.io/v1alpha3
kind: Sidecar
metadata:
……
  name: sidecars-test
  namespace: default
……
spec:
  egress:
  - hosts:
    - default/*
    - istio-system/*
  workloadSelector:
    labels:
      app: sleep
```

其规则表示在 default 命名空间下 sleep 工作负载对外只能访问 default 和 istio-system 两个命名空间下的服务。

进入 sleep.default 的 Proxy 查看 clusters，只能看到 httpbin.default 的信息，httpbin.weather 的信息不见了：

```
$ kubectl exec -it sleep-66bd85d6d7-zpt68 -c istio-proxy bash
# curl http://localhost:15000/clusters | grep httpbin
……
outbound|8000||httpbin.default.svc.cluster.local::10.0.0.37:80::cx_active::1
outbound|8000||httpbin.default.svc.cluster.local::10.0.0.37:80::cx_connect_f
ail::0
```

```
outbound|8000||httpbin.default.svc.cluster.local::10.0.0.37:80::cx_total::1
……
```

再次在 sleep.default 的容器中访问不同命名空间下的两个服务，httpbin.weather 返回"404"状态码，而 httpbin.default 仍然能正常响应：

```
$ kubectl exec -it sleep-66bd85d6d7-zpt68 /bin/sh
# curl httpbin.weather:8000/ip -s -o /dev/null -w "%{http_code}\n"
404
# curl httpbin.default:8000/ip -s -o /dev/null -w "%{http_code}\n"
200
```

11.11 影子测试

查找新代码错误的最佳方法是在实际环境中进行测试。影子测试可以将生产流量复制到目标服务中进行测试，在处理中产生的任何错误都不会对整个系统的性能和可靠性造成影响。

1. 实战目标

测试 forecast 服务的 v2 版本在真实用户访问下的表现，但同时不想影响到终端用户，这时就需要复制一份 forecast 服务的 v1 版本的流量给 forecast 服务的 v2 版本，观察 v2 版本在复制的数据流下的行为和响应指标。

2. 实战演练

部署 forecast 服务的 v1 和 v2 版本，设置策略使访问 forecast 服务的流量都被路由到 forecast 服务的 v1 版本。

在浏览器中查询天气信息，看不到推荐信息。这时查询 forecast 服务的 v2 实例的 Proxy 日志，或者通过可视化工具，可以确定在 forecast 服务的 v2 版本的实例上没有任何流量，如图 11-3 所示。

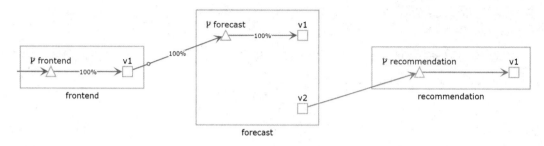

图 11-3 可视化工具显示的实时流量数据

执行如下命令设置影子策略，复制 v1 版本的流量给 v2 版本：

```
$ kubectl apply -f chapter-files/traffic-management/vs-forecast-mirroring.yaml -n weather
```

在浏览器中查询天气信息，我们没有看到推荐信息，说明 forecast 服务的 v2 版本没有将结果返回给 frontend 服务，那么 forecast 服务的 v2 版本有没有收到流量呢？分别查看 forecast 服务的 v1 版本和 v2 版本的 Proxy 日志，可以看到两个实例同时收到了请求，forecast 服务的 v1 版本的流量被 Proxy 复制了一份发给 v2 版本的实例：

```
$ kubectl -n weather logs forecast-v1-748dcf4d4b-p6856 -c istio-proxy
……
[2019-02-28T07:44:43.012Z] "GET /weather?locate=Hangzhou HTTP/1.1" 200 - 0 450 2 0 "172.16.0.17" "Mozilla/5.0 (Windows NT 6.
1; Win64; x64) AppleWebKit/537.36 (KHTML, like Gecko) Chrome/71.0.3578.98 Safari/537.36" "0b52c91a-145d-48ed-af30-93884bf430
22" "forecast:3002" "127.0.0.1:3002"
$ kubectl -n weather logs forecast-v2-5cd7fd8666-7nljn -c istio-proxy
……
[2019-02-28T07:44:43.012Z] "GET /weather?locate=Hangzhou HTTP/1.1" 200 - 0 698 7 5 "172.16.0.17, 172.16.0.16" "Mozilla/5.0 (
Windows NT 6.1; Win64; x64) AppleWebKit/537.36 (KHTML, like Gecko) Chrome/71.0.3578.98 Safari/537.36" "0b52c91a-145d-48ed-af
30-93884bf43022" "forecast-shadow:3002" "127.0.0.1:3002"
```

通过可视化工具可以看到，虽然 frontend 服务没有调用 forecast 服务的 v2 版本，但这时 recommendation 服务的实例有流量出现，说明在 forecast 服务的 v2 版本上存在隐藏的流量，如图 11-4 所示。

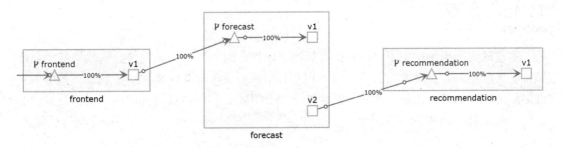

图 11-4　可视化工具显示的实时流量数据

3. 工作原理

用 kubectl 查看路由配置：

```
$ kubectl get vs forecast-route -o yaml -n weather
……
  hosts:
  - forecast
  http:
  - mirror:
      host: forecast
      subset: v2
    route:
    - destination:
        host: forecast
        subset: v1
      weight: 100
```

上面配置的策略将全部流量都发送到 forecast 服务的 v1 版本，其中的 mirror 字段指定将流量复制到 forecast 服务的 v2 版本。当流量被复制时，会在请求的 HOST 或 Authority 头中添加-shadow 后缀（例如 forecast-shadow）并将请求发送到 forecast 服务的 v2 版本以示它是影子流量。这些被复制的请求引发的响应会被丢弃，不会影响终端客户。

11.12　本章总结

本章的实践用例覆盖了 Istio 在流量治理场景下的大部分功能，包括负载均衡、会话保持、故障注入、超时重试、重定向、重写、熔断限流、服务隔离和影子测试。其中的用例都是微服务场景下的最佳实践，在生产中十分有用，读者可以参考用例，根据自身的业务场景规划具体的实施方案。

第 12 章

服务保护

Istio 的安全功能十分强大，安全场景包括对网关的加密、服务间的访问控制、认证和授权。网关加密由 Ingress Gateway 实现，访问控制依赖于 Mixer，认证和授权主要由 Citadel、Envoy 实现。

12.1 网关加密

HTTPS 能最大化地保证信息传输的安全，是当前互联网推荐的通信方式。Istio 为 Gateway 提供了 HTTPS 加密支持。

12.1.1 单向 TLS 网关

一般的 Web 应用都采用单向认证，即仅客户端验证服务端证书，无须在通信层做用户身份验证，而是在应用逻辑层保证用户的合法登入。

1. 实战目标

本实战讲解如何对 Ingress Gateway 进行配置，为服务启用单向 TLS 保护，以 HTTPS 的形式对网格外部提供服务。在通过 HTTPS 访问 frontend 服务时只校验服务端，而服务端不校验客户端。

2. 实战演练

使用工具生成客户端与服务器的证书和密钥：

```
$ git clone https://github.com/nicholasjackson/mtls-go-example
```

```
$ cd mtls-go-example
$ ./generate.sh www.weather.com <password>
$ mkdir ~/www.weather.com && mv 1_root 2_intermediate 3_application 4_client ~/www.weather.com
```

创建一个 Kubernetes Secret 对象，用于保存服务器的证书和密钥：

```
$ cd ~/www.weather.com
$ kubectl create -n istio-system secret tls istio-ingressgateway-certs --key 3_application/private/www.weather.com.key.pem --cert 3_application/certs/www.weather.com.cert.pem
```

执行如下命令创建 Gateway 资源：

```
$ kubectl apply -f chapter-files/security/gateway-tls-simple.yaml
```

查看 Gateway 资源对象，添加包含了 443 端口的 HTTPS 的 Server 部分：

```
$ kubectl get gateway -o yaml -n istio-system
apiVersion: networking.istio.io/v1alpha3
kind: Gateway
……
  - hosts:
    - '*'
    port:
      name: https
      number: 443
      protocol: HTTPS
    tls:
      mode: SIMPLE
      privateKey: /etc/istio/ingressgateway-certs/tls.key
      serverCertificate: /etc/istio/ingressgateway-certs/tls.crt
……
```

执行如下命令创建 frontend 服务的 VirtualService 资源：

```
$ kubectl apply -f chapter-files/security/vs-frontend-tls.yaml
```

查看配置，可以看到这个 VirtualService 绑定了网关 weather-gateway，在 hosts 中添加了域名信息。外部访问 www.weather.com 的流量通过 Gateway 被路由到 frontend 的 v1 实例：

```
$ kubectl get vs frontend-route -o yaml -n weather
apiVersion: networking.istio.io/v1alpha3
```

```
  kind: VirtualService
  ……
  spec:
    gateways:
    - istio-system/weather-gateway
    hosts:
    - www.weather.com
    http:
    - route:
      - destination:
          host: frontend
          subset: v1
```

先不使用 CA 证书，直接用 curl 命令向 www.weather.com 发送 HTTPS 请求，返回结果提示签发证书机构未经认证，无法识别：

```
$ export INGRESS_HOST=$(kubectl -n istio-system get service istio-ingressgateway
-o jsonpath='{.status.loadBalancer.ingress[0].ip}')
$ curl -v --resolve www.weather.com:443:$INGRESS_HOST https://www.weather.com
-o /dev/null
……
* Server certificate:
* subject: CN=www.weather.com,O=Dis,L=Springfield,ST=Denial,C=US
* start date: Mar 01 02:21:21 2019 GMT
* expire date: Mar 10 02:21:21 2020 GMT
* common name: www.weather.com
* issuer: CN=www.weather.com,O=Dis,ST=Denial,C=US
* NSS error -8179 (SEC_ERROR_UNKNOWN_ISSUER)
* Peer's Certificate issuer is not recognized.
    0     0     0     0    0     0      0     0 --:--:-- --:--:-- --:--:--     0
* Closing connection 0
curl: (60) Peer's Certificate issuer is not recognized.
……
```

使用 CA 证书再次发送 HTTPS 请求，收到成功的响应：

```
$ cd ~/www.weather.com
$ curl -v --resolve www.weather.com:443:$INGRESS_HOST --cacert
2_intermediate/certs/ca-chain.cert.pem https://www.weather.com -o /dev/null
……
> GET / HTTP/1.1
> User-Agent: curl/7.29.0
```

```
> Accept: */*
> Host:www.weather.com:443
>
< HTTP/1.1 200 OK
......
```

如果客户端不想校验服务端,则也可以直接使用-k 或-insecure 选项发送 HTTPS 请求忽略错误。

12.1.2 双向 TLS 网关

双向 TLS 除了需要客户端认证服务端,还增加了服务端对客户端的认证。

1. 实战目标

在通过 HTTPS 访问 frontend 服务时,对服务端和客户端同时进行校验。

2. 实战演练

创建一个 Kubernetes Secret,用于存储 CA 证书,服务端会使用这一证书来对客户端进行校验:

```
$ cd ~/www.weather.com
$ kubectl create -n istio-system secret generic istio-ingressgateway-ca-certs
--from-file=2_intermediate/certs/ca-chain.cert.pem
```

执行如下命令创建 Gateway 资源:

```
$ kubectl apply -f chapter-files/security/gateway-tls-mutual.yaml
```

查看 Gateway,其中的 tls 中的 mode 字段的值为 MUTUAL,并添加了 caCertificates 字段:

```
$ kubectl get gateway -o yaml -n istio-system
apiVersion: networking.istio.io/v1alpha3
kind: Gateway
......
  - hosts:
    - '*'
    port:
      name: https
```

```
      number: 443
      protocol: HTTPS
    tls:
      mode: MUTUAL
      caCertificates: /etc/istio/ingressgateway-ca-certs/ca-chain.cert.pem
      privateKey: /etc/istio/ingressgateway-certs/tls.key
      serverCertificate: /etc/istio/ingressgateway-certs/tls.crt
……
```

执行如下命令创建 frontend 服务的 VirtualService 资源：

```
$ kubectl apply -f chapter-files/security/vs-frontend-tls.yaml
```

查看 VirtualService，可以看到在 hosts 中添加了域名信息：

```
$ kubectl get vs frontend-route -o yaml -n weather
apiVersion: networking.istio.io/v1alpha3
kind: VirtualService
……
spec:
  gateways:
  - istio-system/weather-gateway
  hosts:
  - www.weather.com
  http:
  - route:
    - destination:
        host: frontend
        subset: v1
```

不使用客户端证书和密钥发送 HTTPS 请求，客户端校验没有通过：

```
$ export INGRESS_HOST=$(kubectl -n istio-system get service istio-ingressgateway
-o jsonpath='{.status.loadBalancer.ingress[0].ip}')
$ cd ~/www.weather.com
$ curl -v --resolve www.weather.com:443:$INGRESS_HOST --cacert
2_intermediate/certs/ca-chain.cert.pem https://www.weather.com -o /dev/null
……
* NSS: client certificate not found (nickname not specified)
* NSS error -12227 (SSL_ERROR_HANDSHAKE_FAILURE_ALERT)
……
```

使用客户端证书（--cert）及密钥（--key）再次发送 HTTPS 请求，校验通过，返回成功：

```
$ curl -v --resolve www.weather.com:443:$INGRESS_HOST --cacert
2_intermediate/certs/ca-chain.cert.pem --cert
4_client/certs/www.weather.com.cert.pem --key
4_client/private/www.weather.com.key.pem https://www.weather.com -o /dev/null
......
> GET / HTTP/1.1
> User-Agent: curl/7.29.0
> Accept: */*
> Host:www.weather.com:443
>
< HTTP/1.1 200 OK
......
```

12.1.3 用 SDS 加密网关

Istio 1.1 引入了 Secret 发现服务为 Gateway 提供 HTTPS 的加密支持。

1. 实战目标

本实战讲解如何使用 Secret 发现服务配置入口网关的 TLS，在为主机名 www.weather.cn 更新证书和密钥后，无须重启 Ingress 网关就能自动生效。

2. 实战演练

使用 Helm 升级方式开启 Ingress 网关的 Secret 发现服务：

```
$ helm upgrade istio install/kubernetes/helm/istio --namespace istio-system
--set gateways.istio-ingressgateway.sds.enabled=true
```

新建证书和密钥，并为网关创建新的 Secret：

```
$ git clone https://github.com/nicholasjackson/mtls-go-example
$ cd mtls-go-example
$ ./generate.sh www.weather.cn <password>
$ mkdir ~/www.weather.cn && mv 1_root 2_intermediate 3_application 4_client
~/www.weather.cn
$ cd ~/www.weather.cn
$ kubectl create -n istio-system secret generic weather-credential
--from-file=key=3_application/private/www.weather.cn.key.pem
--from-file=cert=3_application/certs/www.weather.cn.cert.pem
```

执行如下命令更新 Gateway 资源：

```
$ kubectl apply -f chapter-files/security/gateway-sds.yaml
```

查看 Gateway，添加包含了 443 端口的 HTTPS 的 Server 部分：

```
$ kubectl get gateway weather-gateway -o yaml -n istio-system
apiVersion: networking.istio.io/v1alpha3
kind: Gateway
……
  - hosts:
    - '*'
    port:
      name: https
      number: 443
      protocol: HTTPS
    tls:
      credentialName: weather-credential
      mode: SIMPLE
……
```

执行如下命令更新 frontend 服务的 VirtualService 资源：

```
$ kubectl apply -f chapter-files/security/vs-frontend-sds.yaml -n weather
```

查看 VirtualService，可以看到在 hosts 中添加了域名信息：

```
$ kubectl get vs frontend-route -o yaml -n weather
apiVersion: networking.istio.io/v1alpha3
kind: VirtualService
……
spec:
  gateways:
  - istio-system/weather-gateway
  hosts:
  - www.weather.cn
  http:
  - route:
    - destination:
        host: frontend
        subset: v1
```

使用 CA 证书发送 HTTPS 请求，收到成功的响应：

```
$ export INGRESS_HOST=$(kubectl -n istio-system get service istio-ingressgateway
```

```
-o jsonpath='{.status.loadBalancer.ingress[0].ip}')
    $ cd ~/www.weather.cn
    $ curl -v --resolve www.weather.cn:443:$INGRESS_HOST --cacert
2_intermediate/certs/ca-chain.cert.pem https://www.weather.cn -o /dev/null
    ……
    > GET / HTTP/1.1
    > User-Agent: curl/7.29.0
    > Host: www.weather.cn
    > Accept: */*
    >
    < HTTP/1.1 200 OK
```

更新证书和密钥：

```
    $ kubectl -n istio-system delete secret weather-credential
    $ cd ~/mtls-go-example
    $ ./generate.sh www.weather.cn <password>
    $ mkdir ~/new.weather.cn && mv 1_root 2_intermediate 3_application 4_client
~/new.weather.cn
    $ cd ~/new.weather.cn
    $ kubectl create -n istio-system secret generic weather-credential
--from-file=key=3_application/private/www.weather.cn.key.pem
--from-file=cert=3_application/certs/www.weather.cn.cert.pem
```

如果继续使用旧的 CA 证书发送 HTTPS 请求，访问就会失败：

```
    $ cd ~
    $ curl -v --resolve www.weather.cn:443:$INGRESS_HOST --cacert
www.weather.cn/2_intermediate/certs/ca-chain.cert.pem https://www.weather.cn -o
/dev/null
    ……
    * NSS error -8179 (SEC_ERROR_UNKNOWN_ISSUER)
    * Peer's Certificate issuer is not recognized.
    ……
```

使用新的 CA 证书发送 HTTPS 请求，收到成功的响应：

```
    $ cd ~
    $ curl -v --resolve www.weather.cn:443:$INGRESS_HOST --cacert
new.weather.cn/2_intermediate/certs/ca-chain.cert.pem https://www.weather.cn -o
/dev/null
    ……
    > GET / HTTP/1.1
    > User-Agent: curl/7.29.0
```

```
> Host: www.weather.cn
> Accept: */*
>
< HTTP/1.1 200 OK
```

12.2 访问控制

访问控制是向应用程序注入安全构造的主要工具，对实际的代码实现没有影响。黑白名单是 Istio 实现访问控制的一种方式。

12.2.1 黑名单

黑名单指拒绝特定条件的调用。

1. 实战目标

本例演示如何利用基于属性的黑名单策略对服务进行访问控制。我们对 advertisement 服务创建一个黑名单，期望从 frontend 服务到 advertisement 服务的访问被拒绝。

注意：访问控制需要启用 Istio 的策略检查功能。

2. 实战演练

本例的黑名单配置文件是 chapter-files/security/blacklist.yaml，内容如下：

```
apiVersion: "config.istio.io/v1alpha2"
kind: denier
metadata:
  name: denycustomerhandler
spec:
  status:
    code: 7
    message: Not allowed
---
apiVersion: "config.istio.io/v1alpha2"
kind: checknothing
metadata:
  name: denycustomerrequests
```

```
spec:
---
apiVersion: "config.istio.io/v1alpha2"
kind: rule
metadata:
  name: denycustomer
spec:
  match: destination.labels["app"] == "advertisement" &&
source.labels["app"]=="frontend"
  actions:
  - handler: denycustomerhandler.denier
    instances: [ denycustomerrequests.checknothing ]
```

执行如下命令使配置生效：

```
$ kubectl apply -f chapter-files/security/blacklist.yaml -n weather
denier "denycustomerhandler" created
checknothing "denycustomerrequests" created
rule "denycustomer" created
```

在浏览器中访问前台页面，可以看到 advertisement 服务不可用，从 frontend 服务发往 advertisement 服务的请求返回"403"状态码，信息是"PERMISSION_DENIED: denycustomerhandler.denier.weather:Not allowed"。

进入 frontend 容器访问 advertisement 服务，显示同样的结果：

```
$ kubectl -nweather exec -it frontend-v1-67595b66b8-x8c8b bash
# curl http://advertisement.weather:3003/ad
PERMISSION_DENIED:denycustomerhandler.denier.weather:Not allowed
```

在验证完成后，清除黑名单策略：

```
$ kubectl delete -f chapter-files/security/blacklist.yaml -n weather
```

12.2.2　白名单

白名单只允许特定属性的访问请求，拒绝不符合要求的访问请求。

1. 实战目标

本例演示如何利用基于属性的白名单策略对服务进行访问控制。我们在 advertisement 服务上创建一个白名单，期望只有从 frontend 服务到 advertisement 服务的访问才被允许，来自其他源头对 advertisement 服务的访问都被拒绝。

> 注意：访问控制需要启用 Istio 策略检查功能。

2. 实战演练

本例的白名单配置文件是 chapter-files/security/whitelist.yaml，内容如下：

```
apiVersion: config.istio.io/v1alpha2
kind: listchecker
metadata:
  name: advertisementwhitelist
spec:
  overrides: ["frontend"]
  blacklist: false
---
apiVersion: config.istio.io/v1alpha2
kind: listentry
metadata:
  name: advertisementsource
spec:
  value: source.labels["app"]
---
apiVersion: config.istio.io/v1alpha2
kind: rule
metadata:
  name: check
spec:
  match: destination.labels["app"] == "advertisement"
  actions:
  - handler: advertisementwhitelist.listchecker
    instances:
    - advertisementsource.listentry
```

执行如下命令产生配置：

```
$ kubectl apply -f chapter-files/security/whitelist.yaml -n weather
listchecker "advertisementwhitelist" created
listentry "advertisementsource" created
rule "check" created
```

在浏览器中访问前台页面，可以正常看到 advertisement 服务的信息，说明 frontend 服务能正常访问 advertisement 服务。

在集群的节点上直接访问 advertisement 服务,提示访问源不在白名单内,访问被拒绝:

```
$ curl http://advertisement.weather:3003/ad
NOT_FOUND:advertisementwhitelist.listchecker.weather: is not whitelisted
```

在验证完成后删除白名单策略:

```
$ kubectl delete -f chapter-files/security/whitelist.yaml -n weather
```

12.3 认证

在 Istio 中通过双向 TLS 方式提供了从服务到服务的传输认证。

12.3.1 实战目标

为 advertisement 服务设置认证策略和目的地规则,使得只有在网格内有 Sidecar 的服务才能访问 advertisement 服务,其他来源的访问都被拒绝。

12.3.2 实战演练

在集群节点上直接对 advertisement 服务发起请求,返回成功:

```
$ curl http://advertisement.weather:3003/ad --silent -w
"Status: %{http_code}\n" -o /dev/null
Status: 200
```

为 advertisement 服务启用双向 TLS 认证:

```
$ kubectl apply -f
chapter-files/security/advertisement-authentication-policy.yaml -n weather
```

用 kubectl 查看认证策略:

```
$ kubectl -n weather get policy advertisement -o yaml
apiVersion: "authentication.istio.io/v1alpha1"
kind: "Policy"
metadata:
……
  name: advertisement
```

```
  namespace: weather
......
spec:
  peers:
  - mtls: {}
  targets:
  - name: advertisement
```

此时 advertisement 服务的工作负载仅接收使用 TLS 的加密请求，如果在节点上再次直接对 advertisement 服务发起请求，则由于请求没有加密，返回失败：

```
$ curl http://advertisement.weather:3003/ad -v
......
* Recv failure: Connection reset by peer
* Closing connection 0
curl: (56) Recv failure: Connection reset by peer
```

设置 advertisement 服务的 DestinationRule，指定访问 advertisement 服务的客户端需要使用双向 TLS：

```
$ kubectl apply -f chapter-files/security/dr-advertisement-tls.yaml -n weather
```

用 kubectl 查看 DestinationRule 配置：

```
$ kubectl -n weather get dr advertisement-dr -o yaml
apiVersion: "networking.istio.io/v1alpha3"
kind: "DestinationRule"
......
spec:
  host: advertisement
  subsets:
  - labels:
      version: v1
    name: v1
  trafficPolicy:
    tls:
      mode: ISTIO_MUTUAL
```

进入 frontend 容器，对 advertisement 服务发起请求，由于 frontend 服务的 Proxy 会对请求加密后发出，所以返回成功：

```
$ kubectl -n weather exec -it frontend-v1-79b59c69cd-wgmbr bash
$ curl http://advertisement.weather:3003/ad --silent -w
```

```
"Status: %{http_code}\n" -o /dev/null
   Status: 200
```

从 Kiali 的实时流量监控图中进一步确认，有流量从 frontend 服务发往 advertisement 服务，小锁图标表示流量经过加密，如图 12-1 所示。

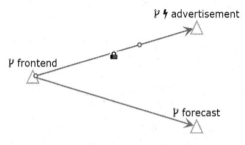

图 12-1　Kiali 的实时流量监控图

12.4　授权

Istio 使用基于角色的访问权限控制（RBAC 模型）来进行授权控制。

12.4.1　命名空间级别的访问控制

Istio 能够轻松实现命名空间级别的访问控制，即对某个命名空间下的所有服务或部分服务设置策略，允许被其他命名空间的服务访问。

1. 实战目标

只允许 istio-system 命名空间下的服务（例如：ingressgateway）访问 weather 命名空间下的服务，其他命名空间下的服务不能访问 weather 命名空间下的服务。

2. 实战演练

为 weather 设置命名空间级别的认证策略：

```
$ kubectl apply -f chapter-files/security/weather-authentication-policy.yaml
```

查看策略配置：

```
$ kubectl get policy default -o yaml -n weather
```

```yaml
apiVersion: "authentication.istio.io/v1alpha1"
kind: "Policy"
metadata:
……
  name: "default"
  namespace: "weather"
……
spec:
  peers:
  - mtls: {}
```

这时在浏览器中访问前台页面,显示"upstream connect error or disconnect/reset before headers",原因是认证策略要求对 weather 命名空间下的服务访问必须是加密的请求。

为 weather 命名空间下的 frontend、advertisement、forecast 和 recommendation 等服务设置 DestinationRule 的 TLS 策略,则请求端的 Proxy 会对这些目标服务的请求进行加密:

```
$ kubectl apply -f chapter-files/security/dr-all-tls.yaml -n weather
```

用 kubectl 查看 DestinationRule 配置,以 frontend 服务为例:

```yaml
$ kubectl -n weather get dr frontend-dr -o yaml
apiVersion: "networking.istio.io/v1alpha3"
kind: "DestinationRule"
……
spec:
  host: frontend
  subsets:
  - labels:
      version: v1
    name: v1
  trafficPolicy:
    tls:
      mode: ISTIO_MUTUAL
```

再次在浏览器中访问前台页面,查询天气信息,返回正常。

启用 Istio 对 weather 命名空间下所有服务的访问控制:

```yaml
$ kubectl apply -f chapter-files/security/weather-rbac-config.yaml
$ kubectl get clusterrbacconfig default -o yaml
apiVersion: "rbac.istio.io/v1alpha1"
kind: ClusterRbacConfig
```

```
……
spec:
  inclusion:
    namespaces:
    - weather
  mode: ON_WITH_INCLUSION
```

用浏览器访问前台服务,看到"RBAC: access denied",原因是 Istio 访问控制默认采用拒绝策略,这就要求必须显式声明授权策略才能成功访问到服务。

配置授权策略:

```
$ kubectl apply -f chapter-files/security/weather-authorization.yaml -nweather
```

查看授权策略:

```
$ kubectl -n weather get servicerole weather-viewer -o yaml
apiVersion: "rbac.istio.io/v1alpha1"
kind: ServiceRole
……
spec:
  rules:
  - constraints:
    - key: destination.labels[app]
      values:
      - frontend
      - advertisement
      - forecast
      - recommendation
    methods:
    - GET
    services:
    - '*'

$ kubectl -n weather get servicerolebinding bind-weather-viewer -oyaml
……
spec:
  roleRef:
    kind: ServiceRole
    name: weather-viewer
  subjects:
  - properties:
      source.namespace: istio-system
```

```
      - properties:
          source.namespace: weather
```

在完成配置后等待几秒，在浏览器中再次访问前台服务，一切正常。因为在浏览器中访问时通过 istio-system 下的 ingressgateway 入口访问 weather 命名空间下的服务，根据授权策略，这是被允许的。

进入 default 命名空间下的 sleep 服务，对 weather 命名空间下的 advertisement 服务发起请求，根据授权策略，来自其他命名空间的访问都被拒绝：

```
$ kubectl exec -it sleep-66bd85d6d7-zpt68 /bin/sh
# curl http://advertisement.weather:3003/ad
RBAC: access denied
```

12.4.2　服务级别的访问控制

除了在命名空间范围内控制访问，Istio 还可以精确地对单个服务进行访问控制。

1. 实战目标

本实战讲解如何利用 Istio 在服务级别设置访问策略，下面依次开放对 frontend 服务和 advertisement 服务的访问权限。

2. 实战演练

参照 12.4.1 节的前 3 步设置命名空间级别的认证策略，设置 DestinationRule 的 TLS 策略，启用 Istio 对 weather 命名空间级别的访问控制。

先开放访问 frontend 服务的权限：

```
$ kubectl apply -f chapter-files/security/frontend-authorization.yaml
servicerole.rbac.istio.io/frontend-viewer created
servicerolebinding.rbac.istio.io/bind-frontend-viewer created
```

查看授权策略：

```
$ kubectl -n weather get servicerole frontend-viewer -o yaml
……
spec:
  rules:
  - methods:
```

```
      - GET
    services:
      - frontend.weather.svc.cluster.local
$ kubectl -n weather get servicerolebinding bind-frontend-viewer -o yaml
......
spec:
  roleRef:
    kind: ServiceRole
    name: frontend-viewer
  subjects:
  - user: '*'
```

在等待几秒后,用浏览器可以正常访问前台服务,但是不能访问广告服务。广告服务的接口调用返回"RBAC: access denied"。

接下来开放访问 advertisement 服务的权限:

```
$ kubectl apply -f chapter-files/security/advertisement-authorization.yaml
servicerole.rbac.istio.io/advertisement-viewer created
servicerolebinding.rbac.istio.io/bind-advertisement-viewer created
```

查看授权策略:

```
$ kubectl -n weather get servicerole advertisement-viewer -o yaml
......
spec:
  rules:
  - methods:
      - GET
    services:
      - advertisement.weather.svc.cluster.local
$ kubectl -n weather get servicerolebinding bind-advertisement-viewer -o yaml
......
spec:
  roleRef:
    kind: ServiceRole
    name: advertisement-viewer
  subjects:
  - user: '*'
```

等待几秒后,在浏览器中再次访问前台服务和广告服务,显示均正常。

12.5 本章总结

安全技术在生产实践中扮演着越来越重要的角色。通过本章的示例，我们看到 Istio 在不改变业务代码的情况下，可以方便地对网关进行加密保护，对服务进行访问控制，以及对使用者进行不同粒度的身份验证和授权。Istio 帮我们解决了在生产环节中实施安全方案的难题，以最小的代价获得了稳定、可靠的保护功能。

第 13 章

多集群管理

在多个集群中部署和管理应用,能带来了更好的故障隔离性和扩展性。Istio 的多集群模型主要分为两类:多控制平面模型和单控制平面模型。由于多控制平面模型存在配置规则复杂等问题,而在集群间使用 VPN 连接的单控制面模型对网络的连通性又有较高的要求。因此本章主要演示单控制平面集群感知的服务路由方案,这种方案不要求网络扁平,只要求 Pilot 可以访问所有集群的 Kube-apiserver。

13.1 实战目标

在两个不同的集群中分别部署同一个服务 helloworld 的不同实例:helloworld-v1 和 helloworld-v2,从客户端程序 sleep 内访问 helloworld 服务的流量能够被路由到两个集群的不同实例。

注意:集群感知单控制平面方案是 Istio 1.1 新引入的功能。

13.2 实战演练

准备好两个 Kubernetes 集群:cluster1 和 cluster2,验证上下文切换:

```
$ kubectl config get-contexts
CURRENT   NAME                CLUSTER             AUTHINFO            NAMESPACE
          cluster1.k8s.local  cluster1.k8s.local  cluster1.k8s.local
*         cluster2.k8s.local  cluster2.k8s.local  cluster2.k8s.local
```

使用配置的上下文名称导出以下环境变量:

```
$ export CTX_CLUSTER1=cluster1.k8s.local
$ export CTX_CLUSTER2=cluster2.k8s.local
```

安装 Helm：

```
$ curl https://raw.githubusercontent.com/helm/helm/master/scripts/get > get_helm.sh
  chmod 700 get_helm.sh
  ./get_helm.sh
  helm init
```

下载 Istio：

```
$ curl -L https://github.com/istio/istio/releases/download/1.1.0/istio-1.1.0-linux.tar.gz | tar xz
```

使用 Helm 创建 Istio cluster1 的 YAML 部署文件，注意两个网络中的网关地址"0.0.0.0"都是占位符，待 Istio 控制面部署完成后需要更新：

```
$ helm template --name=istio --namespace=istio-system \
  --set global.mtls.enabled=true \
  --set security.selfSigned=false \
  --set global.controlPlaneSecurityEnabled=true \
  --set global.proxy.accessLogFile="/dev/stdout" \
  --set global.meshExpansion.enabled=true \
  --set 'global.meshNetworks.network1.endpoints[0].fromRegistry'=Kubernetes
  --set 'global.meshNetworks.network1.gateways[0].address'=0.0.0.0
  --set 'global.meshNetworks.network1.gateways[0].port'=443
  --set gateways.istio-ingressgateway.env.ISTIO_META_NETWORK="network1"
  --set global.network="network1" \
  --set 'global.meshNetworks.network2.endpoints[0].fromRegistry'=n2-k8s-config \
  --set 'global.meshNetworks.network2.gateways[0].address'=0.0.0.0 \
  --set 'global.meshNetworks.network2.gateways[0].port'=443 \
  install/kubernetes/helm/istio > istio-auth.yaml
```

将 Istio 部署到 cluster1 集群：

```
$ kubectl create --context=$CTX_CLUSTER1 ns istio-system

$ kubectl create --context=$CTX_CLUSTER1 secret generic cacerts -n istio-system --from-file=samples/certs/ca-cert.pem --from-file=samples/certs/ca-key.pem --from-file=samples/certs/root-cert.pem --from-file=samples/certs/cert-chain.pem
```

```
$ for i in install/kubernetes/helm/istio-init/files/crd*yaml; do kubectl apply
--context=$CTX_CLUSTER1 -f $i; done

$ kubectl create --context=$CTX_CLUSTER1 -f istio-auth.yaml
```

验证控制面组件安装完成：

```
$ kubectl get pods --context=$CTX_CLUSTER1 -n istio-system
```

NAME	READY	STATUS	RESTARTS	AGE
istio-citadel-66dfc6c84f-txsvx	1/1	Running	2	3d
istio-cleanup-secrets-1.1.3-xl6th	0/1	Completed	0	3d
istio-galley-8579b6d5b7-llk5h	1/1	Running	2	3d
istio-ingressgateway-589c9b9944-cdgns	1/1	Running	1	3d
istio-pilot-658f69f5dd-g7j48	2/2	Running	2	3d
istio-policy-84966d56c6-n6tph	2/2	Running	6	3d
istio-security-post-install-1.1.3-5pbg4	0/1	Completed	0	3d
istio-sidecar-injector-9885d9999-c5lwz	1/1	Running	2	3d
istio-telemetry-5f5d69bb8b-w7v45	2/2	Running	6	3d
prometheus-78f7f5b5f4-r7dmt	1/1	Running	1	3d

在 cluster1 集群中创建访问远端集群 cluster2 中服务的入口网关，有趣的是对于单控制面模型来说，这里的 Gateway 规则同样作用于 cluster1 集群的网关，适用于 cluster2 集群中的服务访问 cluster1 集群中的服务：

```
$ kubectl create --context=$CTX_CLUSTER1 -f - <<EOF
apiVersion: networking.istio.io/v1alpha3
kind: Gateway
metadata:
  name: cluster-aware-gateway
  namespace: istio-system
spec:
  selector:
    istio: ingressgateway
  servers:
  - port:
      number: 443
      name: tls
      protocol: TLS
    tls:
      mode: AUTO_PASSTHROUGH
```

```
    hosts:
    - "*.local"
EOF
```

导出 cluster1 集群的网关地址：

```
$ export LOCAL_GW_ADDR=$(kubectl get --context=$CTX_CLUSTER1 svc
--selector=app=istio-ingressgateway -n istio-system -o
jsonpath='{.items[0].status.loadBalancer.ingress[0].ip}') && echo ${LOCAL_GW_ADDR}
```

使用 Helm 创建 Istio cluster2 集群的部署 YAML 文件：

```
$ helm template --name istio-remote --namespace=istio-system \
  --values install/kubernetes/helm/istio/values-istio-remote.yaml \
  --set global.mtls.enabled=true \
  --set gateways.enabled=true \
  --set security.selfSigned=false \
  --set global.controlPlaneSecurityEnabled=true \
  --set global.createRemoteSvcEndpoints=true \
  --set global.remotePilotCreateSvcEndpoint=true \
  --set global.remotePilotAddress=${LOCAL_GW_ADDR} \
  --set global.remotePolicyAddress=${LOCAL_GW_ADDR} \
  --set global.remoteTelemetryAddress=${LOCAL_GW_ADDR} \
  --set gateways.istio-ingressgateway.env.ISTIO_META_NETWORK="network2" \
  --set global.network="network2" \
  install/kubernetes/helm/istio > istio-remote-auth.yaml
```

将 Istio 部署到 cluster2 集群：

```
$ kubectl create --context=$CTX_CLUSTER2 ns istio-system

$ kubectl create --context=$CTX_CLUSTER2 secret generic cacerts -n istio-system
--from-file=samples/certs/ca-cert.pem --from-file=samples/certs/ca-key.pem
--from-file=samples/certs/root-cert.pem --from-file=samples/certs/cert-chain.pem

  kubectl create --context=$CTX_CLUSTER2 -f istio-remote-auth.yaml
```

等待 cluster2 集群的 Pod 状态就绪，istio-ingressgateway 此时不会启动，它在 cluster1 集群的 Pilot 监听 cluster2 集群这一步骤完成后才能就绪：

```
$ kubectl get pods --context=$CTX_CLUSTER2 -n istio-system -l
istio!=ingressgateway NAME                                READY   STATUS
RESTARTS   AGE
  istio-citadel-ddf44955d-q6vhh                           1/1     Running    2     3d
```

```
istio-cleanup-secrets-1.1.3-6d2fw           0/1    Completed   0   3d
istio-sidecar-injector-6677486b86-9rnhg     1/1    Running     2   3d
```

确定 cluster2 集群的入口 IP 和端口号:

```
$ export INGRESS_HOST=$(kubectl get --context=$CTX_CLUSTER2 svc
--selector=app=istio-ingressgateway -n istio-system -o
jsonpath='{.items[0].status.loadBalancer.ingress[0].ip}')
$ export SECURE_INGRESS_PORT=443
```

用 INGRESS_HOST 更新网格配置中的 Gateway 地址:

```
$ kubectl edit cm -n istio-system --context=$CTX_CLUSTER1 istio
......
  network2:
    endpoints:
    - fromRegistry: n2-k8s-config
    gateways:
    - address: $INGRESS_HOST
      port: 443
```

准备环境变量以构建 service account istio-multi 的 n2-k8s-config 文件:

```
$ CLUSTER_NAME=$(kubectl --context=$CTX_CLUSTER2 config view --minify=true -o
jsonpath='{.clusters[].name}')
$ SERVER=$(kubectl --context=$CTX_CLUSTER2 config view --minify=true -o
jsonpath='{.clusters[].cluster.server}')
$ SECRET_NAME=$(kubectl --context=$CTX_CLUSTER2 get sa istio-multi -n
istio-system -o jsonpath='{.secrets[].name}')
$ CA_DATA=$(kubectl get --context=$CTX_CLUSTER2 secret ${SECRET_NAME} -n
istio-system -o jsonpath="{.data['ca\.crt']}")
$ TOKEN=$(kubectl get --context=$CTX_CLUSTER2 secret ${SECRET_NAME} -n
istio-system -o jsonpath="{.data['token']}" | base64 --decode)
```

从上面的环境变量中获得 cluster2 集群的连接信息并写到 n2-k8s-config:

```
$ cat <<EOF > n2-k8s-config
apiVersion: v1
kind: Config
clusters:
  - cluster:
      certificate-authority-data: ${CA_DATA}
      server: ${SERVER}
    name: ${CLUSTER_NAME}
```

```
contexts:
  - context:
      cluster: ${CLUSTER_NAME}
      user: ${CLUSTER_NAME}
    name: ${CLUSTER_NAME}
current-context: ${CLUSTER_NAME}
users:
  - name: ${CLUSTER_NAME}
    user:
      token: ${TOKEN}
EOF
```

执行如下命令创建 cluster2 集群的 Secret，cluster1 集群的 Pilot 将开始监听 cluster2 集群的资源变化：

```
$ kubectl create --context=$CTX_CLUSTER1 secret generic n2-k8s-secret
--from-file n2-k8s-config -n istio-system

$ kubectl label --context=$CTX_CLUSTER1 secret n2-k8s-secret
istio/multiCluster=true -n istio-system
```

等待 istio-ingressgateway 的 Pod 启动完成：

```
$ kubectl get pods --context=$CTX_CLUSTER2 -n istio-system -l
istio=ingressgateway
NAME                                      READY   STATUS    RESTARTS   AGE
istio-ingressgateway-6d99768db5-cd899     1/1     Running   1          3d
```

更新 MeshNetworks 的配置，解决远端集群中的服务不能访问本地集群中的服务的问题，当然，这一步可以在本地集群安装时通过设置额外的参数使用 Helm 生成：

```
$ kubectl edit cm -n istio-system --context=$CTX_CLUSTER1 istio

meshNetworks:
  "network1":   #在安装集群1的时候可以指定，例如：--set global.network="network1"
    endpoints:
    - fromRegistry: Kubernetes   # Istio 1.1中，对于primary集群一定是固定值
Kubernetes
    gateways:
    - address: <cluster 1 gateway ip>
      port: 443
  network2:
    endpoints:
```

```
      - fromRegistry: n2-k8s-config
    gateways:
    - address: <cluster 2 gateway ip>
      port: 443
```

在两个集群上分别创建 sample 命名空间，并使用 Sidecar 自动注入标签：

```
$ kubectl create --context=$CTX_CLUSTER1 ns sample
$ kubectl label --context=$CTX_CLUSTER2 namespace sample istio-injection=enabled

$ kubectl create --context=$CTX_CLUSTER2 ns sample
$ kubectl label --context=$CTX_CLUSTER2 namespace sample istio-injection=enabled
```

在 cluster1 集群中部署 helloworld v1：

```
$ kubectl create --context=$CTX_CLUSTER1 -f samples/helloworld/helloworld.yaml -l app=helloworld -n sample
$ kubectl create --context=$CTX_CLUSTER1 -f samples/helloworld/helloworld.yaml -l version=v1 -n sample
```

确定 helloworld v1 在运行：

```
$ kubectl get po --context=$CTX_CLUSTER1 -n sample
NAME                            READY   STATUS    RESTARTS   AGE
helloworld-v1-c64bc46f5-s7tlg   2/2     Running   2          1d
```

在 cluster2 集群中部署 helloworld v2：

```
$ kubectl create --context=$CTX_CLUSTER2 -f samples/helloworld/helloworld.yaml -l app=helloworld -n sample
$ kubectl create --context=$CTX_CLUSTER2 -f samples/helloworld/helloworld.yaml -l version=v2 -n sample
```

确定 helloworld v2 在运行：

```
$ kubectl get po --context=$CTX_CLUSTER2 -n sample
NAME                             READY   STATUS    RESTARTS   AGE
helloworld-v2-6489d9fb5-mzssq    2/2     Running   2          1d
```

用 istioctl 命令验证服务在两个集群中都注册成功，返回的 IP 是对应集群的 Gateway IP：

```
$ istioctl proxy-config endpoints istio-ingressgateway-589c9b9944-cdgns.istio-system --context=$CTX_CLUSTER1 | grep
```

```
helloworld
    100.101.37.21:5000     HEALTHY
outbound_.5000_._.helloworld.sample.svc.cluster.local
    100.101.37.21:5000     HEALTHY
outbound|5000||helloworld.sample.svc.cluster.local
    100.127.52.223:5000    HEALTHY
outbound_.5000_._.helloworld.sample.svc.cluster.local
    100.127.52.223:5000    HEALTHY
outbound|5000||helloworld.sample.svc.cluster.local

    $ istioctl proxy-config endpoints
istio-ingressgateway-6d99768db5-cd899.istio-system --context=$CTX_CLUSTER2 | grep
helloworld
    100.101.37.21:5000     HEALTHY
outbound_.5000_._.helloworld.sample.svc.cluster.local
    100.101.37.21:5000     HEALTHY
outbound|5000||helloworld.sample.svc.cluster.local
    100.127.52.223:5000    HEALTHY
outbound_.5000_._.helloworld.sample.svc.cluster.local
    100.127.52.223:5000    HEALTHY
outbound|5000||helloworld.sample.svc.cluster.local
```

为了验证 Primary 集群由中的服务如何访问 Remote 集群中的服务，需要在 cluster1 集群中部署客户端服务 sleep：

```
$ kubectl create --context=$CTX_CLUSTER1 -f samples/sleep/sleep.yaml -n sample
```

注意：如果要验证 Remote 集群的服务能否访问 Primary 集群中的服务，则还需要在 cluster2 集群中也部署 sleep 并重复下面的步骤。

等到 sleep 服务启动后，执行如下命令确认注册成功：

```
$ kubectl get po --context=$CTX_CLUSTER1 -n sample -l app=sleep
NAME                       READY     STATUS      RESTARTS     AGE
sleep-88ddbcfdd-bhstf      2/2       Running     2            2d

    $ istioctl proxy-config endpoints sleep-88ddbcfdd-bhstf.sample
--context=$CTX_CLUSTER1 | grep helloworld
    100.101.37.21:5000     HEALTHY
outbound|5000||helloworld.sample.svc.cluster.local
    100.127.52.223:5000    HEALTHY
outbound|5000||helloworld.sample.svc.cluster.local
```

```
$ kubectl get po --context=$CTX_CLUSTER2 -n sample -o wide
NAME                              READY  STATUS   RESTARTS  AGE  IP              NOMINATED NODE
helloworld-v2-6489d9fb5-mzssq     2/2    Running  2         1d   100.127.52.223
ip-172-31-11-228.us-west-1.compute.internal    <none>
```

从客户端 sleep 的 Pod 中对 helloworld.sample 发起多次请求：

```
$ kubectl exec --context=$CTX_CLUSTER1 -it -n sample -c sleep $(kubectl get pod
--context=$CTX_CLUSTER1 -n sample -l app=sleep -o
jsonpath='{.items[0].metadata.name}') -- curl helloworld.sample:5000/hello
```

从返回结果可以看到，流量会在两个集群的 v1 版本和 v2 版本的不同实例间切换：

```
Hello version: v1, instance: helloworld-v1-c64bc46f5-s7tlg

Hello version: v2, instance: helloworld-v2-6489d9fb5-mzssq
```

13.3 本章总结

本章主要演示了如何使用 Istio 网关和启用 Pilot 的集群感知服务路由功能来配置单个 Istio 控制平面，并管理多个集群下的服务流量。从整个过程来看，目前这种多集群配置还有许多限制，且操作步骤复杂、容易出错。随着用户需求的增加，相信社区会进一步降低多集群配置的复杂度，改善使用体验。

架 构 篇

在完成原理篇、实践篇的基本学习之后,相信你已经熟悉了 Istio 的功能、特点及使用场景。本篇将深入讲解 Istio 的内部实现,从架构的视角介绍 Istio 各组件的设计思想、数据模型和核心工作流程,并详细分析 Istio 当前设计与实现的优缺点。

第 14 章

司令官 Pilot

Pilot 是 Istio 控制面流量管理的核心组件,管理和配置部署在 Istio 服务网格中的所有 Envoy 代理实例,允许用户创建 Envoy 代理之间的流量转发路由规则,并配置故障恢复功能,例如超时、重试及熔断。另外,Pilot 支持设置安全(认证、鉴权、策略控制)、遥测上报等规则,维护着网格中所有的服务实例信息,并基于 xDS 服务发现让每个 Envoy 都能了解上游服务的实例信息。

除此之外,Pilot 还提供了一个用于 Debug 的 REST 接口,可供管理员获取进程缓存状态、配置下发状态及针对某个代理进行完整配置。目前,命令行工具 istioctl 获取配置及代理状态的很多子命令都直接访问此接口。

14.1 Pilot 的架构

如图 14-1 所示的灰色部分表示 Pilot,Pilot 在服务网格中维护着 Istio 服务的抽象模型,这些模型独立于不同底层平台(Kubernetes、Mesos 和 CloudFoundry)的 API 实现。

平台适配器(Platform Adapter)负责监听底层平台,并完成从平台特有的服务模型到 Istio 规范模型的转换,如下所述。

- ◎ 服务模型的转换:将 Kubernetes、Consul 等平台的服务模型转换为 Istio 规范的服务模型。
- ◎ 服务实例的转换:比如将 Kubernetes Endpoint 资源转换为 Istio 规范的服务实例模型。
- ◎ Istio 中的配置模型的转换:将 Kubernetes 平台非结构化的 Custom Resource 配置规则转换为 VirtualService、Gateway、ServiceEntry、DestinationRule 等 API,以及将 Kubernetes Ingress 资源转换为 Istio Gateway 资源。

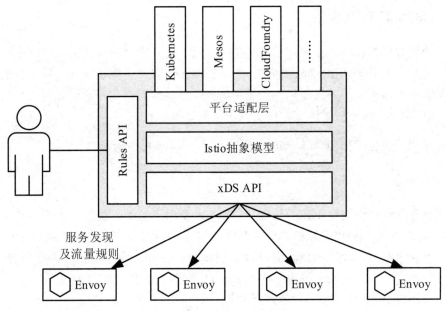

图 14-1 Pilot 架构

在平台适配器之上就是抽象聚合层，之所以需要抽象聚合层，是因为 Pilot 支持基于多个不同的底层平台进行服务发现和流量规则发现。抽象聚合层通过聚合不同平台的服务、配置规则对外提供统一的接口，进而使得 Pilot 发现服务（xDS）无须关心底层平台的差异，达到解耦 xDS 与底层平台的目的。

xDS 发现服务位于 Pilot 架构的最上层，直接将 Pilot 流量治理的能力暴露给客户端。Pilot 通过 xDS 服务器提供服务发现接口 xDS API，xDS 服务器接收并维护 Envoy 代理的连接，并基于客户端订阅的资源名称进行相应 xDS 配置的分发。

目前，在 Pilot 与 Envoy 代理之间维护着一条 gRPC 长连接，所有配置的分发都基于此连接的一个 Stream。配置的下发采用异步方式，主要基于底层注册中心服务的变化或者配置规则的更新事件。

熟悉 Istio 服务模型和 xDS 协议是了解 Pilot 的基本架构和工作原理的必要条件，本节首先简单介绍这些内容。如果读者已经对 Istio 服务模型及 xDS 有所了解，则可以直接跳过本节进行后面内容的学习。

14.1.1 Istio 的服务模型

Istio 的服务模型伴随着整个配置的生成及分发。Istio 通过平台适配器层将平台特有的服务模型转换为 Istio 通用的抽象服务模型，使得 xDS 服务层无须感知底层平台的差异。xDS 服务器基于通用的服务模型构建流量配置规则，从而对底层平台的差异无感知，这样可以大大提高 Pilot 的可扩展性，方便支持更多的扩展平台。

Istio 通用的服务模型包含 Service（服务）和 ServiceInstance（服务实例）。

1. Service

每个服务都有一个完全限定的域名（FQDN）及用于监听连接的一个或多个端口。可选地，服务可以具有与其相关联的单个负载均衡器或虚拟 IP 地址，使得针对 FQDN 的 DNS 查询被解析为虚拟 IP 地址（负载均衡器 IP）。例如，在 Kubernetes 平台上，一个服务 forecast 的 FQDN 可能是 forecast.weather.svc.cluster.local，拥有虚拟 IP 地址 10.0.1.1 并监听在 3002 端口。Istio 的 Service 模型及其主要属性如下。

- ◎ Hostname：服务域名，为 FQDN（全限定域名），在 Kubernetes 环境下，服务的域名形式是 <name>.<namespace>.svc.cluster.local。
- ◎ Address：服务的虚拟 IP 地址，主要为 HTTP 服务生成 HTTP 路由的虚拟主机 Domains。Envoy 代理会根据路由中虚拟主机的域名转发请求。
- ◎ ClusterVIPs：服务于 Kubernetes 多集群服务网格，表示集群 ID 与虚拟 IP 的关系。Pilot 在为 Envoy 代理构建 Listener 和 Route 时，会根据代理所在的集群选用对应集群的虚拟 IP。
- ◎ ServiceAccounts：是服务的身份标识，遵循 SPIFFE 规范。例如，在 Kubernetes 环境下，身份信息的格式为 "spiffe://<domain>/ns/<namespace>/sa/<serviceaccount>"，这使 Istio 服务能够建立和接收与其他 SPIFFE 兼容系统的连接。
- ◎ Resolution：指示代理如何解析服务实例的地址，在大多数网格内的服务之间访问时使用 ClientSideLB，Envoy 会根据负载均衡算法从本地负载均衡池中选择一个 Endpoint 地址进行转发。还有 DNSLB 和 Passthrough 两种解析策略可选，一般用于访问服务网格外部的服务或者 Kubernetes Headless（无头）服务。
- ◎ Attributes：定义服务的额外属性，主要用于 Mixer 遥测。特别要注意，在属性中还有一个 ExportTo 字段，用于定义服务的可见范围，表示本服务可被同一命名空间或者集群中的所有工作负载访问。

可见，Istio Service 模型完全不同于底层平台服务模型，例如 Kubernetes Service API。Istio 服务模型记录了 Istio 生成 xDS 配置所需要的属性，这些关键属性由 Kubernetes Service 转换而来。这种抽象的与底层无关的服务模型，在很大程度上解耦了 Pilot xDS Server 模块与底层平台适配器，并具有很强的可扩展性。

2. ServiceInstance

ServiceInstance 表示特定版本的服务实例，记录服务与其实例 NetworkEndpoint 的关联关系，定义与服务相关联的标签（版本等信息）。每个服务都有一个或者多个实例，服务实例是服务的实际表现形式，类似于 Kubernetes 中 Service 与 Endpoint 的概念。

服务实例的属性及其作用如下。

◎ Service：关联的服务，用于维护服务实例与服务的关系。
◎ Labels：服务实例的标签，可用于路由选择，例如，可以限制只有标签为 app:v1 的服务实例才可以访问某个服务。
◎ ServiceAccount：服务实例的身份信息，与 Service.ServiceAccounts 属性类似，主要用于 Istio 双向 TLS 认证。
◎ Endpoint：NetworkEndpoint 类型，定义了服务实例的网络地址、位置信息、负载均衡权重及所在的网络 ID 等元数据。

NetworkEndpoint 模型的主要属性及其含义如表 14-1 所示。

表 14-1 NetworkEndpoint 模型的主要属性及其含义

主要属性	含义
Family	网络通信域，TCP 或者 UNIX 域 Socket
Address	服务实例的地址
Port	服务实例监听的端口
ServicePort	服务监听的端口
Network	服务实例所在的网络
Locality	位置信息
LbWeight	负载均衡权重

接下来，结合实际的 Kubernetes 环境解释 NetworkEndpoint 的主要属性。

◎ Address：服务实例监听的 IP 地址，即 Pod 的 IP 地址。

- ◎ Port：服务实例监听的端口号，实际上等同于服务进程监听的端口号。
- ◎ ServicePort：服务端口号，等同于 Service 的虚拟 IP 或者负载均衡 IP 所匹配的服务端口。
- ◎ Network：网络标识，支持多网络的服务网格内路由转发。
- ◎ Locality：Pod 所在的区域、可用域等位置信息，用于基于位置的负载均衡策略。
- ◎ LbWeight：负载均衡权重，目前主要用于服务网格外部服务（ServiceEntry 定义）的访问权重设置。

NetworkEndpoint 模型与在 Istio 1.1 中新定义的 IstioEndpoint 模型很相似，这给开发者带来很大的阅读挑战和开发负担，Istio 社区计划在将来的版本中使用 IstioEndpoint 代替 NetworkEndpoint。

14.1.2 xDS 协议

xDS 协议是 Envoy 动态获取配置的传输协议，也是 Istio 与 Envoy 连接的桥梁。Envoy 通过文件系统或者查询一个或者多个管理服务器来动态获取配置。总体来说，这些发现服务及相关 API 被统称为 xDS。目前在 Istio 中，Pilot 主要基于 gRPC 协议提供发现服务功能，本节主要介绍流式 gRPC 订阅。

1. xDS 概述

xDS 是一类发现服务的总称，包含 LDS、RDS、CDS、EDS 及 SDS。

（1）LDS：Listener 发现服务。Listener 监听器控制 Envoy 启动端口监听（目前只支持 TCP），并配置 L3 或 L4 层过滤器，在网络连接到达后，由网络过滤器堆栈开始处理。Envoy 根据监听器的配置执行大多数不同的代理任务（限流、客户端认证、HTTP 连接管理、TCP 代理等）。

（2）RDS：Route 发现服务，用于 Envoy HTTP 连接管理器动态获取路由配置。路由配置包含 HTTP 头部修改（增加、删除 HTTP 头部键值）、Virtual Hosts（虚拟主机）及 Virtual Hosts 定义的各个路由条目。

（3）CDS：Cluster 发现服务，用于动态获取 Cluster 信息。Envoy Cluster 管理器管理着所有的上游 Cluster。Envoy 一般从 Listener（针对 TCP 协议）或 Route（针对 HTTP）中抽象出上游 Cluster，作为流量转发目标。

（4）EDS：Endpoint 发现服务。在 Envoy 术语中，Cluster 成员叫作 Endpoint，对于每个 Cluster，Envoy 都通过 EDS API 动态获取 Endpoint。之所以将 EDS 作为首选的服务发现机制，是因为：

◎ 与通过 DNS 解析的负载均衡器进行路由相比，Envoy 能明确知道每个上游主机的信息，从而做出更加智能的负载均衡决策。

◎ Endpoint 配置包含负载均衡权重、可用域等附加主机属性，这些属性可用于服务网格负载均衡、统计收集等。

（5）SDS：Secret 发现服务，用于在运行时动态获取 TLS 证书。若没有 SDS 特性，则在 Kubernetes 环境下必须创建包含证书的 Secret，在代理启动前必须将 Secret 挂载到 Sidecar 容器中，如果证书过期，则需要重新部署。在使用 SDS 后，集中式的 SDS 服务器将证书分发给所有的 Envoy 实例，如果证书过期，则服务器会将新的证书分发，Envoy 在接收到新的证书后重新加载，不用重新部署。

Envoy 通过 xDS API 可以动态获取 Listener（监听器）、Route（路由）、Cluster（集群）、Endpoint（集群成员）及 Secret（证书）配置。

2. xDS API

一次完整的 xDS 流程包含三个步骤：请求、响应、ACK 或者 NACK，如图 14-2 所示。

（1）Envoy 主动向 Pilot 发起 DiscoveryRequest 类型的请求。

（2）Pilot 根据请求生成相应的 DiscoveryResponse 类型的响应。

（3）Envoy 接收 DiscoveryResponse，然后动态加载配置，在配置加载成功后进行 ACK，否则进行 NACK，ACK 或者 NACK 消息也是以 DiscoveryRequest 的形式传输的。

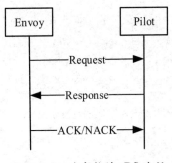

图 14-2 一次完整的 xDS 流程

DiscoveryRequest 配置的主要属性及其含义如表 14-2 所示。

表 14-2 DiscoveryRequest 配置的主要属性及其含义

主要属性	含义
version_info	表示 Envoy 最新加载成功的配置的版本号，在第 1 次 xDS 请求时为空
node	发起请求的节点信息，包含 ID、版本位置信息及其他元数据
resource_names	请求的资源名称列表，若为空，则表示订阅所有资源。LDS 或者 CDS 请求为空
type_url	请求的资源类型
response_nonce	Nonce 字符串，特定配置的 ACK 或者 NACK 标识
error_detail	代理加载配置失败的原因，在 ACK 时为空

DiscoveryResponse 配置的主要属性及其含义如表 14-3 所示。

表 14-3 DiscoveryResponse 配置的主要属性及其含义

主要属性	含义
version_info	本次响应的版本号
resources	响应资源：序列化的资源，可表示任意类型的资源
type_url	资源类型
nonce	适用于基于 gRPC 协议的流式订阅，提供了一种在随后的 DiscoveryRequest 中明确 ACK 或者 NACK 特定 DiscoveryResponse 的方式

3. ADS 的演进

ADS（Aggregated Discovery Service）是在 Istio 0.8 以后的版本中出现的一种聚合发现服务。ADS 基于 gRPC 协议的同一个流，避免了 CDS、EDS、LDS、RDS 更新分别指向不同的 Pilot 服务端的可能。之所以引入 ADS，主要是因为基于 REST 协议的 xDS 有以下问题。

（1）xDS 是一种最终一致性协议，在配置更新的过程中流量容易丢失。例如，通过 CDS 或者 EDS 获得了 Cluster X，一条指向 Cluster X 的 RouteConfiguration 刚好被更新为指向 Cluster Y，但是在 CDS、EDS 还没来得及分发 Cluster Y 的配置的情况下，路由到 Cluster Y 的流量会被全部丢弃，并且返回给客户端 "503" 状态码。

（2）在某些场景下，流量的丢失是不可接受的。

值得庆幸的是，遵循 make-before-break 的原则，通过调整配置更新的顺序完全可以避免流量的丢失。

（1）CDS 的更新必须先进行，请求资源的名称为空。

（2）EDS 的更新必须在 CDS 的更新之后进行，并且 EDS 的更新需要指定 CDS 获取的相关集群名称。

（3）LDS 的更新必须在 CDS 或 EDS 的更新之后进行，请求资源的名称为空。

（4）RDS 的更新与 LDS 新加的监听器有关，在请求过程中必须指定新的监听器的路由名称，因此 RDS 的更新必须在 LDS 的更新之后进行。

xDS 基本的配置更新顺序如图 14-3 所示。

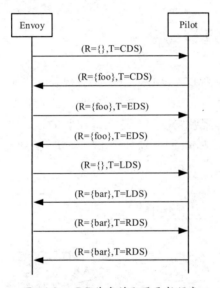

图 14-3　xDS 基本的配置更新顺序

Istio 在 0.8 之前的版本中使用独立的接口进行不同类型的资源的服务发现，如图 14-4 所示，Envoy 在本质上采用了最终一致性模型，不能保证不同资源的配置获取及加载时序，在配置更新过程中难免出现连接错误，这主要是因为：同一代理可能与不同的 Pilot 实例建立连接；不同的 Pilot 实例配置规则、服务等资源的获取遵循最终一致性要求，但是没有强一致性保证。

在 ADS 出现后，一切变得简单起来，Envoy 通过 gRPC 与某个特定的 Pilot 实例建立连接。Pilot 通过简单的串行分发配置方式保证 xDS 的更新按照 CDS →EDS →LDS →RDS 的顺序进行，Envoy 以相同的顺序加载配置，从而轻松避免基于 REST 方式的 xDS 容易出现的网络中断问题。

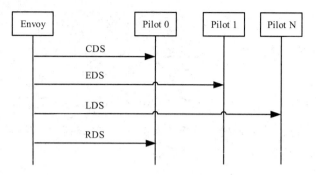

图 14-4　Envoy 采用的最终一致性模型

14.2　Pilot 的工作流程

　　Pilot 组件作为 Istio 控制面的核心，主要职责是获取注册中心的配置规则或者服务，服务于所有的 Envoy。如图 14-5 所示，Pilot 主要包含服务发现、配置规则发现及服务器三大模块。服务发现及配置规则发现用于从底层注册中心发现原始资源，并且服务于 Pilot 服务器，提供 xDS 配置源。Pilot 服务器处理 Envoy 实例的连接请求，服务于 xDS 配置的生成与分发。

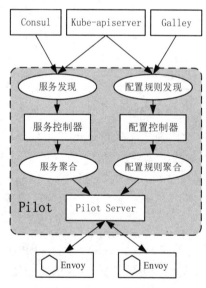

图 14-5　Pilot 的核心组件

关于每个模块的详细工作原理，请仔细阅读本节所有内容。

14.2.1 Pilot 的启动与初始化

下面讲解 Pilot 是启动与初始化的。

1. Pilot 的启动

Pilot 是通过 pilot-discovery 进程启动的，如图 14-6 所示，主要包括配置控制器、服务控制器、xDS 服务器、HTTP 服务器和性能监视器等模块。其中：

（1）xDS 服务器用于处理 Envoy 代理的 xDS 请求，以及控制相关配置的生成及下发；

（2）配置控制器主要用于监视底层注册中心及更新配置规则，并通知 xDS 服务器异步更新 xDS 配置；

（3）服务控制器主要用于监视底层注册中心、更新服务及服务实例，并通知 xDS 服务器异步更新 xDS 配置；

（4）HTTP 服务器主要提供 REST 接口供管理员获取 Debug 信息；

（5）性能监视器主要提供性能分析的接口，可通过此接口获取进程运行时内存、CPU 占用等。

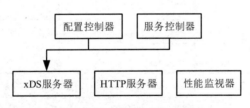

图 14-6　Pilot 的主要模块

Pilot 的启动流程如图 14-7 所示，需要执行以下步骤：

（1）命令行参数解析，解析所需的配置文件、服务器地址等日志系统配置；

（2）初始化 Kubernetes 客户端。在 Kubernetes 集群中，底层服务发现需要监视 Kube-apiserver，所以这里需要创建 Kubernetes 客户端；

（3）加载服务网格配置，主要是网格中所有的 Envoy 实例共享的一些全局配置，包括 Mixer 服务器地址、连接管理相关的设置及访问日志格式等；

(4)加载服务网格网络配置,支持同一网格多网络之间的服务直接访问,例如 Kubernetes 多集群的场景;

(5)初始化 Config Controller(配置控制器)、Pilot 核心模块,监视底层注册中心的配置规则,并异步通知 xDS 服务器;

(6)初始化 Service Controller(服务控制器)、Pilot 核心模块,监视底层注册中心服务及服务实例,并异步通知 xDS 服务器;

(7)初始化 Pilot 服务器,主要涉及 xDS Server、HTTP 服务器,处理所有 xDS 连接,生成 xDS 配置并下发;

(8)初始化多集群服务发现,适用于多个 Kubernetes 集群共用同一套控制面的场景;

(9)启动所有 Pilot Server 及控制器,开始监听底层平台及处理下游 xDS 请求。

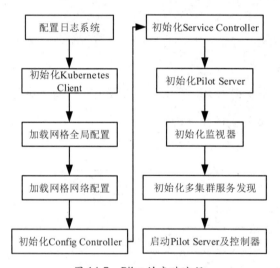

图 14-7 Pilot 的启动流程

由于 Pilot Server 是一类服务器的集合,模型复杂,因此下一小节将详细介绍 Pilot Server 的初始化及启动原理。

2. Pilot Server 的初始化

Pilot Server 作为 xDS 的服务端,实现了各种发现服务功能,对外提供 HTTP、非安全的 gRPC 接口和安全的 gRPC 接口。如图 14-8 所示,Pilot Server 主要包含 gRPC 服务器及

HTTP 服务器两部分：HTTP 服务器提供了一种方便剖析 Pilot 运行时状态的 REST API，包含性能分析数据及 Debug 信息查询；安全及非安全的 gRPC 服务器均实现了 xDS 协议的服务端，提供 ADS 接口 API。

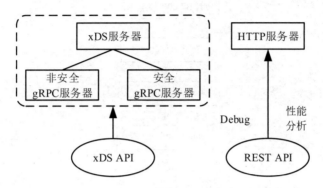

图 14-8　Pilot Server 的组成

Pilot Server 的初始化流程如下所述，如图 14-9 所示。

（1）创建 DiscoveryService，DiscoveryService 是一个 HTTP 请求多路复用器，并注册性能分析处理器。

（2）创建 EnvoyXdsServer，实现了 Envoy 服务发现 ADS 接口，用于处理 xDS 请求，生成配置并进行分发。EnvoyXdsServer 是 Pilot 最核心的功能模块，主要功能包括维护 Envoy 代理的连接、处理异步的事件通知、生成 xDS 配置等。

（3）向 HTTP 多路复用器注册 Debug 处理器，提供 Pilot 运行时配置查询及分发状态查询。

（4）初始化非安全 gRPC 服务器，并向其注册 xDS API 处理函数（由 EnvoyXdsServer 提供）。

（5）初始化安全 gRPC 服务器，并向其注册 xDS API 处理函数（由 EnvoyXdsServer 提供）。

（6）分别注册三种服务器的启动回调，在 Pilot 启动的最后环节统一启动。

14.2.2　服务发现

Pilot 服务发现指 Istio 服务、服务实例、服务端口及服务身份信息的发现，目前通过两种不同的平台适配器支持 Kubernetes 和 Consul 两种服务注册中心。在 Adapter 之上，Pilot 通过抽象聚合层提供统一的接口，使 EnvoyXdsServer 无须感知底层平台的差异。

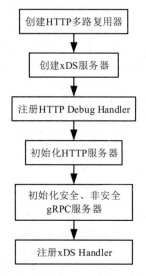

图 14-9　Pilot Server 的初始化流程

1. 服务发现模型

Pilot 的服务发现模型如图 14-10 所示。不难发现，还有一种上面未提到的 ServiceEntry 适配器，由于其特殊性，将其放在后面解释。

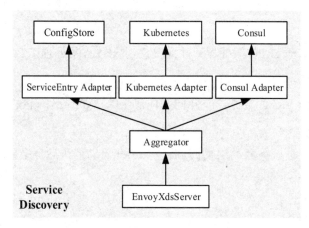

图 14-10　Pilot 的服务发现模型

2. 服务聚合

在 Istio 服务模型中，除了有网格内的服务，还有网格外的服务。Istio 通过 ServiceEntry 定义网格外的服务。在 Kubernetes 环境下，ServiceEntry 与其他配置规则一样也是通过 CRD 定义的，因此 ServiceEntry 服务发现是基于 ConfigStore 实现的。也就是说，基于 ServiceEntry 的服务发现是一种两级发现服务：第 1 级是 Config Controller 通过 ConfigStore 实现的配置发现；第 2 级是 Service Controller 通过 ServiceEntry 适配器实现的服务发现。

服务聚合器 Aggregator 是 Pilot 对所有 Adapter 的抽象封装，它通过注册接口提供 Adapter 的注册，通过 ServiceDiscovery 接口实现服务、服务实例及服务端口的检索功能：

```go
type ServiceDiscovery interface {
    // 查询网格中的所有服务
    Services() ([]*Service, error)

    // 根据 hostname 查询服务
    GetService(hostname Hostname) (*Service, error)

    // 根据 hostname、端口号及标签获取服务实例
    InstancesByPort(hostname Hostname, servicePort int, labels LabelsCollection) ([]*ServiceInstance, error)

    // 获取 Sidecar 代理相关的服务实例
    GetProxyServiceInstances(*Proxy) ([]*ServiceInstance, error)

    // 根据 IP 地址获取管理端口
    ManagementPorts(addr string) PortList

    // 获取工作负载的健康检查信息
    WorkloadHealthCheckInfo(addr string) ProbeList
}
```

服务聚合器 Aggregator 只是汇聚所有 Adapter 的服务信息查询结果，它并不是信息源头。举个例子，当通过 Aggregator 的 Service()接口查询所有的服务信息时，Aggregator 会遍历所有的注册中心 Adapter，分别获取各注册中心的服务信息并汇集，最后返回给查询方。在 Istio 中，所有 Adapter 都实现了与 Aggregator 相同的 ServiceDiscovery 接口，Aggregator 正是通过此接口与之级联的。

至此，通过 ServiceDiscovery 接口主动查询服务信息的模型已经清晰，但是众所周知，

Istio 通过 xDS API 提供异步的配置分发，即当服务更新时，Pilot 主动生成对应新服务的配置，通过 xDS 连接下发到 Envoy，这比周期性地轮询获取配置更高效。

3. 服务发现的异步通知机制

在软件系统中，异步通知的实现依赖于回调函数，当有更新事件（增加、删除、更新）产生时，系统在捕获到事件的同时执行回调函数。如果事件回调函数的执行周期较长并且事件更新频率较高，则为了保证事件接收不会阻塞，一般会先进行上半部处理，将事件发送到队列，然后通过下半部（事件消费者）处理，如图 14-11 所示。上、下半部处理的说法来源于 Linux 的中断回调原理。在一般的分布式系统中，为了缓和生产者与消费者在生产和消费速度上的差异，都会通过如下异步事件处理模型进行处理。

图 14-11　异步事件处理的一般模型

Pilot 服务发现的异步通知机制也是基于此通用模型实现的。通过 Controller 接口，Aggregator 控制器对上层 EnvoyXdsServer 提供了服务事件处理的注册方式：

```
// 注册服务事件处理回调函数接口
type Controller interface {
    // 注册服务事件处理回调函数
    AppendServiceHandler(f func(*Service, Event)) error

    // 注册服务实例事件处理回调函数
    AppendInstanceHandler(f func(*ServiceInstance, Event)) error
    ……
}
```

4. 异步通知的实现原理

如图 14-12 所示，EnvoyXdsServer 在初始化时会通过 AppendServiceHandler 及 AppendInstanceHandler 分别向 Aggregator 注册服务、服务实例的更新事件处理回调函数。Aggregator 实际上是分别调用各 Adapter 的回调注册接口，然后将回调函数注册到各个 Adapter 上。

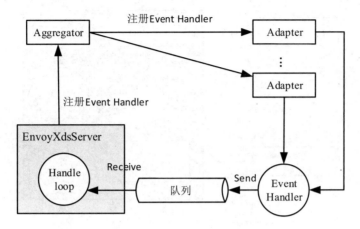

图 14-12　Pilot 服务发现的异步通知模型

各平台的 Adapter 基于底层注册中心提供的资源监视方式来监控资源的变化。例如，Kubernetes 平台提供了资源的监听 API，Adapter 通过 Kubernetes Informer 监听 Service 及 Endpoint 资源的变化。资源的变化会异步触发事件处理回调函数的执行。这里，EnvoyXdsServer 注册的事件处理回调函数是 clearCache，clearCache 会将事件更新通知发送到队列中，由 EnvoyXdsServer 启动单独的协程在队列的另一端接收通知，并执行下半部处理（分发配置）。

5. Kubernetes Adapter

在 Kubernetes 平台上，服务发现依赖于 Kubernetes Informer。在 Kubernetes 中，资源对象 Service 表示服务，Endpoint 表示服务实例。除此之外，还需要通过 Pod、Node 获取 Envoy 代理的标签及可用域等信息。因此，Kubernetes Adapter 通过 SharedInformerFactory 创建 4 种类型的 SharedInformer，并通过 AddEventHandler 接口注册 ResourceEventHandler 资源事件处理函数。这里的 ResourceEventHandler 不完全等同于 EnvoyXdsServer 注册的回调函数，接下来会详细阐述具体差异。

具体来说，Kubernetes Adapter 以 Controller 的形式运行，首先创建 Service、Endpoint、Pod、Node 这 4 种资源监听器，然后创建并注册 ResourceEventHandler，这里的 ResourceEventHandler 实际上会将资源更新事件封装成任务发送到控制器任务队列中。最后，通过 Controller 的 Run 方法启动任务队列与 4 种类型的资源监听器，其工作原理如图 14-13 所示。

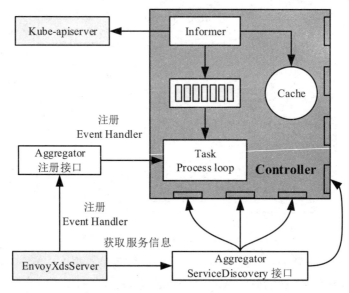

图 14-13　Kubernetes Adapter 的工作原理

前面提到了任务队列，这里的队列不同于常见的队列模型，在任务队列中不仅存储消息通知，还存储任务处理 Handler。这种方式的好处是释放了任务队列处理 Loop，对于不同类型的消息通知，可以做到完全透明。EnvoyXdsServer 可以通过注册接口 AppendServiceHandler 与 AppendInstanceHandler 注册 Kubernetes 事件处理回调函数。

目前，Service 类型的资源事件处理 Handler 的功能包括：EnvoyXdsServer 注册的 Event Handler（clearCache）执行及 Controller 缓存状态的维护。Endpoint 资源任务处理 Handler 没有利用 clearCache，而只更新 EDS，这是 Istio 在 1.0 版本之后对 xDS 的优化（增量 EDS 特性）。当 Endpoint 更新时，只更新受影响的服务的 EDS，生成增量的 EDS 配置，并将其下发到 Envoy，避免了冗余的 LDS、RDS、CDS 配置下发。

目前，Node、Pod 资源并未通过任务队列进行额外处理，只是利用监听器的本地缓存功能提供元数据（工作负载的标签、IP 地址、Proxy 所在的可用域等）的快速查询。Adapter 还实现了 ServiceDiscovery 接口，提供 Listener、Route、Cluster、Endpoint 配置源。

14.2.3　配置规则发现

Pilot 配置规则指网络路由规则、Mixer 配置规则及网络安全规则，包含 VirtualService、DestinationRule、Gateway、ServiceEntry 等。目前 Pilot 支持对接三种不同的注册中心：

Kubernetes、MCP 服务器和文件系统。Pilot 配置控制器分别实现了三种平台适配器,在平台适配器之上,控制器实现了一个抽象的接口封装,通过此接口对 xDS 服务器提供配置规则的查询。为了实现不同的适配器聚合,在 Pilot 中,这三种平台适配器都实现了同一个接口:ConfigStoreCache。

ConfigStoreCache 基于 ConfigStore 实现异步的事件通知机制:主动同步本地状态与远端存储,并提供接收更新事件通知及处理的能力。并且,事件处理 Handler 必须在控制器运行前注册。ConfigStoreCache 借鉴了 Kubernetes Informer 的设计思想,其中 ConfigStore 接口描述了一组平台无关的 API,底层平台必须支持这些 API 来存储和检索 Istio 配置:

```go
// 平台适配器的统一接口,基于 ConfigStore 接口提供配置的存储及查询,还提供事件处理回调函数的注册功能
type ConfigStoreCache interface {
    ConfigStore

    // 为特定类型的配置规则注册事件处理回调函数
    RegisterEventHandler(typ string, handler func(Config, Event))

    // 启动运行平台的适配器实例
    Run(stop <-chan struct{})

    // 缓存是否已同步
    HasSynced() bool
}

// 平台无感知的抽象接口,提供配置的存储及查询功能
type ConfigStore interface {
    // 获取配置描述 Schema
    ConfigDescriptor() ConfigDescriptor

    // 获取指定类型、名称的 Config
    Get(typ, name, namespace string) *Config

    // 获取指定命名空间下指定类型的所有 Config
    List(typ, namespace string) ([]Config, error)

    // 存储 Config
    Create(config Config) (revision string, err error)

    // 更新 Config
```

```
    Update(config Config) (newRevision string, err error)

    // 删除 Config
    Delete(typ, name, namespace string) error
}
```

1. Pilot 的配置发现模型

Pilot 的配置规则发现模型如图 14-14 所示，目前可选的配置规则注册中心包含 MCP 服务器、Kubernetes 和本地文件系统。

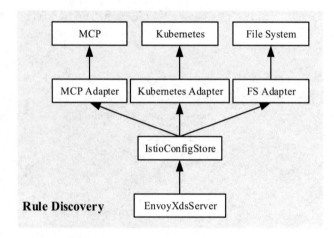

图 14-14　Pilot 的配置规则发现模型

接下来分别阐述相关适配器的原理。

1）本地文件系统适配器

本地文件系统适配器的基本工作原理是通过监视器周期性地读取本地配置文件，将配置规则缓存在内存中，并维护配置的增加、更新、删除事件，当缓存有变化时，异步通知执行事件回调，如图 14-15 所示。

（1）创建一个缓冲区 Store，用于存储所有配置，同时，为了保证配置的合法性，必须提供相关配置的校验功能。所以，Store 结构由 map 及 validator 组成，并实现 ConfigStore 接口，提供增删改查功能。

（2）创建 Monitor 文件系统监视器。Monitor 周期性地检查配置文件，并根据配置的变化更新 Store。这里，Monitor 采用轮询方式检查并读取配置，与本地缓存原来的配置进行比较，以此判断配置更新与否。这种方式比较浪费 CPU、I/O 资源，可利用 Inotify 异步获取文件系统的通知事件，减少文件读取及配置的对比次数，同时能减小配置更新的时延。

（3）更新 Store，并且发送更新事件到事件队列。

（4）事件处理器从事件队列中接收事件，并调用事件处理回调函数进行处理。

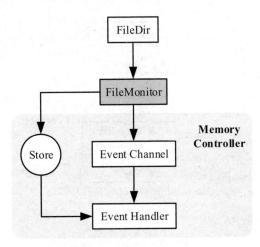

图 14-15 本地文件系统适配器的基本工作原理

文件监视器与内存控制器共同实现了基于文件系统的配置更新异步通知机制。内存控制器负责事件处理函数的注册、执行及配置规则的增删改查，实现了 ConfigStoreCache 接口。但是利用文件系统创建及更新配置规则这种模式不能保证配置的合法性，而且操作烦琐，不适合在生产环境下使用。

2）MCP 适配器

MCP（Mesh Configuration Protocol）是一种网格配置协议，用于隔离 Pilot 与底层平台（文件系统、Kubernetes），使得 Pilot 无须感知底层平台的差异，专注于 Envoy xDS 配置的生成与分发。MCP 的设计灵感来自 xDS 协议，它也是基于 gRPC Stream 订阅的协议。目前在 Istio 中，MCP 服务端在 Galley 组件（负责 Istio 控制面的配置聚合和分发）中实现。

MCP 适配器包含 MCP Client 与 CoreDataModel Controller 两个核心模块，其核心原理如图 14-16 所示。MCP Client 与 MCP 服务器首先建立一条 gRPC 连接，然后基于此连接向服务端发送资源订阅请求，同时阻塞地接收配置更新内容。MCP Client 通过 CoreDataModel 控制器提供的接口处理相关的配置资源，包含基本的存储及事件处理。

◎ MCP 客户端：与 MCP 服务器建立 gRPC 连接，并发送资源的订阅请求，它阻塞式地接收配置资源，并通知 CoreDataModel Controller 处理接收的新配置规则。
◎ CoreDataModel Controller：类似于文件系统适配器 Memory Controller，实现了 ConfigStoreCache 接口，提供配置规则的缓存及配置的事件处理注册机制。因此，CoreDataModel Controller 同时保存着不同配置的事件处理器。

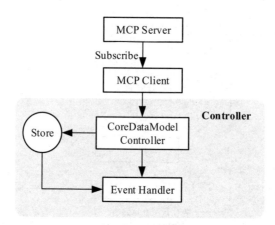

图 14-16　MCP 适配器的工作原理

目前 CoreDataModel 控制器事件回调函数的注册有两种方式：通过 ConfigStoreCache.RegisterEventHandler 方法注册和在控制器创建时指定。ServiceEntry 在本质上是一种服务，主要定义网格外的服务，其事件处理回调函数就是通过 ConfigStoreCache.RegisterEventHandler 方法注册的；我们可以将其他类型的资源都称为配置规则，事件处理都是在控制器创建时指定的。有意思的是，两者的本质相同，都会触发全量的分发 xDS 配置，但是通过 ConfigStoreCache.RegisterEventHandler 方法注册的 Handler 用于处理 ServiceEntry 资源的更新，通过控制器构造函数传入的 Handler 用于处理其他类型的配置规则。目前两种 Handler 的处理逻辑相同，笔者认为将两种事件处理函数注册分开的最终目的是实现增量的 xDS API。

如图 14-17 所示，Pilot 还支持配置多个 MCP 服务器的 Config 发现，每个 MCP Server 都可以提供独立的配置源。Pilot 创建多个客户端订阅配置资源，然后通过聚合器聚合，对外提供统一的 ConfigStoreCache 接口。

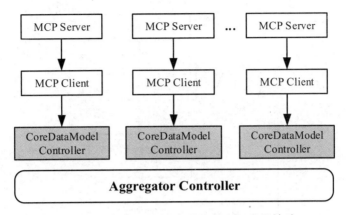

图 14-17 多个 MCP 服务器的 Config 发现模型

MCP 已经作为 Pilot 配置发现的默认选项，在 Istio 1.1 中，Pilot 默认使用 MCP 从 Galley 中获取配置规则。相信 Istio 在未来的几个版本中，会直接从 Kube-apiserver 中获取配置规则，Custom Resource 的配置发现方式将被废弃并移除。所以，MCP 将会是 Istio 社区的未来主流，在不远的将来，MCP 也许会成为默认的服务发现方式。

> 注意：目前 Istio 1.1 已将 Galley 作为默认的配置规则发现后端，为了避免踩坑，笔者建议用户在短期内还是继续使用老的配置规则发现方式。

3）Kubernetes 适配器

如图 14-18 所示，与前两种适配器的原理类似，基于 Kubernetes 的 Config 发现利用了 Kubernetes Informer 的监听能力。在 Kubernetes 集群中，Config 以 CustomResource 的形式存在。Pilot 通过配置控制器即 CRD Controller 监听 Kube-apiserver 配置规则资源，维护所有资源的缓存 Store，并触发事件处理回调函数。CRD Controller 实现了 ConfigStoreCache 接口，对外提供 Config 的事件处理 Handler 注册及 Config 资源检索。

Kubernetes 适配器存在两级事件处理 Handler：第 1 级是 Kubernetes Informer 的资源事件处理函数，由 Informer 自身接口注册；第 2 级是 CRD 控制器的事件处理，由 ConfigStoreCache.RegisterEventHandler 方法注册。两级事件处理通过任务队列相连接，这样设计也是为了避免当 Config 更新速度过快时，相应的事件处理执行过慢导致更新事件阻塞。这样的异步非阻塞模型也是 Kubernetes Controller Manager 典型的资源处理模型。

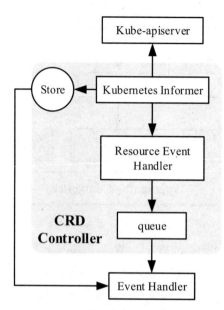

图 14-18　Kubernetes 适配器的工作原理

2. 配置规则聚合

配置规则 Aggregator 其实是一种 ConfigStore 接口的封装，它提供了一种更为具体的资源检索方式。在上一节 Pilot 的配置发现模型中，我们已经发现平台适配器提供的 ConfigStore 只能提供底层的检索方式：需要指定资源的类型，虽然使用起来更为灵活，但是不够方便。因此，Pilot 设计者最初通过 IstioConfigStore 提供更为方便的检索方式，支持条件检索，如下所示：

```
// 配置规则聚合器接口
type IstioConfigStore interface {
    ConfigStore

    // 获取所有的 ServiceEntry
    ServiceEntries() []Config

    // 获取所有的 Gateway
    Gateways(workloadLabels LabelsCollection) []Config

    // 获取所有的 EnvoyFilter
    EnvoyFilter(workloadLabels LabelsCollection) *Config
```

```go
// 根据目标服务实例获取 Mixerclient HTTP API Specs
HTTPAPISpecByDestination(instance *ServiceInstance) []Config

// 根据目标服务实例获取 Mixerclient 的配额配置
QuotaSpecByDestination(instance *ServiceInstance) []Config

// 根据服务及端口获取认证策略
AuthenticationPolicyByDestination(service *Service, port *Port) *Config

// 获取 ServiceRoles
ServiceRoles(namespace string) []Config

// 获取 ServiceRoleBindings
ServiceRoleBindings(namespace string) []Config

// 获取默认的 RbacConfig
RbacConfig() *Config

// 获取集群默认的 ClusterRbacConfig
ClusterRbacConfig() *Config
}
```

我们可以将配置聚合器更多地看作一种缓存资源检索的抽象封装，并不算真正的聚合，这是因为 Pilot 目前并不支持同时配置多种类型的配置注册中心。配置聚合器是任意类型的平台适配器的抽象，提供面向开发者的更加友好的检索接口，甚至支持条件检索。Config Aggregator 与服务发现聚合器一样，都为 EnvoyXdsServer 服务，提供 xDS 配置生成的数据源。

3. 配置发现异步通知

配置发现异步通知的实现原理与上一节服务发现异步通知的实现原理基本相同。

首先，EnvoyXdsServer 在初始化时通过配置聚合器的 ConfigStoreCache.RegisterEventHandler 方法向 Config 平台适配器注册 Event Handler，Event Handler 的处理过程实际上就是通知 xDS Server 本身发起一次全量的 xDS 配置分发。

然后，Config 平台适配器在启动后，会监视底层注册中心的 Config 更新（Add、Delete、Update），当配置资源更新时执行对应的 Event Handler。不同的平台适配器的 Event Handler 执行方式略有差异，例如：Kubernetes 适配器在接收到 Config 更新时，通过发送事件通知的方式异步地通知执行 Event Handler，但是 MCP 适配器在 MCP 客户端接收到资源更新后同步执行相应的事件处理函数。笔者认为目前 MCP 这种同步执行事件的处理方式具有一定的缺陷，在配置规则频繁更新的情况下，可能会导致基于 MCP 的资源时延过高。

14.2.4　Envoy 的配置分发

Envoy 的正常工作离不开正确的配置，Envoy 的基本配置包含 Listener、Route、Cluster 与 Endpoint，而路由、认证、授权等配置的动态更新是 Service Mesh 发展的必然趋势。Pilot 作为服务网格的指挥官，承担着动态配置生成及下发的重任。

本节将讲解 Envoy 网络转发所需的基本配置 API 及配置分发的时机，另外，Pilot 为提高配置下发的效率，降低了配置延迟，做了许多性能优化，本节也做部分讲解。

1．配置分发的时机

从 Pilot 的角度来看，存在两种配置分发模式：主动模式和被动模式。主动模式指 Pilot 主动将配置下发到 Sidecar，由 Config 与服务更新事件触发。被动模式指由 Pilot 接收 Sidecar 的连接请求（DiscoveryRequest），然后做出响应（DiscoveryResponse）。主动模式和被动模式的区别在于，主动模式是由底层注册中心的资源更新触发的，被动模式是由外部客户端的 Envoy 请求触发的。实际上，被动模式是前提，即 Envoy 主动发起订阅请求，订阅某些资源，Pilot 在内部维护所有客户端订阅的资源信息；当 Pilot 监听到后端注册中心的 Config 或者服务更新时，会根据客户端订阅的资源主动生成配置信息并下发到 Envoy。

在 Pilot 中配置的分发由 EnvoyXdsServer 负责，前面多次提到了 EnvoyXdsServer，本节便从配置分发的角度详细分析其工作原理。

1）被动模式

在被动模式下，EnvoyXdsServer 通过 StreamAggregatedResources 接收 Sidecar 的资源订阅请求，其原理为：EnvoyXdsServer 首先接收 gRPC 连接，然后初始化 XdsConnection 对象，启动 DiscoveryRequest 接收线程，后台任务最后循环读取请求队列 Channel，如图 14-19 所示。

在 Pilot 运行时，gRPC Server 接收 gRPC stream 上的 DiscoveryRequest，然后将请求发送到请求队列（Channel）。请求处理模块作为请求队列的接收方，循环处理从 Channel 中获取的 DiscoveryRequest。请求处理模块是主要的配置生成模块，如图 14-20 所示，其首先解析 DiscoveryRequest 获取请求资源类型（CDS、EDS、LDS、RDS），然后对每种类型分别进行处理。

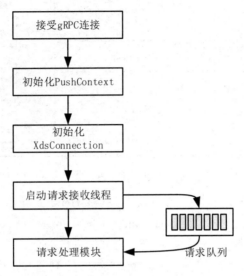

图 14-19　EnvoyXdsServer 的被动模式

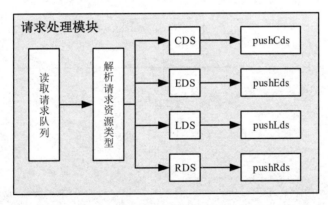

图 14-20　被动模式下的请求处理模块工作流程

2）主动模式

在主动模式下，EnvoyXdsServer 通过 StreamAggregatedResources 请求处理模块读取 pushChannel 中的 XdsEvent，然后通过 pushConnection 向 Sidecar 下发 xDS 配置，如图 14-21 所示。主动模式与被动模式一样，最终复用相同的 push 接口（pushCds、pushEds、pushLds、pushRds）。

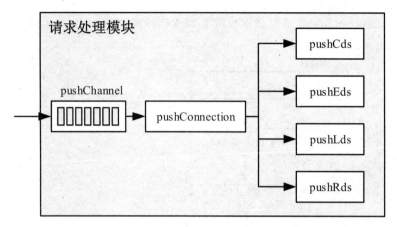

图 14-21　主动模式下请求处理模块的工作流程

主动模式的 xDS 分发由底层注册中心的 Event Handler 异步通知，如图 14-22 所示。Event Handler 首先将更新事件发送到 updateChannel 中，然后 EnvoyXdsServer 通过 handleUpdates 接收更新事件，进行防抖动、更新缓存等处理，并向每个 XdsConnection 的 pushChannel 发送 XdsEvent 通知。请求处理模块在接收到通知事件后，生成 xDS 配置并将其发送到 xDS 客户端。

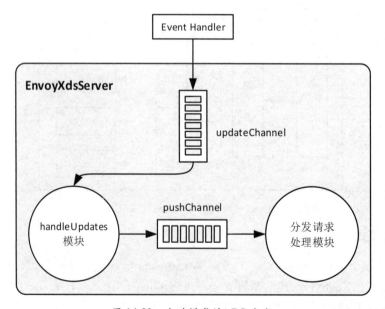

图 14-22　主动模式的 xDS 分发

至此，完整的异步配置更新、分发流程结束。为了加速配置分发且提高系统的稳定性，handleUpdates 在内部做了一些优化，例如防抖动处理，可避免短时间内更新事件过多而导致过度分发，影响 Pilot 及 Sidecar 的性能及稳定性。

2. Listener 的生成

顶级 Envoy 配置包含一个 Listener（监听器）列表，每个 Listener 的主要属性及其含义如表 14-4 所示。

表 14-4　每个 Listener 的主要属性及其含义

主要属性	含义
name	监听器的名称
address	监听器应该监听的地址
filter_chains	过滤器链列表，选择最具体的 FilterChainMatch 过滤器用于一条连接
use_original_dst	为 true 时表示监听器重定向连接到拥有原始目的地址的监听器
per_connection_buffer_limit_bytes	读写缓冲区的大小，默认为 1MB
metadata	监听器的元数据
drain_type	监听器连接的释放类型
listener_filters	操作和扩充连接的元数据，作用在任意 filter_chains 之前
listener_filters_timeout	过滤器的超时时间，默认为 15 秒
transparent	透明套接字
freebind	IP_FREEBIND 的套接字选项设置
socket_options	其他套接字选项
tcp_fast_open_queue_length	TCP Fast Open 选项

Listener 最重要的属性是 filter_chains，该属性定义了一组过滤器链，Envoy 的工作线程对于每一条连接都会根据匹配标准选择一条过滤器链进行执行，然后选择指定的路由将流量转发出去。

Pilot 针对不同的代理类型分别生成对应的 Listener 配置，然后以 DiscoveryResponse 的形式发送到代理。目前有三种代理类型：sidecar，用于应用容器的 Sidecar 代理；ingress 和 router，用于网格边缘的路由转发。

ConfigGenerator（配置生成器）的 BuildListeners 方法负责 Listener 的配置生成。如图 14-23 所示，不同类型的代理的 Listener 配置生成略有不同：sidecar 类型通过

buildSidecarListeners 生成包含所有 Inbound、Outbound 及应用管理端口、代理转发端口的监听器列表；router 或 ingress 类型通过 buildGatewayListeners 生成所有 Gateway 资源的监听器列表。

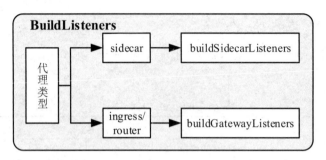

图 14-23 不同类型的代理的 Listener 配置生成

3. Route 的生成

Envoy 包含一个 router 过滤器，Istio 通过设置它来执行高级路由任务。这对于处理边缘流量（传统反向代理请求处理）及建立从服务到服务的 Envoy 网格都很有用。Envoy 同时可以作为正向代理使用。

router 过滤器实现了 HTTP 转发，可用于几乎所有部署 Envoy 的 HTTP 代理场景。router 过滤器的主要职责是遵循在已配置的路由表中指定的指令，除了处理转发和重定向，还处理失败重试、统计等。HTTP 的 RouteConfiguration 配置的主要属性及其含义如表 14-5 所示。

表 14-5 HTTP 的 RouteConfiguration 配置的主要属性及其含义

主 要 属 性	含　　义
name	路由的名称
virtual_hosts	组成路由表的一组虚拟主机
internal_only_headers	内部的 HTTP 头列表
response_headers_to_add	待添加到响应中的 HTTP 头列表
response_headers_to_remove	响应中待移除的 HTTP 头列表
request_headers_to_add	待添加到请求中的 HTTP 头列表
request_headers_to_remove	请求中待移除的 HTTP 头列表
validate_clusters	是否验证由路由表指定的集群

可见，virtual_hosts（虚拟主机）是路由配置的核心，每个 virtual_hosts 都有一个逻辑名称及一组根据请求头 Host 路由到它的域名。这允许单个监听器为多个顶级域名路径提供服务。一旦根据域名选中一个 virtual_hosts，它的 routes 就会被处理，以决定需要被路由到哪个上游集群及是否需要重定向。VirtualHost 配置的主要属性及其含义如表 14-6 所示。

表 14-6　VirtualHost 配置的主要属性及其含义

主 要 属 性	含　　义
name	名称
domains	域名列表
routes	路由列表
require_tls	指定虚拟主机期望的 TLS 类型
rate_limits	限流配置

ConfigGenerator 的 BuildHTTPRoutes 方法负责 Route 的配置生成。如图 14-24 所示，对于不同类型的代理，Route 的配置生成略有不同：sidecar 类型通过 buildSidecarOutboundHTTPRouteConfig 生成所有 outbound 端口的路由配置；router、ingress 类型通过 buildGatewayListeners 生成所有 Gateway 资源的路由配置。

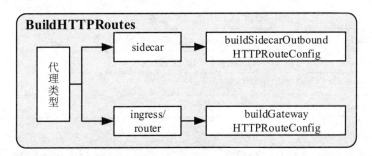

图 14-24　Route 的配置生成

4. Cluster 的生成

Cluster 定义了一个上游集群，以及路由到此集群的负载均衡配置、连接管理和熔断等，Cluster 配置的主要属性及其含义如表 14-7 所示。

表 14-7 Cluster 配置的主要属性及其含义

主要属性	含义
name	集群的名称，全局唯一
type	解析集群的服务发现类型
eds_cluster_config	EDS 更新配置
connect_timeout	网络连接的超时时间
lb_policy	负载均衡策略，默认轮询方式
load_assignment	用于非 EDS 类型集群设置集群成员
health_checks	集群健康检查
max_requests_per_connection	连接池设置单条连接的最大请求数，设置为 1 表示关闭 HTTP keepalive
circuit_breakers	集群熔断配置
tls_context	连接到上游的 TLS 配置
http2_protocol_options	HTTP2 配置，以便 Envoy 认为上游支持 HTTP/2
dns_lookup_family	DNS IP 的地址解析策略
outlier_detection	异常值检测配置
upstream_bind_config	上游连接绑定配置
lb_subset_config	路由子集配置
ring_hash_lb_config	Ring Hash 负载均衡策略配置
original_dst_lb_config	Original Destination 负载均衡配置
least_request_lb_config	LeastRequest 负载均衡配置
common_lb_config	通用负载均衡配置
upstream_connection_options	上游连接 TCP Keepalive 配置

Cluster 的配置生成方式与 Route 的配置生成方式类似，都通过 ConfigGenerator 的 BuildClusters 方法生成。但是在 Cluster 的配置生成中做了缓存优化，将 Cluster 缓存起来，避免对每个代理进行重复计算，浪费 CPU 资源。

对于所有代理来说，Outbound Cluster 基本相同，所以 Pilot 利用这一特性进行了缓存优化。之所以不完全相同，是因为在 Istio 1.1 中新增的两个特性会导致 Outbound Cluster 不尽相同：

◎ Sidecar 资源对象允许定义 sidecar 类型的代理的服务依赖；

◎ 通过定义 Config 及服务的有效范围，可以指定 Config 规则的作用范围及服务的可访问范围（在同一命名空间或者整个网格内）。

5. Endpoint 的生成

在 Envoy 中，集群中的所有成员都叫作 Endpoint，不同于 Kubernetes Endpoint，Envoy 通过 EDS 动态获取集群的成员配置。在 xDS 中，Endpoint 的配置 API 是 ClusterLoadAssignment，它由具有不同位置属性的负载均衡 Endpoint 组成，将所有的 Endpoint 都按照位置信息分组，可以方便 Envoy 支持基于位置信息的负载均衡策略。

如表 14-8 所示为 ClusterLoadAssignment 配置的主要属性及其含义。

表 14-8 ClusterLoadAssignment 配置的主要属性及其含义

主要属性	含义
cluster_name	集群的名称
endpoints	可路由的 Endpoint 列表
policy	负载均衡策略配置

从负载均衡角度来看，每个集群都是独立的，负载均衡发生在集群内的所有位置的主机（Endpoint）之间或者以更精细的粒度发生在同一位置的主机（LocalityLbEndpoints）之间。对于一个特定的 Endpoint 实例来说，某个主机的有效负载均衡权重为它本身的权重乘以它所在位置的负载均衡权重。

ClusterLoadAssignment 与 Cluster 配置的生成有些类似：都使用了缓存，每个 ClusterLoadAssignment 都对应一个 Cluster。但是 ClusterLoadAssignment 与 Cluster 的生成又有些区别：ClusterLoadAssignment 的生成发生在 EnvoyXdsServer handleUpdates 接收更新事件之后，生成 push 队列 XdsEvent 事件之前，而 Cluster 的生成发生在 EnvoyXdsServer 请求处理模块接收到 XdsEvent 之后，配置分发之前。

14.3 Pilot 的插件

为了丰富 Istio 的功能如认证、鉴权、健康检查、遥测等，Pilot 设计了独立的网络插件。网络插件的设计解耦了基本配置与高级（可选）配置生成模块。目前 Pilot 支持通过启动参数启动所需要的网络插件，默认所有的插件都开启。

所有的插件实现了如下接口：

```
type Plugin interface {
    // 作用在 Outbound 方向的 Listener 上
    OnOutboundListener(in *InputParams, mutable *MutableObjects) error

    // 作用在 Inbound 方向的 Listener 上
    OnInboundListener(in *InputParams, mutable *MutableObjects) error

    // OnOutboundCluster 在新的 Cluster 构建时执行
    // 作用在 Outbound 方向的 Cluster 上
    OnOutboundCluster(in *InputParams, cluster *xdsapi.Cluster)

    // 作用在 Inbound 方向的 Cluster 上
    OnInboundCluster(in *InputParams, cluster *xdsapi.Cluster)

    // 作用在 Outbound 方向的 Route 上
    OnOutboundRouteConfiguration(in *InputParams, routeConfiguration *xdsapi.RouteConfiguration)

    // 作用在 Inbound 方向的 Route 上
    OnInboundRouteConfiguration(in *InputParams, routeConfiguration *xdsapi.RouteConfiguration)

    // 作用于 Inbound 方向的 Listener 上
    OnInboundFilterChains(in *InputParams) []FilterChain
}
```

其中，Pilot 共包含 4 种插件，分别是认证插件、授权插件、健康检查插件及与遥测相关的 Mixer 插件。它们在 xDS 配置生成过程中，负责渲染相关功能的配置，各自的作用范围如表 14-9 所示。例如，认证插件工作在 Listener 生成的时候。

表 14-9 各插件的作用范围

插件名	LDS	RDS	CDS
认证插件	✓	×	×
授权插件	✓	×	×
健康检查插件	✓	×	×
Mixer 插件	✓	✓	✓

14.3.1 安全插件

在介绍安全插件之前,首先要讲一下 Istio 的安全策略,包括认证和鉴权方面的内容。其中,认证包含两种类型的身份认证。

(1)传输身份认证:也叫服务间身份认证,用于验证连接的客户端。Istio 提供双向 TLS 作为传输身份验证的完整堆栈解决方案。我们可以轻松打开此功能,无须更改服务代码。该解决方案的好处:为每个服务都提供了强大的身份标识,表示其角色,以实现跨集群和云的 RBAC;保护从服务到服务的通信和从最终用户到服务的通信;提供密钥管理系统,以自动执行密钥和证书的生成、分发和轮换。

(2)最终用户身份验证:验证作为最终用户或设备发出请求的原始客户端。Istio 通过 JSON Web Token(JWT)验证来简化开发,并且轻松实现请求级别的身份验证。

Istio 鉴权特性也被称为基于角色的访问控制(RBAC),为 Istio Mesh 中的服务提供命名空间级别、服务级别和方法级别的访问控制,其特点如下:

◎ 基于角色的语义,简单易用;
◎ 服务到服务间及最终用户到服务间的授权;
◎ 支持灵活的自定义属性,例如条件、角色和角色绑定;
◎ 高性能,因为 Istio 授权是在 Envoy 本地强制执行的;
◎ 兼容性,天然支持 HTTP、HTTPS、HTTP2 及任何普通的 TCP。

Istio 的安全策略依赖于如下认证、授权插件的与安全相关的配置。安全插件的详细原理如下。

1. 认证插件

认证插件作用在监听器 Listener 的 FilterChain 上,通过构造 Envoy 的 HTTP 过滤器,用于 JWT 认证及双向 TLS 认证。

1)JWT 过滤器

可用域校验 JWT,将会验证 JWT 的签名、接收者和发行者,同时会检查 JWT 的过期时间。如果 JWT 校验失败,那么请求将被 Envoy 拒绝;如果 JWT 校验成功,那么请求将被转发到上游进行鉴权处理。

签名验证需要 JWKS(JSON Web 密钥集),JWKS 可以在过滤器配置中指定,也可以从远程 JWKS 服务器处获取。由于 Envoy 版本在更新过程中出现了前后不兼容，所以 Istio 目前自己维护了 JWT 过滤器配置 API（JwtRule），以保证平滑升级。JwtRule 配置的主要属性及其含义如表 14-10 所示。

表 14-10　JwtRule 配置的主要属性及其含义

主要属性	含义
issuer	JWT 发行者
audiences	接收者
jwks_source_specifier	JWKS 获取方式配置（本地、远程）
forward	是否转发 JWT，默认不转发
from_headers	获取 JWT 的 HTTP 头部字段，默认为 Authorization
from_params	获取 JWT 的请求参数名
forward_payload_header	转发 JWT 负载的 HTTP 头，如果未指定，则不转发

如下是一个远程获取 JWKS 的配置示例：

```
issuer: https://example.com
audiences:
- bookstore_android.apps.googleusercontent.com
- bookstore_web.apps.googleusercontent.com
remote_jwks:
  http_uri:
    uri: https://example.com/jwks.json
    cluster: example_jwks_cluster
  cache_duration:
    seconds: 300
```

Envoy 通过 https://example.com/jwks.json 远程获取 JWKS，token 从默认的 HTTP 头 Authorization 中提取，并且不会转发到上游，也不会将 JWT 负载添加到请求头中。

2）TLS 过滤器

Istio 利用 Envoy 提供客户端到服务端的通信隧道，加密服务间的通信，并且对应用完全透明，无须改动任何应用的代码。这种双向 TLS 的实现如下：

（1）Istio 将客户端 Outbound 流量拦截到客户端本地的 Envoy；

（2）客户端 Envoy 和服务端 Envoy 直接建立一个双向 TLS 连接，Istio 将流量从客户端 Envoy 转发到服务端 Envoy；

（3）在授权后，服务端 Envoy 通过本地 TCP 连接将流量转发到服务端应用。

Istio 的双向 TLS 认证流程如图 14-25 所示。

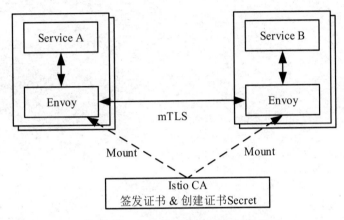

图 14-25　Istio 的双向 TLS 认证流程

服务端的 Envoy TLS 设置是通过构造 TLS 过滤器实现的，如下所示是与服务 Inbound Listener 双向 TLS 的设置。首先，在 Istio 中构造名为 istio_authn 的过滤器强制执行双向认证，然后通过 FilterChain 指定双向认证所需的证书：

```
{
    "name": "172.17.0.20_9080",
    "address": {
        "socketAddress": {
            "address": "172.17.0.20",
            "portValue": 9080
        }
    },
    "filterChains": [
        {
            // 认证过滤器 TLS 设置
            "tlsContext": {
                "commonTlsContext": {
                    "tlsCertificates": [
                        {
                            "certificateChain": {
                                "filename": "/etc/certs/cert-chain.pem"
                            },
                            "privateKey": {
```

```
                    "filename": "/etc/certs/key.pem"
                }
            }
        ],
        "validationContext": {
            "trustedCa": {
                "filename": "/etc/certs/root-cert.pem"
            }
        },
        "alpnProtocols": [
            "h2",
            "http/1.1"
        ]
    },
    "requireClientCertificate": true
},
"filters": [
    {
        "name": "envoy.http_connection_manager",
        "config": {
            ……
            "http_filters": [
                {
                    "config": {
                        "policy": {
                            "peers": [
                                {
                                    "mtls": {}
                                }
                            ]
                        }
                    },
                    // Istio 认证过滤器
                    "name": "istio_authn"
                },
                ……
```

2. 授权插件

Istio 的授权架构如图 14-26 所示。

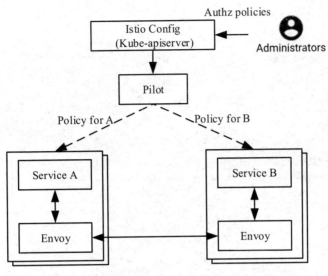

图 14-26　Istio 的授权架构

　　管理员通过配置文件创建 Istio 授权策略，Istio 默认将策略存储在 Kubernetes 中。Pilot 监视 Istio 授权策略的变更，如果有更改，就会获取新的授权策略并将其分发给与服务实例位于同一位置的 Envoy 代理。在每个 Envoy 上都运行着一个授权引擎，在运行时授权请求。当请求到达服务端 Envoy 时，授权引擎根据当前授权策略评估请求的上下文，并返回授权结果。

　　Pilot 授权插件通过构造 Inbound 方向的监听器 RBAC 过滤器，设置 Envoy 的鉴权引擎。RBAC 过滤器支持基于连接属性（IP、端口、SSL 主题）及传入的请求头信息进行白名单或黑名单设置。

　　HTTP 过滤器的 RBAC 配置的主要属性及其含义如表 14-11 所示。

表 14-11　HTTP 过滤器的 RBAC 配置的主要属性及其含义

主 要 属 性	含　　义
rules	RBAC 规则，config.rbac.v2alpha.RBAC 类型
shadow_rules	影子规则，不会拒绝服务，只会发射统计及日志，仅用于测试，config.rbac.v2alpha.RBAC 类型

　　以下是一个关于 RBAC 配置 rules 的示例，它有两个策略：身份为 "cluster.local/ns/default/sa/admin" 或 "cluster.local/ns/default/sa/superuser" 的服务实例具有当前服务的全部访问权限；任何用户都能通过 GET 方法访问服务的 "/products" 路径，只要目标端口是

80 或者 443。规则如下：

```
action: ALLOW
policies:
  "service-admin":
    permissions:
      - any: true
    principals:
      - authenticated:
          principal_name:
            exact: "cluster.local/ns/default/sa/admin"
      - authenticated:
          principal_name:
            exact: "cluster.local/ns/default/sa/superuser"
  "product-viewer":
    permissions:
      - and_rules:
          rules:
            - header: { name: ":method", exact_match: "GET" }
            - header: { name: ":path", regex_match: "/products(/.*)?" }
            - or_rules:
                rules:
                  - destination_port: 80
                  - destination_port: 443
    principals:
      - any: true
```

14.3.2　健康检查插件

在部署服务网格后，如果需要在 Cluster 之间主动进行健康检查，则会产生大量的健康检查流量。Envoy 包含一个 HTTP 健康检查过滤器，可以将其安装在配置的 HTTP 监听器中。HTTP 健康检查过滤器可以进行如下不同模式的操作。

- 不透传：健康检查请求不会被传到本地服务，Envoy 会根据当前服务器的状态返回"200"或者"503"状态码，适合配置 Inbound 方向的 Listener。
- 不透传，根据上游集群的健康状况计算：健康检查过滤器根据上游 Cluster 的健康比例返回"200"或者"503"状态码，适合配置 Outbound 方向的 Listener。
- 透传：Envoy 会将每个健康检查请求都传递到本地服务，服务实例根据自身的健康状态返回"200"或者"503"状态码。

◎ 带缓存的透传：Envoy 会将每个健康检查请求都传递到本地服务，然后将结果缓存一段时间，随后的健康检查会返回缓存的结果。当缓存过期后，下一次的健康检查请求会再次被转发到本地服务，重复此过程。

Istio 目前只实现了 Inbound 方向透传模式的健康检查，作用类似于 Kubernetes Liveness 和 Readiness Probe，但并不支持其他类型的健康检查，可以预见，在以后的版本中，Istio 一定会支持更多的健康检查设置。

14.3.3 Mixer 插件

Pilot 通过 Mixer 插件配置代理进行策略检查及遥测状态上报。Mixer 插件的工作原理如下：

◎ 在监听器上安装 HTTP 过滤器来指定策略检查及遥测上报属性；
◎ 在路由上安装每个虚拟主机关于 Mixer 过滤器的特定配置，与监听器中 Mixer 过滤器的不同主要体现在属性上，在虚拟主机的属性中包含服务名称等具体信息。

如图 14-27 所示，在 Istio 数据面的通信过程中，Sidecar Envoy 在流量转发之前会根据监听器路由上面的策略及遥测配置属性等对 Mixer 发起远程调用。由于这种运行时策略检查及遥测上报会影响 Istio 的转发性能，所以 Istio 社区对于遥测属性上报已经进行了一定程度的缓存和优化，感兴趣的读者请阅读本书 Mixer 相关章节的内容。

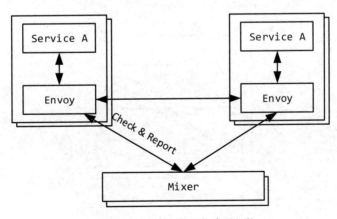

图 14-27　Istio 的策略和遥测架构

14.4 Pilot 的设计亮点

作为 Istio 数据面的司令官，Pilot 控制中枢系统，它的性能好坏直接影响服务网格的大规模可扩展、配置时延等。如果 Pilot 的性能低，配置生成效率也低，那么它将难以管理大规模服务网格。比如，服务网格拥有成千上万服务及数十万服务实例，配置生成的效率很低，难以满足服务及 Config 更新带来的配置更新需要，将会造成 Pilot 负载很高，用户体验很差。Istio 社区网络工作组很早就已经意识到这个问题，并在近期的版本中相继做了很多优化工作，本节选取具有代表性的 4 个优化点进行讲解。

14.4.1 三级缓存优化

缓存模型是软件系统中最常用的一种性能优化机制，通过缓存一定的资源，减少 CPU 利用率、网络 I/O 等，Pilot 在设计之初就重复利用缓存来降低系统 CPU 及网络开销。目前在 Pilot 层面存在三级资源的缓存，如图 14-28 所示。

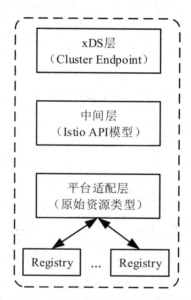

图 14-28　Pilot 层面的三级资源的缓存

以 Kubernetes 平台为例，所有服务及配置规则的监听都通过 Kubernetes Informer 实现。我们知道，Informer 的 LIST-WATCH 原理是通过在客户端本地维护资源的缓存实现的。此为 Pilot 平台适配层的一级缓存。

平台层的资源（Service、Endpoint、VirtualService、DestinationRule 等）都是原始的 API 模型，对于具体的 Sidecar、Gateway 配置规则的生成涉及平台层原始资源的选择，以及从原始资源到 Istio 资源模型的转换。如果在 xDS 配置生成过程中重复执行原始资源的选择与转换，则非常影响性能。因此 Istio 在中间层做了 Istio 资源模型的缓存优化。

最上面的一层缓存则是 xDS 配置的缓存。具体来讲，目前在 xDS 层面有两种配置缓存：Cluster 与 Endpoint，这两种资源较为通用，很少被 Envoy 代理的设置所影响。因此在 xDS 层面对 Cluster 及 Endpoint 进行缓存，能极大提高 Pilot 的性能。

随着 Istio 的发展与成熟，越来越多的缓存优化逐渐成型。当然，任何事物都有两面性，缓存技术同样带来了巨大的内存开销，我们同样需要综合权衡利弊。

14.4.2 去抖动分发

随着集群规模的增大，Config 及服务、服务实例的数量成倍增长，任何更新都可能会导致 Envoy 配置规则的改变，如果每一次的更新都引起 Pilot 重新计算及分发 xDS 配置，那么可能导致 Pilot 过载及 Envoy 的不稳定。这些都难以支撑大规模服务网格的需求，因此 Pilot 在内部以牺牲 xDS 配置的实时性为代价换取了稳定性。

具体的去抖动优化是通过 EnvoyXdsServer 的 handleUpdates 模块完成的，其主要根据最小静默时间及最大延迟时间两个参数控制分发事件的发送来实现。图 14-29 展示了利用最小静默时间进行去抖动的原理：t_N 表示在一个推送周期内第 N 次接收到更新事件的时间，如果从 t_0 到 t_N 不断有更新事件发生，并且在 t_N 时刻之后的最小静默时间段内没有更新事件发生，那么根据最小静默时间原理，EnvoyXdsServer 将会在 $t_N+minQuiet$ 时刻发送分发事件到 pushChannel。

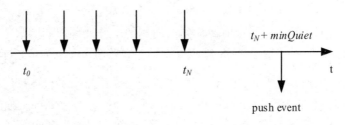

图 14-29 利用最小静默时间进行去抖动的原理

图 14-30 展示了最大延迟的去抖动原理：在很长的时间段内源源不断地产生更新事件，并且事件的出现频率很高，不能满足最小静默时间的要求，如果单纯依赖最小静默时间机

制无法产生 xDS 分发事件,则会导致相当大的延迟,甚至可能影响 Envoy 的正常工作。根据最大延迟机制,如果当前时刻距离 t_0 时刻超过最大延迟时间,则无论是否满足最小静默时间的要求,EnvoyXdsServer 也会分发事件到 pushChannel。

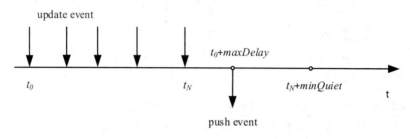

图 14-30 最大延迟的去抖动原理

最小静默时间机制及最大延迟时间机制的结合,充分平衡了 Pilot 配置生成与分发过程中的时延及 Pilot 自身的性能损耗,提供了个性化控制微服务网格控制面性能及稳定性的方案。无论如何,Envoy 代理的配置具有最终一致性,这也是微服务通信的基本要求。

14.4.3 增量 EDS

我们知道,在集群或者网格中,数量最多、变化最快的必然是服务实例,在 Kubernetes 平台上,服务实例就是 Endpoint(Kubernetes 平台的服务实例资源)。尤其是,在应用滚动升级或者故障迁移的过程中会产生非常多的服务实例的更新事件。而单纯的服务实例的变化并不会影响 Listener、Route、Cluster 等 xDS 配置,如果仅仅由于服务实例的变化触发全量的 xDS 配置生成与分发,则会浪费很多计算资源与网络带宽资源,同时影响 Envoy 代理的稳定性。

Istio 在 1.1 版本中引入增量 EDS 特性,专门针对以上场景对 Pilot 进行优化。首先,服务实例的 Event Handler 不同于前面提到的通用的事件处理回调函数(直接发送全量更新事件到 updateChannel)。增量 EDS 异步分发的主要流程如图 14-31 所示。

可以看到,Kubernetes 的 Endpoint 资源在更新时,首先在平台适配层由 updateEDS 将其转换为 Istio 特有的 IstioEndpoint 模型;然后,EnvoyXdsServer 通过对比其缓存的 IstioEndpoint 资源,检查是否需要全量下发配置,并更新缓存;当仅仅存在 Endpoints 更新事件时,Pilot 只需要进行增量 EDS 分发;随后,EnvoyXdsServer 将增量 EDS 分发事件发送到 updateChannel,后续处理步骤详见 14.2.4 节。

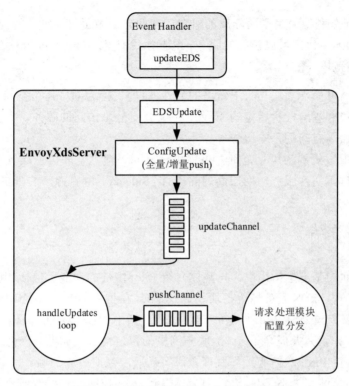

图 14-31 增量 EDS 异步分发的主要流程

为了深入理解增量 EDS 的特性，这里讲解 EnvoyXdsServer 是如何判断是否可以进行增量 EDS 分发的。EnvoyXdsServer 全局缓存所有服务的 IstioEndpoint 及在每个推送周期内发生变化的服务列表。前面已经讲过，EnvoyXdsServer 是通过 IstioEndpoint 缓存判断是否需要全量配置下发的。在每个推送周期内，EnvoyXdsServer 都维护了本周期内所有涉及 Endpoint 变化的服务列表，当增量 EDS 分发开始时，Pilot 将在本次推送周期内更新的服务名称通过 pushChannel 发送到请求处理模块进行配置分发，这时只需生成与本推送周期变化的服务相关的 EDS 配置并下发即可。

14.4.4 资源隔离

随着用户对 Istio 服务网格的需求越来越旺盛，Istio 社区充分认识到服务隔离或者说作用范围的必要性。通过有效定义访问范围及服务的有效作用范围，可以大大消除网格规模增加带来的配置规模几何级的增长，目前在理论上可支持无限大规模的服务网格。

Istio 目前充分利用命名空间隔离的概念，在两方面做了可见范围的优化：用 Sidecar API 资源定义 Envoy 代理可以访问的服务；用服务及配置（VirtuslService、DestinationRule）资源定义其有效范围。

◎ Sidecar API 资源是 Istio 1.1 新增的特性，目前支持为同一命名空间下的所有 Envoy 或者通过标签选择为特定的 Envoy 定义其对外可访问的服务（支持具体的服务名称或者命名空间的基本服务）。
◎ 服务及配置规则的可见范围。目前可定义同一命名空间可见或者全局范围可见。Istio 通过其实现服务访问层面的隔离，同 Sidecar API 资源一起减少 xDS 配置数量。

14.5 本章总结

本章从 Pilot 的基本架构出发，先整体介绍 Pilot 组件的功能，包括其所包含的服务发现、配置规则发现、xDS 服务器等模块，以及 Pilot 在整个 Istio 控制面中的作用；然后介绍 Istio 专有的服务模型及 Pilot 提供的 xDS API，其中，xDS 协议基于流式 gRPC 提供各种配置的发现服务，大大提高了 Istio 服务网格的稳定性、可靠性，降低了配置生效的时延；接着深入解读 Pilot 的核心工作原理，讲解从底层注册中心的服务发现到 xDS 配置生成与分发；最后总结了 Pilot 架构设计中为了提高 Istio 控制面整体性能及支持大规模服务网格所做的优化及特性。相信读者通过对本章的学习，会对 Istio 控制面的工作有一个更加直观的认识。

第 15 章

守护神 Mixer

Istio 可以通过灵活的模型来执行服务间的访问策略,并为各服务收集遥测数据,Mixer 正是负责执行访问策略和收集遥测数据的组件。本章将详细解读 Mixer。

15.1　Mixer 的整体架构

Mixer 的整体架构如图 15-1 所示。

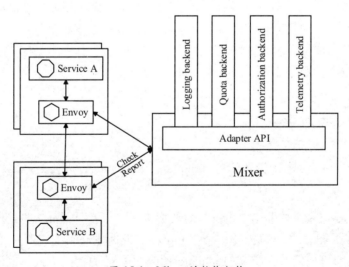

图 15-1　Mixer 的整体架构

在服务间进行请求转发时,Envoy 对 Mixer 发起 Check、Report 这两次请求,即在转发请求前请求 Mixer 执行访问策略与管理配额,并在请求转发后上报遥测数据。Mixer 的访问策略执行、配额管理、遥测数据收集都是基于属性的,Envoy 会将每次请求的信息都放到属性集中,再将属性集发送到 Mixer 执行相应的处理。对请求的处理流程如图 15-2 所示。

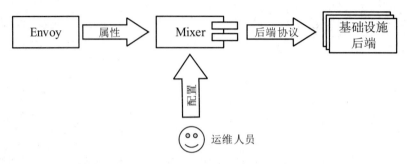

图 15-2　对请求的处理流程

Mixer 通过 Adapter 机制实现了应用程序与基础设施后端的解耦,即访问策略的执行和遥测数据的收集与应用程序本身分离。与传统方式将特定的基础设施后端集成到应用程序不同,运维人员可以通过 Mixer 的配置,灵活、方便地配置应用与任意基础设施后端关联。

从整体架构来看,Mixer 主要提供了以下三个核心功能。

- ◎ 前置条件检查:在响应服务调用者的请求之前,根据前置条件提前验证。前置条件包括服务间的认证、黑白名单、是否通过 ACL 检查,等等。
- ◎ 配额管理:能够在多个维度上分配和释放配额。
- ◎ 遥测报告:使服务能够上报日志和进行监控。

15.2　Mixer 的服务模型

本节主要介绍 Mixer 的服务模型:Template 与 Adapter,以便更好地理解 Mixer 的配置模型。

Template 主要定义了传输给 Adapter 的数据格式,以及 Adapter 要处理这些数据必须实现的一组接口。Adapter 可以支持多个 Template,此时它必须实现所有 Template 定义的接口。同时,用户可以通过自定义 Template 来定义自己的数据格式,也可以通过自定义 Adapter 来抽象自己的后端基础设施。

如图 15-3 所示,通过 Mixer 的 Template 及 Adapter 服务模型,用户可以灵活地开发规则和配置处理规则,将特定的数据传输给特定的处理器,并进一步同步到后端基础设施。

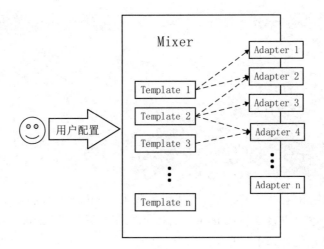

图 15-3　Mixer 的 Template 及 Adapter 服务模型

15.2.1　Template

一个完整的 Template 首先要包含 proto 文件，proto 文件中的属性字段如下。

◎ Name：每个 Template 在 Mixer 运行环境下都有唯一的名称，Adapter 通过该名称向 Mixer 注册其要处理的 Template 集。

◎ Template proto message：主要定义了该 Template 的特定数据格式，根据请求中的 Attribute 生成对应的 Instance 数据。

◎ Template_variety：每个 Template 都有一个特定的类型，目前包括 Check、Report、Quota 及 AttributeGenerator 这 4 种类型。Check、Quota 类型的模板实例（Instance）只在 Check 请求中被创建和分发；Report 类型的模板实例只在 Report 请求中被创建和分发；AttributeGenerator 类型的模板实例在 Check 和 Report 请求中均被创建与分发，其模板实例会在其他类型的模板之前处理。在请求属性的预处理阶段处理该模板实例，生成的属性与原有属性组成一个新的属性集，新的属性集会按 Mixer 通用的步骤继续处理。

以 Mixer 内置的 apikey template 为例，其主要内容如下：

```
syntax = "proto3";

package apiKey;
```

```
option (istio.mixer.adapter.model.v1beta1.template_variety) =
TEMPLATE_VARIETY_CHECK;

message Template {
    string api = 1;
    string api_version = 2;
    string api_operation = 3;
    string api_key = 4;
    istio.policy.v1beta1.TimeStamp timestamp = 5;
}
```

在 Mixer 工具包中定义了 Go 语言的代码生成工具 mixgenbootstrap，只需将上述 proto 文件作为输入源，就可以自动生成 template 对应的 Go 代码。以 apikey template 为例，生成的 template 代码将包含如下信息：

```
// Template 的名称
const TemplateName = "apikey"
type Instance struct {
    Name string
    Api string
    ApiVersion string
    ApiOperation string
    ApiKey string
    Timestamp time.Time
}
type Type struct {
}
type HandlerBuilder interface {
    adapter.HandlerBuilder
    SetApiKeyTypes(map[string]*Type /*Instance name -> Type*/)
}
type Handler interface {
    adapter.Handler
    HandleApiKey(context.Context, *Instance) (adapter.CheckResult, error)
}
```

其中：

◎ Instance struct 定义了在处理请求时传输给 Adapter 的数据格式，Mixer 根据请求中的属性及用户配置信息规则构造该 Instance 类型的对象；

◎ HandlerBuilder 接口定义了一组 Adapter 需要实现的接口，这组接口用来配置一个

Handler 对象实例；

◎ Handler 接口定义了一组 Adapter 需要实现的接口，这组接口可作为 Mixer 与基础设施后端通信的桥梁，在请求到来时，Mixer 将生成的 Instance 对象通过这些接口进一步处理并传输到后端的 Adapter 中。

Mixer 工具包中的 mixgenbootstrap 还会为每个 Template 都生成一个结构体对象 Info，所有 template Info 信息都组成一个以 Template 名称为 Key 的 map SupportedTmplInfo，SupportedTmplInfo 被保存在 template 包下的 template.gen.go 文件中，在 Mixer 启动时会读取它以加载所有的 Template。Info 对象中的主要属性及其含义如表 15-1 所示。

表 15-1 Info 对象中的主要属性及其含义

主要属性	含义
Name	Template 的名称
Impl	实现该 Template 的包
Variety	Template 类型
BldrInterfaceName	HandlerBuilder 接口的调用名称，例如 apikey.HandlerBuilder
HndlrInterfaceName	Handler 接口的调用名称，例如 apikey.Handler
CtrCfg	Template 对应的 Instance 对象
InferType	从 Instance.params proto 消息中推断类型
SetType	SetTypeFn 将推断的类型分配给 Handler
BuilderSupportsTemplate	用来校验传入的 Handler 是否实现了给定的 HandlerBuilder 接口
HandlerSupportsTemplate	用来校验传入的 Handler 是否实现了给定的 Handler 接口
AttributeManifests	定义了生产属性的 Handler 对应模板中的专有属性元数据
DispatchReport	将传入的 Instance 实例分发到对应处理 Report 的 Handler
DispatchCheck	将传入的 Instance 实例分发到对应处理 Check 的 Handler
DispatchQuota	将传入的 Instance 实例分发到对应处理 Quota 的 Handler
DispatchGenAttrs	将传入的 Instance 实例分发到对应的生产属性的 Handler
CreateInstanceBuilder	根据 Instance proto 信息构造对应的 Instance 对象
CreateOutputExpressions	根据 Instance proto 信息构造匹配表达式

15.2.2 Adapter

Adapter 主要实现要处理的所有 Template 定义的接口，需要定义 Builder 与 Handler 两个对象。Builder 对象实现 Template 定义的所有 HandlerBuilder 接口，最后在其 Builder 方法中初始化 Handler 对象。Handler 对象实现在 Template 中定义的所有 Handler 接口，在请求到来时处理生成的 Instance 对象，将 Instance 对象进一步处理并发送到基础设施后端。

一个支持 Metric Template 的 Adapter 如下：

```go
type (
  builder struct{}
  handler struct{}
)
// 确认实现了在 Template 中定义的接口
var _ metric.HandlerBuilder = builder{}
var _ metric.Handler = handler{}
////////////////// Adapter 的配置方法 //////////////////
func (builder) Build(Context.Context, adapter.Env) (adapter.Handler, error) { return handler{}, nil }
func (builder) SetAdapterConfig(adapter.Config)                {}
func (builder) Validate() (*adapter.ConfigErrors)              { return }
func (builder) SetMetricTypes(map[string]*metric.Type){}
////////////////// Adapter 的运行时方法 //////////////////////////
func (handler) HandleMetric(context.Context, []*metric.Instance) error { return nil }
func (handler) Close() error { return nil }
////////////////// Adapter 的启动方法 //////////////////////////
func GetInfo() adapter.BuilderInfo {
  return adapter.BuilderInfo{
    Name:        "noop1",
    Impl:        "istio.io/istio/mixer/adapter/noop1",
    Description: "Does nothing",
    SupportedTemplates: []string{
      metric.TemplateName,
    },
    NewBuilder: func() adapter.HandlerBuilder { return builder{} },
    DefaultConfig:    &types.Empty{},
  }
}
```

每个 Adatper 都必须实现一个 GetInfo 方法，用于将自己注册到 Mixer。Mixer 在启动时会调用所有 Adapter 的 GetInfo 方法并返回一个 Info 对象，主要包括以下信息。

◎ Name：Adapter 的名称。

- Impl：描述实现了该 Adapter 的 package 路径。
- Description：对该 Adapter 的简单描述。
- SupportedTemplates：该 Adapter 支持的全部 Template。
- NewBuilder：返回 Adapter 中的 Builder 对象，用于后续生成 Handler。
- DefaultConfig：该 Adapter 的配置信息，配置信息来自用户定义的 Handler 配置。

15.3 Mixer 的工作流程

Mixer 组件作为 Istio 控制面的核心，主要职责是获取注册中心的用户配置信息，再根据用户配置信息来处理 Envoy 端的请求。Mixer 主要包含配置规则发现、访问策略执行及无侵入遥测三大模块。配置规则发现用于从底层注册中心发现用户的配置信息，用户的配置信息将提供数据模型的配置源。Mixer 服务器处理 Envoy 实例的请求，进行访问策略执行及无侵入遥测。

15.3.1 启动初始化

Mixer 的启动流程如图 15-4 所示，主要包括以下步骤。

（1）加载所有内置并注册的 Template 信息。

（2）加载所有内置并注册的 Adapter 信息。

（3）命令行参数解析，解析所需的配置、服务器地址等。

（4）初始化 API Worker 线程池，用来控制处理 API 请求的协程数。

（5）初始化 Adapter Worker 线程池，用来控制 Adapter 工作的协程数。

（6）初始化 Template 仓库，将加载的 Template 信息存到 repo 结构中。

（7）初始化 Adapter map 并生成 Builder 对象，最后将 Adaptor 信息以名称为 key 存到 map 中。

（8）初始化 Mixer 配置发现，主要配置 Mixer 获取配置信息的方式，例如通过 Kubernetes 或通过文件获取配置信息。

（9）初始化 Runtime 实例，Runtime 实例基于发现的配置信息构造 Mixer 运行时的所有信息，包括处理请求的 Handler 实例等。

（10）启动 Runtime 实例，开始监听配置文件的变化，配置对应的 Handler 实例与 Dispatcher 实例，在请求到来时，Dispatcher 实例根据请求中的属性信息将请求分发到对应的 Handler 实例中进行处理。

（11）初始化 Mixer 的 gRPC Server。

（12）启动 gRPC Server，主要监听 Check 和 Report 接口，用来进行访问策略执行及无侵入遥测。

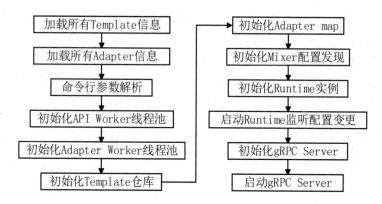

图 15-4　Mixer 的启动流程

1. 配置发现

Mixer 除接收来自 Envoy 的请求，也接收用户的配置规则信息，并进一步构造 Mixer 服务对象如 Template、Adapter 等，继而按照用户的配置来选择合适的服务对象进行策略访问控制与遥测数据搜集。目前，Mixer 支持适配三种底层平台进行配置规则发现：文件系统、Kubernetes 及 MCP。

Mixer 目前基于 Backend 接口实现异步的事件通知机制。Backend 接口的设计借鉴了 Kubernetes 中的 List-Watch 设计思想，描述了一组与平台无关的 API 接口，底层平台如文件系统、Kubernetes 等必须实现这组 API 接口来获取 Mixer 配置信息。

下面列出了 Backend 接口的详细信息：

```
type Backend interface {
    Init(kinds []string) error
```

```
        Stop()

        // WaitForSynced 阻塞地等待缓存全部同步成功
        WaitForSynced(time.Duration) error

        // Watch 创建一个接收事件的 Channel
        Watch() (<-chan BackendEvent, error)

        // Get 返回 key 值对应的数据对象
        Get(key Key) (*BackEndResource, error)

        // List 返回存储中的所有配置对象信息
        List() map[Key]*BackEndResource
}
```

1）文件系统方式

文件系统方式通过构造 fsStore 结构体实现了 Backend 中的全部接口，且在 fsStore 中保存所有的配置数据，其主要的工作流程如图 15-5 所示。

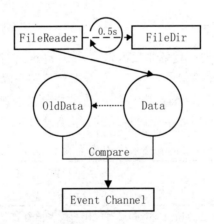

图 15-5　文件系统方式主要的工作流程

其中：

◎ Filereader 定时（默认为 0.5s）从文件系统中读取配置信息并进一步解析，将其保存到 Data 中，Data 会作为信息存储载体，后续的 Get、List 信息都从中获取；
◎ 对比 OldData 与最新的 Data 信息，产生 Update、Delete 事件。

2）Kubernetes 方式

Kubernetes 方式通过构造 Store 结构体实现了 Backend 中的全部接口，且维护了所有资源的缓存。实现的 Backend 接口的底层仍基于 Kubernetes 的 Informer 机制，Mixer 通过为每种配置资源都创建一个 Informer，来监听该资源的所有事件，并触发事件处理回调函数，将信息同步到 Store 对象。

3）MCP 方式

同 Pilot 中的实现相似，Mixer 也可通过 MCP 方式从 Galley 中获取配置信息。MCP 使得 Mixer 无须感知底层平台的差异，专注于访问策略的执行与遥测处理。

MCP Client 通过 gRPC 协议与 MCP Server 即 Galley 组件通信，然后基于此连接向服务端发送资源订阅请求。

在 Istio 1.1 中，MCP 已作为 Mixer 配置发现的默认选项，Mixer 默认使用 MCP 从 Galley 中获取配置规则。随着 MCP 的日渐成熟，相信在 Istio 未来的几个版本中，将废弃并移除直接从 Kubernetes API Server 中获取配置规则的配置发现方式。

2. Runtime 实例的初始化

Runtime 是 Mixer 运行时环境的主要入口，在 Runtime 实例初始化时，它将存储所有已加载的 Template、Adapter 等信息。当用户的配置信息到来时，Mixer 将根据该配置信息初始化后端 Adapter 实例，并配置 Envoy 端请求的分发规则，这些数据也都被保存在 Runtime 实例中。Runtime 实例的主要属性及其含义如表 15-2 所示。

表 15-2 Runtime 实例的主要属性及其含义

主要属性	含 义
defaultConfigNamespace	Mixer 默认使用的命名空间，string 类型
ephemeral	用于存放所有 Mixer 已有的用户配置信息数据，*config.Ephemeral 类型
snapshot	保存根据用户的配置信息产生的各种信息，*config.Snapshot 类型
handlers	用于保存所有的 Handler 实例，*handler.Table 类型
dispatcher	用于存放所有的信息，包括请求分发规则，*dispatcher.Impl 类型
store	用户的配置信息的存储中心，store.Store 类型
handlerPool	固定数量的协程池，用来处理 API 请求，*pool.GoroutinePool 类型

在 Ephemeral 中保存了所有在启动时加载的 Template、Adapter 信息，用户的配置信息也通过 Store 接口全部存到 Ephemeral 中。

3. gRPC Server 的初始化

gRPC Server 实现了 Mixer 的基本功能，即接收客户端的请求并进行策略访问控制与遥测数据搜集，其初始化流程如下。

（1）新建一个 gRPC 服务器，等待接口注册。

（2）初始化 gRPC Server 对象。

（3）将 gRPC Server 实现的 MixerServer 接口注册到 gRPC 服务器中。

Mixer 实现的 gRPC Server 对象的主要属性及其含义如表 15-3 所示。

表 15-3　Mixer 实现的 gRPC Server 对象的主要属性及其含义

主 要 属 性	含 义
dispatcher	保存了所有后端对象及请求分发规则，dispatcher.Dispatcher 类型
gp	处理请求的 Goroutine 池，*pool.GoroutinePool 类型
globalWordList	保存了 Mixer 内置的所有属性词汇列表，[]string 类型
globalDict	将属性词汇按名称、序号保存，map[string]int32 类型

MixerServer 包含两个重要的接口：Check 与 Report，Check 接口主要处理策略访问控制与配额管理，Report 接口主要收集遥测数据。MixerServer 的具体属性如下：

```
type MixerServer interface {
    // Check 在处理一个请求时执行前置检查及配额管理
    // 前置检查依赖于请求中的属性集及现有的用户配置信息
    Check(context.Context, *CheckRequest) (*CheckResponse, error)
    // Report 收集遥测数据，例如 logs 和 metrics
    // 收集信息功能依赖于请求中的属性集及现有的用户配置信息
    Report(context.Context, *ReportRequest) (*ReportResponse, error)
}
```

1）策略访问控制与配额管理接口（Check）

Check 接口主要根据在 CheckRequest 中携带的前置检查信息、配额管理信息，将请求分发到满足特定条件的后端 Handler 中处理，再将检查执行结果通过 CheckResponse 返回给客户端。CheckRequest 对象的属性如下：

- Attributes：在本次请求中包含的属性信息，Mixer 的用户配置信息将决定这些属性被如何处理及被哪些后端 Adapter 处理。
- GlobalWordCount：客户端属性集包含的属性总数，用来初步判断客户端与 Mixer 服务端使用的属性集是否兼容。
- DeduplicationId：主要应用于请求失败后的重试中。
- Quotas：独立的配额分配表。

CheckResponse 中的属性如下。

- Precondition：将前置检查结果以 CheckResponse_PreconditionResult 形式返回，主要包括请求返回的状态码及信息、判断结果是否合法的参数、本次请求用到的所有属性集 ReferencedAttributes 等。
- Quotas：将配额检查的结果返回，主要包括分配的配额总数、本次请求用到的所有属性集 ReferencedAttributes 等。

2）遥测数据收集接口（Report）

与 Check 接口类似，Report 接口主要根据在 ReportRequest 中携带的遥测信息，将请求分发到满足特定条件的后端 Handler 中处理。ReportRequest 中的属性如下。

- Attributes：在请求中包含的所有属性信息。与 CheckRequest 对象的 Attributes 项不同，ReportRequest 对象的 Attributes 项是一个属性集数组，代表多个独立请求的属性集。客户端将多次请求的属性数据聚合在一起发送到 Mixer，这样减少了请求次数且提高了执行效率。
- RepeatedAttributesSemantics：表示如何解析以上属性集数组。
- DefaultWords：客户端提供的属性信息。不同客户端的请求可以使用独立的 DefaultWords 信息。
- GlobalWordCount：与 CheckRequest 中的类似，GlobalWordCount 代表客户端属性集包含的属性总数，用来初步判断客户端和 Mixer 服务端使用的属性集是否兼容。

值得注意的是，与 Check 接口不同，Report 接口返回的 ReportResponse 总是空值，仅在请求出错时对 gRPC Server 返回错误信息，因此，ReportResponse 的结构体如下所示，也不包含任何字段：

```
type ReportResponse struct {
}
```

15.3.2 用户配置信息规则处理

在初始化工作都完成后,Mixer 将正式启动运行。初始化后的 Runtime 实例调用 StartListening 方法监听用户侧的配置信息,并根据监听到的配置文件生成对应的后端实例对象。当客户端 API 请求到来时,Mixer 会根据请求中的属性数据,利用构造好的规则去匹配指定的后端实例对象执行,整体工作流程如图 15-6 所示。

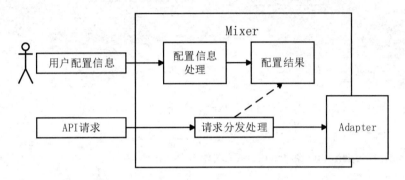

图 15-6 用户规则与客户端请求的整体工作流程

1. 监听用户的配置信息

Mixer 将收到的配置信息均存储到 Runtime 实例的 ephemeral 对象中,ephemeral 对象本身不做其他操作,只用来存储数据。ephemeral 对象的主要属性及其含义如表 15-4 所示。

表 15-4 ephemeral 对象的主要属性及其含义

主 要 属 性	含 义
adapters	保存了所有的 Adapter 信息,map[string]*adapter.Info 类型
templates	保存了所有的 Template 信息,map[string]*template.Info 类型
entries	保存了所有的用户配置信息,map[store.Key]*store.Resource 类型

监听操作首先调用 Store 的 List 接口取回现有的所有配置数据,并将这些配置数据存储到 ephemeral 对象的 entries 中,再调用 Watch 接口按收到的事件增量更新 ephemeral。值得注意的是,在 watch 事件到来后不会立刻将数据写入 ephemeral,因为在每次更新 ephemeral 的 entries 项时,都会同步触发更新所有的 Mixer 后端资源信息,在事件发生较频繁时,将导致服务不稳定。所以,此处先将事件放入一个队列中,定时(默认为 1 秒)将队列中的数据同步到 ephemeral,避免频繁更新后端模型导致整个 Mixer 服务不稳定,整体流程如图 15-7 所示。

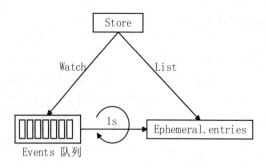

图 15-7 用户配置信息同步的整体流程

2. 配置规则处理

在 ephemeral 的配置信息更新时,Mixer 同步调用 processNewConfig 方法启动一轮后端配置更新,主要流程如下所述。

1)初始化 Snapshot 对象(ephemeral.BuildSnapshot)

根据在 ephemeral 中存储的信息初始化 Snapshot 对象,Snapshot 对象本身不做其他操作,只用来保存用户的配置信息与 Mixer 内置的 Template、Adapter 的对应关系。Snapshot 对象包含的主要属性及其含义如表 15-5 所示。

表 15-5　Snapshot 对象包含的主要属性及其含义

主要属性	含义
Templates	从 ephemeral 同步的所有 Template 信息,map[string]*template.Info 类型
Adapters	从 ephemeral 同步的所有 Adapter 信息,map[string]*adapter.Info 类型
HandlersStatic	用户配置信息的 Handler 对应的 Adapter 信息,map[string]*HandlerStatic 类型
InstancesStatic	用户配置信息的 Instance 对应的 Instance 信息,map[string]*InstanceStatic 类型
Rules	所有的 Rules 信息,包括 match、actions,[]*Rule 类型

HandlersStatic 的处理流程为:读取所有 Handler 类型的用户配置信息,根据配置中的 Adapter 名称从 Adapters 列表中读取对应的 Adapter 信息,将 Adapter 信息、Adapter 运行的参数以 Handler 名称为 key 保存在 HandlersStatic 里,工作流程如图 15-8 所示。

InstancesStatic 的处理流程与 Handler 处理方式类似:根据 Instance 配置中的 Template 信息,在 Templates 列表中取出对应的 Template 信息,将 Template 信息、Instance 的参数及 Instance 类型以 Instance 名称为 key 保存在 InstancesStatic 里,工作流程如图 15-9 所示。

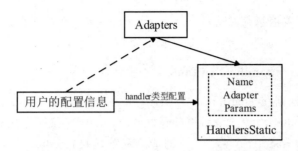

图 15-8　HandlersStatic 的工作流程

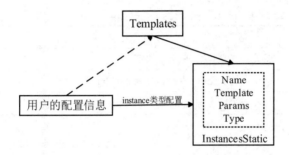

图 15-9　InstancesStatic 的工作流程

Rules 处理流程为：读取所有 Rule 类型的用户配置信息，根据 Rule 中的 Actions 信息，将属于每个 Action 的 Handler、Instances 对象根据名称从以上 HandlersStatic、InstancesStatic 中读取并保存在 ActionStatic 中，最终多个 ActionStatic 组成的数组被保存在 Rules 中。在 Rules 中还保存了匹配信息。Rules 中的属性对应关系如图 15-10 所示。

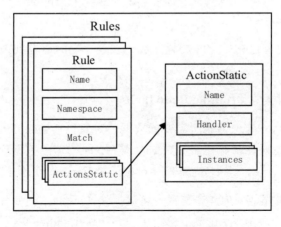

图 15-10　Rules 中的属性对应关系

至此，用户的配置信息与对应的 Template、Adapter 一同被保存到了 Snapshot 对象中，下一步将使用已有的信息进一步配置后端服务实例。

2）构造 Handler（handler.NewTable）

NewTable 方法根据在 Snapshot 对象中保存的 Handler、Instance 信息进行初始化并配置 Adapter 中的 Handler 对象，最后将配置好的 Handler 对象保存在 handler.Table 对象的 entries 中。entries 以 Handler 名称为 key 对应到配置好的 Handler。entries 的主要属性及其含义如表 15-6 所示。

表 15-6　entries 的主要属性及其含义

主要属性	含义
Name	Handler 的名称，String 类型
Handler	配置后的 Handler 对象，adapter.Handler 类型
AdapterName	用来创建这个 Handler 的 Adapter 名称，String 类型

初始化并配置一个 Handler 的步骤如下。

（1）从 Snapshot 对象中取出构造好的 Handler 对象及对应的所有 Instance。

（2）取到 Handler 对象中的 Adapter info，调用 Adapter info 的 NewBuilder 方法生成 Build 对象。

（3）调用 Adapter info 中的 SetAdapterConfig、SetType 等函数填充 Build 对象。

（4）调用 Build 对象的 Build 方法构造出最终的 Handler 对象，并将其保存到 handler.Table 对象的 entries 中。

至此，Handler 对象已初始化并配置完成，在客户端的请求到来时即可调用其实现的 Adapter 接口来处理。

3）构造请求处理模型（routing.BuildTable）

前两步已经将 Mixer 处理请求所需要的数据、对象包括 Handler 等构造完成，本节介绍的 BuildTable 方法主要将初始化后的数据存入 Mixer 构造的数据模型中，在客户端请求到来时，根据条件将请求分发到特定后端 Adapter 的 Handler 实例中处理。

Mixer 的数据存储模型分为 4 个层次：将数据按 Template 类型分类；在单个 Template 分类中按命名空间分为多个组；在单个分组中包含一个 Handler 实例及多个 Instance 实例；

多个 Instance 实例又按匹配条件分为多个组。Mixer 的数据存储模型如图 15-11 所示。

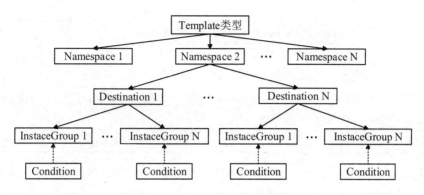

图 15-11　Mixer 的数据存储模型

将数据按 Template 类型分类指将所有数据按 Template 分类并保存到 routing.Table 对象中，Table 对象的主要属性及其含义如表 15-7 所示。

表 15-7　Table 对象的主要属性及其含义

主 要 属 性	含　　义
id	该对象在 Mixer 中的唯一 ID，int64 类型
entries	按 template 类型分类保存的配置，map[tpb.TemplateVariety]*varietyTable 类型

按命名空间分为多个组指将某 Template 类型的配置信息都保存在 varietyTable 中，在 varietyTable 中又保存了按命名空间分类的一组数据。varietyTable 的主要属性及其含义如表 15-8 所示。

表 15-8　varietyTable 对象的主要属性及其含义

主 要 属 性	含　　义
entries	按命名空间分类保存的配置，某一命名空间的数据被保存在 varietyTable 中，map[string]*NamespaceTable 类型
defaultSet	默认命名空间对应的数据集，NamespaceTable 类型

按 Handler 分为多个 Destination 组指在指定 template 类型时将某命名空间的数据都保存在 NamespaceTable 中，在 NamespaceTable 中又保存了一组按 Handler 分类的数据集 Destination。Destination 的主要属性及其含义如表 15-9 所示。

表 15-9　Destination 的主要属性及其含义

主要属性	含义
Handler	Destination 对应的 Handler 对象，adapter.Handler 类型
HandlerName	Handler 的名称，主要用于监控及日志记录，String 类型
AdapterName	对应的 Adapter 名称，也用于监控及日志记录，String 类型
Template	该 Handler 对应的 TemplateInfo，包含了 Handler 对象实现的所有 Template 定义的接口，*TemplateInfo 类型
InstanceGroups	该 Handler 负责处理的一组 Instance 组，[]*InstanceGroup 类型

按匹配条件将 Instance 分为多个组指在按 Handler 分类的数据集 Destination 下包含了所有 Instance 数据，其中 Instance 又按 Rule 中的匹配条件被分为多个组，每个组都对应一个相同的匹配条件，匹配条件将用于匹配对应的客户端请求。InstanceGroup 的主要属性及其含义如表 15-10 所示。

表 15-10　InstanceGroup 的主要属性及其含义

主要属性	含义
Condition	这组 Instance 对应的匹配规则，compiled.Expression 类型
Builders	所有 Instance 的生成函数，用于在处理请求时生成所有的 Instance 对象，[]NamedBuilder 类型

4）保存数据模型（dispatcher.ChangeRoute）

所有配置好的数据对象都被保存到了 Mixer 实现的四层数据模型 routing.Table 中，该模型用于在请求到来时，将特定的请求分发到模型中特定的 Handler 对象中处理。在初始化 Runtime 实例时讲到，Runtime 实例的 dispatcher 属性存储了所有的配置信息及转发规则，dispatcher 的主要属性及其含义如表 15-11 所示。

表 15-11　dispatcher 的主要属性及其含义

主要属性	含义
rc	存储了数据模型 routing.Table，*RoutingContext 类型
gp	用于处理请求的 Goroutine 池，*pool.GoroutinePool 类型

dispatcher.ChangeRoute 方法就是将四层数据模型 routing.Table 的实例存储到 rc 字段中，供后续分发请求时使用。

3. 请求分发流程

Mixer 根据用户的配置，结合已有的 Template、Adapter 信息生成四层数据模型，该模型用于在客户端 API 请求到来时匹配请求中的信息，并将请求分发到对应的后端去处理。

四层模型为什么先以 Template 类型分类？再以命名空间分类？因为在 gRPC Server 中实现的几个接口均只处理特定类型的 Template，例如 Check 接口只处理 check 类型的 Template，Report 接口只处理 report 类型的 Template。对一个客户端请求的处理流程如图 15-12 所示。

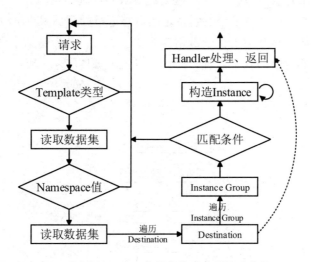

图 15-12　对一个客户端请求的处理流程

详细流程如下所述。

（1）当请求到达时，Mixer 根据请求调用的接口确定 Template 类型，再取出与 Template 类型对应的数据集。

（2）从请求的属性中取出命名空间的值，并取出命名空间对应的数据模型，即 Destination 数组。

（3）遍历 Destination 数组，取出每个 Destination 对象的 InstanceGroup 数组。

（4）遍历 InstanceGroup 数组，取出单个 InstanceGroup，使用请求的属性信息匹配 InstanceGroup 中的匹配规则。

（5）如果匹配成功，则处理该 InstanceGroup。遍历 InstanceGroup 中的 NamedBuilder

数组，分别构造对应的 Instance 实例，调用 Destination 对象中的 Handler 处理该 Instance。

（6）从第 3 步开始一直遍历所有信息，直到所有满足条件的 Handler、Instance 都执行完毕，再返回结果。

15.3.3 访问策略的执行

Mixer 通过 gRPC Server 中的 Check 接口处理请求的访问策略的执行，即根据用户定义的策略判断此次请求是否可以执行。与通用的请求处理流程相同，Check 接口根据请求中属性的值，按用户的配置将请求分发到特定的后端进行处理，用户可以在配置文件中定义这里的访问策略，所以称其为可扩展的访问策略。本节将分析从请求数据流入到 Mixer 对请求执行访问策略并返回的整个过程，整体处理流程如图 15-13 所示。

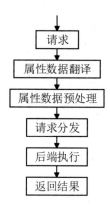

图 15-13　访问策略的整体处理流程

如前文所述，CheckRequest 定义了请求传递给 Check 接口的具体数据，下面通过在实战环境下获取的 CheckRequest 数据来看看其中包含哪些信息。CheckRequest 中每个字段的信息如下。

Attributes:

```
{
    Attributes: CompressedAttributes{
        Words: [forecast.default.svc.cluster.local default forecast Mozilla/5.0
(Windows NT 10.0; WOW64) AppleWebKit/537.36 (KHTML, like Gecko) Chrome/69.0.3497.100
Safari/537.36 192.168.0.183:31380 /forecast
kubernetes://forecast-v1-54b8b9f55-xpdqc.default origin.ip
```

```
istio://default/services/forecast inbound ad713aa4ff778965 sec-istio-authn-payload
zh-CN,zh;q=0.9,en;q=0.8 upgrade-insecure-requests 172.17.0.1],
        Strings: map[int32]int32{3: -9,17: -6,18: -5,19: 90,22: 92,25: -4,131: 92,152:
-1,154: -7,155: -2,190: -10,191: -3,192: -2,193: -1,197: -7,201: -11,},
        Int64S: map[int32]int64{151: 9080,},
        Doubles: map[int32]float64{},
        Bools: map[int32]bool{177: false,} ,
        StringMap: {15: {map[86:-4 102:-19 -14:-15 121:-13 43:115 55:134 122:134
123:-13 32:90 100:92 46:-12 51:116 118:113 59:-18 31:-5 33:-6 98:-20 44:-16
-17:135]},},
    },
}
```

GlobalWordCount：

```
GlobalWordCount: 203
```

DeduplicationId：

```
DeduplicationId: a74cb067-174a-4bbd-b810-5f9ab197bcaa1
```

Quotas：

```
Quotas: map[string]CheckRequest_QuotaParams{}
```

在 Attributes 数据中除了可以看到 Words 字段，还可以看到很多数据都以整型数字表示，下面将详细解析 Mixer 如何识别这些属性标识。

1. Attribute 数据翻译

在 gRPC Server 的初始化时讲到，在 globalWordList 中保存了 Mixer 内置的所有属性词汇列表，如表 15-12 所示。

表 15-12　Mixer 内置的所有属性词汇

标　　号	属性词汇
0	source.ip
1	source.port
……	……
75	max-forwards
76	proxy-authenticate
……	……

续表

标 号	属 性 词 汇
219	inbound
220	outbound

除了 Mixer 内置的属性列表，Attributes 数据中的 Words 字段也会被翻译成属性列表，属于每个请求自定义的属性列表，且对于不同类型的请求如 Check、Report 等，请求携带的 Words 字段会有所不同。为了避免标号与 Mixer 内置属性列表的标号冲突，Words 字段形成的列表从 0、1 等开始标记为-1、-2 等，如表 15-13 所示。

表 15-13 请求自定义的属性列表

标 号	属 性 词 汇
-1	forecast.default.svc.cluster.local
-2	default
……	……
-8	Chrome/69.0.3497.100
-9	Safari/537.36
……	……
-18	upgrade-insecure-requests
-19	172.17.0.1

Mixer 组合以上两个属性列表来翻译请求中的 Attributes 属性，例如，"86:-4"将被翻译为"user-agent：Mozilla/5.0"。

2. Attribute 预处理

在访问策略执行前，Check 接口首先对在请求中携带的属性进行预处理。预处理流程在请求所携带属性的基础上进行，处理后的属性集将被用于后续的访问策略执行中。用户可以自定义处理 ATTRIBUTE_GENERATOR 类型 Template 的 Adapter，来添加需要的额外属性。属性预处理的主要流程如图 15-14 所示。

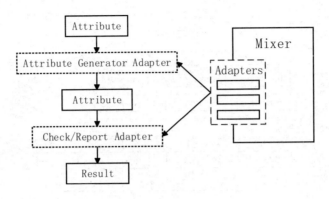

图 15-14 属性预处理的主要流程

例如，Mixer 内置的 Kubernetesenv Adapter 会监听 Kubernetes 集群中的 Pod 信息。在请求到来时，再根据请求中的属性值，在请求的属性集中追加与 Kubernetes 相关的数据，例如 Pod 的名称及 Label 等信息。

3. 对 Check 类型的前置处理

在属性预处理完成后，下一步就是利用已有的属性集进行 Check 类型的前置处理，即调用处理 Check 类型 Template 的 Adapter 进行前置检查，例如特定的用户是否可以访问特定的服务版本等。

调用 Adapter 的流程与前文所讲的请求分发流程类似：根据属性集及用户定义的规则，调用对应的 Adapter 处理请求。值得注意的是，一个用户的属性集可能会满足多个 Adapter 的调用条件，此时会将多个 Adapter 处理流程放入线程池中并行处理。由于各 Adapter 的处理流程是相互独立的，所以在线程池中并行处理大幅提高了处理效率。

每个 Adapter 又可能处理多个 Template 对应的 Instance，因此每个 Adapter 对每个 Instance 的处理流程都是放入线程池中并行处理的。

Adapter 在处理完对应的所有 Instance 后将结果返回，返回的结果会被合并，即对所有 Adapter 返回的结果进行判断，只要其中一个 Adapter 返回失败的结果，则认为本次请求检查不通过，整体处理流程如图 15-15 所示。

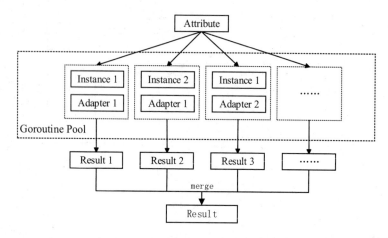

图 15-15 对 Check 类型的整体处理流程

4. 对 Quota 类型的处理

在 Check 类型的前置检查完成后，如果检查失败，则直接将失败结果返回给客户端。如果检查成功，则将继续进行 Quota 类型的配额相关检查。与 Check 类型的操作流程类似，对 Quota 类型的检查也是调用相应的 Adapter 进行配额管理的。

与 Check 类型的前置检查流程不同，Quota 类型的配额管理只针对特定名称的 Instance 实例，Instance 实例的名称从 CheckRequest 的 Quotas 项传入。如果没有匹配该特定名称的 Instance 实例，则直接将默认值返回给客户端；如果成功匹配该特定名称的 Instance，则调用相应的 Adapter 将结果返回客户端，处理流程如图 15-16 所示。

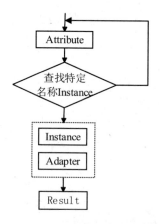

图 15-16 对 Quota 类型的处理流程

15.3.4 无侵入遥测

只需配置好要收集的数据格式，Mixer 就可以帮助用户收集想要的监控数据和日志信息。Mixer 通过 gRPC Server 中的 Report 接口来处理请求遥测数据的收集，即根据用户定义的收集策略将在请求中携带的属性信息构造成特定形式的监控数据和日志信息。与通用的请求处理流程相同，遥测数据收集的流程也是根据请求中的属性值，按用户的配置将请求分发到特定的后端进行处理。本节将分析从请求数据流入到 Mixer 对请求数据进行收集处理的整个过程。

1. 遥测数据的接收

与 Check 接口的处理流程不同，Check 接口每次接收的只是一组属性。为了提高整体效率，Envoy 会在遥测数据缓存到一定数量时，同时上报缓存的遥测数据到 Mixer，因此 Report 接口接收的是多组属性，流程如图 15-17 所示。

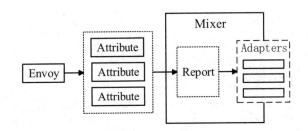

图 15-17 遥测数据的接收流程

2. 遥测数据的处理

在接收到多组属性后，Report 接口将遍历其中的每组属性。前期处理包括属性数据翻译和属性数据预处理，这两个步骤与上一节 Check 接口中的处理逻辑完全一致，可参考上一节的内容。

对于请求分发，Report 接口与 Check 接口也有所不同。Check 接口需要向客户端返回策略执行的情况，因此必须返回带有详细状态的返回值。Report 接口只是将属性中的数据利用 Adapter 实例传输给后端基础设施，因此只向客户端返回处理成功或失败的状态，返回方式也很简单：如果处理成功，则返回一个空的 ReportResponse 类型对象，否则返回一个 nil 类型的空指针。

在 Check 接口中，根据属性集生成的每个 Instance 都会被一个 Adapter 实例放入协程池中单独执行，因此对每个 Instance 处理的结果都是独立的。而 Report 接口只是将属性中的数据利用 Adapter 实例传输给后端基础设施，且无须给每个 Instance 都独立返回结果，因此与 Report 接口对应的 Adapter 将把对应的所有 Instance 都放在同一协程中处理。Reporter 操作实现了如下定义的一组接口：

```
type Reporter interface {
    // Report 接口将一个 Destination 对应的所有 Instances 都保存起来
    Report(requestBag attribute.Bag) error
    // Flush 遍历以上 map，将 Handler 对应的 Instances 同步到后端
    Flush() error
    // Done 将 Reporter 收回
    Done()
}
```

首先 Report 接口将请求中的多组属性集遍历一轮，并将所有 Destination 对应的所有 Instance 都保存起来，最后通过调用 Flush 接口将数据统一同步到后端，其处理流程如图 15-18 所示。

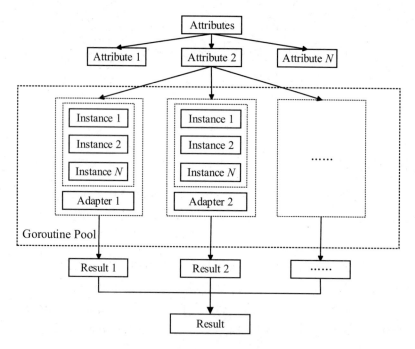

图 15-18 对 Report 类型的处理流程

15.4 Mixer 的设计亮点

总结 Mixer 的整体功能，不难发现 Mixer 实质上就是一个属性（Attribute）处理器，它接收来自客户端的请求，并解析属性信息，再调用一组后台 Adapter 来处理属性信息。这些 Adapter 通过与后台基础设施通信，提供日志、监控、配额管理及访问控制等功能。用户传入的配置信息（包括 Handler、Instance、Rule）决定了 Mixer 对请求的处理流程，比如选择哪些 Adapter 作为后端处理器。

Template 主要定义了一组数据格式，以及处理该 Template 的 Adapter 需要实现的接口。Adapter 负责实现 Template 定义的所有接口，这些接口负责接收 Mixer 的数据，继而将这些数据同步到后台基础设施。不难看出，只要有 Template、Adapter，外加用户的配置 Handler、Instance、Rule，就可以通过 Mixer 处理请求中的属性信息。

Mixer 架构提供了可扩展性，用户可以自定义 Template，定义自己要处理的数据格式及需要实现的接口；也可以实现自定义的 Adapter，既可以处理 Mixer 内置的 Template，也可以处理自定义的 Template，将需要的数据传输给后端基础设施。

1. Template 的扩展

一个 Template 首先需要定义一个 proto 文件，其中包含 Template 的名称、类型及定义的数据格式；然后，Mixgenbootstrap 代码生成工具会根据 proto 文件生成对应 Go 语言的数据结构、接口，以及将该 Template 注册到 Mixer 的必要信息。

用户在自定义 Template 时，首先需要按标准编写 proto 文件，再使用 Mixgenbootstrap 工具生成代码，将 Mixer 重新进行编译，即可使用该 Template 定义数据格式。需要注意的是，Istio 社区并不建议用户自定义 Template，在能满足需求的情况下，尽量使用社区内置的 Template。

2. Adapter 的扩展

Adapter 是 Mixer 框架可扩展的核心，主要负责实现 Template 中的接口，在接口中对接各种各样的基础设施后端。用户只要选择合适的 Template 来定义数据格式，并实现其中的接口，在接口中对接到自定义的后端基础设施，就可以将自定义的后端基础设施加入 Istio 网格。

15.5 如何开发 Mixer Adapter

通过总结 Adapter 的工作原理，可以将 Adapter 的生命周期归结为以下 3 个阶段。

（1）Adapter 加载及初始化，主要调用其 GetInfo 接口进行加载。

（2）根据用户的配置信息进一步初始化 Adapter 对象。

（3）在请求到来时，利用配置好的 Adapter 实例对象 Handler 处理请求并将其同步到基础设施后端。

15.5.1 Adapter 实现概述

Adapter 的实现主要围绕上述三个阶段，Adapter 主要定义了两组接口：第 1 组接口是 HandlerBuilder，主要用于初始化一个 Adapter 的 Handler 对象实例，其中包括如下三个接口。

（1）SetAdapterConfig：用来设置该 Adapter 对应的 Handler 对象实例的配置。

（2）Validate：验证 Handler 实例的配置是否有效。

（3）Build：核心接口，用来生成并返回一个初始化后的 Handler 对象实例。

这三个接口实现的功能对应 Adapter 生命周期的第 2 阶段：根据用户的配置信息进一步初始化。Adapter 使用一个 Builder 结构体来实现 HandlerBuilder 接口。

Adapter 实现的另一组接口是 Handler，Handler 接口主要在请求到来时处理客户端的请求，并负责与基础设施后端通信，不同的 Template 可能对应不同的 Handler 接口。Adapter 使用 handler 结构体来实现 Handler 接口。这组接口实现的功能对应 Adapter 生命周期的第 3 阶段：在请求到来时处理请求。

Adapter 除实现以上功能接口外，还将构造一个 GetInfo 接口，在 Mixer 启动初始化时会调用 GetInfo 函数初始化并注册该 Adapter，这个过程对应 Adapter 生命周期的第 1 阶段。Adapter 生命周期中三个阶段的工作流程如图 15-19 所示。

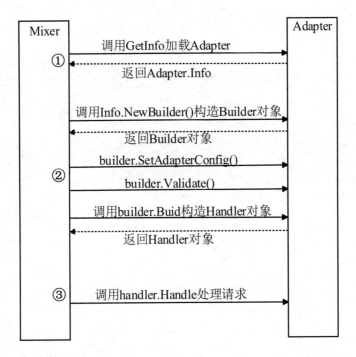

图 15-19 Adapter 生命周期中三个阶段的工作流程

15.5.2 内置式 Adapter 的开发步骤

本节将创建一个简单的内置式 Adapter SamplePrint，接收 Template 类型为 Metric 的数据。在请求到来时，将在请求中获取的数据写入文件中，整体开发流程如下。

（1）在 Mixer 的 adapter 目录下创建名为 sampleprint 的文件夹，再创建名为 sampleprint.go 的文件，Adapter 的主要实现将在 sampleprint.go 中。

（2）创建基本框架，包括实现 HandlerBuilder 接口的 Build 对象、实现 Handler 接口的 Handler 对象，以及将 Adapter 注册到 Mixer 中的 GetInfo 接口。基本框架代码如下：

```
package sampleprint

type (
    builder struct {}
    handler struct {}
)
var _ metric.HandlerBuilder = &builder{}
```

```
    var _ metric.Handler = &handler{}

    //////////////////  配置阶段  //////////////////
    func (b *builder) Build(ctx context.Context, env adapter.Env) (adapter.Handler,
error) {}
    func (b *builder) SetAdapterConfig(cfg adapter.Config) {}
    func (b *builder) Validate() (ce *adapter.ConfigErrors) {}
    func (b *builder) SetMetricTypes(types map[string]*metric.Type) {}

    //////////////////  请求处理阶段  //////////////////
    func (h *handler) HandleMetric(ctx context.Context, insts []*metric.Instance)
error {
        return nil
    }
    func (h *handler) Close() error {}

    //////////////////  初始化阶段  //////////////////
    func GetInfo() adapter.Info {
        return adapter.Info{
            Name:         "sampleprint",
            Description: "Logs the metric calls into a file",
            SupportedTemplates: []string{
                metric.TemplateName,
            },
            NewBuilder:   func() adapter.HandlerBuilder { return &builder{} },
        }
    }
```

（3）在完成 Adapter 框架的代码后，接着为 Adapter 添加运行时参数。首先，创建名为 config 的文件夹，用来保存配置参数的文件；然后，在 config 文件夹下创建名为 config.proto 的文件，该文件用来定义 Adapter 的运行参数，内容如下：

```
    syntax = "proto3";

    package adapter.sampleprint.config;

    import "gogoproto/gogo.proto";

    option go_package="config";

    message Params {
```

```
    // 保存信息的文件路径
    string file_path = 1;
}
```

在 Adapter 框架代码中添加如下注释:

```
//go:generate $GOPATH/src/istio.io/istio/bin/mixer_codegen.sh -a
mixer/adapter/sampleprint/config/config.proto -x "-s=false -n sampleprint -t metric"
```

运行如下命令将自动生成配置对应的 Go 语言代码:

```
go generate ./...
```

（4）在参数配置成功后，将配置加入框架代码中。首先，在 Builder 接口中将 Handler 对象初始化，并将 Adapter 的参数对象配置到 GetInfo 中，在其中添加的逻辑见如下代码中的加粗部分：

```
//go:generate $GOPATH/src/istio.io/istio/bin/mixer_codegen.sh -f
mixer/adapter/sampleprint/config/config.proto
package sampleprint

type (
    builder struct {
        adpCfg *config.Params
    }
    handler struct {
        f *os.File
    }
)

var _ metric.HandlerBuilder = &builder{}
var _ metric.Handler = &handler{}

/////////////////// 配置阶段 ///////////////
func (b *builder) Build(ctx context.Context, env adapter.Env) (adapter.Handler,
error) {
    file, err := os.Create(b.adpCfg.FilePath)
    return &handler{f: file}, err
}
func (b *builder) SetAdapterConfig(cfg adapter.Config) {
    b.adpCfg = cfg.(*config.Params)
}
func (b *builder) Validate() (ce *adapter.ConfigErrors) {
```

```go
    // 判断文件路径是否有效
    if _, err := filepath.Abs(b.adpCfg.FilePath); err != nil {
        ce = ce.Append("file_path", err)
    }
    return
}
func (b *builder) SetMetricTypes(types map[string]*metric.Type) {}

//////////////////// 请求处理阶段 ////////////////////////////
func (h *handler) HandleMetric(ctx context.Context, insts []*metric.Instance) error {
    return nil
}
func (h *handler) Close() error {
    return h.f.Close()
}

//////////////////// 初始化阶段 ////////////////////////////
func GetInfo() adapter.Info {
    return adapter.Info{
        Name:        "sampleprint",
        Description: "Logs the metric calls into a file",
        SupportedTemplates: []string{
            metric.TemplateName,
        },
        NewBuilder:    func() adapter.HandlerBuilder { return &builder{} },
        DefaultConfig: &config.Params{},
    }
}
```

（5）在配置完成后，添加处理请求的逻辑代码，即将请求中的数据写到文件中，添加的逻辑见如下代码中的加粗部分：

```go
func (h *handler) HandleMetric(ctx context.Context, insts []*metric.Instance) error {
    for _, inst := range insts {
        if _, ok := h.metricTypes[inst.Name]; !ok {
            h.env.Logger().Errorf("Cannot find Type for instance %s", inst.Name)
            continue
        }
        h.f.WriteString(fmt.Sprintf(`HandleMetric invoke for :
```

```
        Instance Name  :'%s'
        Instance Value : %v,
        Type           : %v`, inst.Name, *inst, *h.metricTypes[inst.Name]))
    }
    return nil
}
```

（6）将 Adapter 注册到 Mixer 中，将新建的 Adapter 按如下格式添加到 Adapter 文件夹下的 inventory.yaml 中：

```
sampleprint: "istio.io/istio/mixer/adapter/sampleprint"
```

执行如下命令，将自动生成注册代码到 inventory.gen.go 文件中。至此，一个拥有完整功能的 Adapter 就开发完成了。

```
go generate $MIXER_REPO/adapter/doc.go
```

（7）运行包含本节创建的 Adapter 的 Mixer，并将如下配置信息输入 Mixer 中：

```
apiVersion: "config.istio.io/v1alpha2"
kind: metric
metadata:
 name: requestcount
 namespace: istio-system
spec:
 value: "1"
 dimensions:
   target: destination.service | "unknown"

---
apiVersion: "config.istio.io/v1alpha2"
kind: sampleprint
metadata:
 name: hndlrTest
 namespace: istio-system
spec:
 file_path: "out.txt"
---
apiVersion: "config.istio.io/v1alpha2"
kind: rule
metadata:
 name: mysamplerule
 namespace: istio-system
```

```
spec:
  match: "true"
  actions:
  - handler: hndlrTest.sampleprint
    instances:
    - requestcount.metric
```

（8）当客户端发出 Report 类型的请求时，如果在配置文件中看到如下信息，就证明开发的 Adapter 工作正常：

```
HandleMetric invoke for
        Instance Name  : requestcount.metric.istio-system
        Instance Value : {requestcount.metric.istio-system 1
map[response_code:200 service:unknown source:unknown target:unknown
version:unknown method:unknown] UNSPECIFIED map[]}
        Type           : {INT64 map[response_code:INT64 service:STRING
source:STRING target:STRING version:STRING method:STRING] map[]}
```

至此已经开发了一个功能完整的 Adapter，并通过配置验证了其功能。读者也可以尝试动手开发一个 Adapter。

15.5.3　独立进程式 Adapter 的开发步骤

15.4.2 节介绍了内置式 Adapter 的开发步骤，但内置的 Adapter 需要被编译到 Mixer 中，灵活性较差，所以在 Istio 1.1 中已被废弃。本节将介绍独立进程式 Adapter，它无须被编译到 Mixer 程序中，以独立进程方式运行，通过配置文件将其注册到 Mixer，再通过 gRPC 与 Mixer 通信，整体工作流程如图 15-20 所示。

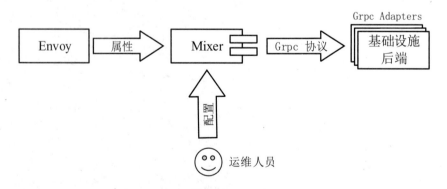

图 15-20　独立进程式 Adapter 开发的整体工作流程

下面按步骤创建一个名为 mygrpcprint 的进程独立式 Adapter，该 Adapter 处理 Metric 类型的 Template，将每个请求携带的信息写入文件中。

（1）首先创建 Adapter 的目录并进入该目录下：

```
cd $MIXER_REPO/adapter && mkdir mygrpcprint&& cd mygrpcprint
```

（2）创建名为 mygrpcprint.go 的文件，其中实现了 metric 模板定义的 gRPC 接口：

```
package mygrpcprint
type (
    Server interface {
        Addr() string
        Close() error
        Run(shutdown chan error)
    }
    MyGrpcPrint struct {
        listener net.Listener
        server   *gRPC.Server
    }
)

var _ metric.HandleMetricServiceServer = &MyGrpcPrint{}

func (s * MyGrpcPrint) HandleMetric(ctx context.Context, r *metric.HandleMetricRequest) (*v1beta1.ReportResult, error) {
    return nil, nil
}

func (s * MyGrpcPrint) Addr() string {
    return s.listener.Addr().String()
}

func (s * MyGrpcPrint) Run(shutdown chan error) {
    shutdown <- s.server.Serve(s.listener)
}

func (s * MyGrpcPrint) Close() error {
    if s.server != nil {
        s.server.GracefulStop()
    }
    if s.listener != nil {
```

```
        _ = s.listener.Close()
    }
    return nil
}

func NewMyGrpcPrint(addr string) (Server, error) {
    if addr == "" {
        addr = "0"
    }
    listener, err := net.Listen("tcp", fmt.Sprintf(":%s", addr))
    if err != nil {
        return nil, fmt.Errorf("unable to listen on socket: %v", err)
    }
    s := &MyGrpcPrint{
        listener: listener,
    }
    fmt.Printf("listening on \"%v\"\n", s.Addr())
    s.server = gRPC.NewServer()
    metric.RegisterHandleMetricServiceServer(s.server, s)
    return s, nil
}
```

（3）编写 Adapter 的配置文件，由于该 Adapter 仅将请求信息打印到文件中，因此配置文件仅包含该文件的路径。创建名为 config 的文件夹，在其下创建 config.proto 文件：

```
syntax = "proto3";
package adapter.mygrpcprint.config;
import "gogoproto/gogo.proto";
option go_package="config";

message Params {
    // 保存信息的文件路径
    string file_path = 1;
}
```

（4）接下来根据 config.proto 生成对应的 Adapter 配置文件。为了生成配置文件，需要在 mygrpcprint.go 文件头中添加如下注释（如下代码中的加粗部分为所添加的注释）：

```
// nolint:lll
// Generates the mygrpcprint adapter's resource yaml. It contains the adapter's configuration, name,
// supported template names (metric in this case), and whether it is session or
```

```
no-session based.
   //go:generate $GOPATH/src/istio.io/istio/bin/mixer_codegen.sh -a
mixer/adapter/mygrpcprint/config/config.proto -x "-s=false -n mygrpcprint -t metric"

package mygrpcprint
```

（5）通过 go generate ./... 命令生成文件，生成的文件同上一节类似，包括 mygrpcprint.yaml、Config.pb.go、adapter.mygrpcprint.config.pb.html 和 Config.proto_descriptor。其中，在 mygrpcprint.yaml 中包含 Adapter 的信息，最终通过该文件将 Adapter 注册到 Mixer 中，包含的内容如下：

```
# 这个配置是通过如下命令创建的
# mixgen adapter -c
$GOPATH/src/istio.io/istio/mixer/adapter/mygrpcprint/config/config.proto_descriptor -o $GOPATH/src/istio.io/istio/mixer/adapter/mygrpcprint/config -s=false -n mygrpcprint -t metric

apiVersion: "config.istio.io/v1alpha2"
kind: adapter
metadata:
  name: mygrpcprint
  namespace: istio-system
spec:
  description:
  session_based: false
  templates:
  - metric
  Config: ......
```

（6）完善 mygrpcprint.go 的逻辑，使用 Adapter 定义的配置信息初始化写入的文件，将 Instance 信息写入以上文件中，并为该 Adapter 配置证书认证，实现逻辑如下，主要完善 HandleMetric 接口：

```
package mygrpcprint
......
// HandleMetric 保存监控数据
func (s *MyGrpcPrint) HandleMetric(ctx context.Context, r *metric.HandleMetricRequest) (*v1beta1.ReportResult, error) {
    var b bytes.Buffer
    cfg := &config.Params{}
    ......
```

```go
        // 将请求中的信息按 Instance 的定义写入文件中
        b.WriteString(fmt.Sprintf("HandleMetric invoked with:\n  Adapter config: %s\n  Instances: %s\n",
            cfg.String(), instances(r.Instances)))
        ......

        // 写入文件中
        if _, err = f.Write(b.Bytes()); err != nil {
            log.Errorf("error writing to file: %v", err)
        }
        return &v1beta1.ReportResult{}, nil
}

func NewMyGrpcPrint(addr string) (Server, error) {
    listener, err := net.Listen("tcp", fmt.Sprintf(":%s", addr))
    s := &MyGrpcPrint{
        listener: listener,
    }

    credential := os.Getenv("gRPC_ADAPTER_CREDENTIAL")
    privateKey := os.Getenv("gRPC_ADAPTER_PRIVATE_KEY")
    certificate := os.Getenv("gRPC_ADAPTER_CERTIFICATE")
    if credential != "" {
        so, err := getServerTLSOption(credential, privateKey, certificate)
        if err != nil {
            return nil, err
        }
        s.server = gRPC.NewServer(so)
    } else {
        s.server = gRPC.NewServer()
    }
    metric.RegisterHandleMetricServiceServer(s.server, s)
    return s, nil
}
```

（7）编写 cmd/main.go 文件，将该文件作为 Adapter 的入口，其中包含 main 函数：

```go
package main

func main() {
    addr := ""
    if len(os.Args) > 1 {
```

```
        addr = os.Args[1]
    }
    s, err := mygrpcprint.NewMyGrpcPrint(addr)
    if err != nil {
        fmt.Printf("unable to start server: %v", err)
        os.Exit(-1)
    }
    shutdown := make(chan error, 1)
    go func() {
        s.Run(shutdown)
    }()
    _ = <-shutdown
}
```

（8）编写 Handler、Instance、Rule 配置文件，使 Mixer 将相应的请求转发到该 Adapter 中。创建名为 sample_operator_cfg.yaml 的配置文件：

```
apiVersion: "config.istio.io/v1alpha2"
kind: handler
metadata:
 name: h1
 namespace: istio-system
spec:
 adapter: mygrpcprint
 connection:
   address: "{ADDRESS}"  #在运行时将该地址替换为Adapter 监听的地址
 params:
   file_path: "out.txt"
---

apiVersion: "config.istio.io/v1alpha2"
kind: instance
metadata:
 name: i1metric
 namespace: istio-system
spec:
 template: metric
 params:
   value: request.size | 0
   dimensions:
     response_code: "200"
---
```

```yaml
apiVersion: "config.istio.io/v1alpha2"
kind: rule
metadata:
 name: r1
 namespace: istio-system
spec:
 actions:
 - handler: h1.istio-system
   instances:
   - i1metric
```

（9）启动并验证该 Adapter。先启动该 Adapter，启动过程如下，并记录 Adapter 的监听地址：

```
export ISTIO=$GOPATH/src/istio.io export MIXER_REPO=$GOPATH/src/istio.io/istio/mixer
 cd $MIXER_REPO/adapter/mygrpcprint
 go run cmd/main.go
```

（10）将 metric 对应的 Template 信息、在第 5 步生成的 Adapter 配置文件及 sample_operator_cfg.yaml 文件创建到 Istio 所在的 Kubernetes 集群中，在创建前先将 sample_operator_cfg.yaml 文件中的 Adapter 地址改为记录的监听地址，3 个文件的对应路径如下：

```
sample_operator_cfg.yaml
config/mygrpcprint.yaml
$MIXER_REPO/template/metric/template.yaml
```

以上开发并运行了一个独立进程式 Adapter，该 Adapter 将服务间请求所携带的信息以 Instance 形式存储到文件中，存储示例如下：

```
HandleMetric invoked with:
 Adapter config: &Params{FilePath:out.txt,}
 Instances: 'i1metric.instance.istio-system':
 {
        Value = 1235
        Dimensions = map[response_code:200]
 }
```

至此，一个完整的 Adapter 就开发并运行完毕了，其完整的目录结构如下：

```
├── cmd
│   └── main.go
├── config
│   ├── adapter.mygrpcprint.config.pb.html
│   ├── config.pb.go
│   ├── config.proto
│   ├── config.proto_descriptor
│   └── mygrpcprint.yaml
├── mygrpcprint.go
└── sample_operator_cfg.yaml
```

15.5.4 独立仓库式 Adapter 的开发步骤

15.4.3 节介绍的 Adapter 虽然以独立进程运行，但其代码仍被内置在 Mixer 项目库中。本节介绍的 Adapter 将拥有独立的代码库。Adapter 的开发及配置文件的生成均与 15.4.3 节完全一致，下面将详细介绍如何建设独立仓库式 Adapter。

创建项目目录 myootprint，并且将在 15.4.3 节编写好的 Adapter 复制到该项目目录下：

```
mkdir -p $GOPATH/src/github.com/username/myootprint
cd $GOPATH/src/github.com/username/myootprint
cp -R $MIXER_REPO/adapter/mygrpcprint
```

将 Adapter 运行所依赖的 vender 添加到项目根目录，此处可以使用 Golang 包管理工具 dep 下载 vender，在仅进行测试时也可直接复制 istio 目录下的 vender。

将 Adapter 中的 istio.io/istio/mixer/adapter/...路径全量替换为 github.com/{username}/myootprint/...即可。

至此，一个独立仓库式的 Adapter 创建完成，其运行及验证方式与 15.4.3 节完全相同，读者可自行验证。其目录结构如下：

```
├── myootprint
    ├── mygrpcprint
    │   ├── cmd
    │   ├── config
    │   └── testdata
    └── vendor
        └── ......
```

15.6　本章总结

本章首先详细介绍了 Mixer 的工作原理，包括基于 Template、Adapter 可扩展的服务模型；然后从 Mixer 启动初始化、用户配置信息规则处理、可扩展的访问策略执行、无侵入的遥测几方面深入解读了 Mixer 的核心工作流程；最后结合 Adapter 灵活的扩展机制介绍了内置式 Adapter、独立进程式 Adapter 及独立仓库式 Adapter 的详细开发步骤。

第 16 章

安全碉堡 Citadel

Citadel 是 Istio 最核心的安全组件之一，它主要负责证书的颁发和轮换。Istio 默认提供的双向 TLS 安全功能就是依赖 Citadel 签发的证书进行 TLS 认证的。

16.1 Citadel 的架构

如图 16-1 所示，Citadel 用于密钥和证书管理。在 Kubernetes 场景下，Citadel 使用 Secret 方式将证书及密钥对挂载到 Sidecar 容器中。在虚拟机或者物理机场景下，由于没有外部目录挂载机制，所以会通过运行在本地的 Node Agent 组件生成 CSR，然后向 Citadel 发起证书签发请求，最后把 Citadel 生成的证书与密钥保存在本地文件系统中供 Envoy 使用。当然，以上是 Istio 最原始的证书提供方式，本章会讲解 Istio 1.1 全新支持的证书获取方式 SDS（Secret Discovery Service）。

Istio PKI 建立在 Citadel 之上，使用 X.509 证书来携带 SPIFFE 格式的身份，为每个工作负载都提供强大的身份标识。PKI 还可以大规模进行自动化密钥和证书轮换。Istio 同时支持 Kubernetes 及虚拟机或者物理机上的服务管理，Istio 目前针对 Kubernetes 场景和本地机器场景分别提供了不同的密钥证书配置机制（在两种场景下使用节点代理的流程基本一致）。

在 Kubernetes 场景下，Secret 挂载的密钥证书配置机制如下。

（1）Citadel 监听 Kube-apiserver，为每个现有的和新的服务账户都创建 SPIFFE 证书和密钥对。Citadel 将证书和密钥对存储为 Kubernetes Secret。

（2）在创建 Pod 时，Kubernetes 会根据其服务账户通过 Kubernetes Secret 将证书和密钥对挂载到 Pod。

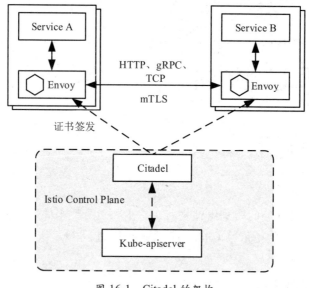

图 16-1　Citadel 的架构

（3）Citadel 还负责维护每个证书的生命周期，并通过重写 Kubernetes Secret 自动轮换证书。

（4）Pilot 生成安全命名信息，该信息定义了哪些 Service Account 可以运行哪些服务。Pilot 然后将安全命名信息传递给 Envoy Sidecar。

在虚拟机、物理机场景下，证书配置流程如下。

（1）Citadel 创建 gRPC 服务来接收证书签发请求（CSR）。

（2）节点代理生成私钥和 CSR，并将 CSR 及其凭据发送给 Citadel 进行签名。

（3）Citadel 验证 CSR 承载的凭证，并签署 CSR 以生成证书。

（4）节点代理将从 Citadel 接收的证书和私钥保存在本地文件系统中。

上述 CSR 请求过程会周期性地执行，以实现证书轮换功能，防止证书过期。

如图 16-2 所示为在虚拟机和物理机场景下使用节点代理配置证书和密钥的架构。

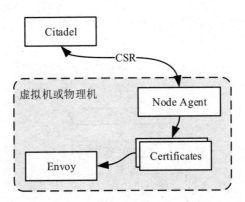

图 16-2　在虚拟机和物理机场景下使用节点代理配置证书和密钥的架构

16.2　Citadel 的工作流程

Citadel 作为网格内唯一的身份管理组件，主要负责为集群内的服务账户颁发证书、启动 gRPC 服务处理证书签名请求 CSR 及根证书轮换。因此 Citadel 主要包含 Secret Controller、gRPC 服务器及证书轮换器等组件。在默认情况下，证书轮换器不启动，它主要是为多集群 CA 证书自动轮转使用的。

16.2.1　启动初始化

Citadel 的启动进程是 istio_ca。如图 16-3 所示为 Citadel 的启动及初始化流程，主要包含以下几个步骤。

（1）命令行参数解析及校验，防止 Citadel 以不合法的参数运行并出现未知的错误。

（2）创建 IstioCA，它是用于签发证书的对象，实现了 CertificateAuthority 接口。目前可以使用自签名证书或者命令行指定的证书作为证书授权中心的证书。

（3）初始化并运行 SecretController，自动监听 Kubernetes 服务账户并生成 Istio 专用的证书密钥对，以 secret 的形式保存证书密钥对。

（4）初始化并运行 gRPC 服务器，用于接收 CSR 并签发证书。

（5）在多集群环境下初始化证书轮换器，默认启动。

Citadel 组件模块比较独立，且功能简单，但是作为 Istio 中的安全组件之一也是必不可少的。

图 16-3 Citadel 的启动及初始化流程

16.2.2 证书控制器

如图 16-4 所示，SecretController 包含服务账户 Service Account 控制器及 Secret 控制器。

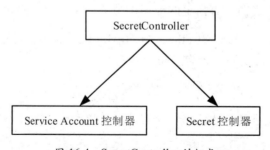

图 16-4 SecretController 的组成

如图 16-5 所示，Service Account 控制器通过创建 Service Account Informer 来监听 Kube-apiserver 的 Service Account 资源，并维护 Service Account 与 Istio 证书的关系，确保在任何情况下集群中的一个 Service Account 都必须关联一个证书密钥对。证书密钥对以 Secret 的形式保存在 Kubernetes 中，当 Service Account 被删除时，相应的 Secret 也被删除。

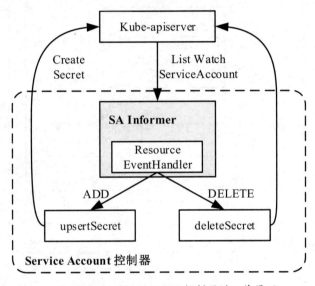

图 16-5　Service Account 控制器的工作原理

如图 16-6 所示，Secret 控制器在 Istio 证书过期之前进行自动轮换，以及在证书被删除时进行重新签发。

Secret 控制器监听 Kube-apiserver "istio.io/key-and-cert"类型的 Secret 资源，当 Secret 被删除时，能够立即重新签发新证书并创建 Secret；并周期性地检查 Secret 携带的证书是否过期，自动轮换证书（通过解析 x509 证书并对比证书的有效时间来决定是否重新生成证书），证书签发与 Secret 创建和 Service Account 控制器一样复用 upsertSecret 接口。

总之，无论是 Service Account 控制器还是 Secret 控制器，都主要维护集群中的 Service Account 与证书密钥对的关系，并且保证证书永不过期。

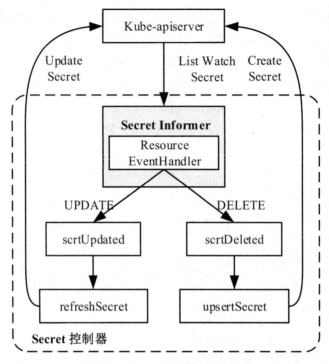

图 16-6 Secret 控制器的工作原理

16.2.3 gRPC 服务器

在 Citadel 中，gRPC 服务器也是 CA 服务器，主要通过 gRPC 接口在运行时处理 CSR 请求。目前 CSR 请求的来源主要是 Node Agent 和 K8s Node Agent。

如图 16-7 所示，目前 CA 服务器主要通过注册 IstioCAServiceServer 及 IstioCertificateServiceServer 两种服务分别提供两种 CSR 处理接口。从 Istio 1.1 的源码来看，HandleCSR 接口已经被标记为废弃，CreateCertificate 将取代它。

两种 CSR 处理接口处理 CSR 请求的流程类似，首先都是对 CSR 客户端身份进行认证，目前有两种认证方式：TLS 认证，通过解析客户端 TLS 证书获取身份信息；JWT 认证，通过 Kubernetes 认证 JWT 获取客户端身份。在认证通过后进行证书的签发，通过 CertificateAuthority.Sign 接口签发证书，Citadel 中的 IstioCA 对象实现了证书签发功能。

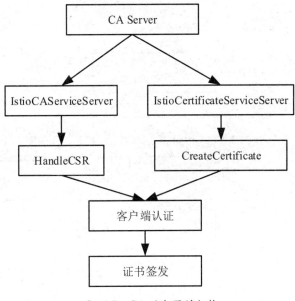

图 16-7　CA 服务器的架构

16.2.4　证书轮换器

想象一下，Istio 控制面 Citadel 签发证书所使用的中间证书即将过期，该如何处理？最容易想到的答案是：先重新签发一个新的证书，再重启 Citadel 重新加载证书。仔细分析一下，这种简单粗暴的方式会导致 Citadel 服务中断，进而可能影响数据面的服务访问，是任何高用的分布式系统都不能容忍的。Citadel 在设计中处处考虑到了系统的高可用：

（1）与工作负载所用的证书不同，Citadel 签发证书所用的中间证书的有效期更长，即便通过最暴力的重启 Citadel 方式重新加载证书，也不会影响工作负载之间的网络通信；

（2）Citadel 支持通过证书轮换器，以级联 Citadel 方式提供证书的自动回滚及自动轮换。

证书轮换器 KeyCertBundleRotator 由 KeyCertBundle 和 KeyCertRetriever 组成，KeyCertBundle 用于存储证书、私钥、证书链及根证书，KeyCertRetriever 是一个负责获取新证书及密钥的接口。

如图 16-8 所示为 KeyCertBundleRotator 的工作原理。

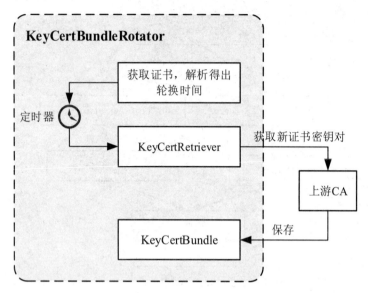

图 16-8　KeyCertBundleRotator 的工作原理

KeyCertBundleRotator 以一个单独的协程在后台不断重复执行以下操作。

（1）从 KeyCertBundle 中获取证书，解析证书的有效期并获取下一次轮换时间。

（2）启动定时器，当轮换时间到来时，通过 KeyCertRetriever 从上游服务器中获取新的证书及密钥对。

（3）将新的证书密钥对保存到 KeyCertBundle 中，以便后续的证书签发。

16.2.5　SDS 服务器

在虚拟机、物理机场景下，我们不能使用类似将 Secret 挂载到容器中的方式为 Envoy 提供证书密钥对。为了解决此场景下的证书配置问题，Istio 设计了 Node Agent 节点代理组件。Node Agent 与应用部署在同一个主机上，如图 16-9 所示，Node Agent 以后台程序方式运行在虚拟机或者物理机之上，向 Citadel 发起 CSR 请求，并将签发的证书保存在本地文件系统 "/etc/certs" 中，供 Envoy 安全认证使用。另外，Node Agent 支持自动轮换证书，防止证书过期。

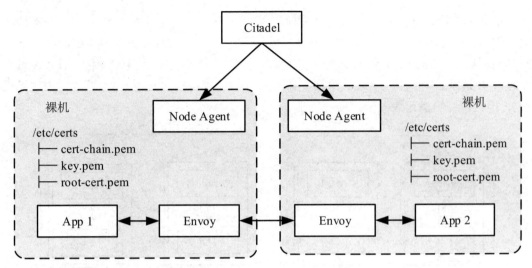

图 16-9　裸机场景下 Node Agent 自动证书配置

在 Kubernetes 场景下最初通过 Secret 卷挂载方式为 Envoy 提供证书，但是 Kubernetes Secret 卷挂载的缺点逐渐暴露：

◎ 性能、稳定性回退：当证书轮换时，Envoy 以热重启方式加载新的证书密钥对，这势必导致稳定性下降及性能损耗。
◎ 可能存在安全漏洞：工作负载的私钥以明文方式通过 Kubernetes Secret 分发，可能被截获。

在 Istio 1.1 以前的版本中，以上场景都依赖 Envoy 的热重启进行证书的重新加载，这需要额外的组件如 Pilot-agent，来检测证书的变化并通知 Envoy。从软件设计角度来看，这不是一种优雅的实现方式。除此之外，热重启还有前面提到的性能、稳定性问题。

因此在 Istio 1.1 中，Istio 社区支持了 SDS API。SDS（Secret Discovery Service）是一种在运行时动态获取证书私钥的 API，Envoy 代理通过 SDS 从本地 SDS 服务器上动态获取证书私钥，有以下好处。

◎ 私钥传递只在同一机器内进行，并且只保存在 SDS 服务器进程及 Envoy 进程的内存中。
◎ 不必依赖 Kubernetes Secret 卷挂载。
◎ Envoy 动态获取证书私钥，无须重启。

在 Kubernetes 场景下，Istio 通过一种叫作 K8s Node Agent 的组件实现 SDS 服务器的功能。K8s Node Agent 的工作原理如图 16-10 所示，它作为 SDS 服务器向本机所有 Pod 中的 Envoy 提供 SDS 服务，其本身并不直接颁发证书，而是通过 CA 客户端向其他 CA 机构发起 CSR 请求。K8s Node Agent 除了支持 Citadel，还支持接入其他 CA（权威证书颁发机构），因此可能更满足各大云厂商的需求。

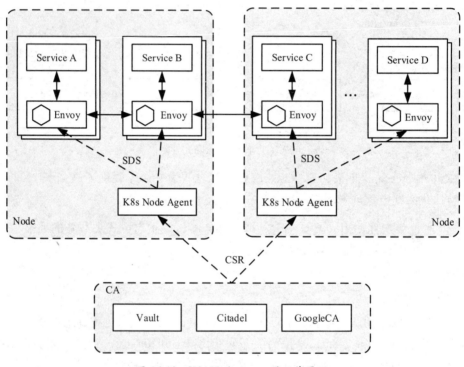

图 16-10　K8s Node Agent 的工作原理

K8s Node Agent 以 UNIX 域套接字服务于本地 Sidecar，因此有很高的安全性保障。同时，它在内部缓存了所有 CSR 请求返回的证书密钥对信息，所以不用担心性能问题。此外，K8s Node Agent 还有自动轮换证书的功能。

所以，SDS 动态证书获取有非常好的优势，因此可大胆预测，在未来的生产环境下，SDS 会得到越来越广泛的应用。

16.3 本章总结

本章重点解读 Istio 核心安全组件 Citadel 的工作原理，首先从整体上介绍了 Citadel 的基本功能，以及在 Kubernetes 及裸机场景下，Istio Sidecar 证书获取的基本原理；然后介绍了 Citadel 的启动流程及签发证书的接口；最后深入讲解了 Citadel 的核心组件功能及原理，希望对了解 Istio 安全架构和设计有所帮助。

第 17 章 高性能代理 Envoy

Envoy 是 Istio 数据面的核心组件，作为 Sidecar 和应用部署在同一个 Pod 中。Envoy 本身不会干扰正常的应用运行，当流量进入应用或从应用流出时，都会经过 Envoy 所在的容器。在这个过程中，Envoy 一方面实现了基础的路由功能；另一方面通过规则设置实现了流量治理、信息监控等核心功能。Envoy 作为一个七层网络代理和通信总线，旨在构建满足大规模服务的架构。官方对它的设计目标是："网络对于应用来说是透明的，当网络和应用出现问题时应该能轻松定位到根本原因。"

17.1 Envoy 的架构

Envoy 的架构如图 17-1 所示。

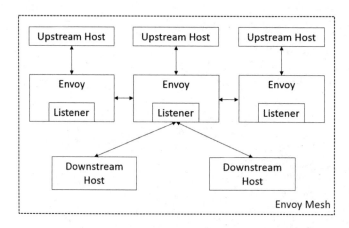

图 17-1 Envoy 的架构

在 Envoy 模型中有以下基本概念。

◎ Upstream Host：上游主机，接收 Envoy 的连接和请求并返回响应。一组逻辑相似的主机被称作 Cluster，Envoy 通过负载均衡规则将请求路由到对应的 Cluster 成员。
◎ Downstream Host：下游主机，向 Envoy 发起请求并接收响应。
◎ Listener：Envoy 内部的监听器，用来监听下游主机，下游主机通过 Listener 连接 Envoy。
◎ Envoy Mesh：Envoy 网格，是由一组 Envoy 和多个不同的服务或应用平台组成的拓扑。

17.2 Envoy 的特性

Envoy 的特性主要体现在部署模式、协议支持、功能及可拓展性、性能方面。

1. 部署模式

Envoy 作为一个独立的进程，与应用服务相伴运行。这种结构的好处如下。

◎ 可以兼容多种编程语言如 Java、C++、Go、Python 等的应用服务：在由多种语言编写的应用组成的网格中，Envoy 作为桥梁，连接不同编程语言的应用。
◎ Envoy 的使用可以大大提升效率：针对大规模应用服务的架构，传统软件的库更新是非常痛苦的，而 Envoy 的部署和升级单独完成。

2. 协议支持

Envoy 的协议兼容性非常广：

◎ 作为 L3/L4 网络代理，支持 TCP、HTTP 代理和 TLS 认证；
◎ 作为 L7 代理，支持 Buffer、限流等高级功能；
◎ 作为 L7 路由，Envoy 支持通过路径、权限、请求内容、运行时间等参数重定向路由请求，并支持 L7 的 MongoDB 和 DynamoDB；
◎ 在 HTTP 模式下同时支持 HTTP/1.1 和 HTTP/2，还支持基于 HTTP/2 的 gRPC 请求和响应。

3. 功能及可拓展性

Envoy 支持对上游主机的服务发现和健康检查，选定活跃的主机作为负载均衡的目标。

它的负载均衡支持自动重连、熔断、全局限速、流量镜像和异常点检查等多种高级功能。

因为其主要设计目标是使网络透明化，所以针对网络和应用层的问题诊断提供了大量的统计数据，可以通过 Admin 端口获取，并且可以通过 API 端口动态下发规则。

拥有上述丰富的功能，Envoy 也常被用于边缘代理。

4. 性能

到达应用的数据会经过 Envoy 处理和路由，这会增加一定的时延，但这并不意味着 Envoy 很慢，Envoy 在设计之初就考虑到了模块化和快速路径。Envoy 由 C++ 11 编写，拥有良好的性能，相较于其他代理或者负载均衡软件自身的时延和内存使用，Envoy 并不会额外增加很多系统负担。

17.3　Envoy 的模块结构

Envoy 的模块结构如图 17-2 所示，包含 utils、Network、Network filter、L7 protocol、L7 filter、Server Manager、L7 Connection Manager 及 Cluster Manager 这几个子模块。

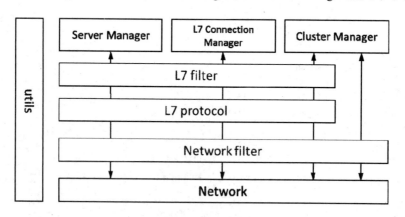

图 17-2　Envoy 的模块结构

其中：

- utils 模块包含各模块都可能用到的公共库，例如压缩、解压缩、访问日志和状态统计等；
- Network 模块是抽象操作系统的 Socket 接口，向上提供统一的数据读写功能，读写数据采用 C++的 readv 接口，将数据读到 struct iovec 中，之后交给 libevent 统一管理；
- Network filter 模块在网络层中过滤数据流量，包含 Listener filter、Read filter 和 Write filter，目前支持 Client TLS authentication、Echo、External Authentication、Mongo proxy、Rate Limit、Redis proxy 及 TCP proxy；
- L7 protocol 模块是 L7 的一个协议处理层，目前包含 HTTP 和 gRPC。在一般情况下，如果在一个部署场景下只包含一个 L7 过滤器，那么这一层模块的功能为编码和解码，以实现 L7 的协议过滤、桥接等功能；
- L7 filter 模块是基于 L7 的过滤模块，包括 L7 的路由规则等功能，目前支持认证鉴权，与 HTTP 路由相关的路由、限流、IP 标签和 Buffer，健康检查及与其相关的故障注入、squash，与 gRPC 相关的桥接、转码等；
- Server Manager 模块是管理整个 Envoy 功能的核心模块，包括 Worker 管理、启动管理、配置管理和日志访问管理等功能；
- L7 Connection Manager 模块是基于 L7 协议的连接管理模块，包括建立连接、复用连接等功能；
- Cluster Manager 模块是集群管理模块，包括集群内的 Host 管理、负载均衡、健康检查等。集群管理模块可能会不经过 L7 层，直接访问 L3、L4 层实现健康管理等。

17.4　Envoy 的线程模型

如图 17-3 所示，一个 Envoy 进程包含一个 Server 主线程和一个 GuardDog 守护线程，这两个线程的功能是固定的，其中，Server 线程负责管理 Access Log 及解析上游主机的 DNS 等，GuardDog 负责看门狗业务。一个 Envoy 的进程可以配置多个 Listener（推荐一个进程对应一个 Listener），每个 Listener 都独立调度，在每个 Listener 下都创建若干条线程（默认值为核心数量），每条线程都对应一个 Worker，多个 Worker 并行处理该 Listener 的事务。

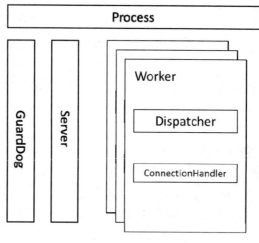

图 17-3　Envoy 的线程模型

1. Server 线程

Server 线程用于处理 Access Log 和 DNS 解析。

Access Log 根据配置的信息来处理 Envoy 的访问记录，并且将访问记录刷新到本地文件系统中（如果配置），同时监听 TCP 的端口（如果配置），并且根据 TCP 的请求处理并返回对应的结果。

DNS 解析指统一将在系统中配置的域名（包括集群中的主机域名和外部服务的域名）解析成 IP 地址列表并缓存在本地 DNS 缓存中。当 Envoy 内部的其他模块需要解析域名时，直接从本地缓存中查找。Envoy 中的 DNS 解析使用 Network::DnsResolver 实现缓存，使用 c-ares 这个开源项目为解析器，通过设置定时器定时刷新 DNS 缓存，定时器的轮询时间由 ares_init_options 设定。

2. Worker 线程

ListenerManager 根据配置文件中的本地监听端口启动若干 Worker 线程，这些线程通过 libevent 处理 Socket 的 accept、epoll 等相关事件。在一般情况下，多条线程按照 libevent 配置的策略并行处理事件，但是一旦某个客户端连接进入 Envoy 的某个线程，则连接断开之前的逻辑都在该线程内处理。例如，根据 Client 端的请求处理对应的 TCP filter，解码 L7 协议并重新编码 L7 协议，和上游 Server 主机建立连接并处理上游主机返回的数据等一系列操作的逻辑都在该线程内处理。但是这些逻辑在线程内不是阻塞式串行处理的，而是以 I/O 为界限，轮流处理多条连接 I/O 事件。例如，从 Client 端读取一个 L7 的数据包，则该包的过滤、解码、编码工作都是串行阻塞处理的，直到这个包需要通过下一个 I/O 事件发出去，线程才将该 I/O 事件加入 libevent 处理队列中，由 libevent 调度到下一个 I/O 事件。这样做的好处是将 I/O 事件剥离出来，防止由于某个 I/O 事件的堵塞导致线程阻塞。

ListenerManager 中的 Worker 线程数量可以在配置文件中配置，如果在配置文件中没有配置，则默认通过 thread::hardware_concurrency 获取 CPU 的内核数量。在默认情况下，线程数量和 CPU 内核数量相等。

3. GuardDog 线程

GuardDog 线程处理看门狗的相关业务，代码实现在 Server::GuardDog 类中，这不是主业务，在本书中不做展开。

17.5 Envoy 的内存管理

Envoy 的内存管理分为变量管理和 Buffer 管理，其中，变量管理针对 C++在运行过程中通过 new 或者 make_shared 等创造出的类的实例；Buffer 管理指运行时在数据接收、编解码等过程中存储临时数据的 Buffer，一般通过 malloc 分配。

17.5.1 变量管理

Envoy 使用了 C++ 11 内存管理的新特性，即使用 new、make_shared、make_unique 等函数创建实例，其中有的模块是常驻内存的，例如 server manager 模块、cluster manager 模块中的实例，它们在进程启动时就创建了，直到进程销毁才释放；一些模块是动态创建的，即每条连接都会创建一套完整的实例，在连接终止时释放实例，例如 Network、Network filter、L7 filter、L7 protocol、L7 Connection Manager 模块中的实例都是动态创建的，其中，动态实例不是在连接关闭时实时释放的，而是先加入 deferredDelete，然后 libevent 中的 Timer 定时检查连接，并通过 clearDeferredDeleteList() 释放。

当一个新的下游连接建立时，会首先创建 connection 对象；然后在读取数据时创建 TransportSocket 对象；在数据读取完成后依次创建 filter manager 和 filter chain 对象；当有 filter 匹配到 L7 时，开始创建 L7 的 connection manager、connection、parse、filter 对象，这些对象是在整个连接周期内常驻内存的，直到连接关闭才释放。

17.5.2　Buffer 管理

Envoy 中所有的 Buffer 都是通过 libevent 来管理的，其他 Buffer 则在各自的模块内管理。例如，HTTP parse 在读取数据之前根据需要读取的数据大小，通过 libevent 的 evbuffer_reserve_space 函数在 libevent 中创建 I/O 的 buffer；evbuffer_reserve_space 函数的返回值是一个 iovec 结构体，在读取数据时，使用 C++数据读取 readv 函数，直接将数据读取到 iovec 结构体中；当数据到达 L7 protocol 时，decoder 模块在解码数据之后，通过调用 evbuffer_drain 函数释放该 Buffer。

在 L7 的模块中，有两部分 Buffer：

◎ 解码后的 Buffer，这部分 Buffer 是由 L7 的 decoder 管理的；
◎ 数据发出之前 encode 之后的 Buffer，这部分 Buffer 是直接在 libevent 中分配的，管理方法和读取数据时相同，在写出时直接将这个 Buffer 传给 writev 接口。

17.6　Envoy 的流量控制

17.5 节讲到了 Envoy 中的 Buffer 管理，如果上下游的主机处理速度慢，就有可能出现 Buffer 的积压。Envoy 中的 Buffer 统一封装了 libevent 的 Buffer 接口，并在 Buffer 管理上增加了 callback 和 watermark 功能，在 Buffer 中的数据总量超过预设的上水位线时，通过 callback 通知数据源终止读写。当数据量低于下水位线时，通过 callback 回调通知数据源继续开始读写。在一般情况下为了防止数据抖动，将上水位线设置为 80%，将下水位线设置为上水位线的 50%，即总 Buffer 的 40%。因为这种退避可能是立即终止 Socket 读取或逐步停止更新 HTTP/2 时间窗，因此流量控制是软限制，并不是基于硬件中断的限制。

Envoy 流量控制是以事件为驱动的，例如来自 Server 端的 read 事件触发 Envoy 读取来自 Server 的数据，并经过一系列的处理将数据存储到 Client 的 Write Buffer 中，然后触发 write 事件，这时函数返回。libevent 在收到 write 事件时，通过调度线程将 Write Buffer 中的数据发给 Client。因为是异步处理的，所以在遇到 Client 响应慢时，Write Buffer 会非常大。在每次添加数据到 Write Buffer 时应该先检查上水位线，在没有超过时才可写入，在超出时通过回调函数不响应 libevent 的 read 事件。在每次将 Write Buffer 发给 Client 端时先检查下水位线，如果低于下水位线，则使能 read 事件，这样数据又会进入 Buffer。

除了对每一条连接请求的 Buffer 进行限制，Envoy 还设置了全局的连接数请求限制，当达到连接数上限时不会再建立新的连接。

17.7 Envoy 与 Istio 的配合

本节讲解 Envoy 是如何在 Istio 中工作的。

17.7.1 部署与交互

Envoy 作为转发代理，可以单独在虚拟机上运行，通过 YAML 配置文件实现代理的功能。在 Istio 中 Envoy 被打包成容器部署在集群中，在 Envoy 容器中包含两个执行文件，一个是 Envoy 本身，一个是 Pilot-agent，这两个执行文件之间的逻辑关系请参见第 18 章。

Envoy 的部署模型如图 17-4 所示。

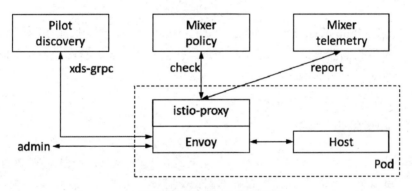

图 17-4 Envoy 的部署模型

Envoy 被部署在 proxyv2 容器中，以 Sidecar 的模式和应用容器部署在同一个 Pod 中，在 Pod 内通过 iptables 转发流量。Envoy 的执行文件被保存在容器中的 "/usr/local/bin" 目录下，由两部分组成：一部分是 Envoy 的代码；另一部分是 istio-proxy 项目的代码，用于 mixerclient 和 mixer 之间的交互，是 Envoy 和 Mixer 之间的桥梁。

Pilot 通过在 Envoy 启动文件中配置的 Pilot 的地址和端口，向 Envoy 动态下发 xDS 的 gRPC 配置。Envoy 把后端 Host 的服务发现也会上报给 Pilot 的 discovery 容器。Envoy 的配置分为两部分：一部分是启动时的 bootstrap 参数，通过启动时的 --config-path 参数加载启动配置文件，在 Envoy 运行的容器中的 "/etc/istio/proxy/" 目录下；另一部分就是通过

Pilot 动态下发的 xDS 配置。

Mixer policy 基于配置的策略，对经过 Envoy 的请求进行 check，并返回 status 状态，决定是否继续连接。check 包含 check 和 quota check 两部分，Envoy 在每次发起连接时，都先会去 istio-proxy 中的 cache 查找是否有缓存的 policy，如果有，则根据缓存决定是否继续连接；如果没找到，那么 istio-proxy 会向 Mixer policy 发起请求得到 status 并缓存在 cache 中，Envoy 会根据这次远程调用 Mixer 的返回值决定是否继续。这一过程中的流量连接是同步阻塞式的，在得到返回值后 Envoy 才会进行连接的下一步；但是向 Mixer 发起 check 请求是异步的，也就是说 istio-proxy 可以在未得到返回值时连续向 Mixer 发起多次 check，并缓存返回的结果。

Mixer telemetry 用于接收从 Envoy 发来的 report 信息，即 Envoy 在连接过程中的各类遥测信息数据。在 Report 时 istio-proxy 会将信息根据 attribute 的属性压缩成 8 类 map，把 map 和对应的 global_dictionary 发给 Mixer 的 telemetry。istio-proxy 在发送时按照最大批量数量 max_batch_entries（默认值为 1000 条）来统计当次上报的信息量，当 batch 满了或者到达 1 秒的 max_batch 时间时，将 report 的信息通过异步调用发出去。

在 Istio 中将 admin 的地址配置为 127.0.0.1:15000。登录运行中的 Docker 容器并且访问该地址，可以得到当前 Pod 中的 Envoy 信息，包括配置、健康检查、服务发现及统计信息等数据，方便查看运行状态。

17.7.2　Envoy API

在 Istio 中，Envoy 开放了 admin 端口作为查询的 API，通过在容器内运行 curl 127.0.0.1:15000/help 命令可以查询到相关的路由 PATH。

- ◎ /certs：包括证书地址、序列号和有效期。
- ◎ /clusters：包括所有服务发现的 Cluster 的地址、端口及连接信息（请求统计、最大连接数、最大重连数、是否有金丝雀发布等）。
- ◎ /cpuprofiler：通过 curl -X POST 打开和关闭 cpuprofiler。
- ◎ /healthcheck/fail & /healthcheck/ok：通过 curl -X POST 获取健康检查情况。
- ◎ /hot_restart_version：查看热重启版本。
- ◎ /listeners：显示 Envoy 中所有 Listener 的地址。
- ◎ /logging：通过 curl -X POST 修改日志的级别。
- ◎ /runtime & /runtime_modify：通过 curl -X POST 查看和修改运行时。

- ◎ /server_info：显示 Envoy 的版本信息。
- ◎ /stats & /stats/Prometheus：打印 Envoy 中的各类数据统计信息。
- ◎ /config_dump：Envoy 中的所有配置信息，包括启动时的 bootstrap 及 Pilot 通过 xDS 下发的 listener、cluster 和 route 配置。
- ◎ /quitquitquit：退出 Envoy 的 API。

17.3　本章总结

本章从功能、架构、模块、工作线程模型等方面深入解读了 Envoy 的核心原理，首先从宏观层面介绍了 Envoy 的基本功能；然后介绍了 Envoy 核心工作模块的主要功能；接着从线程模型、内存管理、流量控制等方面深入解析了 Envoy 的内部工作原理；最后介绍了 Envoy 如何与 Istio 结合来共筑服务网格基础设施。

第 18 章
代理守护进程 Pilot-agent

由 Sidecar 注入原理可以得知，Istio 向应用中注入了 istio-init 和 istio-proxy 两个 Sidecar 容器。Pilot-agent 正是 istio-proxy 容器的启动命令入口。通过 kubectl 可以看到，在 istio-proxy 容器中一共有 Pilot-agent 和 Envoy 两个进程，而且 Pilot-agent 是 Envoy 的父进程，如下所示：

```
$ kubectl exec -ti reviews-v1-7c98dcd6dc-7ktbq -c istio-proxy -- ps -efww
UID        PID  PPID  C STIME TTY          TIME CMD
istio-p+     1     0  0 Feb27 ?        00:00:45 /usr/local/bin/pilot-agent proxy
sidecar --domain default.svc.cluster.local --configPath /etc/istio/proxy
--binaryPath /usr/local/bin/envoy --serviceCluster reviews.default --drainDuration
45s --parentShutdownDuration 1m0s --discoveryAddress
istio-pilot.istio-system:15011 --zipkinAddress zipkin.istio-system:9411
--connectTimeout 10s --proxyAdminPort 15000 --controlPlaneAuthPolicy MUTUAL_TLS
--statusPort 15020 --applicationPorts 9080 --concurrency 2
istio-p+    17     1  0 Feb27 ?        00:02:06 /usr/local/bin/envoy -c
/etc/istio/proxy/envoy-rev0.json --restart-epoch 0 --drain-time-s 45
--parent-shutdown-time-s 60 --service-cluster reviews.default --service-node
sidecar~172.17.0.18~reviews-v1-7c98dcd6dc-7ktbq.default~default.svc.cluster.loca
l --max-obj-name-len 189 --allow-unknown-fields -l warning --concurrency 2
```

图 18-1 很好地展示了 Pilot-agent 组件与 Envoy 的共存关系，两者共同存在 istio-proxy Sidecar 容器中。

第 18 章 代理守护进程 Pilot-agent

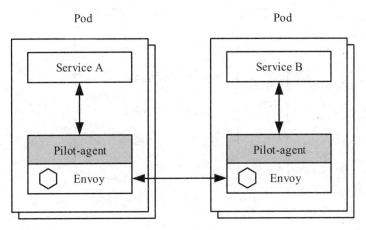

图 18-1 Pilot-agent 组件与 Envoy 的共存关系

18.1 为什么需要 Pilot-agent

看到这里大家肯定有一个疑问：为什么不直接启动 Envoy，而是通过 Pilot-agent 启动呢？Pilot-agent 的作用绝不仅仅是启动 Envoy 这么简单，还提供了 Envoy 暂时不支持或者未广泛使用的以下能力。

◎ Pilot-agent 需要解析外部提供的参数，渲染 Envoy 的启动模板，生成 Envoy 的 Bootstrap 配置文件。
◎ Pilot-agent 目前还会监视证书的变化，通知 Envoy 进程热重启，实现证书的热加载。
◎ Envoy 作为数据面的流量通道，总会有异常退出的情况，而 Pilot-agent 提供 Envoy 的守护功能，当 Envoy 异常退出时重新启动 Envoy。
◎ 在应用滚动升级或者缩容的场景下，在应用 Pod 退出的过程中，Pilot-agent 可以捕捉 SIGTREM 信号，并通知 Envoy 进程优雅退出。

18.2 Pilot-agent 的工作流程

如图 18-2 所示，Pilot-agent 的核心功能主要包括 Envoy 代理的启动、热重启、生命周期守护及优雅退出，接下来详细介绍这些功能的实现原理。

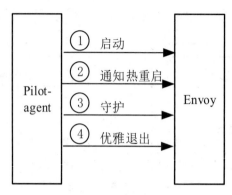

图 18-2 Pilot-agent 的核心功能

18.2.1 Envoy 的启动

Envoy 进程的启动步骤如图 18-3 所示，包含三个步骤：生成 Bootstrap 配置文件；准备 Envoy 参数列表；创建 exec.Cmd 启动对象，并通过其 Start 方法启动 Envoy 进程。

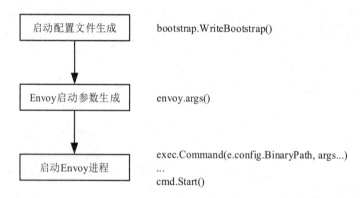

图 18-3 Envoy 进程的启动步骤

在 Envoy 的启动过程中最烦琐的步骤就是 Bootstrap 配置文件的生成，默认的 Bootstrap 配置文件模板是 "/var/lib/istio/envoy/envoy_bootstrap_tmpl.json"，它是在容器镜像构建时复制到容器的文件系统中的。Pilot-agent 通过 WriteBootstrap 利用 ProxyConfig 渲染模板得到 Bootstrap 配置文件/etc/istio/proxy/envoy-rev0.json。Bootstrap 配置文件是使用 v2 xDS API 的必要条件，因为需要通过它指定 Envoy 动态获取配置的服务器地址，它还包含一些静态资源配置，例如调用链及监控 Prometheus 的地址等。

在 Istio 安全开启的环境下，典型的 Bootstrap 配置文件包含如下重要内容。

（1）代理节点的基本信息及元数据：

```
    "node": {
      "id": "sidecar~172.17.0.22~reviews-v3-79f9bcc54c-n9m9q.default~default.svc.cluster.local",
      "cluster": "reviews.default",
      "locality": {},
      "metadata": {"CONFIG_NAMESPACE":"default","INTERCEPTION_MODE":"REDIRECT","ISTIO_META_INSTANCE_IPS":"172.17.0.22,172.17.0.22","ISTIO_PROXY_SHA":"istio-proxy:fc273e117a6ed875c7cb9b3c3251c8d982bc7196","ISTIO_PROXY_VERSION":"1.1.0","ISTIO_VERSION":"1.1.0-rc.0","POD_NAME":"reviews-v3-79f9bcc54c-n9m9q","app":"reviews","istio":"sidecar","pod-template-hash":"79f9bcc54c","version":"v3"}
    },
```

（2）Envoy 代理的管理接口配置，默认开启 15000 端口：

```
    "admin": {
      "access_log_path": "/dev/null",
      "address": {
        "socket_address": {
          "address": "127.0.0.1",
          "port_value": 15000
        }
      }
    },
```

（3）xDS 服务器配置，xDS 配置源使用的 Cluster 名称为 "xds-gRPC"：

```
    "dynamic_resources": {
      "lds_config": {
        "ads": {}
      },
      "cds_config": {
        "ads": {}
      },
      "ads_config": {
        "api_type": "gRPC",
        "gRPC_services": [
          {
            "envoy_gRPC": {
              "cluster_name": "xds-gRPC"
```

```
            }
          }
        ]
      }
    },
```

（4）Envoy 代理访问其他服务所需的各种静态配置，包括 Listener、Cluster 等。Envoy 在连接 xDS 服务时必须用到"xds-gRPC" Cluster：

```
    "static_resources": {
      "clusters": [
        {
          "name": "xds-gRPC",
          "type": "STRICT_DNS",
          ……
          "hosts": [
            {
              "socket_address": {"address": "istio-pilot.istio-system", "port_value": 15011}
            }
          ],
          ……
        }
        ,
        {
          "name": "zipkin",
          "type": "STRICT_DNS",
          "connect_timeout": "1s",
          "lb_policy": "ROUND_ROBIN",
          "hosts": [
            {
              "socket_address": {"address": "zipkin.istio-system", "port_value": 9411}
            }
          ]
        }
        ……
      ],
      "listeners":[
        {
          "address": {
            "socket_address": {
```

```
                "protocol": "TCP",
                "address": "0.0.0.0",
                "port_value": 15090
              }
        },
        ……
    } ,
    "tracing": {
      "http": {
        "name": "envoy.zipkin",
        "config": {
          "collector_cluster": "zipkin",
          "collector_endpoint": "/api/v1/spans",
          "trace_id_128bit": "true",
          "shared_span_context": "false"
        }
      }
    }
```

18.2.2　Envoy 的热重启

我们知道，Istio 双向 TLS 认证发生在 Envoy 之间数据传输的时候。在 Sidecar 中，证书默认被保存在容器的文件系统中，由 Kubernetes 以 Secret 卷的形式挂载进来。当证书 Secret 发生变化时，Kubernetes 会重新挂载 TLS 证书，目前 Envoy 只有重启才能够加载新的证书。

幸好，Envoy 目前支持热重启，可优雅关闭已有连接，尽量减小重启对网络连接的影响，可以阅读 Envoy 项目创始人 Matt Klein 的博客（https://blog.envoyproxy.io/envoy-hot-restart-1d16b14555b5）进行全面了解，本节只介绍 Pilot-agent 如何热重启 Envoy。

如图 18-4 所示，pilot-agent 进程利用监听器 Watcher 监听证书文件的变化。

Watcher 的工作依赖文件系统通知机制。

（1）当证书文件更新时，操作系统会通知 Watcher，Watcher 在收到文件变化的事件后会启动定时器，延时批量处理文件更新事件。这种延时批量处理的好处是在文件更新的过程中减少了 Envoy 的重启次数。

(2) Watcher 计算证书文件的哈希值，并将哈希值发送到配置队列中。

(3) Proxy agent 模块在启动后，会一直阻塞式接收配置队列，Proxy agent 模块在收到配置更新时，首先比较当前期望的配置与新的配置哈希值是否相等，如果不相等，则增加 epoch，调用 Proxy 模块启动新的 Envoy 进程。

(4) 待新 Envoy 进程与老的 Envoy 进程完成交替后，热重启过程结束。

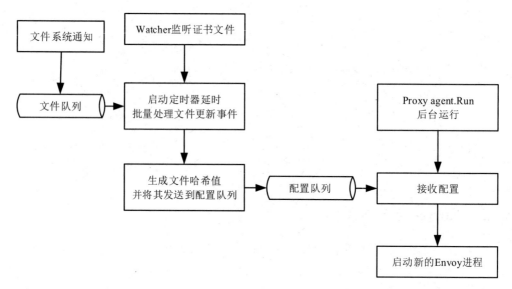

图 18-4 pilot-agent 进程利用监听器 Watcher 监听证书文件的变化

18.2.3 守护 Envoy

Pilot-agent 除了有热重启 Envoy 的功能，还有守护 Envoy 的功能，类似 Linux 系统中的 Systemd、SysV、Upstart，Pilot-agent 可以在 Envoy 进程异常退出时重新启动。也就是说，Pilot-agent 在启动 Envoy 进程之后，还需要监视子进程的健康状态，这对于守护进程来说是很有必要的。

Envoy 进程的守护流程如图 18-5 所示。首先，proxy 模块在启动 Envoy 子进程之后，等待子进程退出，进程的退出信号依赖 waitpid 系统的调用；然后，Envoy 进程在退出后，agent 模块发送通知到退出通知到队列中；接着，agent 模块通过 agent.Run 方法阻塞式接收退出通知队列，清理上一个 epoch 的资源，重新调度 Envoy 重启并启动定时器；然后，在定时器到期后，agent 模块使用 agent.reconcile 方法调用 proxy 模块启动新的 Envoy 进程；

最后，proxy 模块是真正在启动过程中工作的模块，准备 Bootstrap 配置文件及启动参数，启动 Envoy 进程。

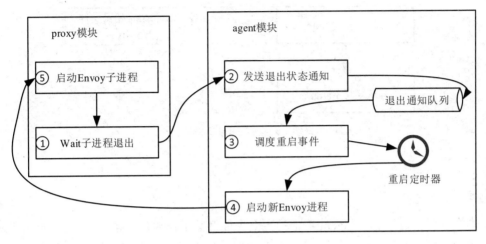

图 18-5　Envoy 进程的守护流程

18.2.4　优雅退出

在滚动升级或者缩容场景下，暴力停止 Envoy 会影响正在处理的请求，这从专业上讲违背了事务操作的原子性。例如，仓储系统的后端实例在退出时，如果还有未处理完成的客户请求，那么客户可能会得到出乎意料的结果。但是 Envoy 本身对优雅退出的支持不是很好，目前社区对此需求的呼声很高，但是一直没有实质性的进展。

无论如何，Pilot-agent 在一定程度上提供基本的应用优雅退出能力，如图 18-6 所示。当 Pod 销毁时，Pilot-agent 会接收到 Kubelet 发送的 SIGTERM 信号，并通过 agent 模块优雅停止 Envoy。Pilot-agent 自身则会等待一段优雅时间后再退出，防止直接退出导致 Sidecar 容器销毁，使 Envoy 来不及完成优雅退出。Pilot-agent 巧妙利用了 Envoy 热重启的原理进行优雅退出。优雅停止 Envoy 实际上是通过使用空的 Bootstrap 文件重新启动一个 Envoy 进程，让新老 Envoy 进程执行热重启。

由热重启原理可知，在 Envoy 热重启的过程中，secondary 进程会通知老的 Envoy 进程优雅关闭所有连接。由于新的进程使用空的配置启动，本身也不会接收新连接。所以通过这种热重启的方法基本可以达到优雅退出的目的。

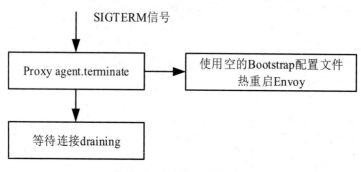

图 18-6 应用优雅退出流程

18.3 本章总结

本章主要介绍了 Pilot-agent 组件的主要功能及其工作原理，重点分析了 Envoy 的生命周期管理，希望能让读者对 Envoy 的生命周期及优雅退出机制有一定的了解。

第 19 章
配置中心 Galley

Galley 是 Istio 配置信息管理的核心组件，负责校验进入网格的配置信息，保证配置信息的格式和内容的正确性；并负责从底层平台接收、分发配置信息到网格中的其他组件，从而将其他组件与获取用户配置信息的底层平台隔离开来。Pilot、Mixer 等组件不必感知底层平台的差异，统一从 Galley 中获取用户的配置信息。

19.1 Galley 的架构

Galley 的整体架构如图 19-1 所示，主要用于验证用户的配置信息，接收用户的配置信息并将其分发到各组件如 Pilot、Mixer 中，Galley 使用 MCP（Mesh Configuration Protocol）分发用户的配置信息到各组件。

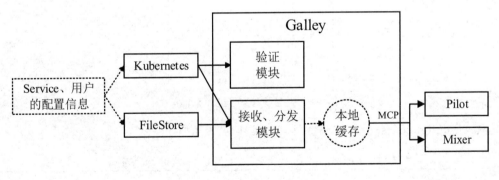

图 19-1　Galley 的整体架构

19.1.1 MCP

MCP 是在 Istio 网格中定义的传输协议，用来在网格内的组件和 Galley 之间传输配置信息，它基于 gRPC 协议，设计灵感来自 Envoy 的 xDS 协议。Galley 作为服务器端，接收来自 Pilot、Mixer 等组件的请求，各组件通过 MCP 从 Galley 中获取用户的配置信息，从而解耦网格内的各组件与底层平台，使各组件减少对不同底层平台的适配工作，聚焦在自身业务上。

19.1.2 MCP API

与 xDS 协议类似，一次完整的 MCP 请求流程包括请求、响应和 ACK/NACK。首先，各组件主动向 Galley 发起 MeshConfigRequest；然后，Galley 根据请求返回相应的 MeshConfigResponse；最后，各组件在接收到配置信息后进行动态加载，若加载成功，则进行 ACK，否则进行 NACK，ACK、NACK 消息也是以 MeshConfigRequest 形式传输的，如图 19-2 所示。

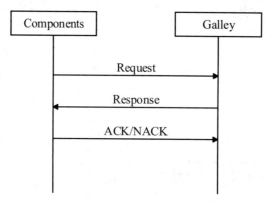

图 19-2　一次完整的 MCP 请求流程

MeshConfigRequest 的具体属性及其含义如表 19-1 所示。

表 19-1　MeshConfigRequest 的具体属性及其含义

属性名	含义
VersionInfo	最近一次成功处理的资源版本信息，在首次请求时该版本的值为空，string 类型
SinkNode	发起请求的节点信息，包含节点 ID 及其他元数据，*SinkNode 类型

续表

属 性 名	含 义
TypeUrl	此次请求的资源类型，string 类型
ResponseNonce	ACK/NACK 特定的 response，string 类型
ErrorDetail	前一次返回加载失败的错误详情，*google_rpc.Status 类型

MeshConfigResponse 的具体属性及其含义如表 19-2 所示。

表 19-2　MeshConfigResponse 的具体属性及其含义

属 性 名	含 义
VersionInfo	返回信息的版本号，string 类型
Resources	返回的配置信息，[]Resource 类型
TypeUrl	配置信息的资源类型，string 类型
Nonce	Nonce 适用于基于 gRPC 协议的流式订阅，提供了一种在随后的 DiscoveryRequest 中明确 ACK/NACK 特定 DiscoveryResponse 的方式，string 类型

MCP 协议目前还不支持增量分发配置信息，因此性能较差，相信 Istio 社区会很快会实现增量配置分发。

19.2　Galley 的工作流程

本节讲解 Galley 的工作流程。

19.2.1　启动初始化

Galley 的启动流程如图 19-3 所示，主要包括如下步骤。

（1）命令行参数解析及校验，在参数合法的条件下进一步初始化。

（2）初始化存活、就绪探针，通过定时写文件的形式表明 Galley 的存活、就绪状态。

（3）初始化配置源，根据配置信息决定 Galley 从文件系统或 Kubernetes 集群中获取用户的配置信息。

（4）初始化配置处理器 Processor，从配置源获取配置信息并将配置信息保存到 Galley 本地。

（5）初始化并运行 gRPC Server，用来接收网格内组件的请求，将配置分发到各组件。

（6）初始化并运行 Validation Server，用来验证用户的配置信息的格式及数据的正确性。其本质是 Kubernetes 的 validating Admission Controller，因此只用在数据源为 Kubernetes 的模式下。

（7）运行监控、Pprof Server，用来提供对 Galley 自身进行监控的接口。

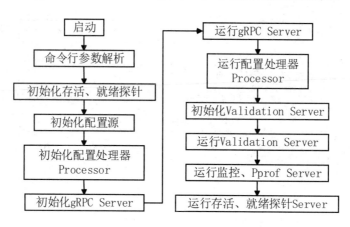

图 19-3　Galley 的启动流程

1. 初始化配置源

Galley 通过 Source 接口实现了配置事件的缓存，将底层平台的配置事件通过异步的函数调用缓存到本地的 Events 队列中。Source 接口定义了一组与平台无关的 API，底层平台必须实现这组 API 来实现配置信息的上报：

```
type Source interface {
    // 开启配置缓存
    Start(handler resource.EventHandler) error
    // 停止配置缓存
    Stop()
}
```

Start 接口表示开始监听底层平台的配置变化，底层平台的事件通过 Handler 参数同步到本地的 Events 队列中。Handler 参数的实现如下：

```
events := make(chan resource.Event, 1024)
func(e resource.Event) {
        events <- e
}
```

Galley 目前支持适配两种底层平台来接收配置信息，包括文件系统与 Kubernetes。

基于文件系统接收配置信息的流程如图 19-4 所示，主要包括如下步骤。

（1）首先通过 FileWatcher 监听对应文件系统的变化，以及产生文件变化的事件。

（2）读取文件中的配置信息并将其放入本地缓存（Data），通过与原有缓存的数据（Old Data）进行比较，产生用户配置信息变化的相应事件。

（3）事件处理函数 Handler 将上述事件同步到 Events 队列中，配置处理器 Processor 会处理该 Events 队列。

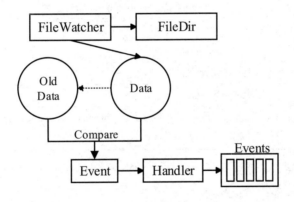

图 19-4 基于文件系统接收配置信息流程

与 Pilot、Mixer 类似，基于 Kubernetes 的配置发现底层仍然基于 Informer 机制，Galley 通过为配置资源创建 informer 来监听资源的所有事件，并触发事件处理回调函数，将信息同步到本地缓存中。

2. 初始化配置处理器 Processor

配置处理器 Processor 作为 Galley 中核心的配置管理器，负责处理从底层平台获取配置事件，并将事件按类型保存在其下的缓存中，后续从缓存中将配置信息下发到各组件。Processor 对象的主要属性及其含义如表 19-3 所示。

表 19-3 Processor 对象的主要属性及其含义

主要属性	含义
source	保存底层平台对象，Source 类型
events	缓存从底层平台获取的事件，chan resource.Event 类型
handler	保存所有资源的 Handler，将 events 中与事件对应的数据对象保存到本地缓存中，processing.Handler 类型
state	维护 Galley 本地数据的缓存，*State 类型

State 维护了 Galley 的本地配置缓存，后续负责将缓存数据分发到各组件。State 的主要属性及其含义如表 19-4 所示。

表 19-4 State 的主要属性及其含义

主要属性	含义
schema	保存预置的所有配置数据的类型，*resource.Schema 类型
strategy	将缓存的配置数据分发到组件的策略，*publish.Strategy 类型
distribute	是否满足分发条件，bool 类型
versionCounter	该 State 对象的唯一标识，int64 类型
entriesLock	数据缓存对象锁，sync.Mutex 类型
entries	保存所有的数据缓存，按资源类型分类，map[resource.Collection]*resourceTypeState 类型

在 Strategy 中保存了配置数据分发的策略。在 Entries 中保存了所有的配置数据，所有分发到组件的配置信息都从其中获取。

3. 初始化 gRPC Server

Galley 中的 gRPC Server 用来接收其他组件的请求，并将用户的配置信息返回到各组件。gRPC Server 的初始化流程如下。

（1）新建 gRPC Server，用来注册请求处理接口。

（2）新建实现接口的 Server，主要实现如下两个接口：

```
type AggregatedMeshConfigServiceServer interface {
    // StreamAggregatedResources 提供各种类型资源的查询能力
    StreamAggregatedResources(AggregatedMeshConfigService_StreamAggregatedResourcesServer) error
```

```
        // IncrementalAggregatedResources 提供增量查询配置信息的能力
        // 该功能截至 Istio 1.1 还在开发中，不可用
        IncrementalAggregatedResources(AggregatedMeshConfigService_IncrementalAg
gregatedResourcesServer) error
    }
```

（3）将实现以上接口的 Server 注册到 gRPC Server。

4. 初始化 Validation Server

Validation Server 负责校验用户的配置信息，其本质是 Kubernetes 的 Validating Admission Controller，即外置的 Admission Webhook Server。Validation Server 只能接收来自 Kubernetes 的用户配置信息，并且只负责校验 Istio 网格定义的 CRD 对象；对于 Kubernetes 原生的 Service、Endpoint 等，Validation Server 不提供校验，由 Kubernetes 集群校验。在用户创建配置时，Validation Server 会对数据进行校验，只有校验成功的数据才会创建成功并进入网格内。Validation Server 的初始化流程如下。

（1）创建 Mixer 相关配置的校验工具 mixerValidator，mixerValidator 在本质上是 Mixer package 下的 BackendValidator，主要用来校验 Mixer 的配置如 Handler、Instance、Rule。

（2）加载 Pilot 相关配置的校验工具 PilotDescriptor，PilotDescriptor 在本质上是 Pilot package 下的 model.IstioConfigTypes，已经内置了与 Pilot 相关的配置及校验方法。

（3）新建 Webhook 对象，其中包含 Webhook Server 及 Webhook Server 的配置参数。Webhook 对象的主要属性及其含义如表 19-5 所示。

表 19-5　Webhook 对象的主要属性及其含义

主 要 属 性	含　　义
server	运行的 Webhook Server 对象，*http.Server 类型
webhookConfigFile	Webhook 配置的保存路径，string 类型
clientset	连接 Kubernetes 的 Client，clientset.Interface 类型
validator	用来校验 Mixer 配置的对象，store.BackendValidator 类型
descriptor	用来校验 Pilot 配置的对象，model.ConfigDescriptor 类型
serviceName	Webhook Server 对应的 Service 名称，string 类型
deploymentName	Webhook Server 对应的 Deployment 名称，string 类型
namespace	Webhook Server 运行所在的命名空间，string 类型

(4)注册 admitpilot、admitmixer 两个接口到 Server，分别负责接收与 Pilot、Mixer 相关配置的校验。

19.2.2 配置校验

Galley 通过动态 Admission Controller 即 Admission Webhook 实现对组件配置的校验。Admission 是 Kubernetes 中的一个术语，指的是在 Kube-ApiServer 资源请求过程中对资源进行准入控制。在 Kubernetes 中包含多个内置的 Admission Controller，Kubernetes 也提供了对 Admission Controller 的扩展能力，即引入了 Admission Webhook（Web 回调）扩展机制。用户无须修改 Kube-ApiServer 的源代码，只需实现一个外部独立的 WebHook Server，并将其注册到 Kube-ApiServer，即可进行自定义的准入控制。

Admission 包括两个重要的阶段：Mutation 与 Validation。在 Mutation 阶段，可以对请求的内容进行修改，例如在 Istio 网格中为服务注入 SideCar，就利用了 Mutation 阶段的修改能力。在 Validation 阶段主要对请求的内容进行校验，例如在 Galley 中对配置进行校验，就利用了 Validation 阶段的校验能力。下面详细介绍 Validation Admission Webhook 的注册及校验原理。

1. Validation Server 的注册

Validation Admission WebHook 在启动时注册了 admitpilot、admitmixer 两个接口来进行配置校验，这两个接口生效的前提是将该 WebHook Server 注册到 Kubernetes 集群中，用来注册 Validation Admission WebHook 的配置被称为 ValidatingWebhookConfiguration。Galley 使用的注册配置如下：

```
apiVersion: admissionregistration.k8s.io/v1beta1
kind: ValidatingWebhookConfiguration
metadata:
  name: istio-galley
  namespace: istio-system
webhooks:
- clientConfig:
    caBundle: (base64 encoded CAbundle)
    service:
      name: istio-galley
      namespace: istio-system
      path: /admitpilot
```

第 19 章 配置中心 Galley

```yaml
  name: pilot.validation.istio.io
  rules:
  - apiGroups:
    - config.istio.io
    apiVersions:
    - v1alpha2
    operations:
    - CREATE
    - UPDATE
    resources:
    - httpapispecs
  ......
- clientConfig:
    caBundle: (base64 encoded CAbundle)
    service:
      name: istio-galley
      namespace: istio-system
      path: /admitmixer
  name: mixer.validation.istio.io
  rules:
  - apiGroups:
    - config.istio.io
    apiVersions:
    - v1alpha2
    operations:
    - CREATE
    - UPDATE
    resources:
    - rules
  ......
```

在以上名为 istio-galley 的 ValidatingWebhookConfiguration 配置文件中共定义了 pilot.validation.istio.io 与 mixer.validation.istio.io 这两个 Webhook，分别用来校验 Pilot 与 Mixer 的配置。

◎ pilot.validation.istio.io：服务的 URL 地址为 "/admitpilot"，负责验证与 Pilot 相关的配置。在 Rules 中定义了校验的对象及操作，包含 network、authentication 等资源。

◎ mixer.validation.istio.io：服务的 URL 地址为/admitmixer，负责验证与 Mixer 相关的配置。在 Rules 中定义了校验的对象及操作，包含与 Mixer 相关的所有配置如 Handler、Instance、Rule 等。

这两个 Webhook 都在 Galley WebHook Server 的 443 端口上提供服务，它们的 namespaceSelector 都为空，这意味着它们对每个命名空间下的配置信息都会进行校验。

2. Pilot 配置校验

admitpilot 接口提供了与 Pilot 相关配置的校验服务，与 Pilot 相关的配置在进行创建、更新时，都会触发 Kube-APIServer 调用该接口，校验流程如图 19-5 所示，若在该流程中有任何一个步骤返回错误，则认为此次校验失败。

（1）判断操作类型，对特定类型的资源，只处理特定的操作。例如，对 Pilot 中 networking.istio.io group 下的资源只处理 Create、Update 操作。

（2）解析元数据，将在请求中携带的数据初步解析为 Istio 定义的数据类型。

（3）获取对象的类型，根据初步解析的结果得到数据的资源类型 Kind，获取该类型资源的 schema，在 schema 中包含对该类型资源进行校验的函数 Validate<Kind>。

（4）结合该资源的 schema 对数据对象进行解析、转换，转换为 Pilot 可处理的对象格式 model.Config。

（5）调用 schema 中的 Validate<Kind>函数对转换后的对象进行最终校验。

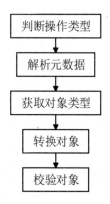

图 19-5 Pilot 配置校验的流程

3. Mixer 配置校验

admitmixer 接口提供了与 Mixer 相关的配置的校验服务，与 Mixer 相关的配置在进入 Kubernetes 集群时，会触发 Kube-APIServer 调用该接口，校验流程如图 19-6 所示。

（1）判断操作类型。与 admitpilot 接口类似，对特定类型的资源只处理特定的操作，对 Mixer 的所有资源类型只处理 Create、Update 操作。

（2）解析元数据，将在请求中携带的数据初步解析为 Unstructured 类型。

（3）利用 Unstructured 类型对象，构造 Mixer 可识别的 BackendEvent 类型对象。

（4）调用 Mixer 中的 validate 函数进行校验。目前 Mixer 中的校验规则比较简单，只对 rule 类型的对象进行校验。

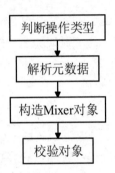

图 19-6　Mixer 配置校验的流程

19.2.3　配置聚合与分发

Galley 实现了组件配置信息的统一聚合与分发，隔离了网格内的组件与底层数据平台，使各组件无须感知底层数据平台的差异，统一从 Galley 中获取配置信息，从而更加聚焦于各组件的自身业务。

1. 配置聚合

配置聚合是 Galley 的一个核心功能，将从底层平台获取的用户配置信息保存到本地缓存中。Galley 支持文件系统与 Kubernetes 两种类型的底层平台，通过定义的 Source 接口，将底层平台的用户事件保存到缓存队列 Events 中。

如图 19-7 所示，在事件进入 Events 缓存队列后，Galley 将做进一步的处理，将事件存入 State 对象，State 对象的 entries 属性根据配置信息的类型（Kind）来存储配置。例如，将所有 VirtualService 类型的数据都保存到一个对象中，在组件请求 VirtualService 类型资源时可将数据统一返回。

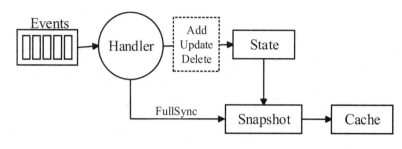

图 19-7 配置聚合流程

数据在 State 中缓存到一定条件时，会触发将在 State 中缓存的数据以 Snapshot 的形式保存到 Cache，Cache 主要用来为用户请求返回完整、稳定的数据。以底层平台 Kubernetes 为例，Galley 在启动初期，不断从 Kubernetes 中获取已有的配置信息事件，但只有将 Kubernetes 中的配置数据全部获取完毕后，才能响应组件的请求并返回数据，否则为用户返回不完整的数据，会造成配置不一致。

待 Kubernetes 缓存中的数据全部同步后，底层平台的 Source 接口会在 Events 队列中添加 FullSync 事件。Handler 在感知到该事件时，会触发构建 Snapshot，并将构建成功的 Snapshot 保存到 Cache。在请求到来时，配置分发的接口只返回在 Cache 中保存的 Snapshot 数据。这也意味着，在没有收到 FullSync 事件，即没有构建 Snapshot 时，组件请求不会立即返回配置数据。Snapshot 信息被保存在 InMemory 对象中，InMemory 对象的主要属性及其含义如表 19-6 所示。

表 19-6 InMemory 对象的主要属性及其含义

主 要 属 性	含 义
resources	按类型保存配置信息，map[string][]*mcp.Resource 类型
versions	按类型保存的配置信息版本，map[string]string 类型

2. 配置分发

在底层平台的数据同步完成且触发构建 SnapShot 后，配置分发的接口就可将 SnapShot 中的配置信息分发到各组件。与 Pilot 分发 Envoy 配置的原理相同，Galley 的配置分发也分为被动分发与主动分发两种。被动分发指各组件通过 gRPC 请求 Galley，然后对请求做出响应；主动分发指来自底层平台的事件会触发 Galley 主动将更新的配置分发到各组件。

两种分发方式虽然有所不同，但被动模式是前提，各组件主动连接 Galley 请求配置信息，Galley 内部将维护所有连接的状态信息。Galley 在检测到底层平台数据的更新后，将按维护的连接信息把数据分发到各组件。

构建好的 Snapshot 会被保存到 Cache 中，Cache 负责将保存的数据分发到各组件。

1）被动分发模式

通过 StreamAggregatedResources 接收各组件的配置请求时，主要处理流程如图 19-8 所示。

（1）接收 gRPC 请求，启动协程接收请求，生成请求对象，在一个 gRPC 连接流上将处理多个请求。

（2）处理请求，获取请求对应的返回结果，将其保存到返回数据队列里，并将请求信息保存到 Cache 中，方便在主动分发模式下调用。

（3）循环从返回数据队列中取出返回数据，并返给客户端组件。

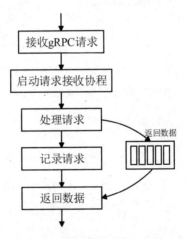

图 19-8　对请求的主要处理流程

2）主动分发模式

主动分发模式由底层数据平台的事件触发。当底层数据平台数据全部同步后，即 Galley 监听到 FullSync 后，有新事件发生时，在一定条件下会触发 Galley 主动分发数据，主要流程如图 19-9 所示。

（1）在底层数据同步完成后，Galley 认为此时已经同步了底层平台的全量数据，再有新的事件到来时，若满足分发的条件，就会触发构建新的 SnapShot。值得注意的是，为了防止底层平台频繁更新事件，造成频繁分发数据到各组件，Galley 借鉴了在 Pilot 中实现的去抖动分发原理：在事件到来时，只有满足去抖动分发的条件，才会被分发到各组件。

（2）构造的新 SnapShot，其中包含了各类资源的最新状态。配置分发的接口将调用在 Cache 中缓存的所有请求信息，将 SnapShot 中的最新资源信息放入各请求的返回队列中。此处复用了被动分发模式下的返回队列。

（3）与被动模式一样，配置分发的接口循环从返回数据队列中取出数据，并返给客户端组件。

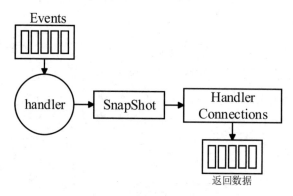

图 19-9　配置信息分发的主要流程

19.3　本章总结

本章介绍了 Galley 组件的整体架构，及 Istio 网格中用于同步配置信息的 MCP。通过 Galley 启动初始化、配置校验、配置聚合与分发几个方面详细解读了其核心工作原理。

源 码 篇

本篇面向希望深入学习、钻研 Istio 源码的读者，通过对 Istio 社区各项目的代码结构、核心文件及关键代码的介绍，将读者带入 Istio 的开源世界，进一步理解和思考 Istio 的内在之美。

Istio 项目还在快速发展中，建议具备一定 Go 语言基础的读者都查阅并学习 Istio 源码，从而快速跟进 Istio 项目的发展，对更多的问题有更深入、清晰的认识。

第 20 章
Pilot 源码解析

Pilot 是 Istio 控制面的核心组件，它的主要职责是为 Envoy 提供 Listener、Route、Cluster 和 Endpoint 配置。Pilot 在运行时对外提供 gRPC 服务，在所有 Envoy 代理与 Pilot 之间都建立一条 gRPC 长连接，并且订阅 xDS 配置。第 14 章对 Pilot 及其工作原理进行了讲解，本章主要面向更高级的用户和开发者，从源码层面对 Pilot 的启动过程及关键模块进行深入解析。

20.1 进程启动流程

Pilot 组件是由 pilot-discovery 进程实现的，它的入口位于 istio.io/istio/pilot/cmd/pilot-discovery/main.go，关键的入口代码如下：

```
// pilot-discovery 启动命令
discoveryCmd = &cobra.Command{
    Use:   "discovery",
    Short: "Start Istio proxy discovery service.",
    Args:  cobra.ExactArgs(0),
    RunE: func(c *cobra.Command, args []string) error {
        cmd.PrintFlags(c.Flags())
        // 日志配置
        if err := log.Configure(loggingOptions); err != nil {
            return err
        }
        // 设置可信域
        spiffe.SetTrustDomain(spiffe.DetermineTrustDomain(serverArgs.Config.ControllerOptions.TrustDomain, hasKubeRegistry()))
```

```
        // 创建 xDS 服务器
        discoveryServer, err := bootstrap.NewServer(serverArgs)
        if err != nil {
            return fmt.Errorf("failed to create discovery service: %v", err)
        }

        // 启动服务器
        if err := discoveryServer.Start(stop); err != nil {
            return fmt.Errorf("failed to start discovery service: %v", err)
        }

        // 等待进程退出
        cmd.WaitSignal(stop)
        return nil
    },
}
```

pilot-discovery 进程在启动时主要包含以下步骤。

（1）进行初始化配置工作：设置日志系统，主要设置日志级别、输出路径等；设置 SPIFFE Trust Domain，为服务生成 SPIFFE（https://spiffe.io/）身份所用。

（2）创建 Pilot Server 对象。Pilot Server 其实就是注册中心与 Envoy 代理之间的桥梁，它将服务及配置资源转化成 xDS 配置，再通过 gRPC 连接将 xDS 配置发送给 Envoy 代理。Pilot Server 对象的主要属性及其含义、初始化如表 20-1 所示。

表 20-1　Pilot Server 对象的主要属性及其含义、初始化

主要属性	含义	初始化
HTTPListeningAddr	Pilot 监听 HTTP 服务地址	initDiscoveryService
gRPCListeningAddr	gRPC 监听地址	initDiscoveryService
SecuregRPCListeningAddr	安全 gRPC 监听地址	initDiscoveryService
MonitorListeningAddr	监控服务监听地址	initMonitor
EnvoyXdsServer	实际提供 xDS API 的底层模块	initDiscoveryService
ServiceController	服务控制器，提供底层服务注册中心的抽象聚合	initServiceControllers
configController	配置资源控制器，提供底层注册中心配置 API 的抽象聚合	initConfigController
istioConfigStore	Config 资源缓存，提供各种资源的查询接口	initConfigController
mesh	服务网格级别的全局配置	initMesh

续表

主要属性	含义	初始化
meshNetworks	多网络设置，支持网格内多个子网之间的直接通信	initMeshNetworks
startFuncs	启动函数列表	addStartFunc
multicluster	多集群支持，单一 Pilot 组件支持底层的多个 Kubernetes 集群	initClusterRegistries

（3）启动 Pilot Server。Pilot Server 的启动通过执行其所有模块的启动函数 startFuncs 完成，在模块初始化时都会通过 func (s *Server) addStartFunc(fn startFunc)接口注册自己的启动函数到 Server 对象的 startFuncs 属性中。

20.2 关键代码分析

Pilot 包含很多模块，某些模块之间是有关联的，某些模块则完全独立或者可选。由于 Pilot 底层支持不同的平台如 Kubernetes、Mesos、CloudFoundry 等，所以不同平台的处理逻辑各不相同。本节选取典型的 Kubernetes 注册中心，以 ConfigController、ServiceController 为例深入讲解 Pilot 是如何监控底层注册中心的。

20.2.1 ConfigController

ConfigController（配置资源控制器）主要用于监听 Kube-apiserver 中的配置资源，在内存中缓存监听到的所有配置资源，并在更新 Config 资源时调用注册的事件处理函数。

1. ConfigController 的定义

ConfigController 对象实现了 ConfigStoreCache 接口，如下所示：

```
type ConfigStoreCache interface {
    ConfigStore
    // 注册配置规则事件处理函数
    RegisterEventHandler(typ string, handler func(Config, Event))
    // 运行控制器
    Run(stop <-chan struct{})
    // 配置缓存是否已同步
    HasSynced() bool
}
```

其中，可以通过 RegisterEventHandler 接口为每种类型的配置资源都注册事件处理函数，通过 Run 方法启动控制器，ConfigStore 为控制器核心的资源缓存接口，提供了 Config 资源的增、删、改、查功能，如下所示：

```
type ConfigStore interface {
    ConfigDescriptor() ConfigDescriptor

    Get(typ, name, namespace string) *Config

    List(typ, namespace string) ([]Config, error)

    Create(config Config) (revision string, err error)

    Update(config Config) (newRevision string, err error)

    Delete(typ, name, namespace string) error
}
```

2. ConfigController 的初始化

ConfigController 通过 initConfigController 初始化。在 Kubernetes 环境中，Config 资源都是通过 CRD（Custom Resource Definitions）定义并保存在 Kubernetes 中的，所以 ConfigController 上实际是一个 CRD 控制器，它从 Kubernetes 平台监听所有的 IstioConfigTypes。从如下 IstioConfigTypes 定义中可以了解 Istio 所有的 Config 资源类型，主要涉及网络配置、认证、鉴权、策略管理等：

```
IstioConfigTypes = ConfigDescriptor{
    VirtualService,
    Gateway,
    ServiceEntry,
    DestinationRule,
    EnvoyFilter,
    Sidecar,
    HTTPAPISpec,
    HTTPAPISpecBinding,
    QuotaSpec,
    QuotaSpecBinding,
    AuthenticationPolicy,
    AuthenticationMeshPolicy,
    ServiceRole,
```

```
    ServiceRoleBinding,
    RbacConfig,
    ClusterRbacConfig,
}
```

如图 20-1 所示,Kubernetes 平台的 ConfigController 通过 initConfigController → makeKubeConfigController → crd.NewController 最终创建一组 CRD 控制器。

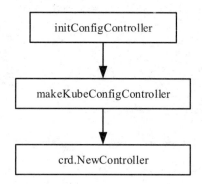

图 20-1　ConfigController 的初始化流程

CRD 控制器的定义如下:

```
type controller struct {
    client *Client
    queue   kube.Queue
    kinds   map[string]cacheHandler
}
```

其中:client 表示 Kubernetes Rest Client,在创建 Informer 时使用;queue 表示 Config 资源的更新任务队列,控制器单独启动一个 Golang 协程处理任务队列中的任务元素;kinds 缓存所有 Config 资源及相应的事件处理函数。

3. ConfigController 的核心工作机制

如图 20-2 所示,CRD 控制器为每种 Config 资源都创建一个 Informer,用于监听所有 Config 资源,并注册 EventHandler 事件处理函数。

第 20 章 Pilot 源码解析

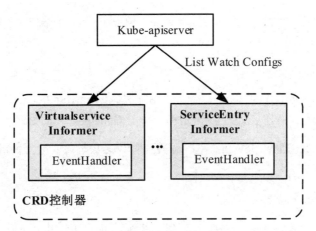

图 20-2 CRD 控制器处理流程

监听器的 EventHandler 通过如下代码注册：

```
informer.AddEventHandler(
        cache.ResourceEventHandlerFuncs{
            AddFunc: func(obj interface{}) {
                k8sEvents.With(prometheus.Labels{"type": otype, "event": "add"}).Add(1)
                // 构造 ADD 事件任务发送到队列
                c.queue.Push(kube.NewTask(handler.Apply, obj, model.EventAdd))
            },
            UpdateFunc: func(old, cur interface{}) {
                if !reflect.DeepEqual(old, cur) {
                    k8sEvents.With(prometheus.Labels{"type": otype, "event": "update"}).Add(1)
                    // 构造 UPDATE 事件任务发送到队列
                    c.queue.Push(kube.NewTask(handler.Apply, cur, model.EventUpdate))
                } else {
                    k8sEvents.With(prometheus.Labels{"type": otype, "event": "updateSame"}).Add(1)
                }
            },
            DeleteFunc: func(obj interface{}) {
                k8sEvents.With(prometheus.Labels{"type": otype, "event": "delete"}).Add(1)
                // 构造 DELETE 事件任务发送到队列
```

```
                    c.queue.Push(kube.NewTask(handler.Apply, obj,
model.EventDelete))
                },
            })
```

由此可见，当 Config 资源创建、更新、删除时，EventHandler 创建任务对象并将其发送到任务队列中，然后由任务处理协程处理。整个 Config 事件的处理流程如图 20-3 所示。

（1）EventHandler 通过 NewTask 构造函数创建 Task 对象（包含任务处理函数、Config 资源对象和事件类型）。

（2）EventHandler 将 Task 任务发送到 ConfigController 的任务队列 Task queue。

（3）任务处理协程阻塞式读取任务队列，并调用 Task.handler 完成对 Config 资源更新事件的处理。

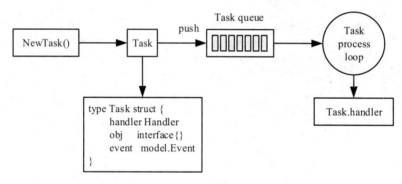

图 20-3　Config Informer 事件更新处理流程

至此，ConfigController 的核心原理及工作流程就介绍完毕了。细心的读者一定会发现，Task.handler 具体是做什么的，以及是如何注册初始化的，本节只字未提。请耐心阅读后续内容，因为 Task.handler 的注册并没有在 ConfigController 初始化时进行，而是在 EnvoyXdsServer 初始化时进行的。

20.2.2　ServiceController

ServiceController（服务控制器）为服务发现的核心模块，通过监听底层平台的服务注册中心来缓存 Istio 服务模型，并且监视服务模型的变化，在服务模型更新时触发相关事件回调处理函数的执行。

1. ServiceController 的定义

ServiceController 对外（DiscoveryServer-EnvoyXdsServer）提供通用的服务模型查询接口 ServiceDiscovery。ServiceController 可以同时支持多种服务注册中心，因为它的实现是对所有底层不同控制器的抽象聚合（aggregate.Controller），相关定义如下：

```
// 聚合所有底层注册中心的数据，并监视数据的变化
type Controller struct {
    // 底层注册中心
    registries []Registry
    storeLock  sync.RWMutex
}

// 注册中心的对象定义
type Registry struct {
    // 注册中心的名称
    Name serviceregistry.ServiceRegistry
    // 集群 ID，用于 Kubernetes 多集群标识
    ClusterID string
    // 控制器接口
    model.Controller
    // ServiceDiscovery 接口
    model.ServiceDiscovery
}
```

从上述定义可知，注册中心对象实现了 Istio 通用的控制器接口及服务发现接口 ServiceDiscovery，接口定义如下：

```
// 控制器接口，用于注册事件处理函数。控制器接口实现对象会接收资源更新事件，并执行相应的事件处理回调函数
type Controller interface {
    // 注册服务更新的事件处理回调函数
    AppendServiceHandler(f func(*Service, Event)) error

    // 注册服务实例更新的事件处理回调函数
    AppendInstanceHandler(f func(*ServiceInstance, Event)) error

    // 运行控制器
    Run(stop <-chan struct{})
}
// 服务发现接口提供服务模型的查询
```

```
type ServiceDiscovery interface {
    // 查询网格中的所有服务
    Services() ([]*Service, error)

    // 根据 hostname 查询服务
    GetService(hostname Hostname) (*Service, error)

    // 根据 hostname、端口号及标签获取服务实例
    InstancesByPort(hostname Hostname, servicePort int, labels LabelsCollection)
([]*ServiceInstance, error)

    // 获取 Sidecar 代理相关的服务实例
    GetProxyServiceInstances(*Proxy) ([]*ServiceInstance, error)

    // 根据 IP 地址获取服务管理端口
    ManagementPorts(addr string) PortList

    // 根据 IP 地址获取工作负载的健康检查配置
    WorkloadHealthCheckInfo(addr string) ProbeList

    // 根据域名及端口获取服务身份信息
    GetIstioServiceAccounts(hostname Hostname, ports []int) []string
}
```

2. ServiceController 的初始化

这里先来看看 Kubernetes 注册中心的 ServiceController 初始化流程，如图 20-4 所示，通过函数的调用，由 "istio.io/istio/pilot/pkg/serviceregistry/kube" 包的 NewController 创建控制器实例。

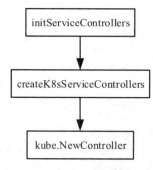

图 20-4 ServiceController 的初始化流程

Kubernetes 平台的服务控制器对象的主要属性及其含义如表 20-2 所示。

表 20-2　Kubernetes 平台的服务控制器对象的主要属性及其含义

主 要 属 性	含　　义
domainSuffix	服务域名的后缀
client	Kubernetes REST Client
queue	控制器任务队列
services	Service 资源缓存及事件处理函数
endpoints	Endpoint 资源缓存及事件处理函数
nodes	Node 资源缓存及事件处理函数
pods	Pod 资源缓存及处理函数
XDSUpdater	ADS 模型中的增量下发接口，目前主要用于增量 EDS
servicesMap	Istio 服务模型的缓存
externalNameSvcInstanceMap	ExternalName 类型服务的服务实例缓存

服务控制器的核心就是监听 Kubernetes 相关资源（Service、Endpoint、Pod、Node）的更新事件，执行相应的事件处理回调函数；还提供一定的缓存能力，主要是 Istio Service 与 ServiceInstance。ServiceController 关键属性的初始化如图 20-5 所示。

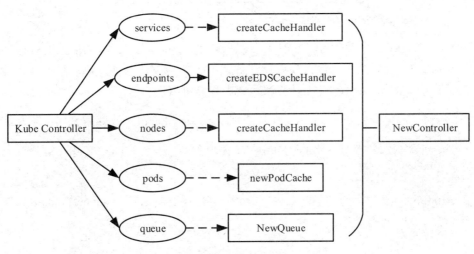

图 20-5　ServiceController 属性的初始化

其中，queue 是缓存资源更新事件的任务队列，控制器在运行时会启动一个独立的 Golang 协程阻塞式地接收任务并进行处理。

3. ServiceController 的工作机制

如图 20-6 所示，ServiceController 为四种资源分别创建了一个监听器，用于监听 Kubernetes 的资源更新，并注册 EventHandler。ServiceController 监听器的 EventHandler 注册过程及事件处理流程与 ConfigController 完全相同。

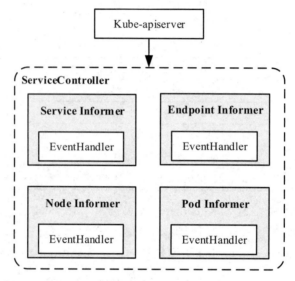

图 20-6　ServiceController 为几种资源分别创建一个监听器

当监听到 Service、Endpoint、Pod、Node 资源的更新时，如图 20-7 所示，EventHandler 会构造 Task 任务对象并将其发送到事件任务队列，然后由任务处理协程阻塞式接收任务对象，最终调用 Task.handler 完成对资源对象的更新处理。

同时，对于不同资源类型的 Task，其处理函数 Task.handler 及注册方式也不尽相同。

（1）Service 资源：通过 ServiceController 接口的 AppendServiceHandler 方法注册服务变化处理函数。

（2）Endpoint 资源：通过 ServiceController 接口的 AppendInstanceHandler 方法注册 Endpoint 变化处理函数。

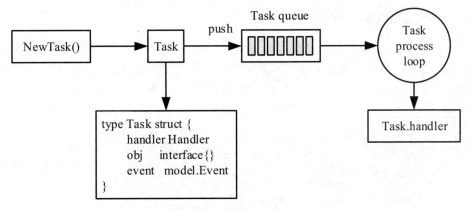

图 20-7 ServiceController 事件更新处理流程

（3）Pod 资源：Pod 资源的回调处理函数的注册发生在 PodCache 初始化时，与 Service、Endpoint 这两种资源注册的时机不同，代码如下：

```
func newPodCache(ch cacheHandler, c *Controller) *PodCache {
    out := &PodCache{
        cacheHandler: ch,
        c:            c,
        keys:         make(map[string]string),
    }
    // Pod 资源任务处理函数 Task.Handler 注册
    ch.handler.Append(func(obj interface{}, ev model.Event) error {
        return out.event(obj, ev)
    })
    return out
}
```

（4）Node 资源：目前 Node 资源变化时只更新缓存，无须额外的处理，因为 Node 的更新不会直接引起服务网格的拓扑变化。

20.2.3　xDS 异步分发

本节主要深入理解底层 Config 与 Service 资源的变化与 xDS 配置分发的关系。由于 Pilot 对 Config 及 Service 两种资源类型的处理不尽相同，因此本节也将分别介绍这两种资源的任务处理器 Task Handler 的注册方式及处理细节。

1. 任务处理函数的注册

Pilot 通过 EnvoyXdsServer 处理客户端的订阅请求，并完成 xDS 的配置生成与下发，因此从实现的角度考虑，将任务处理函数的注册放在了 EnvoyXdsServer 对象初始化过程中。EnvoyXdsServer 对象初始化过程中 Task Handler 的注册流程如图 20-8 所示。

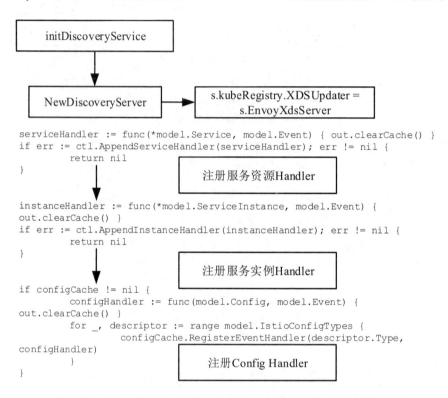

图 20-8　EnvoyXdsServer 对象初始化过程中 Task Handler 的注册流程

其中，Config 资源的任务处理函数通过 ConfigStoreCache.RegisterEventHandler 方法注册；Service 资源的任务处理函数通过 model.Controller.AppendServiceHandler 方法注册；服务实例的任务处理函数通过 model.Controller.AppendInstanceHandler 方法注册。

2. Config 控制器的任务处理流程

Kubernetes 平台的 Config 控制器 RegisterEventHandler 的实现位于 istio.io/istio/pilot/pkg/config/kube/crd/controller.go。如下所示，Config 资源任务处理函数就是入参 f，但实际上追踪源码可以发现，这里的处理函数就是 EnvoyXdsServer 在初始化时注册的处理函数

configHandler：

```
// ConfigStoreCache RegisterEventHandler 的方法实现
func (c *controller) RegisterEventHandler(typ string, f func(model.Config, model.Event)) {
    schema, exists := c.ConfigDescriptor().GetByType(typ)
    if !exists {
        return
    }
    // Handler 链增加
    c.kinds[typ].handler.Append(func(object interface{}, ev model.Event) error {
        item, ok := object.(IstioObject)
        if ok {
            config, err := ConvertObject(schema, item, c.client.domainSuffix)
            if err != nil {
                log.Warnf("error translating object for schema %#v : %v\nObject:\n%#v", schema, err, object)
            } else {
                // configHandler 调用
                f(*config, ev)
            }
        }
        return nil
    })
}
```

configHandler 及下面的 serviceHandler 完全相同，都通过如下 clearCache 方法发送全量更新请求到 EnvoyXdsServer 的 updateChannel 上：

```
func (s *DiscoveryServer) clearCache() {
    // 通知 Server 进行全量 xDS 分发
    s.ConfigUpdate(true)
}
func (s *DiscoveryServer) ConfigUpdate(full bool) {
    s.updateChannel <- &updateReq{full: full}
}
```

3. Service 控制器的任务处理流程

这里只分析 Kubernetes 场景，其 Service 控制器 AppendServiceHandler 方法的实现位于 istio.io/istio/pilot/pkg/serviceregistry/kube/controller.go，关键代码如下：

```go
func (c *Controller) AppendServiceHandler(f func(*model.Service, model.Event)) error {
    // 注册 Kubernetes 服务资源处理函数
    c.services.handler.Append(func(obj interface{}, event model.Event) error {
        svc, ok := obj.(*v1.Service)
        hostname := svc.Name + "." + svc.Namespace
        ports := map[string]uint32{}
        portsByNum := map[uint32]string{}

        for _, port := range svc.Spec.Ports {
            ports[port.Name] = uint32(port.Port)
            portsByNum[uint32(port.Port)] = port.Name
        }
        // 将 Kubernetes Service 转换成 Istio Service
        svcConv := convertService(*svc, c.domainSuffix)
        instances := externalNameServiceInstances(*svc, svcConv)
        // 维护控制器服务及实例缓存
        switch event {
        case model.EventDelete:
            c.Lock()
            delete(c.servicesMap, svcConv.Hostname)
            delete(c.externalNameSvcInstanceMap, svcConv.Hostname)
            c.Unlock()
        default:
            c.Lock()
            c.servicesMap[svcConv.Hostname] = svcConv
            if instances == nil {
                delete(c.externalNameSvcInstanceMap, svcConv.Hostname)
            } else {
                c.externalNameSvcInstanceMap[svcConv.Hostname] = instances
            }
            c.Unlock()
        }
        // XDSUpdater 更新服务缓存
        c.XDSUpdater.SvcUpdate(c.ClusterID, hostname, ports, portsByNum)
        // serviceHandler 调用
        f(svcConv, event)
        return nil
    })
    return nil
}
```

第 20 章　Pilot 源码解析

由上述实现可知，Service 事件处理包含了必要的服务缓存维护及 serviceHandler 处理。但是 Kubernetes 平台的 Service 实例 Endpoint 的事件处理与 Service 事件处理有天壤之别。控制器的 AppendInstanceHandler 方法的关键实现代码如下：

```go
func (c *Controller) AppendInstanceHandler(f func(*model.ServiceInstance, model.Event)) error {
    c.endpoints.handler.Append(func(obj interface{}, event model.Event) error {
        ep, ok := obj.(*v1.Endpoints)
        ……
        // EDS 更新处理
        c.updateEDS(ep)

        return nil
    })
    return nil
}
```

从上述代码可以看出，Endpoints 的任务处理函数忽略了 AppendInstanceHandler 传递的服务实例处理函数（通知 xDSServer 全量推送配置更新）的参数。这是因为 Istio 1.0 版本引入了增量 EDS 优化。增量 EDS 目前只支持 Kubernetes 平台。Kubernetes ServiceController 的 updateEDS 实现如下：

```go
func (c *Controller) updateEDS(ep *v1.Endpoints) {
    hostname := serviceHostname(ep.Name, ep.Namespace, c.domainSuffix)

    endpoints := []*model.IstioEndpoint{}
    for _, ss := range ep.Subsets {
        for _, ea := range ss.Addresses {
            // 获取 Endpoint 对应的 Pod 实例
            pod := c.pods.getPodByIP(ea.IP)
            if pod == nil {
                log.Warnf("Endpoint without pod %s %v", ea.IP, ep)
                if c.Env != nil {
                    c.Env.PushContext.Add(model.EndpointNoPod, string(hostname), nil, ea.IP)
                }
                continue
            }

            labels := map[string]string(convertLabels(pod.ObjectMeta))
```

```go
            uid := fmt.Sprintf("kubernetes://%s.%s", pod.Name, pod.Namespace)

            // 将 Endpoint 转换成 Istio 模型 IstioEndpoint
            for _, port := range ss.Ports {
                endpoints = append(endpoints, &model.IstioEndpoint{
                    Address:         ea.IP,
                    EndpointPort:    uint32(port.Port),
                    ServicePortName: port.Name,
                    Labels:          labels,
                    UID:             uid,
                    ServiceAccount:  kubeToIstioServiceAccount(pod.Spec.ServiceAccountName, pod.GetNamespace()),
                    Network:         c.endpointNetwork(ea.IP),
                })
            }
        }
    }

    log.Infof("Handle EDS endpoint %s in namespace %s -> %v %v", ep.Name,
ep.Namespace, ep.Subsets, endpoints)
    // 使用 XDSUpdater 更新 EDS
    c.XDSUpdater.EDSUpdate(c.ClusterID, string(hostname), endpoints)
}
```

ServiceController 的 XDSUpdater 属性为 EnvoyXdsServer，换句话说，EnvoyXdsServer 实现了 XDSUpdater 接口。接下来看看 XDSUpdater.EDSUpdate 方法的关键实现：

```go
// EnvoyXdsServer EDSUpdate 方法
func (s *DiscoveryServer) EDSUpdate(shard, serviceName string,
    istioEndpoints []*model.IstioEndpoint) error {
    s.edsUpdate(shard, serviceName, istioEndpoints, false)
    return nil
}
// edsUpdate 的底层实现
func (s *DiscoveryServer) edsUpdate(shard, serviceName string,
    istioEndpoints []*model.IstioEndpoint, internal bool) {
    s.mutex.Lock()
    defer s.mutex.Unlock()
    requireFull := false

    // 更新 EndpointShardsByService 缓存
```

```go
// (1) 之前的服务缓存
ep, f := s.EndpointShardsByService[serviceName]
if !f {
    // 之前没有服务的缓存，首次进行初始化
    ep = &EndpointShards{
        Shards:          map[string][]*model.IstioEndpoint{},
        ServiceAccounts: map[string]bool{},
    }
    s.EndpointShardsByService[serviceName] = ep
    if !internal {
        adsLog.Infof("Full push, new service %s", serviceName)
        requireFull = true
    }
}

// (2) 更新原有的服务缓存，更新 Endpoint
for _, e := range istioEndpoints {
    if e.ServiceAccount != "" {
        _, f = ep.ServiceAccounts[e.ServiceAccount]
        if !f && !internal {
            // The entry has a service account that was not previously associated.
            // Requires a CDS push and full sync.
            adsLog.Infof("Endpoint updating service account %s %s", e.ServiceAccount, serviceName)
            requireFull = true
        }
    }
}
ep.mutex.Lock()
ep.Shards[shard] = istioEndpoints
ep.mutex.Unlock()
s.edsUpdates[serviceName] = struct{}{}

// 在内部下发过程中触发的 EDS 更新，DiscoveryServer.Push -> updateServiceShards
// 这里不用重复触发配置分发.
if !internal {
    // 底层 Endpoint 更新，触发配置更新请求的发送
    if requireFull {
        // 全量配置更新
        s.ConfigUpdate(true)
```

```
        } else {
            // 增量配置更新
            s.ConfigUpdate(false)
        }
    }
}
```

从上述实现可以看出，服务实例 Endpoint 更新事件的处理函数与 configHandler、serviceHandler 略有不同：它根据 Endpoint 的变化更新服务相关缓存，并判断本次 Endpoint 资源的更新是否需要全量的 xDS 配置分发。

4. 资源更新事件处理：xDS 分发

从根本上来讲，Config、Service、Endpoint 对资源的处理最后都通过调用 DiscoveryServer.ConfigUpdate 方法向 EnvoyXdsServer.updateChannel 队列发送更新请求，其完整流程如图 20-9 所示。

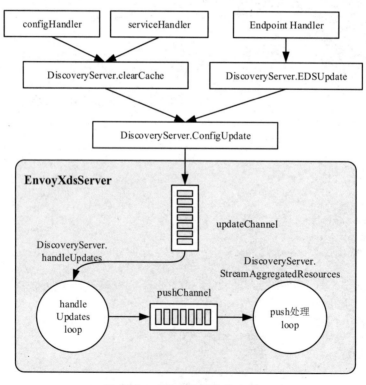

图 20-9　xDS 分发的完整流程

之后，EnvoyXdsServer 通过 handleUpdates 方法阻塞式地接收并处理更新请求，并将分发事件发送到 pushChannel 中，最后由 ADS 服务器的 StreamAggregatedResources 接口方法的 push 处理模块异步接收并处理。

20.2.4 配置更新预处理

handleUpdates 是 EnvoyXdsServer 配置下发之前的预处理，主要有以下功能。

1. 防抖动处理

EnvoyXdsServer 更新事件防抖动处理的核心代码全部位于 handleUpdates 函数中，如下所示，在通过最小静默时间合并更新事件的同时，又通过最大延迟时间控制 xDS 配置下发的延时。两者是性能与时延的博弈，有一定的矛盾，最终目的是为服务网格的性能及稳定性考量。

```go
func (s *DiscoveryServer) handleUpdates(stopCh <-chan struct{}) {
    var timeChan <-chan time.Time
    var startDebounce time.Time
    var lastConfigUpdateTime time.Time

    pushCounter := 0

    debouncedEvents := 0
    fullPush := false
    for {
        select {
        // 接收 updateChannel
        case r := <-updateChannel:
            lastConfigUpdateTime = time.Now()
            if debouncedEvents == 0 {
                // 启动新一轮的配置下发定时器，定时长度为最小静默时间
                timeChan = time.After(minQuiet)
                // 记录第 1 次更新事件收到的时间
                startDebounce = lastConfigUpdateTime
            }
            debouncedEvents++
            // fullPush is sticky if any debounced event requires a fullPush
            if r.full {
                fullPush = true
```

```go
        }

    case now := <-timeChan:
        timeChan = nil
        // 距离本轮第 1 次更新事件的延迟
        eventDelay := now.Sub(startDebounce)
        // 计算系统中自从上一次更新请求事件到现在所经历的时间
        quietTime := now.Sub(lastConfigUpdateTime)
        // 当以下两个条件满足任意一个时，进行更新事件处理
        //（1）距离本轮第 1 次更新事件超过最大延迟时间
        //（2）距离上次更新时间超过最大静默时间
        if eventDelay >= maxDelay || quietTime >= minQuiet {
            pushCounter++
            adsLog.Infof("Push debounce stable[%d] %d: %v since last change, %v since last push, full=%v",
                pushCounter, debouncedEvents,
                quietTime, eventDelay, fullPush)
            // 更新事件的核心处理逻辑
            go processUpdate(fullPush)
            fullPush = false
            debouncedEvents = 0
            continue
        }

        timeChan = time.After(minQuiet - quietTime)
    }
}
```

2. EnvoyXdsServer 的多种缓存更新

缓存主要包含 edsUpdates（每轮配置下发周期内涉及实例更新的所有服务）和 EndpointShardsByService（全局的服务 IstioEndpoint 集合）。EnvoyXdsServer 根据 edsUpdates 与 EndpointShardsByService 可以得到本轮配置下发所涉及的所有待更新的服务，主要用于 EDS 配置的生成。

edsUpdates 的更新通过监听 Kubernetes Endpoint 资源的变化触发，通过 DiscoveryServer.edsUpdate 方法实现；EndpointShardsByService 的更新则更为复杂，大多发生在三种情形下：Kubernetes Endpoint 资源变化时；增量 EDS 配置下发之前；全量 xDS 配置下发之前，如图 20-10 所示。

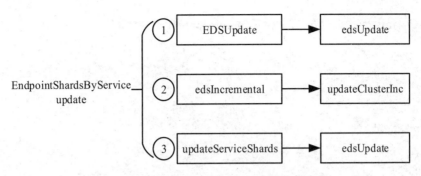

图 20-10　EndpointShardsByService 的更新过程

3. PushContext（推送上下文）初始化及更新，初始化并更新 EnvoyXdsServer 的环境变量

PushContext 的主要属性及其含义如表 20-3 所示，它缓存了 Istio 重要的网络配置规则及 Istio Service 的相关信息。

表 20-3　PudhContext 结构的主要属性及其含义

主要属性	含义
defaultServiceExportTo	默认的服务可见范围
defaultVirtualServiceExportTo	默认的 VirtualService 规则作用范围
defaultDestinationRuleExportTo	默认的 DestinationRule 规则作用范围
privateServicesByNamespace	命名空间的私有服务
publicServices	公共可见的服务
privateVirtualServicesByNamespace	命名空间的私有 VS 规则
publicVirtualServices	公共 VS 规则
namespaceLocalDestRules	命名空间的私有 DestinationRule 规则
namespaceExportedDestRules	按照命名空间的全局 DestinationRule 规则
allExportedDestRules	所有公共的 DestinationRule 规则
sidecarsByNamespace	命名空间的 SidecarScope，表示 Sidecar 的进出口通信配置
ServiceByHostname	按照命名空间缓存的 Istio Service
AuthzPolicies	认证策略
ServicePort2Name	从服务域名到端口列表的缓存
ServiceAccounts	服务账户缓存

PushContext 相关属性的初始化通过 InitContext 方法进行：

```go
func (ps *PushContext) InitContext(env *Environment) error {
    ps.Mutex.Lock()
    defer ps.Mutex.Unlock()
    if ps.initDone {
        return nil
    }
    ps.Env = env
    var err error

    // 初始化默认 Service、VirtualService 和 DestinationRule 的可见范围
    ps.initDefaultExportMaps()
    // 初始化服务缓存
    if err = ps.initServiceRegistry(env); err != nil {
        return err
    }
    // 初始化 VirtualService 缓存
    if err = ps.initVirtualServices(env); err != nil {
        return err
    }
    // 初始化 DestinationRule 缓存
    if err = ps.initDestinationRules(env); err != nil {
        return err
    }
    // 初始化认证策略缓存
    if err = ps.initAuthorizationPolicies(env); err != nil {
        rbacLog.Errorf("failed to initialize authorization policies: %v", err)
        return err
    }

    // 初始化 SidecarScope 缓存
    if err = ps.initSidecarScopes(env); err != nil {
        return err
    }

    ps.initDone = true
    return nil
}
```

PushContext 对象的缓存功能为 EnvoyXdsServer 缓存的更新及后续 xDS 配置的生成提

供了资源查询的快捷方式。PushContext 是 Pilot 性能优化中很重要的一环，虽然牺牲了一点内存，但节省了成倍的 CPU 资源。

4. ConfigGenerator 配置生成器共享 Cluster

ConfigGenerator 缓存共享的 Outbound Cluster 配置，可以用于 CDS 配置的生成。在每一轮的全量 xDS 配置分发之前生成共享 Outbound Cluster：首先通过 BuildSharedPushState 方法为所有 Gateway 都生成 Outbound Cluster，然后通过 buildSharedPushStateForSidecars 为所有 Sidecar 都生成 Outbound Cluster，详细实现如图 20-11 所示。

```
BuildSharedPushState

for ns := range namespaceMap {
    go func(ns string) {
        defer wg.Done()
        dummyNode := model.Proxy{
            ConfigNamespace: ns,
            Type:            model.Router,     // 为Gateway生成Outbound Cluster
        }
        clusters := configgen.buildOutboundClusters(env, &dummyNode, push)
        configgen.gatewayCDSMutex.Lock()
        // This is the default cds output for nodes without a locality
        clustersByNamespaceAndLocality[ns] =
            map[string][]*xdsapi.Cluster{util.NoProxyLocality: clusters}
        configgen.gatewayCDSMutex.Unlock()
    }(ns)
}
                                               // buildSharedPushStateForSidecars
for ns, sidecarScopes := range sidecarsByNamespace {
    go func(ns string, sidecarScopes []*model.SidecarScope) {
        defer wg.Done()
        for _, sc := range sidecarScopes {
            dummyNode := model.Proxy{
                Type:            model.SidecarProxy,
                ConfigNamespace: ns,
                SidecarScope:    sc,
            }
                                               // 为所有Sidecar都生成Outbound Cluster
            sc.CDSOutboundClusters =
                map[string][]*xdsapi.Cluster{util.NoProxyLocality:
                    configgen.buildOutboundClusters(env, &dummyNode, push)}
        }
    }(ns, sidecarScopes)
}
```

图 20-11 共享 Cluster 的生成流程

可以看出，无论代理是 router 类型还是 sidecar 类型，Outbound Cluster 都由 buildOutboundClusters 生成，唯一的区别是两者的 Proxy 对象不同。

5. push 事件的发送及并发控制

Pilot push 事件的发送及并发控制由 DiscoveryServer.startPush 方法完成，如图 20-12 所示。

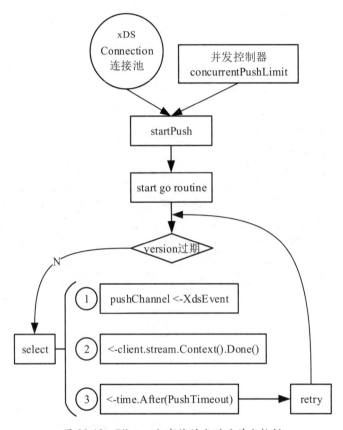

图 20-12　Pilot push 事件的发送及并发控制

（1）push 事件的发送面向所有 xDS 客户端即 Envoy 代理，并且具有一定的并发控制功能。Pilot 利用 Golang 带缓冲的 Channel 设计了一个简易的并发控制器，防止因为并发过高，push 处理模块消费过慢，导致发送端 Golang 协程泛滥、不受控制。

（2）为每个客户端都启动一个发送协程，处理通知发送：判断本轮推送的版本是否过期，如果未过期，则尝试向其队列 pushChannel 发送 XdsEvent 事件，如果此客户端正在进行配置的生成及分发，则发送阻塞。如果阻塞超时，则重新尝试以上过程。如果在事件通知发送过程中 gRPC Stream 断开了，则停止发送。

20.2.5 xDS 配置的生成及分发

异步 xDS 配置分发任务由 StreamAggregatedResources 接口方法的 push 处理模块异步处理。push 处理模块异步阻塞式地接收 pushChannel 中的 XdsEvent 事件，然后通过 DiscoveryServer.pushConnection 方法向所有已连接的 Envoy 代理发送 xDS 配置，如图 20-13 所示。

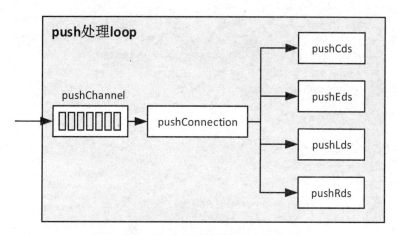

图 20-13 push 处理模块的异步处理流程

关键代码如下：

```
func (s *DiscoveryServer) pushConnection(con *XdsConnection, pushEv *XdsEvent) error {
    if pushEv.edsUpdatedServices != nil {
        // 增量 EDS 配置下发
        if len(con.Clusters) > 0 {
            if err := s.pushEds(pushEv.push, con, pushEv.edsUpdatedServices); err != nil {
                return err
            }
        }
        return nil
    }
    // 更新代理缓存及服务实例
    if err := con.modelNode.SetServiceInstances(pushEv.push.Env); err != nil {
        return err
    }
    // 更新 Sidecar 代理的 SidecarScope
```

```go
if con.modelNode.Type == model.SidecarProxy {
    con.modelNode.SetSidecarScope(pushEv.push)
}
adsLog.Infof("Pushing %v", con.ConID)
// 配置下发流控
s.rateLimiter.Wait(context.TODO())
// 防止两次分发重叠
con.pushMutex.Lock()
defer con.pushMutex.Unlock()
……
// 检查版本号，如果版本更新，则停止分发
currentVersion := versionInfo()
if pushEv.version != currentVersion {
    adsLog.Infof("Suppress push for %s at %s, push with newer version %s in progress", con.ConID, pushEv.version, currentVersion)
    return nil
}
// CDS 配置下发
if con.CDSWatch {
    err := s.pushCds(con, pushEv.push, pushEv.version)
    if err != nil {
        return err
    }
}
// EDS 配置下发
if len(con.Clusters) > 0 {
    err := s.pushEds(pushEv.push, con, nil)
    if err != nil {
        return err
    }
}
// LDS 配置下发
if con.LDSWatch {
    err := s.pushLds(con, pushEv.push, pushEv.version)
    if err != nil {
        return err
    }
}
// RDS 配置下发
if len(con.Routes) > 0 {
    err := s.pushRoute(con, pushEv.push)
```

```
        if err != nil {
            return err
        }
    }
    return nil
}
```

从上述代码可以看出，Pilot 共负责 4 种 xDS 配置资源的生成及下发。接下来以 CDS-Cluster 配置的生成及分发为例，看看 EnvoyXdsServer 如何根据代理属性、PushContext 缓存及 ConfigGenerator 缓存生成原始的 Cluster 配置，以及如何将 Cluster 配置发送给 xDS 客户端。

如图 20-14 所示，CDS 配置的生成及下发通过 DiscoveryServer.pushCds 方法完成，基本步骤如下。

（1）generateRawClusters 为 Proxy 生成所有的原始 Cluster 配置。

（2）XdsConnection.clusters 将 Cluster 转换成 DiscoveryResponse API。

（3）XdsConnection.send 将 DiscoveryResponse 通过 gRPC Stream 发送到 Proxy。

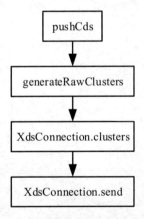

图 20-14　CDS 配置的生成及下发

其中，generateRawClusters 通过 ConfigGenerator.BuildClusters 方法生成原始的 Cluster 配置，BuildClusters 的实现如下：

```
func (configgen *ConfigGeneratorImpl) BuildClusters(env *model.Environment,
proxy *model.Proxy, push *model.PushContext) ([]*apiv2.Cluster, error) {
    clusters := make([]*apiv2.Cluster, 0)
```

```go
        instances := proxy.ServiceInstances
        locality := proxy.Locality
        // 判断代理的类型，根据不同的类型生成不同的配置
        switch proxy.Type {
        // 为 sidecar 类型的 proxy 生成 Cluster
        case model.SidecarProxy:
            sidecarScope := proxy.SidecarScope
            recomputeOutboundClusters := true
            // 首先判断是否可以利用缓存资源
            if configgen.CanUsePrecomputedCDS(proxy) {
                if sidecarScope != nil && sidecarScope.CDSOutboundClusters != nil {
                    // 使用 SidecarScope 缓存的 Cluster
                    clusters = append(clusters, sidecarScope.CDSOutboundClusters[util.NoProxyLocality]......)
                    recomputeOutboundClusters = false
                    if locality != nil {
                        applyLocalityLBSetting(locality, clusters, env.Mesh.LocalityLbSetting, true)
                    }
                }
            }

            if recomputeOutboundClusters {
                // 如果不能利用缓存，则需要实时计算生成 Outbound Cluster
                clusters = append(clusters, configgen.buildOutboundClusters(env, proxy, push)......)
                if locality != nil {
                    applyLocalityLBSetting(locality, clusters, env.Mesh.LocalityLbSetting, false)
                }
            }

            managementPorts := make([]*model.Port, 0)
            for _, ip := range proxy.IPAddresses {
                managementPorts = append(managementPorts, env.ManagementPorts(ip)......)
            }
            // 实时生成 Inbound Cluster
            clusters = append(clusters, configgen.buildInboundClusters(env, proxy, push, instances, managementPorts)......)
```

```go
        default: // 网关类型 proxy Cluster 的生成
            recomputeOutboundClusters := true
            if configgen.CanUsePrecomputedCDS(proxy) {
                if configgen.PrecomputedOutboundClustersForGateways != nil {
                    if configgen.PrecomputedOutboundClustersForGateways[proxy.ConfigNamespace] != nil {
                        // 利用 ConfigGenerator 缓存的 Clusters
                        clusters = append(clusters, configgen.PrecomputedOutboundClustersForGateways[proxy.ConfigNamespace][util.NoProxyLocality]......)
                        recomputeOutboundClusters = false
                        if locality != nil {
                            applyLocalityLBSetting(locality, clusters, env.Mesh.LocalityLbSetting, true)
                        }
                    }
                }
            }

            if recomputeOutboundClusters {
                // 如果不能利用缓存，则实时生成 Outbound Cluster
                clusters = append(clusters, configgen.buildOutboundClusters(env, proxy, push)......)
                if locality != nil {
                    applyLocalityLBSetting(locality, clusters, env.Mesh.LocalityLbSetting, false)
                }
            }
            // 如果是 router 类型的 Proxy 并且路由模式是"sni-dnat"，则生成此模式下的 Cluster
            // 将 "sni-dnat" 模式的流量直接转发到上游，没有 TLS 相关设置
            if proxy.Type == model.Router && proxy.GetRouterMode() == model.SniDnatRouter {
                clusters = append(clusters, configgen.buildOutboundSniDnatClusters(env, proxy, push)......)
            }
        }

        // 添加两个特殊的 cluster
        clusters = append(clusters, buildBlackHoleCluster())
        clusters = append(clusters, buildDefaultPassthroughCluster())
```

```
        // 去除重复的 Cluster
        return normalizeClusters(push, proxy, clusters), nil
}
```

根据代理类型的不同，Cluster 配置的生成方式也不同，直观上最大的区别是，router 类型的代理没有 Inbound Cluster，因为 router 类型的代理都与工作负载分开部署，并将流量转发到上游集群；Outbound Cluster 都优先考虑使用缓存提高效率，其他类型的 Cluster 则需要实时计算。

20.3 本章总结

Pilot 作为 Istio 服务网格的大脑，不得不说其源码实现具有一定的复杂性。但是，若能耐心读完本章所有内容，那么你一定能够从整体上把握 Pilot 的实现。

另外，本章从代码实现的角度，深入窥探 Pilot 设计中的性能优化考量，尤其是缓存的利用及防抖动的配置分发。对于 xDS 各种 API 资源的生成，本章没有进行过多说明，这些配置的细节属于 Envoy API 的范畴，偏向底层。但是，对 Envoy 的工作原理兴趣的读者，也可以继续学习源码包 "pilot/pkg/networking/core/v1alpha3" xDS 配置生成的细节。

第 21 章
Mixer 源码解析

Mixer 作为 Istio 网格控制面的核心组件，主要接收用户的配置并构造对应的数据模型。Mixer 对外提供 gRPC 服务，对请求提供策略控制及遥测报告。本章主要从代码层面对 Mixer 的启动过程、关键模块的处理流程等进行深入解读，最后对 Mixer 的设计原理进行总结。

21.1 进程启动流程

Mixer 服务端由 mixs 进程实现，入口位于 istio.io/istio/mixer/cmd/mixs/main.go，入口 main 函数的代码如下：

```
func main() {
    // 构造 rootCmd 实例
    rootCmd := cmd.GetRootCmd(os.Args[1:], supportedTemplates(),
supportedAdapters(), shared.Printf, shared.Fatalf)
    if err := rootCmd.Execute(); err != nil {
        os.Exit(-1)
    }
}
```

在以上代码段中，通过 supportedTemplates()、supportedAdapters() 加载了 Mixer 内置支持的 Template 和 Adapter。supportedTemplates() 返回了自动生成的所有 Template 的信息：

```
func supportedTemplates() map[string]template.Info {
    return generatedTmplRepo.SupportedTmplInfo
}
```

supportedAdapters() 返回了所有 Adapter 的信息：

```
func supportedAdapters() []adptr.InfoFn {
    return adapter.Inventory()
}
```

adapter.Inventory()通过各 Adapter 的 GetInfo 加载了所有内置的 Adapter：

```
// Inventory 返回所有可用的 Adapter
func Inventory() []adptr.InfoFn {
    return []adptr.InfoFn{
        bypass.GetInfo,
        circonus.GetInfo,
        cloudwatch.GetInfo,
        denier.GetInfo,
        dogstatsd.GetInfo,
        fluentd.GetInfo,
        kubernetesenv.GetInfo,
        list.GetInfo,
        memquota.GetInfo,
        noop.GetInfo,
        opa.GetInfo,
        prometheus.GetInfo,
        rbac.GetInfo,
        redisquota.GetInfo,
        signalfx.GetInfo,
        solarwinds.GetInfo,
        stackdriver.GetInfo,
        statsd.GetInfo,
        stdio.GetInfo,
        zipkin.GetInfo,
    }
}
```

在将 Template、Adapter 都加载完成后，接下来最关键的就是 rootCmd 的执行。rootCmd 对象的定义如下：

```
rootCmd := &cobra.Command{
    Use:   "mixs",
    Short: "Mixer is Istio's abstraction on top of infrastructure backends.",
    Long: "Mixer is Istio's point of integration with infrastructure backends and is the\n" +
        "nexus for policy evaluation and telemetry reporting.",
    Args: cobra.ExactArgs(0),
```

```
            PersistentPreRunE: func(cmd *cobra.Command, args []string) error {
                return nil
            },
        }
        rootCmd.SetArgs(args)
        rootCmd.PersistentFlags().AddGoFlagSet(flag.CommandLine)

        rootCmd.AddCommand(serverCmd(info, adapters, printf, fatalf))
        rootCmd.AddCommand(crdCmd(info, adapters, printf, fatalf))
        rootCmd.AddCommand(probeCmd(printf, fatalf))
        rootCmd.AddCommand(version.CobraCommand())
        rootCmd.AddCommand(collateral.CobraCommand(rootCmd, &doc.GenManHeader{
            Title:   "Istio Mixer Server",
            Section: "mixs CLI",
            Manual:  "Istio Mixer Server",
        }))
```

rootCmd 添加了三个关键的子命令：probeCmd，主要用来探测 Mixer 自身运行的状态是否健康；crdCmd，主要用来返回 Mixer 所使用的 CRD 对象信息，同 probeCmd 命令一样静态执行并返回结果；serverCmd，是 rootCmd 中最关键的子命令，其核心为 Run 方法通过 runServer 启动 Mixer 进程，如下所示。

```
        serverCmd := &cobra.Command{
            Use:   "server",
            Short: "Starts Mixer as a server",
            Args:  cobra.ExactArgs(0),
            Run: func(cmd *cobra.Command, args []string) {
                runServer(sa, printf, fatalf)
            },
        }
```

下面讲解 Mixer 启动的主要步骤。

21.1.1 runServer 通过 newServer 新建 Server 对象

Server 对象的主要属性及其含义如表 21-1 所示。

表 21-1 Server 对象的主要属性及其含义

主 要 属 性	含 义
server	Mixer 的 gRPC 服务器

续表

主 要 属 性	含 义
gp	处理客户端请求的线程池
adapterGP	Adapter 工作的线程池
listener	与 Mixer 的 gRPC 服务器对应的 Listener
dispatcher	请求分发器，用来分发请求到后端
livenessProbe	监测 Mixer 存活状态的探针
readinessProbe	监测 Mixer 就绪状态的探针
configStore	保存用户配置信息的缓存中心

newServer 的主要流程如下。

（1）进行执行前的准备工作，包括：

◎ 命令行参数校验，检验参数的合法性；

◎ 日志系统设置，主要设置日志的输出路径、级别等。

（2）初始化 API Worker 线程池，用来控制处理 API 请求的线程数，线程池工作的线程数由命令行参数传入：

```
s.gp = pool.NewGoroutinePool(a.APIWorkerPoolSize, a.SingleThreaded)
s.gp.AddWorkers(a.APIWorkerPoolSize - 1)
```

（3）初始化 Adapter Worker 线程池，用来控制 Adapter 工作的线程数，线程池工作的线程数同样由命令行参数传入：

```
s.adapterGP = pool.NewGoroutinePool(a.AdapterWorkerPoolSize, a.SingleThreaded)
s.adapterGP.AddWorkers(a.AdapterWorkerPoolSize - 1)
```

（4）初始化存放所有 Template 的仓库，将所有 Template 的信息都存放在模板仓库里：

```
tmplRepo := template.NewRepository(a.Templates)
```

（5）初始化存放 Adapter 的 map：

```
adapterMap := config.AdapterInfoMap(a.Adapters, tmplRepo.SupportsTemplate)
```

并调用 newRegistry 函数将 Adapter 按名称保存到 adapterMap 中，在保存的过程中对 Adapter 的信息进行一系列校验，只有所有校验都通过，才会将 Adapter 保存到 adapterMap 中供后续使用。校验的内容包括：

◎ 是否重复加载了 Adapter；
◎ 是否包含 NewBuilder 函数，NewBuilder 函数用来生成 Build 对象，并进一步构造 Handler 对象，所以 NewBuilder 函数必不可少；
◎ 校验 Adapter 实现的接口是否满足其支持的所有 Template 的要求。

（6）初始化配置发现中心，用来监听用户配置的变化：

```
configStoreURL := a.ConfigStoreURL
if configStoreURL == "" {
    configStoreURL = "k8s://"
}
reg := store.NewRegistry(config.StoreInventory()……)
groupVersion := &schema.GroupVersion{Group: crd.ConfigAPIGroup, Version: crd.ConfigAPIVersion}
if st, err = reg.NewStore(configStoreURL, groupVersion, a.CredentialOptions, runtimeconfig.CriticalKinds()); err != nil {
    _ = s.Close()
}
s.configStore = st
```

根据命令行参数 configStoreURL 选择合适的底层配置中心：若 configStoreURL 的前缀是 fs，则从文件系统中获取；若 configStoreURL 的前缀是 k8s，则从 Kubernetes 中获取；若 configStoreURL 的前缀是 mcp，则从 Galley 中获取。

（7）初始化 Runtime 实例对象：

```
runtime.New(st, templateMap, adapterMap, a.ConfigDefaultNamespace,
    s.gp, s.adapterGP, a.TracingOptions.TracingEnabled())
```

Runtime 对象是 Mixer 中的核心数据结构，保存了 Mixer 所有的 Template 和 Adapter，并利用在上一步创建的 st 监听用户的配置，在配置有变化时动态更新 Dispatcher 实例，并构造新的 Handler 对象，Dispatcher 根据请求携带的属性将请求分发到特定的后端。

（8）启动 Runtime 实例：

```
if err = p.runtimeListen(rt); err != nil {
    _ = s.Close()
    return nil, fmt.Errorf("unable to listen: %v", err)
}
```

Runtime 实例在启动后会监听用户的配置，更新 Dispatcher 实例，并构造新的 Handler 对象。

(9)新建 gRPCServer,并注册处理请求的接口:

```
s.server = gRPC.NewServer(gRPCOptions……)
mixerpb.RegisterMixerServer(s.server, api.NewgRPCServer(s.dispatcher, s.gp, s.checkCache, throttler))
```

21.1.2　启动 Mixer gRPC Server

在 Server 对象初始化完成后,启动 Mixer gRPC Server,开始接收用户端的请求:

```
go func() {
        // 开启监听服务
        err := s.server.Serve(s.listener)
        // notify closer we're done
        s.shutdown <- err
}()
```

至此,所有模块均已初始化完毕,且 Server 开始监听,Mixer 启动完成。

21.2　关键代码分析

21.1 节对 Mixer Server 的启动进行了详细分析,可以看出 Mixer 的主要工作就是监听来自底层配置中心的用户配置信息,动态生成对应的数据模型,并在请求到来时,将请求按规则分发到对应的后端去处理。Mixer 支持对接不同的底层配置中心,本节选取典型的 Kubernetes 注册中心,通过 Mixer 监听并加载用户的配置、构建数据模型、分发请求的整个流程来解析 Mixer 的工作原理。

21.2.1　监听用户的配置

首先,通过 NewRegistry 加载所有的底层平台信息,代码如下:

```
reg := store.NewRegistry(config.StoreInventory()……)
```

在 config.StoreInventory 函数中保存了所有的底层平台,包括 MCP、Kubernetes 的初始化信息。以 Kubernetes 为例,首先初始化 Store 对象,Store 对象的主要属性及其含义如表 21-2 所示。

表 21-2　Store 对象的主要属性及其含义

主要属性	含义
conf	连接 Kubernetes 集群的信息，包括地址、认证信息等
ns	保存 Mixer 处理的命名空间的信息
apiGroupVersion	监听资源的 API Group Version 信息
caches	存储所有配置的缓存
informers	存储所有资源对应的 Informer
watchCh	接收用户配置信息的变更事件
discoveryBuilder	初始化 DiscoveryClient
listerWatcherBuilder	构造 DynamicClient
criticalKinds	标记重要的资源类型，在初始化阶段必须加载成功

Store 对象实现了 Backend 接口，代码如下：

```
type Backend interface {
    Init(kinds []string) error

    Stop()

    WaitForSynced(time.Duration) error

    Watch() (<-chan BackendEvent, error)

    Get(key Key) (*BackEndResource, error)

    List() map[Key]*BackEndResource
}
```

监听与接收用户配置信息的步骤如下。

1. 调用 Init 方法初始化监听器

构造 DiscoveryClient、DynamicClient，用来获取与 Mixer 相关的所有资源，并生成相关资源 list-watch 的 Client：

```
d, err := s.discoveryBuilder(s.conf)
lwBuilder, err := s.listerWatcherBuilder(s.conf)
```

利用构造好的 DynamicClient 为每种资源都生成监听器，监听器还是利用了 Kubernetes

中的 Informer 机制，对监听到的事件注册回调函数处理：

```go
for _, res := range resources.APIResources {
    if _, ok := s.caches[res.Kind]; ok {
        continue
    }
    // 过滤在 criticalKinds 中定义的资源类型
    if _, ok := kindsSet[res.Kind]; ok {
        res.Group = ConfigAPIGroup
        res.Version = ConfigAPIVersion
        cl := lwBuilder.build(res)
        informer := cache.NewSharedInformer(
            &cache.ListWatch{
                ListFunc: func(options metav1.ListOptions) (runtime.Object, error) {
                    return cl.List(options)
                },
                WatchFunc: func(options metav1.ListOptions) (watch.Interface, error) {
                    options.Watch = true
                    return cl.Watch(options)
                },
            },
            &unstructured.Unstructured{}, 0)
        // 将 Informer 对应的数据缓存赋值到 cache，供后续查询操作使用
        s.caches[res.Kind] = informer.GetStore()
        s.informers[res.Kind] = informer
        delete(kindsSet, res.Kind)
        // 调用 Store 定义的回调接口处理事件
        informer.AddEventHandler(s)
        // 开始运行监听器
        go informer.Run(s.donec)
    }
}
```

2. 调用 Store 定义的回调接口处理事件

Store 定义了 OnAdd、OnUpdate、OnDelete 三个回调接口来处理用户配置信息的增、删、改事件，代码如下：

```go
func (s *Store) OnAdd(obj interface{}) {
    ev := toEvent(store.Update, obj)
```

```
    if s.ns == nil || s.ns[ev.Key.Namespace] {
        s.dispatch(ev)
    }
}
func (s *Store) OnUpdate(oldObj, newObj interface{}) {
    ev := toEvent(store.Update, newObj)
    if s.ns == nil || s.ns[ev.Key.Namespace] {
        s.dispatch(ev)
    }
}
func (s *Store) OnDelete(obj interface{}) {
    ev := toEvent(store.Delete, obj)
    ev.Value = nil
    if s.ns == nil || s.ns[ev.Key.Namespace] {
        s.dispatch(ev)
    }
}
```

三个回调接口在收到事件后，先判断是否对应已配置的命名空间，如果对应，则进行格式化处理，否则不进行格式化处理；在进行格式化处理时，利用dispatch方法将对象分发到WatchCh，代码如下：

```
func (s *Store) dispatch(ev store.BackendEvent) {
    s.watchMutex.RLock()
    defer s.watchMutex.RUnlock()
    if s.watchCh == nil {
        return
    }
    select {
    case <-s.donec:
    case s.watchCh <- ev:
    }
}
```

3. 对数据对象的查询和监听

监听器调用回调函数将对象分发后，Mixer就可以查询和监听配置信息的变化了。查询操作（Get）主要从每个资源的Informer缓存中返回对象：

```
c, ok := s.caches[key.Kind]
obj, exists, err := c.Get(req)
```

监听操作直接将通过 dispatch 函数分发到 s.watchCh 的对象后返回：

```
func (s *Store) Watch() (<-chan store.BackendEvent, error) {
    ch := make(chan store.BackendEvent)
    s.watchMutex.Lock()
    s.watchCh = ch
    s.watchMutex.Unlock()
    return ch, nil
}
```

至此，Mixer 就完成了对用户配置信息的监听与接收。

21.2.2 构建数据模型

Mixer 根据用户的配置及内置的 Template 与 Adapter 构造了用于分发请求的四层数据模型，本节详细介绍如何构造该数据模型。

1. 监听用户配置信息的变化

Runtime 实例通过 runtimeListen 调用 StartListening 方法监听用户的配置，并且根据配置信息的变化动态更新数据模型。

调用 Store 的 StartWatch 方法返回缓存的所有数据与监听配置信息的 Channel：

```
watchChan, err := s.Watch()
if err != nil {
    return nil, nil, err
}
return s.List(), watchChan, nil
```

s.List() 返回在 Store 中缓存的所有数据，watchChan 动态返回配置变化的事件。

假设用户频繁修改配置，那么 watchChan 返回数据的频率也会很高。如果 Mixer 对每次事件都触发重新构造数据模型，则频繁更新数据模型一方面会造成服务器的不稳定，另一方面会加大资源消耗。因此，这里采用了定时更新的方式：

```
events := make([]*Event, 0, maxEvents)
for {
    select {
    case ev := <-wch:
        if len(events) == 0 {
```

```
                // 在队列为空时，开启定时器
                timer = time.NewTimer(watchFlushDuration)
                timeChan = timer.C
            }
            // 将事件缓存到队列
            events = append(events, &ev)
        case <-timeChan:
            timer.Stop()
            timeChan = nil
            log.Infof("Publishing %d events", len(events))
            // 同步队列中的所有事件
            applyEvents(events)
            events = events[:0]
        case <-stop:
            return
        }
    }
}
```

当有事件到来时，先将事件缓存到 events 队列里并开启定时器，默认的定时间隔为 1 秒。当 1 秒的定时间隔到来时，触发 applyEvents 同步所有事件，applyEvents 调用 onConfigChange 同步事件：将事件对应的信息保存到 ephemeral 对象的缓存中，ephemeral 对象主要用来缓存用户的配置、Template 与 Adapter 信息，在保存后触发下一步构建。

2. 构建数据模型

在将用户的事件信息保存到 ephemeral 对象后，触发一轮模型构建。模型构建的入口是 processNewConfig 函数，主要使用在 ephemeral 中缓存的用户配置及 Template、Adapter 信息构建服务模型，主体处理流程如图 21-1 所示。

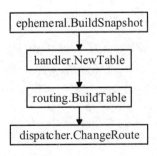

图 21-1 构建数据模型的主体处理流程

数据模型的构建步骤如下。

1）调用 BuildSnapshot 构建 Snapshot 对象

首先，Snapshot 对象先将在 ephemeral 中缓存的配置数据进一步加工，将 Handler 配置的名称、对应的 Adapter 和 Handler 的配置聚合到一个结构体：

```
shandlers := e.processStaticAdapterHandlerConfigs(monitoringCtx)
staticConfig := &HandlerStatic{
// example: stdio.istio-system
Name:     key.Name + "." + key.Namespace,
Adapter: a,
Params: a.DefaultConfig,
}
```

然后，将 Instance 配置的名称、对应的 Template 信息与 Instance 的配置都聚合到一个结构体中：

```
instances := e.processInstanceConfigs(monitoringCtx, af, errs)
cfg := &InstanceStatic{
        Name:          instanceName,
        Template:      info,
        Params:        resource.Spec,
        InferredType: inferredType,
    }
```

最后，根据 Rule 配置将其中对应的 Handler 对象、Instance 对象的所有信息都保存到 Rules 对象中：

```
rules := e.processRuleConfigs(monitoringCtx, shandlers, instances, dhandlers,
dInstances, af, errs)
```

2）调用 NewTable 构建所有 Handler 对象

NewTable 将所有 Handler 对象都保存在 Table 中，首先将 Snapshot 对象中的所有 Handler 对象对应的所有 Instance 对象都聚合到以 Handler 信息为 key 的缓存中：

```
instancesByHandler := config.GetInstancesGroupedByHandlers(snapshot)
```

然后遍历 instancesByHandler 中的每个 Handler 对象，并初始化 Handler 对象，初始化过程如图 21-2 所示。

（1）通过 createEntry 构建每一个 Handler 对象，主要逻辑在 BuildHandler 中。

（2）调用 Handler 信息中的 NewBuilder 初始化空的 Build 对象，如前文所述，Build 对象主要用来构造 Handler 对象，再调用 validateBuilder 填充 Build 对象。

（3）在 validateBuilder 中执行的操作包括：SetType，设置不同的 Instance 类型；SetAdapterConfig，将 Handler 对象的配置信息传入 Builld 对象；Validate，对 Build 对象中的信息进行校验。

（4）在 Build 对象构造完成后，调用 build.Build 生成最终的 Handler 对象。

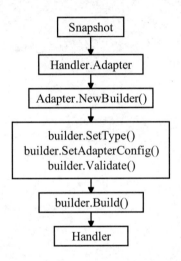

图 21-2　Handler 对象的初始化过程

在 createEntry 中会将所有构造后的 Handler 对象都保存到 Table 中。

3）调用 BuildTable 构建数据模型

在 Handler 对象构造完成后，调用 BuildTable 构造四层数据模型，传递的参数主要包括：Snapshot，包含所有的配置、Template、Adapter 信息；Table，包含所有构造后的 Handler 对象。首先构造模型的 Builder 对象，将模型保存在 Builder 对象的 Table 属性中。Table 的定义如下：

```
type Table struct {
    // Table 标识的唯一 ID
    id int64
    // 数据模型，按 Template 分类，将所属的 Namespace、Handler 和 instanceGroup 分为四层
    entries map[tpb.TemplateVariety]*varietyTable
```

```
    debugInfo *tableDebugInfo
}
```

varietyTable 为某 Template 类型下的所有数据，按命名空间分类，其定义如下：

```
type varietyTable struct {
    // 按命名空间分类，包含了同一命名空间下的所有数据
    entries map[string]*NamespaceTable
    // destinations for default namespace
    defaultSet *NamespaceTable
}
```

在 Entries 中保存了按命名空间分类的所有数据的信息，在 NamespaceTable 中保存了某一命名空间下的所有数据，其定义如下：

```
type NamespaceTable struct {
    // 命名空间下的所有数据的信息
    entries    []*Destination
    directives []*DirectiveGroup
}
```

在 Destination 中保存了 Handler 对象及其对应的所有 InstanceGroup 信息，定义如下：

```
type Destination struct {
    id uint32
    // Destination 中 Handler 对象的信息
    Handler adapter.Handler
    // Handler 对象的名称
    HandlerName string
    // Handler 对象对应的 Adapter 名称
    AdapterName string
    // Handler 对象对应的所有 Template 信息
    Template *TemplateInfo
    // Handler 对象对应的所有 InstanceGroup
    InstanceGroups []*InstanceGroup
    maxInstances int
    FriendlyName string
}
```

在 InstanceGroup 中保存了所有 Instance 对象的构造函数 Builder 及该组 Instance 对象匹配的条件，其定义如下：

```
type InstanceGroup struct {
    id uint32
```

```
        // 该组 Instance 对象的匹配条件
        Condition compiled.Expression
        // 每个 Instance 对象的构造函数
        Builders []NamedBuilder
        Mappers []template.OutputMapperFn
}
```

Mixer 根据以上数据结构构造了如图 21-3 所示的四层请求分发模型。

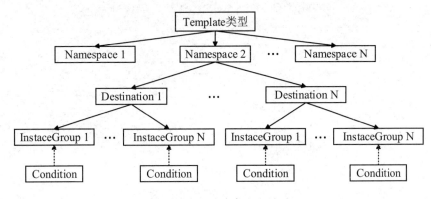

图 21-3　四层请求分发模型

四层请求分发模型的构造过程如下所述。

（1）遍历 snapshot 中的 Rules、Rules 下的所有 Action 及每个 Action 下的所有 Instance 对象，做进一步处理。过程如下：

```
for _, rule := range snapshot.Rules {
        // 根据 Rule 中的 Match 信息生成 condition 对象
        condition, err := b.getConditionExpression(rule)
        if err != nil {
            log.Warnf("Unable to compile match condition expression: '%v', rule='%s', expression='%s'",
                err, rule.Name, rule.Match)
            stats.Record(snapshot.MonitoringContext,
monitoring.MatchErrors.M(1))
            continue
        }
        // 遍历 Rule 中的 Action
        for i, action := range rule.ActionsStatic {

            // 获取 Action 中对应的 Handler 对象的信息
```

```
                handlerName := action.Handler.Name
                entry, found := b.handlers.Get(handlerName)
                if !found {
                        log.Warnf("Unable to find a handler for action.
rule[action]='%s[%d]', handler='%s'",
                                rule.Name, i, handlerName)
                        stats.Record(snapshot.MonitoringContext,
monitoring.UnsatisfiedActionHandlers.M(1))
                        // 如果未发现Handler对象, 则停止处理该Action
                        continue
                }
                // 遍历Action中的所有Instance对象
                for _, instance := range action.Instances {
                        builder, mapper, err := b.getBuilderAndMapper(instance)
                        if err != nil {
                                log.Warnf("Unable to create builder/mapper for instance:
instance='%s', err='%v'", instance.Name, err)
                                continue
                        }
                        // 对于每个Instance对象,将其对应的Namespace、Template、Handler、Match
等信息都传给add
                        b.add(rule.Namespace, buildTemplateInfo(instance.Template), entry,
condition, builder, mapper,
                                entry.Name, instance.Name, rule.Match, action.Name)
                }
        }
```

按Rules、Action、Instance遍历后,将当前Instance对象及对应的Namespace、Template、Handler、Match等信息都传给add函数,在add函数中填充数据模型,主要过程如下:

```
        // 查找该Template类型的条目是否存在, 若不存在则新建
        byVariety, found := b.table.entries[variety]
        if !found {
                byVariety = &varietyTable{
                        entries: make(map[string]*NamespaceTable),
                }
                b.table.entries[variety] = byVariety
        }

        // 再按命名空间查找条目是否存在, 若不存在则新建
        byNamespace, found := byVariety.entries[namespace]
        if !found {
```

```go
        byNamespace = &NamespaceTable{
            entries: []*Destination{},
        }
        byVariety.entries[namespace] = byNamespace
    }

    // 在命名空间对应的数据下查找 Destination 信息，看其是否存在
    var byHandler *Destination
    for _, d := range byNamespace.Entries() {
        if d.HandlerName == entry.Name && d.Template.Name == t.Name {
            byHandler = d
            break
        }
    }
    // 如果 Destination 不存在，则新建
    if byHandler == nil {
        byHandler = &Destination{
            id:            b.nextID(),
            Handler:       entry.Handler,
            FriendlyName:  fmt.Sprintf("%s:%s(%s)", t.Name, handlerName, entry.AdapterName),
            HandlerName:   handlerName,
            AdapterName:   entry.AdapterName,
            Template:      t,
            InstanceGroups: []*InstanceGroup{},
        }
        byNamespace.entries = append(byNamespace.entries, byHandler)
    }

    // 在 InstanceGroup 中查找当前 match 条件，看其是否存在
    var instanceGroup *InstanceGroup
    for _, set := range byHandler.InstanceGroups {
        if set.Condition == condition {
            instanceGroup = set
            break
        }
    }
    // 若不存在，则新建 InstanceGroup
    if instanceGroup == nil {
        instanceGroup = &InstanceGroup{
            id:        b.nextID(),
```

```
                Condition: condition,
                Builders: []NamedBuilder{},
                Mappers:  []template.OutputMapperFn{},
            }
            byHandler.InstanceGroups = append(byHandler.InstanceGroups,
instanceGroup)
            if matchText != "" {
                b.matchesByID[instanceGroup.id] = matchText
            }
            instanceNames, found := b.instanceNamesByID[instanceGroup.id]
            if !found {
                instanceNames = make([]string, 0, 1)
            }
            b.instanceNamesByID[instanceGroup.id] = instanceNames
        }
        //将传入的 Instance 对象加入 InstanceGroup 中
        instanceGroup.Builders = append(instanceGroup.Builders,
NamedBuilder{InstanceShortName: config.ExtractShortName(instanceName), Builder:
builder,ActionName: actionName})
```

4）调用 ChangeRoute 将数据模型保存到 dispatcher 中，供后续分发请求使用

在数据模型构造完成后，就将其保存到 dispatcher 中，dispatcher 用来在请求到来时分发请求到后端。dispatcher 实现的接口组如下：

```
type Dispatcher interface {
        // 属性预处理，在 Check、Report 及 Quota 前执行
        Preprocess(ctx context.Context, requestBag attribute.Bag, responseBag
*attribute.MutableBag) error
        // 分发 Check 类型的请求
        Check(ctx context.Context, requestBag attribute.Bag) (adapter.CheckResult,
error)
        // 返回 Reporter，其中缓存了上报的遥测信息
        GetReporter(ctx context.Context) Reporter
        // 分发 Quota 类型的请求
        Quota(ctx context.Context, requestBag attribute.Bag,
            qma QuotaMethodArgs) (adapter.QuotaResult, error)
}
```

将数据模型保存在 RoutingContext 属性中，其定义如下：

```
type RoutingContext struct {
```

```
            // 构造好的数据模型
            Routes *routing.Table
            // 数据模型被请求引用的次数
            refCount int32
        }
```

至此已经讲解了请求分发数据模型的构建和保存过程,后续将详细介绍 Mixer 利用数据模型处理请求的流程。

21.2.3 Check 接口

Mixer 的 gRPC Server 注册了 Check、Report 两个接口。Check 接口用来处理访问策略执行类型的请求,即根据用户定义的策略来判断此次请求是否可以执行,Check 接口的执行流程如图 21-4 所示。

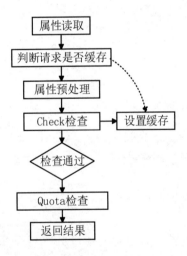

图 21-4 Check 接口执行流程

Check 接口的执行步骤如下。

(1) 属性读取,首先判断在请求中携带的属性总数是否多于 Mixer 中的属性总数,如果在请求中携带得更多,则表示客户端与 Mixer 端的属性集不匹配,无法解析请求中的属性,无法处理该请求:

```
if req.GlobalWordCount > uint32(len(s.globalWordList)) {
        err := fmt.Errorf("inconsistent global dictionary versions used: mixer knows %d words, caller knows %d", len(s.globalWordList), req.GlobalWordCount)
```

```
            lg.Errora("Check failed:", err.Error())
            return nil, gRPC.Errorf(codes.Internal, err.Error())
}
```

根据在请求中携带的属性及 Mixer 内置的属性集构造 ProtoBag，用于缓存处理、分发请求等：

```
    protoBag := attribute.NewProtoBag(&req.Attributes, s.globalDict,
s.globalWordList)
```

（2）判断请求是否已缓存，在 Mixer 配置缓存时，判断同样的请求是否已缓存，如果已缓存，则直接返回缓存中的数据：

```
    // 当缓存不为空时，从缓存中查找
    if s.cache != nil {
        if value, ok := s.cache.Get(protoBag); ok {
            // 当在缓存中存在时，构造返回 CheckResponse
            resp := &mixerpb.CheckResponse{
                Precondition: mixerpb.CheckResponse_PreconditionResult{
                    Status: rpc.Status{
                        Code:    value.StatusCode,
                        Message: value.StatusMessage,
                    },
                    ValidDuration:       value.Expiration.Sub(time.Now()),
                    ValidUseCount:       value.ValidUseCount,
                    ReferencedAttributes: &value.ReferencedAttributes,
                    RouteDirective:      value.RouteDirective,
                },
            }
            // 如果不包含 req.Quotas, 即 len(req.Quotas) == 0, 则返回缓存中已有的成功或失败结果；
            // 如果包含 req.Quotas, 且缓存中为成功的结果，则必须继续检查 Quota, 如果缓存中为失败的结果，则可直接返回
            if !status.IsOK(resp.Precondition.Status) || len(req.Quotas) == 0 {
                return resp, nil
            }
        }
    }
```

（3）属性预处理，处理属性。即在请求所携带属性的基础上再做进一步处理，处理后的属性集将在后续访问策略中执行。将请求对应的 Template 类型设置为 ATTRIBUTE_GENERATOR，进而调用处理 ATTRIBUTE_GENERATOR 类型 Template 的 Handler 对属性进行预处理：

```go
func (d *Impl) Preprocess(ctx context.Context, bag attribute.Bag, responseBag
*attribute.MutableBag) error {
    // 构造 ATTRIBUTE_GENERATOR 的 Template 类型的 session
    s := d.getSession(ctx, tpb.TEMPLATE_VARIETY_ATTRIBUTE_GENERATOR, bag)
    s.responseBag = responseBag
    // 调用 dispatch 分发请求
    err := s.dispatch()
    ……
    return err
}
```

（4）Check 检查，调用 dispatch 的 Check 接口进行检查，判断请求是否合法。将请求对应的 Template 类型设置为 CHECK，进而调用处理 CHECK 类型 Template 的 Handler 对象对属性进行预处理：

```go
func (d *Impl) Check(ctx context.Context, bag attribute.Bag)
(adapter.CheckResult, error) {
    // 设置请求的 Template 类型为 CHECK
    s := d.getSession(ctx, tpb.TEMPLATE_VARIETY_CHECK, bag)
    ……
    var r adapter.CheckResult
    // 调用 dispatch 分发请求
    err := s.dispatch()
    if err == nil {
        r = s.checkResult
        err = s.err
        ……
    }
    // 返回 Check 的结果
    return r, err
}
```

（5）设置缓存，将返回的 Check 结果存入缓存中：

```go
if s.cache != nil {
    // 将请求结果存入缓存中
    s.cache.Set(protoBag, checkcache.Value{
        ……
    })
}
```

（6）Quota 检查，如果 Check 检查通过，并且请求包含 Quota，则进行 Quota 检查，调用 dispatcher 的 Quota 接口进行检查。针对 Quota 中的每组参数进行检查，将请求对应的 Template 类型设置为 QUOTA，进而调用处理 QUOTA 类型 Template 的 Handler 对象对属性进行预处理：

```go
// 遍历 Quotas 中的每组数据
for name, param := range req.Quotas {
            qma := dispatcher.QuotaMethodArgs{
                Quota:              name,
                Amount:             param.Amount,
                DeduplicationID:    req.DeduplicationId + name,
                BestEffort:         param.BestEffort,
            }
            ......
            qr, err := s.dispatcher.Quota(ctx, checkBag, qma)
            if err != nil {
                ......
            }

            lg.Debugf("Quota '%s' result: %#v", qma.Quota, crqr)
            // 保存结果
            resp.Quotas[name] = crqr
}
```

至此，Check 接口中的访问策略执行全部完毕。

21.2.4　Report 接口

Mixer 通过 gRPC Server 中的 Report 接口处理请求的遥测数据的收集，即根据用户定义的收集策略，通过在请求中携带的属性信息构造特定形式的监控数据和日志信息，并将其保存到特定的后端基础设施。

与 Check 接口不同的是，Report 接口每次接收的都是一组属性。Mixer 为了提高整体效率，会将 Envoy 中的遥测数据缓存到一定数量时上报到 Mixer，因此 Report 接口接收的是多组属性。

在 Report 中定义了一组接口来处理属性，接口如下：

```go
type Reporter interface {
    // 将所有属性数据缓存
    Report(requestBag attribute.Bag) error
    // 将缓存的数据调用 Handler 对象进行统一处理
```

```
    Flush() error
    // 回收 Reporter
    Done()
}
```

Report 接口的处理流程如图 21-5 所示。

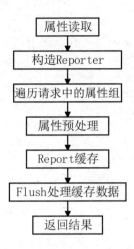

图 21-5 Report 接口的处理流程

Report 接口的执行步骤如下。

（1）属性读取与 Check 接口中的处理类似，首先判断在请求中携带的属性总数是否多于 Mixer 中的属性总数，如果在请求中携带得更多，则表示客户端与 Mixer 端的属性集不匹配，无法解析请求中的属性，无法处理该请求。

（2）构造 Report 对象，用来处理数据：

```
reporter := s.dispatcher.GetReporter(reportCtx)
```

Reporter 对象主要用来缓存 Handler 对象对应的 Instance 对象信息，其主要属性及其类型、含义如表 21-3 所示。

表 21-3 reporter 对象的主要属性及其含义

主 要 属 性	类 型	含 义
impl	*Impl	保存请求分发规则
rc	*RoutingContext	保存数据模型的引用次数
states	map[*routing.Destination]*dispatchState	按 Handler 对象缓存所有数据

（3）遍历请求中的属性组，将每组数据都缓存到 Reporter 对象的 states 中：

```
// 遍历请求中的属性组
for i := range req.Attributes {
    lg.Debugf("Dispatching Report %d out of %d", i+1, totalBags)
    span, newctx := opentracing.StartSpanFromContext(reportCtx,
fmt.Sprintf("attribute bag %d", i))

    switch req.RepeatedAttributesSemantics {
    case mixerpb.DELTA_ENCODING:
        // 处理一组属性
        if err := dispatchSingleReport(newctx, s.dispatcher, reporter, accumBag,
reportBag); err != nil {
            ......
        }
    case mixerpb.INDEPENDENT_ENCODING:
        protoBag = attribute.NewProtoBag(&req.Attributes[i], s.globalDict,
s.globalWordList)
        reportBag = attribute.GetMutableBag(protoBag)
        // 处理一组属性
        if err := dispatchSingleReport(newctx, s.dispatcher, reporter, protoBag,
reportBag); err != nil {
            span.LogFields(otlog.String("error", err.Error()))
            span.Finish()
            errors = multierror.Append(errors, err)
            continue
        }
    }
}
```

在遍历请求的属性组的循环中调用 dispatchSingleReport 处理每一组属性，主要包括属性预处理及将属性数据缓存起来：

```
func dispatchSingleReport(ctx context.Context, preprocessor
dispatcher.Dispatcher, reporter dispatcher.Reporter,attributesBag attribute.Bag,
reportBag *attribute.MutableBag) error {
    lg.Debug("Dispatching Preprocess")
    // 属性预处理
    if err := preprocessor.Preprocess(ctx, attributesBag, reportBag); err != nil
{
        return fmt.Errorf("preprocessing attributes failed: %v", err)
    }
```

```
        lg.Debug("Dispatching to main adapters after running preprocessors")
        lg.Debuga("Attribute Bag: \n", reportBag)
        // 将请求数据分发并缓存到 Reporter 对象中
        return reporter.Report(reportBag)
}
```

（4）调用 Flush 将缓存中的数据分发到对应的 Handler 对象中：

```
// 调用 Flush 分发缓存数据
if err := reporter.Flush(); err != nil {
        errors = multierror.Append(errors, err)
}
func (r *reporter) Flush() error {
        s := r.impl.getSession(r.ctx, tpb.TEMPLATE_VARIETY_REPORT, nil)
        s.reportStates = r.states
        // 将所有数据分发
        s.dispatchBufferedReports()
        err := s.err
        r.impl.putSession(s)
        return err
}
```

至此，Report 接口中的遥测数据执行完毕。

21.2.5 请求分发

在 Check、Report 接口中最终都调用 dispatch 将请求分发到具体的后端，dispatch 会根据请求中的属性数据匹配 Mixer 构造的数据模型，将请求分发到特定的后端。

（1）判断请求的命名空间，根据请求使用的 Template 类型及命名空间找到对应的 destinations 集：

```
// 根据请求的属性获取命名空间
namespace := getIdentityNamespace(s.bag)
// 使用 Template 类型及命名空间获取 destinations 集
destinations := s.rc.Routes.GetDestinations(s.variety, namespace)
```

（2）遍历 destinations 集，针对固定的 destination，遍历其下的 instanceGroup，如果请求中的属性可以匹配 InstanceGroup，则针对不同的 Template 类型进行不同的处理：

```
// 遍历 destinations 集
for _, destination := range destinations.Entries() {
```

```go
// 遍历 destination 下的 InstanceGroup
for _, group := range destination.InstanceGroups {
    groupMatched := group.Matches(s.bag)
    // 若不匹配该 InstanceGroup，则跳过
    if !groupMatched {
        continue
    }
    // 若匹配该 instanceGroup，则进一步处理
}
```

对于 REPORT 类型的请求，主要将匹配到的 destination、instacne 信息缓存到 state 中，后续统一分发：

```go
if s.variety == tpb.TEMPLATE_VARIETY_REPORT {
    // 查询 destination 对应的 state，若不存在则新建
    state = s.reportStates[destination]
    if state == nil {
        state = s.impl.getDispatchState(s.ctx, destination)
        s.reportStates[destination] = state
    }
}
// 遍历 Builders，构造每一个 Instance 对象
for j, input := range group.Builders {
    instance, err = input.Builder(s.bag)
    // 将 instance 对象缓存到 state 中
    if s.variety == tpb.TEMPLATE_VARIETY_REPORT {
        state.instances = append(state.instances, instance)
        continue
    }
}
```

对于 CHECK 与 QUOTA 类型的请求，将每个 Instance 对象都直接分发到 Destination 对应的 Handler 对象中进行处理：

```go
// 初始化 state，其中包含 Destination 对象和 Instance 对象等关键信息
state = s.impl.getDispatchState(s.ctx, destination)
state.instances = append(state.instances, instance)
if s.variety == tpb.TEMPLATE_VARIETY_ATTRIBUTE_GENERATOR {
    state.mapper = group.Mappers[j]
    state.inputBag = s.bag
}
```

```
state.quotaArgs.BestEffort = s.quotaArgs.BestEffort
state.quotaArgs.DeduplicationID = s.quotaArgs.DeduplicationID
state.quotaArgs.QuotaAmount = s.quotaArgs.Amount
state.outputPrefix = input.ActionName + ".output."
// 调用 dispatchToHandler 分发 state
s.dispatchToHandler(state)
```

请求分发的调用流程如图 21-6 所示，dispatchToHandler 将 invokeHandler 放入线程池去处理，进而通过 DispatchGenAttrs、DispatchCheck、DispatchQuota 及 DispatchReport 调用相应的后端 Handler 对象去执行。

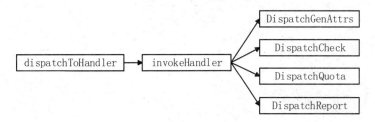

图 21-6 请求分发的调用流程

21.2.6 协程池

Mixer 将请求分发到相应的 Handler 对象去处理，由于 Handler 对象之间相互独立，因此 Handler 对象处理数据是在协程中独立执行的。Mixer 使用协程池（GoroutinePool）来管理协程，不仅可以控制协程的数量，也可以减少协程的创建和销毁，从而减少资源消耗，提高执行效率。协程池的定义如下：

```
type GoroutinePool struct {
    queue            chan work
    wg               sync.WaitGroup
    singleThreaded   bool
}
```

其中，在 channel 类型的 queue 中缓存了所有要执行的任务（worker）。work 对象的定义如下：

```
type work struct {
    fn      WorkFunc
    param   interface{}
}
```

在 Work 对象中保存了要执行的函数 fn 与函数的参数 param。协程池的整体工作原理如图 21-7 所示。

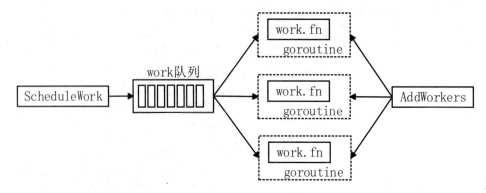

图 21-7 协程池的整体工作原理

协程池的工作步骤如下。

（1）Mixer 在初始化时会调用 AddWorkers 在协程池中创建固定数量的协程，用来处理请求：

```go
// 创建 numWorkers 数量的协程
func (gp *GoroutinePool) AddWorkers(numWorkers int) {
    if !gp.singleThreaded {
        gp.wg.Add(numWorkers)
        // 循环 numWorkers 次创建协程
        for i := 0; i < numWorkers; i++ {
            go func() {
                // 每个协程都从 queue 中读取 work 对象并运行
                for work := range gp.queue {
                    work.fn(work.param)
                }
                gp.wg.Done()
            }()
        }
    }
}
```

（2）Mixer 在运行时调用 ScheduleWork 将要执行的函数、参数都放到队列中，协程读取队列并执行：

```
func (gp *GoroutinePool) ScheduleWork(fn WorkFunc, param interface{}) {
    if gp.singleThreaded {
        fn(param)
    } else {
        // 将要执行的函数、参数都放入队列中
        gp.queue <- work{fn: fn, param: param}
    }
}
```

以上就是协程池的创建和使用流程。值得注意的是，协程池可接收的任务数量，即 queue 的容量，是在创建协程池时指定的：

```
// queueDepth 指定了 channel 可缓存的数量
func NewGoroutinePool(queueDepth int, singleThreaded bool) *GoroutinePool {
    gp := &GoroutinePool{
        queue:          make(chan work, queueDepth),
        singleThreaded: singleThreaded,
    }
    gp.AddWorkers(1)
    return gp
}
```

当 queue 的缓存占满时需要阻塞等待，直到 channel 中的 work 被协程处理。

21.3 本章总结

本章从源码角度详细解释了 Mixer 组件的工作原理，从其代码结构、启动初始化流程开始，一步步分析用户配置信息的发现流程、基于用户配置信息构建请求的分发模型（分发到对应的 Adapter），并深入解读 Check、Report 接口的处理流程，最后讲解了 Mixer 的协程池工作原理。

第 22 章
Citadel 源码解析

Citadel 作为 Istio 安全的核心组件,主要用于证书的签发及生命周期的维护,本章主要从 Citadel 进程的启动及关键代码模块源码的实现角度讲解 Citadel。

22.1 进程启动流程

Citadel 组件的启动进程为 istio-ca,在 Istio 代码库中,其入口位于 istio.io/istio/security/cmd/istio_ca/main.go。入口 main 函数的逻辑如下:

```go
func main() {
    if err := rootCmd.Execute(); err != nil {
        log.Errora(err)
        os.Exit(-1)
    }
}
```

其中,关键代码就是 rootCmd 的执行。rootCmd 对象的定义如下,其核心就是 Run 方法通过 runCA 启动 Citadel 进程:

```go
rootCmd = &cobra.Command{
    Use:   "istio_ca",
    Short: "Istio Certificate Authority (CA).",
    Args:  cobra.ExactArgs(0),
    Run: func(cmd *cobra.Command, args []string) {
        runCA()
    },
}
```

runCA 函数的主要流程如下。

（1）启动前的初始化准备工作。

◎ 日志系统配置，主要设置日志级别、输出路径等。
◎ 命令行参数校验，在启动前进行合法性检验。
◎ 运行控制服务 ControlZ Server，默认监听在 9876 端口，提供如图 22-1 所示的日志、内存使用、环境变量、命令行参数、监控数据等一系列的运行时信息查询接口。

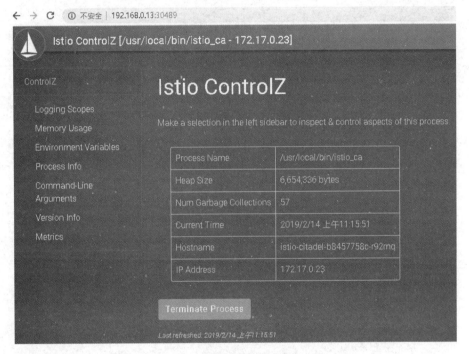

图 22-1　ControlZ Server 提供的功能

◎ 控制面及受信任服务 DNS SANs 配置对象 DNSNameEntry 的初始化，Citadel 在后续生成证书时会根据 DNSNameEntry 设置证书的 Subject Alternative Name（SAN）字段。SAN 主要用于提供多域名访问。
◎ 创建 Rest Client，用于访问 Kubernetes API Server 提供的 API 接口。

（2）通过 createCA 函数初始化 IstioCA 对象，IstioCA 对象实现了 CertificateAuthority 接口，用于证书签发及证书轮换：

```
ca := createCA(cs.CoreV1())
```

（3）创建 Kubernetes SecretController。启动 SecretController，监听 Kubernetes ServiceAccount 及 Secret 资源，为所有的服务账户都创建对应的 "istio.io/key-and-cert" 类型的 Secret，用于保存 Istio 证书密钥。在 Kubernetes 环境中，证书密钥最终以 Secret 卷的形式挂载到 Sidecar 容器的文件系统中：

```go
if !opts.serverOnly {
    log.Infof("Creating Kubernetes controller to write issued keys and certs into secret ……")
    // 对于Kubernetes工作负载，应用配置的证书TTL
    sc, err := controller.NewSecretController(ca,
        opts.workloadCertTTL,
        opts.workloadCertGracePeriodRatio,
        opts.workloadCertMinGracePeriod, opts.dualUse,
        cs.CoreV1(), opts.signCACerts, opts.listenedNamespace, webhooks)
    if err != nil {
        fatalf("Failed to create secret controller: %v", err)
    }
    sc.Run(stopCh)
}
```

（4）创建 CA Server，用于处理 CSR 请求和颁发证书：

```go
caServer, startErr := caserver.New(ca, opts.maxWorkloadCertTTL,
    opts.signCACerts, hostnames, opts.gRPCPort, spiffe.GetTrustDomain())
if startErr != nil {
    fatalf("Failed to create istio ca server: %v", startErr)
}
if serverErr := caServer.Run(); serverErr != nil {
    // 停止相关控制器
    ch <- struct{}{}
    log.Warnf("Failed to start gRPC server with error: %v", serverErr)
}
```

CA Server 实际上是一个 gRPC 服务器，提供两个 API 接口 HandleCSR 及 CreateCertificate，作为一个权威的证书颁发机构（CA）存在。

（5）创建一个 HTTP Server，提供性能分析及性能指标的 REST 服务：

```go
// NewMonitor 创建一个用于监控的HTTP服务器
func NewMonitor(port int, enableProfiling bool) (*Monitor, error) {
    m := &Monitor{
        port:    port,
```

```
        closed: make(chan bool),
    }

    mux := http.NewServeMux()
    mux.Handle(metricsPath, promhttp.Handler())
    mux.HandleFunc(versionPath, func(out http.ResponseWriter, req
*http.Request) {
        if _, err := out.Write([]byte(version.Info.String())); err != nil {
            log.Errorf("Unable to write version string: %v", err)
        }
    })

    if enableProfiling {
        mux.HandleFunc("/debug/pprof/", pprof.Index)
        mux.HandleFunc("/debug/pprof/cmdline", pprof.Cmdline)
        mux.HandleFunc("/debug/pprof/profile", pprof.Profile)
        mux.HandleFunc("/debug/pprof/symbol", pprof.Symbol)
        mux.HandleFunc("/debug/pprof/trace", pprof.Trace)
    }

    m.monitoringServer = &http.Server{
        Handler: mux,
    }

    return m, nil
}
```

（6）创建证书轮换器（KeyCertBundleRotator）。通过如下代码创建及启动证书轮换器，在证书过期之前自动更新证书。其更新的证书是用于签发证书的 CA 证书，证书轮换器正是为支持 Citadel 作为中间 CA 发行商的角色而设计的，也就是说 Citadel 签发证书所使用的证书是由上级 CA 证书颁发机构颁发的：

```
    rotator, creationErr := caclient.NewKeyCertBundleRotator(config,
ca.GetCAKeyCertBundle())
    if creationErr != nil {
        fatalf("Failed to create key cert bundle rotator: %v", creationErr)
    }
    go rotator.Start(rotatorErrCh)
```

至此，所有组件全部初始化并启动完毕，Citadel 启动完成。

22.2 关键代码分析

22.1 节对 Citadel 进程的启动过程进行了详细分析，我们发现其主要逻辑就是启动一系列独立模块。这里选取最为关键的 SecretController 和 CA Server 来深入理解 Citadel 是如何工作的。

SecretController 和 CA Server 都会进行证书的签发，因为它们共用同一个证书签发对象 IstioCA，本节首先深入探究 IstioCA。

22.2.1 证书签发实体 IstioCA

IstioCA 的结构体定义如下：

```
// IstioCA用于生成表示Istio身份的证书密钥对
type IstioCA struct {
    certTTL    time.Duration
    maxCertTTL time.Duration

    keyCertBundle util.KeyCertBundle
}
```

其中，certTTL 和 maxCertTTL 是有效期属性。certTTL 是默认的证书有效期，maxCertTTL 是最大有效期，用于限制 Citadel 可签发证书的最大有效期，当请求签发的证书 TTL 超过最大有效期时，IstioCA 将会返回签发失败错误。

keyCertBundle 是具有本地缓存功能的抽象接口，缓存 CA 颁发证书所用的材料（公私钥对、根证书等）。

IstioCA 之所以可以用于证书签发，是因为其实现了 CertificateAuthority 接口，通过 IstioCA.Sign 方法来签发证书，IstioCA.GetCAKeyCertBundle 用于获取前面讲到的 keyCertBundle，进而获取证书签发材料：

```
// CertificateAuthority 是CA必须要实现的接口
type CertificateAuthority interface {
    // 根据CSR及TTL为工作负载签发证书
    Sign(csrPEM []byte, subjectIDs []string, ttl time.Duration, forCA bool) ([]byte, error)
    // GetCAKeyCertBundle 返回CA使用的KeyCertBundle
```

```
        GetCAKeyCertBundle() util.KeyCertBundle
}
```

1. IstioCA 的初始化

在理解 IstioCA 结构体的最主要属性是 keyCertBundle 之后,我们来看看 createCA 是如何初始化 keyCertBundle 然后创建 IstioCA 的。如下所示为 IstioCA 创建过程中的关键代码:

```
func createCA(client corev1.CoreV1Interface) *ca.IstioCA {
    if opts.selfSignedCA {
        ……
        spiffe.SetTrustDomain(spiffe.DetermineTrustDomain(opts.trustDomain, true))
        ctx, cancel := context.WithTimeout(context.Background(), time.Minute*20)
        defer cancel()
        // 自己签发证书作为证书颁发中间材料
        caOpts, err = ca.NewSelfSignedIstioCAOptions(ctx,
opts.selfSignedCACertTTL, opts.workloadCertTTL,
            opts.maxWorkloadCertTTL, spiffe.GetTrustDomain(), opts.dualUse,
            opts.istioCaStorageNamespace, checkInterval, client)
        if err != nil {
            fatalf("Failed to create a self-signed Citadel (error: %v)", err)
        }
    } else {
        log.Info("Use certificate from argument as the CA certificate")
        // 通过参数获取证书签发所用材料
        caOpts, err = ca.NewPluggedCertIstioCAOptions(opts.certChainFile,
opts.signingCertFile, opts.signingKeyFile,
            opts.rootCertFile, opts.workloadCertTTL, opts.maxWorkloadCertTTL,
opts.istioCaStorageNamespace, client)
        if err != nil {
            fatalf("Failed to create an Citadel (error: %v)", err)
        }
    }

    istioCA, err := ca.NewIstioCA(caOpts)
    if err != nil {
        log.Errorf("Failed to create an Citadel (error: %v)", err)
    }
    return istioCA
}
```

从上述代码可以看出：CA 证书的来源有两种选择：自签名证书；使用命令行参数指定的证书、私钥。其中，NewSelfSignedIstioCAOptions 是通过自己签发证书生成 IstioCAOptions 的，NewPluggedCertIstioCAOptions 函数则是通过读取证书文件继而初始化 IstioCAOptions 的。两种方式最终通过如下代码初始化 IstioCAOptions.KeyCertBundle 接口：

```go
func NewVerifiedKeyCertBundleFromPem(certBytes, privKeyBytes, certChainBytes,
rootCertBytes []byte) (*KeyCertBundleImpl, error) {
    bundle := &KeyCertBundleImpl{}
    if err := bundle.VerifyAndSetAll(certBytes, privKeyBytes, certChainBytes,
rootCertBytes); err != nil {
        return nil, err
    }
    return bundle, nil
}
```

2. 证书签发

Citadel 所有证书的签发归根结底都会用到如下 Sign 方法：

```go
func (ca *IstioCA) Sign(csrPEM []byte, subjectIDs []string, requestedLifetime
time.Duration, forCA bool) ([]byte, error) {
    // 获取签发证书所用的证书、私钥
    signingCert, signingKey, _, _ := ca.keyCertBundle.GetAll()
    if signingCert == nil {
        return nil, NewError(CANotReady, fmt.Errorf("Istio CA is not ready")) // nolint
    }
    // 解析、获取 CSR
    csr, err := util.ParsePemEncodedCSR(csrPEM)
    if err != nil {
        return nil, NewError(CSRError, err)
    }

    lifetime := requestedLifetime
    // 如果请求的 TTL 是负数，则将其设置为默认值
    if requestedLifetime.Seconds() <= 0 {
        lifetime = ca.certTTL
    }
    // 如果请求的 TTL 大于 maxCertTTL，则返回错误
    if requestedLifetime.Seconds() > ca.maxCertTTL.Seconds() {
        return nil, NewError(TTLError, fmt.Errorf(
```

```
                "requested TTL %s is greater than the max allowed TTL %s",
requestedLifetime, ca.maxCertTTL))
    }
    // 生成证书
    certBytes, err := util.GenCertFromCSR(csr, signingCert, csr.PublicKey,
*signingKey, subjectIDs, lifetime, forCA)
    if err != nil {
        return nil, NewError(CertGenError, err)
    }

    block := &pem.Block{
        Type:  "CERTIFICATE",
        Bytes: certBytes,
    }
    cert := pem.EncodeToMemory(block)

    return cert, nil
}
```

证书签发涉及较多的 Golang 标准库方法，这里不做过多解释，感兴趣的读者请自行学习 Golang crtpto/x509 包的源码。

22.2.2　SecretController 的创建和核心原理

在 Kubernetes 场景下需要使用 Secret 卷挂载方式为 Sidecar 提供证书密钥时，Secret 控制器才会被创建和启动。

1. SecretController 的创建

SecretController 通过 NewSecretController 构造函数进行初始化，其关键代码如下：

```
func NewSecretController(ca ca.CertificateAuthority, certTTL time.Duration,
    gracePeriodRatio float32, minGracePeriod time.Duration, dualUse bool,
    core corev1.CoreV1Interface, forCA bool, namespace string, dnsNames
map[string]DNSNameEntry) (*SecretController, error) {
    c := &SecretController{
        ca:               ca,
        certTTL:          certTTL,
        gracePeriodRatio: gracePeriodRatio,
        minGracePeriod:   minGracePeriod,
```

```go
        dualUse:         dualUse,
        core:            core,
        forCA:           forCA,
        dnsNames:        dnsNames,
        monitoring:      newMonitoringMetrics(),
    }

    saLW := &cache.ListWatch{
        ListFunc: func(options metav1.ListOptions) (runtime.Object, error) {
            return core.ServiceAccounts(namespace).List(options)
        },
        WatchFunc: func(options metav1.ListOptions) (watch.Interface, error) {
            return core.ServiceAccounts(namespace).Watch(options)
        },
    }
    // service account 事件处理函数
    rehf := cache.ResourceEventHandlerFuncs{
        AddFunc:    c.saAdded,
        DeleteFunc: c.saDeleted,
    }
    c.saStore, c.saController = cache.NewInformer(saLW, &v1.ServiceAccount{}, time.Minute, rehf)

    istioSecretSelector := fields.SelectorFromSet(map[string]string{"type": IstioSecretType}).String()
    scrtLW := &cache.ListWatch{
        ListFunc: func(options metav1.ListOptions) (runtime.Object, error) {
            options.FieldSelector = istioSecretSelector
            return core.Secrets(namespace).List(options)
        },
        WatchFunc: func(options metav1.ListOptions) (watch.Interface, error) {
            options.FieldSelector = istioSecretSelector
            return core.Secrets(namespace).Watch(options)
        },
    }
    // secret 事件处理函数
    c.scrtStore, c.scrtController =
        cache.NewInformer(scrtLW, &v1.Secret{}, secretResyncPeriod,
            cache.ResourceEventHandlerFuncs{
                DeleteFunc: c.scrtDeleted,
                UpdateFunc: c.scrtUpdated,
```

```
        })
    return c, nil
}
```

其中，最重要的部分是由 cache.NewInformer 创建两个 Kubernetes Informer 用于监听 ServiceAccount 及 Secret 对象，并注册了资源事件处理回调函数。SecretController 关心的事件有 ServiceAccount 的 ADD、DELETE 事件及 Secret 的 UPDATE、DELETE 事件。

除此之外，其他属性基本都用于证书签发及性能指标监控。

2. SecretController 的核心原理

SecretController 通过监听 ServiceAccount 和 Secret 变化，来维护合法有效的证书 Secret，以供 Sidecar TLS 传输及认证使用。至于 Secret 的挂载原理，请参考 Kubernetes 社区的官方文档：https://kubernetes.io/docs/concepts/configuration/secret/#using-secrets-as-files-from-a-pod。

由前面可知，ServiceAccount 的 ResourceEventHandler 事件回调函数如下：

```
cache.ResourceEventHandlerFuncs{
    AddFunc:    c.saAdded,
    DeleteFunc: c.saDeleted,
}
```

ServiceAccount 控制器只关心 ADD、DELETE 事件，事件处理流程如图 22-2 所示。

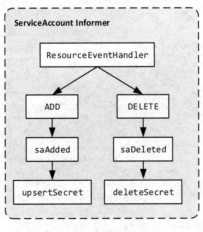

图 22-2　事件处理流程

控制器在收到 ServiceAccount 的 ADD 事件后，触发 saAdded 回调函数的执行。saAdded 利用 upsertSecret 方法创建新的证书 Secret，在收到 DELETE 事件后，触发 saDeleted 回调函数的执行，saDeleted 回调函数通过 deleteSecret 方法删除 ServiceAccount 对应的证书文件。

Secret 资源的 ResourceEventHandler 如下：

```
cache.ResourceEventHandlerFuncs{
    DeleteFunc: c.scrtDeleted,
    UpdateFunc: c.scrtUpdated,
}
```

Secret 控制器只关心 Secret 资源的 DELETE 与 UPDATE 事件，Secret 事件的处理流程如图 22-3 所示。

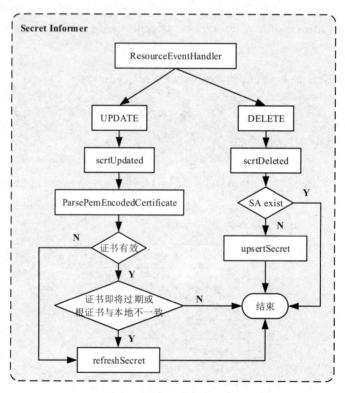

图 22-3　Secret 事件处理流程

如图 22-3 所示，Informer 在收到 UPDATE 事件后，触发 scrtUpdated 回调函数的执行：

```go
func (sc *SecretController) scrtUpdated(oldObj, newObj interface{}) {
    certBytes := scrt.Data[CertChainID]
    cert, err := util.ParsePemEncodedCertificate(certBytes)
    if err != nil {
        log.Warnf("Failed to parse certificates in secret %s/%s (error: %v), refreshing the secret.",
            namespace, name, err)
        if err = sc.refreshSecret(scrt); err != nil {
            log.Errora(err)
        }

        return
    }

    rootCertificate := sc.ca.GetCAKeyCertBundle().GetRootCertPem()

    // 在以下两种情况下更新 secret
    // （1）在 Secret 中包含的证书即将过期
    // （2）Root 证书与当前 Secret 中的 CA 证书不同（可能发生在 Citadel 使用新证书重启时）
    if certLifeTimeLeft < gracePeriod || !bytes.Equal(rootCertificate, scrt.Data[RootCertID]) {
        log.Infof("Refreshing secret %s/%s, either the leaf certificate is about to expire "+
            "or the root certificate is outdated", namespace, name)

        if err = sc.refreshSecret(scrt); err != nil {
            log.Errorf("Failed to update secret %s/%s (error: %s)", namespace, name, err)
        }
    }
}
```

在如上所示的主要流程中，首先用 ParsePemEncodedCertificate 解析 Secret 证书，如果证书无效，则会通过 refreshSecret 重新签发证书并更新证书 Secret。如果证书有效，则继续检查证书的有效期及根证书，判断是否需要重新签发证书。如果需要重新签发证书，则也要通过 refreshSecret 更新证书 Secret。

Informer 在收到 DELETE 事件后，会触发 scrtDeleted 回调函数的执行。scrtDeleted 的代码逻辑比较简单：如果 Secret 关联的 ServiceAccount 还存在，则说明是误删除操作，需要通过 upsertSecret 函数重新签发证书并创建 Secret。

22.2.3　CA Server 的创建和核心原理

CA Server 实例由以下 New 构造函数创建，其主要过程是初始化并填充 Server 对象的所有属性。如下所示是 CA Server 的初始化：

```go
func New(ca ca.CertificateAuthority, ttl time.Duration, forCA bool, hostlist []string, port int, trustDomain string) (*Server, error) {
    if len(hostlist) == 0 {
        return nil, fmt.Errorf("failed to create gRPC server hostlist empty")
    }
    // 认证链初始化
    authenticators := []authenticator{&authenticate.ClientCertAuthenticator{}}
    log.Info("added client certificate authenticator")
    // 添加 Kubernetes JWT 认证
    authenticator, err := authenticate.NewKubeJWTAuthenticator(k8sAPIServerURL, caCertPath, jwtPath, trustDomain)
    if err == nil {
        authenticators = append(authenticators, authenticator)
        log.Info("added K8s JWT authenticator")
    } else {
        log.Warnf("failed to add create JWT authenticator: %v", err)
    }
    return &Server{
        authenticators: authenticators,
        authorizer:     &registryAuthorizor{registry.GetIdentityRegistry()},
        serverCertTTL: ttl,
        ca:            ca,
        hostnames:     hostlist,
        forCA:         forCA,
        port:          port,
        monitoring:    newMonitoringMetrics(),
    }, nil
}
```

CA Server 结构的主要属性及其含义如表 22-1 所示。

表 22-1　CA Server 结构的主要属性及其含义

主 要 属 性	含　　义
authenticators	CA Server 用于认证客户端的接口
authorizer	授权接口

续表

主要属性	含 义
serverCertTTL	证书有效期
ca	签发证书的接口 CertificateAuthority
certificate	Server 使用的证书，可以自动轮换
hostnames	Server 域名，自身签发证书用
forCA	是否签发 CA 证书标志
port	Server 监听的端口号
monitoring	Server CSR 处理的监控指标

CA Server 在本质上是一个 gRPC 服务器，对外提供两个 API 接口用于处理 CSR 请求。从上述属性来看，服务器本身使用 TLS 证书服务进行安全 gRPC 连接。如图 22-4 所示，CA Server 通过 CreateCertificate 和 HandleCSR 两个 API 接口处理 CSR 请求，其中，CreateCertificate 是新的 API 接口，很快将完全代替 HandleCSR。

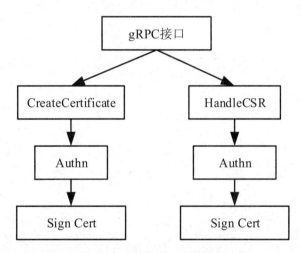

图 22-4　CA Server 处理流程

以最新的 API CreateCertificate 为例，其主要工作流程是：

（1）认证客户端，获取客户端的身份；

（2）获取 CA 签发证书所需要的根证书等材料，为客户签发新的证书。

22.3 本章总结

Citadel 的功能模块设计完全没有耦合且相互独立，用户可根据实际需求选择启动任意功能模块 Secret 控制器与 CA Server。希望通过对本章的学习，读者能够深入理解 Istio 证书签发机制。

第 23 章
Envoy 源码解析

本章将从代码实现的角度，讲解 Envoy 从初始化、启动到接收客户端 downstream 的请求，并将请求发送到 upstream 服务端的过程。

23.1　Envoy 的初始化

Envoy 的初始化入口在 main_common.cc 文件中，通过 MainCommon() 调用 base_(options_)进入 MainCommonBase(OptionsImpl& options)。这里首先对 libevent 进行初始化，然后调用 Server::InstanceImpl 初始化 Server：

```
server_.reset(new Server::InstanceImpl(options_, local_address,
default_test_hooks_, *restarter_, *stats_store_, access_log_lock,
   component_factory_, std::make_unique<Runtime::RandomGeneratorImpl>(),
*tls_));
```

Server 的初始化在 server.cc 中通过 initialize 函数来实现：

```
initialize(options, local_address, component_factory)
```

Server 初始化的主入口就在这个函数里，会对如图 23-1 所示的部分进行初始化。

23.1.1　启动参数 bootstrap 的初始化

启动参数的初始化是通过 InstanceUtil::loadBootstrapConfig(bootstrap_, options)函数实现的，Envoy 在启动时用--config-path 来选定启动配置文件，这里会判断 configPath()是否为空，若不为空，则调用 loadFromFile()加载配置文件：

```
void MessageUtil::loadFromFile(const std::string& path, Protobuf::Message&
message) {
  const std::string contents = Filesystem::fileReadToEnd(path);
  ……
  if (StringUtil::endsWith(path, ".yaml")) {
    loadFromYaml(contents, message);
  } else {
    loadFromJson(contents, message);
  }
}
```

在 fileReadtoEnd 中通过 file.rdbuf()函数返回文件的后缀类型，因为我们用的配置是 JSON 格式的，所以这里通过 loadFromJson()中的 JsonStringToMessage()来解析文件中的每一行配置。

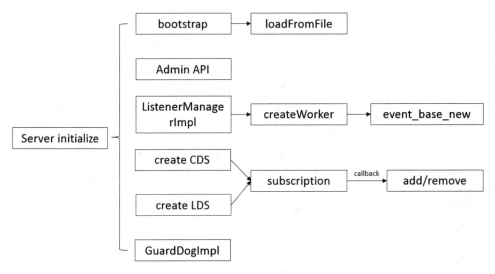

图 23-1　Server 的初始化流程

23.1.2　Admin API 的初始化

Admin 的配置在 bootstrap 文件中进行，会配置访问日志的 path 及 admin 的访问地址等，通过 admin_.reset(new AdminImpl(…))来重置加载配置文件中的 admin 字段，这是通过 admin.cc 文件中的 AdminImpl::AdminImpl()函数实现的。这里通过一个结构体的 list（handlers_）来管理 admin 的 prefix，该结构体的定义如下：

```
struct UrlHandler {
  const std::string prefix_;
  const std::string help_text_;
  const HandlerCb handler_;
  const bool removable_;
  const bool mutates_server_state_;
};
```

该 list 中每一条信息的形式如下:

```
{"/", "Admin home page", MAKE_ADMIN_HANDLER(handlerAdminHome), false, false},
{"/certs", "print certs on machine", MAKE_ADMIN_HANDLER(handlerCerts), false, false},
{"/clusters", "upstream cluster status", MAKE_ADMIN_HANDLER(handlerClusters), false,
          false},
{"/config_dump", "dump current Envoy configs (experimental)",
          MAKE_ADMIN_HANDLER(handlerConfigDump), false, false},
……
```

其中的每一条信息和 17.7.2 节的 prefix 一一对应，其实现原理类似，我们取其中一条来阐述：

```
{"/config_dump", "dump current Envoy configs (experimental)",
          MAKE_ADMIN_HANDLER(handlerConfigDump), false, false},
```

在每一条信息的 MAKE_ADMIN_HANDLER 中都会调用 prefix 对应匹配的 X，上面这一条信息中的 X 就是 handlerConfigDump。MAKE_ADMIN_HANDLER 的定义如下：

```
#define MAKE_ADMIN_HANDLER(X)                                                 \
  [this](absl::string_view path_and_query, Http::HeaderMap& response_headers, \
      Buffer::Instance& data, Server::AdminStream& admin_stream) ->           \
Http::Code {                                                                  \
    return X(path_and_query, response_headers, data, admin_stream);           \
  }
```

如果 handers_ 的 prefix 字段和请求输入的 prefix 一致，就会执行 X(path_and_query, response_headers, data, admin_stream)，若返回 Http::Code::OK，就代表执行成功。以上面的一条信息为例：如果请求的 prefix 是/config_dump，就会执行 AdminImpl::handlerConfigDump(absl::string_view, Http::HeaderMap& response_headers, Buffer::Instance& response, AdminStream&)。

23.1.3 Worker 的初始化

初始化 Server 时的一个重要环节就是初始化 Worker,它的入口函数如下:

```
listener_manager_.reset(new ListenerManagerImpl( *this,
listener_component_factory_, worker_factory_,ProdSystemTimeSource::instance_));
```

实现在 listener_manager_impl.cc 文件中,通过 worker_factory 来创建新的 worker:

```
workers_.emplace_back(worker_factory.createWorker()
```

在 worker_impl.cc 中通过 ProdWorkerFactory::createWorker()创建 worker 实例:

```
WorkerPtr ProdWorkerFactory::createWorker() {
  Event::DispatcherPtr dispatcher(api_.allocateDispatcher());
  return WorkerPtr{new WorkerImpl(
      tls_, hooks_, std::move(dispatcher),
      Network::ConnectionHandlerPtr{new ConnectionHandlerImpl(ENVOY_LOGGER(),
*dispatcher)})};
}
```

调用 Impl::allocateDispatcher(),进而调用 DispatcherImpl 函数:

```
DispatcherImpl::DispatcherImpl(Buffer::WatermarkFactoryPtr&& factory)
```

关于 watermark,在 17.6 节已经介绍了其原理,在这个函数中会新创建 event_base_new()来处理 libevent 事件。

23.1.4 CDS 的初始化

Cluster 服务发现的初始化在 MainImpl::initialize 中实现:

```
Configuration::MainImpl* main_config = new Configuration::MainImpl();
config_.reset(main_config);
main_config->initialize(bootstrap_, *this, *cluster_manager_factory_);
```

Main_config 的 initialize 在 configuration_impl.cc 中实现:

```
cluster_manager_ = cluster_manager_factory.clusterManagerFromProto(
    bootstrap, server.stats(), server.threadLocal(), server.runtime(),
server.random(),server.localInfo(), server.accessLogManager(), server.admin());
```

clusterManagerFromProto 的父类是 ProdClusterManagerFactory,它的返回值是 ClusterManagerImpl()。

```
return ClusterManagerPtr{new ClusterManagerImpl(bootstrap, *this, stats, tls,
runtime, random,local_info, log_manager, main_thread_dispatcher_,admin,
ProdSystemTimeSource::instance_,ProdMonotonicTimeSource::instance_)};
```

在 ClusterManagerImpl 中，如果在我们的启动文件中配置了 CDS 的配置，那么这里会通过 create()函数创建 CDS：

```
cds_api_ = factory_.createCds(bootstrap.dynamic_resources().cds_config(),
eds_config_, *this);
    init_helper_.setCds(cds_api_.get());
```

createCds 的返回值是：

```
CdsApiImpl::create(cds_config, eds_config, cm, main_thread_dispatcher_,
random_, local_info_, stats_);
```

create()函数的返回值是：

```
return CdsApiPtr{
new CdsApiImpl(cds_config, eds_config, cm, dispatcher, random, local_info,
scope)};
```

创建 CDS 是通过 CdsApiImpl::CdsApiImpl()实现的，这里会注册 subscription，每当有事件更新时都通过 SubscriptionCallbacks 注册回调，执行 CdsApiImpl::onConfigUpdate()，通过 ClusterManager 实现 addOrUpdateCluster()或 removeCluster()，并且在 Envoy 的日志中打印"cds: add/update cluster '{...}'"或"cds: remove cluster '{...}'"。

23.1.5　LDS 的初始化

LDS 的初始化和 CDS 相似，这一步发生在 CDS 初始化之后，首先加载启动文件里的 LDS 配置，调用父类 ListenerManagerImpl 创建 Lds：

```
listener_manager_->createLdsApi(bootstrap_.dynamic_resources().lds_config());
```

在 ProdListenerComponentFactory 类下创建新的 LdsApiImpl：

```
LdsApiPtr createLdsApi(const envoy::api::v2::core::ConfigSource& lds_config)
override {return std::make_unique<LdsApiImpl>(lds_config, server_.clusterManager(),
server_.dispatcher(), server_.random(),server_.initManager(), server_.localInfo(),
server_.stats(), server_.listenerManager());}
```

在 LdsApiImpl 中注册 subscription，当有事件到来时通过 SubscriptionCallbacks 回调，用

LdsApiImpl::onConfigUpdate 实现 ListenerManager 的 addOrUpdateListener()或 removeListener()，打印日志"lds: add/update listener '{…}'"或"lds: remove listener '{…}'"。

23.1.6 GuardDog 的初始化

GuardDog 用于防止死锁，通过 GuardDogImpl::GuardDogImpl 来实现初始化：

```
guard_dog_.reset(
new Server::GuardDogImpl(stats_store_, *config_,
ProdMonotonicTimeSource::instance_));
```

23.2 Envoy 的运行和建立新连接

23.1 节已经对 Envoy 进行了初始化，本节介绍 Envoy 是如何启动并且建立新连接的，它的入口在 MainCommonBase::run()中，在这里 Envoy 作为 Server，执行启动 Server 的操作：

```
server_->run();
```

图 23-2 简要梳理了 Envoy 建立连接的主要流程。

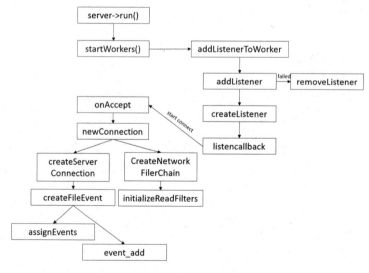

图 23-2 Envoy 建立连接的主要流程

23.2.1 启动 worker

在 Server 中会调用 RunHelper 来启动 InstanceImpl::startWorkers()：

```
RunHelper helper(*dispatcher_, clusterManager(), restarter_,
access_log_manager_, init_manager_, [this]() -> void { startWorkers(); });
```

Worker 启动的入口在 ListenerManagerImp 类中，在最外面一层先遍历所有 worker，再将所有 active 的 listener 都放到 active_listeners_ 这个列表中，然后用 for 循环依次执行 addListenerToWorker(*worker, *listener)，将 listener 绑到 worker 上。addListenerToWorker() 会调用 WorkerImpl::addListener()，用 dispatcher 的 post 方法来给 worker 添加 listener：

```
worker.addListener(listener, [this, &listener](bool success) -> void {
  server_.dispatcher().post([this, success, &listener]() -> void {
    if (!success && !listener.onListenerCreateFailure()) {
      stats_.listener_create_failure_.inc();
      removeListener(listener.name());
    }
    if (success) {
      stats_.listener_create_success_.inc();
    }
  });
});
```

23.2.2 Listener 的加载

Woker 的 addListener 是通过 ConnectionHandlerImpl 的 addListener() 实现的，这里会创建新的 ActiveListener：

```
ActiveListenerPtr l(new ActiveListener(*this, config));
listeners_.emplace_back(config.socket().localAddress(), std::move(l));
```

调用 parent.dispatcher_.createListener()，它的实现在 DispatcherImpl 这个类中，会创建新的 ListenerImpl()，这里的 listener 是 network 的 listener：

```
return Network::ListenerPtr{new Network::ListenerImpl(*this, socket, cb,
bind_to_port,
hand_off_restored_destination_connections)};
```

用 libevent 中的 evconnlistener_new 来注册监听 socket 的 fd 的新连接，通过 listenerCallback 回调：

```
listener_.reset(evconnlistener_new(&dispatcher.base(), listenCallback, this, 0,
-1, socket.fd()));
```

在 ListenerImpl::listenCallback 中调用 onAccept：

```
listener->cb_.onAccept(std::make_unique<AcceptedSocketImpl>(fd, local_address,
remote_address),listener->hand_off_restored_destination_connections_);
```

23.2.3 接收连接

在 ActiveListener::onAccept()中会通过 createListenerFilterChain()创建 listener 过滤器的 filter chain，然后通过 continueFilterChain()运行过滤器。这一步也在 ConnectionHandlerImpl 类中实现，通过如下代码在这个 listener 上创建新连接：

```
listener_.newConnection(std::move(socket_));
```

这里主要有以下两部分操作。

（1）createServerConnection()建立请求端和 Envoy Server 的连接，返回 ConnectionImpl，在这里设置 buffer 的高低水位来进行流量控制，并且创建 FileEvent：

```
file_event_ = dispatcher_.createFileEvent(fd(), [this](uint32_t events) -> void
{ onFileEvent(events); }, Event::FileTriggerType::Edge,Event::FileReadyType::Read
| Event::FileReadyType::Write);
```

在创建 FileEvent 之后会创建新的 FileEventImpl()，然后通过 assignEvents()分配事件，再通过 event_add()注册事件。

（2）createNetworkFilterChain()用于建立 Network 的 FilterChain，通过 FilterFactory 的回调来执行函数 buildFilterChain()，返回 filter_manager 的 initializeReadFilters()，初始化 ReadFilter。如果这里 Network 的 filter_chain 为空，则会关闭连接：

```
new_connection->close(Network::ConnectionCloseType::NoFlush);
```

在完成上述两步之后，通过 onNewConnection()函数给 ActiveConnection 的相关统计计数增加 1。

本节已经讲解了如何建立新连接，现在回到本节开头的入口 server_->run()之处，在运行 worker 之后进行如下两步操作。

（1）启动守护进程看门狗，防止死锁：

```
watchdog->startWatchdog(*dispatcher_);
```

（2）运行 dispatcher 调度器：

```
dispatcher_->run(Event::Dispatcher::RunType::Block);
```

dispatcher 调度器在运行之后会调用 libevent 的 event_base_loop 进行监听：

```
event_base_loop(base_.get(), type == RunType::NonBlock ? EVLOOP_NONBLOCK : 0);
```

当有新的事件到来时触发回调进入处理流程。

23.3　Envoy 对数据的读取、接收及处理

23.2 节介绍了 Envoy 通过 event_base_loop 监听，downstream 数据在通过 Socket 到达 Envoy 时，首先会被加入 libevent 的 event_process_active 中，通过一个队列 event_process_active_single_queue 进行处理。libevent 通过 assignEvents()来分发事件，在事件分发之后进入 ConnectionImpl 中，完成 onFileEvent()函数。当读和写都就绪时，返回 onWriteReady()和 onReadReady()。注意，在这里读和写不能同时运行。在写事件发生时，fd 会返回-1，这样就不会进入 onReadReady()的分支了。

Envoy 接收及处理数据的流程如图 23-3 所示。

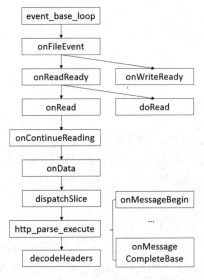

图 23-3　Envoy 接收及处理数据的流程

23.3.1 读取数据

现在,进入 onReadReady(),通过 doRead()从 Socket 中读取数据,每次读取 16KB 大小的 downstream 报文并放入 Buffer 中:

```
IoResult result = transport_socket_->doRead(read_buffer_);
 uint64_t new_buffer_size = read_buffer_.length();
 updateReadBufferStats(result.bytes_processed_, new_buffer_size);
//读取完成
 if ((!enable_half_close_ && result.end_stream_read_)) {
   result.end_stream_read_ = false;
   result.action_ = PostIoAction::Close;
 }
 read_end_stream_ |= result.end_stream_read_;
//读取的数据大小不为 0 或读取完成
 if (result.bytes_processed_ != 0 || result.end_stream_read_) {
   onRead(new_buffer_size);
 }
//关闭 Socket 连接
 if (result.action_ == PostIoAction::Close || bothSidesHalfClosed()) {
   ENVOY_CONN_LOG(debug, "remote close", *this);
   closeSocket(ConnectionEvent::RemoteClose);
 }
```

当读取的数据不为 0 或读取完成时进入 onRead(read_buffer_size)。在完成读取且 Buffer 不为空时,通过 FilterManagerImpl::onRead()判断是否有 upstream 的 filter,当 filter 不为空时,会执行函数 onContinueReading()。

23.3.2 接收数据

在函数 onContinueReading()中,首先会遍历一遍所有的 upstream_filters_,并在判断它们的 onNewConnection()的状态不为 StopIteration 时,让 Filter 开始 onData(),请求的数据被会转到 ConnectionManagerImpl::onData(),通过 codec_->dispatch(data)在 ConnectionImpl::dispatch 中进行处理(这里会区分 HTTP1 和 HTTP2),将 Buffer 中的切片 slice 通过循环交由 ConnectionImpl::dispatchSlice()处理:

```
for (Buffer::RawSlice& slice : slices) {
   total_parsed += dispatchSlice(static_cast<const char*>(slice.mem_),
slice.len_);
```

}
```

通过如下代码进行 HTTP 解析：

```
ssize_t rc = http_parser_execute(&parser_, &settings_, slice, len);
```

23.3.3 处理数据

在调用 http_parse_execute 时，在 http_parser_settings 里设置的回调会执行如下代码：

```
http_parser_settings ConnectionImpl::settings_{
    [](http_parser* parser) -> int {
      static_cast<ConnectionImpl*>(parser->data)->onMessageBeginBase();
      return 0;
    },
    [](http_parser* parser, const char* at, size_t length) -> int {
      static_cast<ConnectionImpl*>(parser->data)->onUrl(at, length);
      return 0;
    },
    nullptr, // on_status
    [](http_parser* parser, const char* at, size_t length) -> int {
      static_cast<ConnectionImpl*>(parser->data)->onHeaderField(at, length);
      return 0;
    },
    [](http_parser* parser, const char* at, size_t length) -> int {
      static_cast<ConnectionImpl*>(parser->data)->onHeaderValue(at, length);
      return 0;
    },
    [](http_parser* parser) -> int {
      return
static_cast<ConnectionImpl*>(parser->data)->onHeadersCompleteBase();
    },
    [](http_parser* parser, const char* at, size_t length) -> int {
      static_cast<ConnectionImpl*>(parser->data)->onBody(at, length);
      return 0;
    },
    [](http_parser* parser) -> int {
      static_cast<ConnectionImpl*>(parser->data)->onMessageCompleteBase();
      return 0;
    },
    nullptr, // on_chunk_header
```
```

```
        nullptr  // on_chunk_complete
    };
```

这里有两种类型的回调：

（1）不包含数据，只包含 http_parser* parser 状态，包括 onMessageBeginBase、onHeadersCompleteBase 和 onMessageCompleteBase；

（2）包含状态 http_parser* parser 和数据 const char* at、size_t length，包括 onUrl、onHeaderField、onBody 和 onHeaderValue。

报文会按照 url、header、body 的顺序依次解析之后到达 onMessageCompleteBase()。当 message 处理完成时返回 onMessageComplete()。

onMessageComplete()所属的类是 ServerConnectionImpl，这里会通过 decodeHeaders 解码请求的头文件：

```
    active_request_->request_decoder_->decodeHeaders(std::move(deferred_end_stream_headers_),true)
```

通过 decodeHeaders 解码 headermap：

```
    ConnectionManagerImpl::ActiveStream::decodeHeaders(HeaderMapPtr&& headers, bool end_stream)
```

然后执行如下代码：

```
    ConnectionManagerImpl::ActiveStream::decodeHeaders(ActiveStreamDecoderFilter* filter,
        HeaderMap& headers, bool end_stream)
```

23.4 Envoy 发送数据到服务端

在 ActiveStream::decodeHeaders 中会遍历所有活跃的 stream 的 DecoderFilter。这里的主线有两部分，一部分是调用 istio-proxy 中的 Mixer::Filter::decodeHeaders，继而向 Mixer 发起远程 check 请求：

```
    cancel_check_ = handler_->Check(
        &check_data, &header_update,
        control_.GetCheckTransport(decoder_callbacks_->activeSpan()),
        [this](const CheckResponseInfo& info) { completeCheck(info); })
```

另一部分是在 Router::Filter::decodeHeaders 中匹配路由。

Envoy 发送请求到服务端的流程如图 23-4 所示。

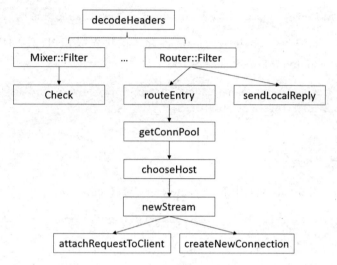

图 23-4　Envoy 发送请求到服务端的流程

23.4.1　匹配路由

Client 端的请求会被区分为如下两种。

（1）由 Envoy 直接 direct response：

```
direct_response = route_->directResponseEntry()
```

在这种场景下会通过回调发送本地回复，调用 sendLocalReply()函数将 direct_response 的报文 Header 中的路径重写，并且终止 FilterHeader 的遍历。

（2）找到匹配的 route entry：

```
route_entry_ = route_->routeEntry()
```

在查找 route entry 时通过 route_entry_->clusterName()来查找 cluster 的名称。upstream 的 cluster 名称也是服务端的名称，会在函数 ClusterManagerImpl::get()中进行查找，调用 find 方法返回 entry->second.get()：

```
auto entry = cluster_manager.thread_local_clusters_.find(cluster);
```

23.4.2 获取连接池

在查找到 route entry 之后通过 getConnPool 获取 upstream cluster 的连接池：

```
Http::ConnectionPool::Instance* conn_pool = getConnPool();
```

在 getConnPool() 中会根据 cluster 的名称、路由的优先级和 HTTP（HTTP 2 或者 HTTP 1.1）调用函数 httpConnPoolForCluster()：

```
return config_.cm_.httpConnPoolForCluster(route_entry_->clusterName(),
route_entry_->priority(), protocol, this);
```

23.4.3 选择上游主机

在 httpConnPoolForCluster() 中通过 route entry 选择 connPool：

```
entry->second->connPool(priority, protocol, context);
```

通过 loadbalance 选择后端的 Host：

```
HostConstSharedPtr host = lb_->chooseHost(context);
```

chooseHost 在 EdfLoadBalancerBase::chooseHost() 中实现,如果在 virtualservice 中设置了后端流量到不同 cluster 的 weight 比重，则会根据 scheduler.edf_.pick() 选择返回的 Host；如果没有设置 cluster 的 weight 比重，则会根据 unweightedHostPick() 选择 active request 计数少的 Host 作为服务端，并建立 upstream 连接：

```
upstream_request_.reset(new UpstreamRequest(*this, *conn_pool));
upstream_request_->encodeHeaders(end_stream);
```

这里，UptreamRequest 会对 Host 做健康检查：

```
request_info_.healthCheck(parent_.callbacks_->requestInfo().healthCheck());
```

encodeHeaders 会建立一条新的 stream：

```
Http::ConnectionPool::Cancellable* handle = conn_pool_.newStream(*this,
*this);
```

如果有 ready 的 Client，则会复用连接：

```
attachRequestToClient (*busy_clients_.front(), response_decoder, callbacks);
```

否则新建连接：

```
    if ((ready_clients_.size() == 0 && busy_clients_.size() == 0) ||
can_create_connection) {createNewConnection();}
```

23.5 本章总结

本章简单梳理了 Envoy 的运行原理和工作流程。Envoy 作为数据面的核心组件，在兼顾其性能的基础上，通过 filter_chain 极大增强了可拓展性，使得它不仅可以作为路由进行转发，还可以实现 Istio 中的熔断、限流等高级功能。

第 24 章
Galley 源码解析

Galley 作为 Istio 配置管理的核心组件，主要用于用户配置信息的校验、缓存及分发到各组件，本章主要从 Galley 进程启动及关键代码模块源码的实现角度学习 Galley。

24.1 进程启动流程

Galley 组件在 Istio 控制面中负责管理用户的配置，主要包括配置的校验、缓存与分发，在 Istio 代码库中其入口位于 istio.io/istio/galley/cmd/galley/main.go。

入口 main 函数的逻辑如下：

```
func main() {
rootCmd := cmd.GetRootCmd(os.Args[1:])
if err := rootCmd.Execute(); err != nil {
    os.Exit(-1)
}
}
```

其中最关键的是 rootCmd 的执行，rootCmd 对象的定义如下，其核心就是在 Run 方法中以协程的方式启动配置分发的 Server、配置校验的 Server、负责自身监控的 Server、提供 pprof 接口的 Server 和负责 ProbeCheck 的 Server：

```
rootCmd := &cobra.Command{
Use:        "galley",
SilenceUsage: true,
Run: func(cmd *cobra.Command, args []string) {
```

在 Run 函数中首先进行执行前的准备工作，如下所述。

（1）Server 启动参数校验，在启动前进行合法性检验，包括对 livenessProbe、readinessProbe 和 Webhook Server 参数的校验：

```
serverArgs.KubeConfig = kubeConfig
serverArgs.ResyncPeriod = resyncPeriod
serverArgs.CredentialOptions.CACertificateFile = validationArgs.CACertFile
serverArgs.CredentialOptions.KeyFile = validationArgs.KeyFile
serverArgs.CredentialOptions.CertificateFile = validationArgs.CertFile
if livenessProbeOptions.IsValid() {
  livenessProbeController = probe.NewFileController(&livenessProbeOptions)
}
if readinessProbeOptions.IsValid() {
  readinessProbeController = probe.NewFileController(&readinessProbeOptions)
}
if !serverArgs.EnableServer && !validationArgs.EnableValidation {
  log.Fatala("Galley must be running under at least one mode: server or validation")
}
if err := validationArgs.Validate(); err != nil {
 log.Fatalf("Invalid validationArgs: %v", err)
}
```

（2）如果启动参数指定了 EnableServer，则启动 Galley 的配置缓存与分发功能，通过 RunServer 来实现：

```
if serverArgs.EnableServer {
   go server.RunServer(serverArgs, livenessProbeController, readinessProbeController)
}
```

（3）如果启动参数指定了 EnableValidation，则启动 Galley 的配置校验功能，通过 RunValidation 来实现：

```
if validationArgs.EnableValidation {
   go validation.RunValidation(validationArgs, kubeConfig, livenessProbeController, readinessProbeController)
}
```

（4）通过 StartSelfMonitoring 协程启动 Galley 自身的监控功能：

```
go server.StartSelfMonitoring(galleyStop, monitoringPort)
```

其中，主要注册 metrics 与 version 两个接口：

```
mux.Handle(metricsPath, exporter)
mux.HandleFunc(versionPath, func(out http.ResponseWriter, req *http.Request) {
    if _, err := out.Write([]byte(version.Info.String())); err != nil {
        scope.Errorf("Unable to write version string: %v", err)
    }
})
```

metrics 接口的数据主要来自 Prometheus，version 接口返回 Istio 中统一的版本信息。

（5）如果启动参数指定 enableProfiling，则启动 Galley 的 profiling 功能，通过 StartProfiling 来实现：

```
if enableProfiling {
    go server.StartProfiling(galleyStop, pprofPort)
}
```

其中主要实现了以下几个接口来开放 Galley 的 profiling 功能：

```
mux.HandleFunc("/", func(w http.ResponseWriter, r *http.Request) {
        //为了方便，将根目录转发到/debug/pprof/
        http.Redirect(w, r, "/debug/pprof/", http.StatusSeeOther)
    })
mux.HandleFunc("/debug/pprof/", pprof.Index)
mux.HandleFunc("/debug/pprof/cmdline", pprof.Cmdline)
mux.HandleFunc("/debug/pprof/profile", pprof.Profile)
mux.HandleFunc("/debug/pprof/symbol", pprof.Symbol)
mux.HandleFunc("/debug/pprof/trace", pprof.Trace)
```

（6）通过 StartProbeCheck 启动 Galley 的 livenessProbe、readinessProbe 功能：

```
go server.StartProbeCheck(livenessProbeController, readinessProbeController, galleyStop)
    if livenessProbeController != nil {
        livenessProbeController.Start()
        defer livenessProbeController.Close()
    }
    if readinessProbeController != nil {
        readinessProbeController.Start()
        defer readinessProbeController.Close()
    }
```

至此，Galley 已启动完毕。

24.1.1 RunServer 的启动流程

RunServer 主要实现了在 Istio 网格中配置的缓存与分发功能，其启动流程主要包括初始化 Server 对象及调用 Run 方法启动 Server。

（1）初始化空的 Server 对象，后续将对其逐步进行填充：

```go
s := &Server{}
```

（2）初始化 converterCfg，用来将动态类型的对象转换为符合 Galley 格式标准的对象：

```go
mesh, err := p.newMeshConfigCache(a.MeshConfigFile)
if err != nil {
    return nil, err
}
converterCfg := &converter.Config{
    Mesh:         mesh,
    DomainSuffix: a.DomainSuffix,
}
```

（3）初始化配置监听对象 src，用来监听配置的变化，并且将配置保存到 Galley 缓存中，配置的监听来源包括文件系统与 Kubernetes 集群：

```go
var src runtime.Source
if a.ConfigPath != "" {
    // 从文件系统中监听配置
    src, err = p.fsNew(a.ConfigPath, sourceSchema, converterCfg)
    if err != nil {
        return nil, err
    }
} else {
    k, err := p.newKubeFromConfigFile(a.KubeConfig)
    if err != nil {
        return nil, err
    }
    if !a.DisableResourceReadyCheck {
        if err := p.verifyResourceTypesPresence(k); err != nil {
            return nil, err
        }
    }
    // 从 Kubernetes 集群中监听配置
    src, err = p.newSource(k, a.ResyncPeriod, sourceSchema, converterCfg)
    if err != nil {
```

```
            return nil, err
    }
}
```

（4）初始化负责配置分发的对象 distributor、负责处理配置的对象 processor：

```
distributor := snapshot.New(groups.IndexFunction)
s.processor = runtime.NewProcessor(src, distributor, &processorCfg)
```

（5）初始化 MCP 的 gRPC Server，主要用来接收各个组件的请求，并将配置信息返回。首先，初始化 gRPC Server：

```
var gRPCOptions []gRPC.ServerOption
……
s.gRPCServer = gRPC.NewServer(gRPCOptions…)
```

接着，进一步初始化实现了 MCP 的 Server，它将被注册到上述 MCP 的 gRPC Server。在 Istio 1.1 中包含 mcp 与 mcpSource 两个版本的 Server，mcpSource 还处于开发完善阶段，目前主要使用稳定的 mcp Server：

```
s.mcp = server.New(options, checker)
s.mcpSource = source.NewServer(options, serverOptions)
mcp.RegisterAggregatedMeshConfigServiceServer(s.gRPCServer, s.mcp)
mcp.RegisterResourceSourceServer(s.gRPCServer, s.mcpSource)
```

（6）运行控制服务 ControlZ Server，提供自身的日志、内存使用、环境变量、命令行参数、监控数据等一系列运行时信息查询接口：

```
s.controlZ, _ = ctrlz.Run(a.IntrospectionOptions, nil)
```

（7）通过 Run 方法将配置处理器 processor 及 gRPC Server 运行起来：

```
// 开始监听及处理用户的配置信息
err := s.processor.Start()
l := s.getListener()
if l != nil {
    // 启动 gRPCServer，开启请求监听
    err = s.gRPCServer.Serve(l)
}
```

24.1.2 RunValidation Server 的启动流程

RunValidation Server 主要负责实现在 Istio 网格中配置的校验功能，其实质是

Kubernetes 的一个 ValidatingAdmissionWebhook。所以，只有在 Galley 的配置源为 Kubernetes 集群时，此配置校验功能才生效。其启动流程主要包括初始化 Webhook 对象、调用 Run 方法启动 Webhook Server。

目前 Galley 只负责校验 Pilot、Mixer 两个组件的配置规则，首先初始化两个组件的校验器：

```
mixerValidator := createMixerValidator()
vc.MixerValidator = mixerValidator
vc.PilotDescriptor = model.IstioConfigTypes
```

MixerValidator 用来校验与 Mixer 相关的配置，PilotDescriptor 负责校验与 Pilot 相关的配置。

然后初始化 Webhook 对象，初始化 certKeyWatcher、configWatcher 两个文件监听器，监听 Webhook Server 使用的所有文件的变化，包括 CertFile、KeyFile、CACertFile、WebhookConfigFile 等文件，以便根据这些文件的修改实时更新 Webhook Server 的配置：

```
certKeyWatcher, err := fsnotify.NewWatcher()
for _, file := range []string{p.CertFile, p.KeyFile, p.CACertFile, p.WebhookConfigFile} {
    watchDir, _ := filepath.Split(file)
    if err := certKeyWatcher.Watch(watchDir); err != nil {
        return nil, fmt.Errorf("could not watch %v: %v", file, err)
    }
}
```

接着为 Webhook Server 创建 Handler，用来对用户的配置做校验并返回健康状态，主要注册 admitpilot、admitmixer、ready 三个接口：

```
wh.server.TLSConfig = &tls.Config{GetCertificate: wh.getCert}
h := http.NewServeMux()
h.HandleFunc("/admitpilot", wh.serveAdmitPilot)
h.HandleFunc("/admitmixer", wh.serveAdmitMixer)
h.HandleFunc(httpsHandlerReadyPath, wh.serveReady)
```

调用 Webhook Server 的 Run 函数启动 Server，包括开启 Server 监听、开启根据配置文件的修改动态更新 Webhook Server 的配置信息：

```
go func() {
    // Server 开启监听
    if err := wh.server.ListenAndServeTLS("", ""); err != nil && err !=
```

```go
http.ErrServerClosed {
        scope.Fatalf("admission webhook ListenAndServeTLS failed: %v", err)
    }
}()
// 监听文件的变化，实时更新 Webhook Server 的配置信息
webhookChangedCh := wh.monitorWebhookChanges(stopCh)
// use a timer to debounce file updates
var keyCertTimerC <-chan time.Time
var configTimerC <-chan time.Time

for {
  select {
  ……
  case <-configTimerC:
      configTimerC = nil
      // 实时更新 Webhook 配置文件
      if err := wh.rebuildWebhookConfig(); err == nil {
        wh.createOrUpdateWebhookConfig()
      }
      ……
      return
   }
}
```

24.2 关键代码分析

24.1 节对 Galley server 的启动进行了详细分析，可以看出 Galley 的主要工作就是监听、校验来自底层配置中心的用户配置信息，并将其缓存到本地，再分发到各组件。本节选取典型的配置校验、配置监听、配置分发的整个流程来解析 Galley 的工作原理。

24.2.1 配置校验

Webhook Server 在启动运行后，开始接收用户的请求并对配置进行校验，最后返回校验的结果，它主要通过 serveAdmitPilot 和 serveAdmitMixer 函数实现对 Pilot 与 Mixer 组件相关配置的校验。

1. serveAdmitPilot 的配置校验

serveAdmitPilot 通过 serve 函数调用 admitPilot 函数来执行对 Pilot 相关配置的校验。Serve 函数的实现如下，主要接收请求中的数据，将数据传递到 admit 函数中，最终将 admit 的结果封装并返回给用户：

```go
func serve(w http.ResponseWriter, r *http.Request, admit admitFunc) {
    var body []byte
    if r.Body != nil {
        // 读取请求中的数据
        if data, err := ioutil.ReadAll(r.Body); err == nil {
            body = data
        }
    }
    ......
    var reviewResponse *admissionv1beta1.AdmissionResponse
    ar := admissionv1beta1.AdmissionReview{}
    // 将请求中的数据赋值到 ar 结构体
    if _, _, err := deserializer.Decode(body, nil, &ar); err != nil {
        reviewResponse = toAdmissionResponse(fmt.Errorf("could not decode body: %v", err))
    } else {
        // 在赋值成功后，调用 admit 函数处理请求
        reviewResponse = admit(ar.Request)
    }
    ......
    // 将 admit 函数返回的结果返回给用户
    resp, err := json.Marshal(response)
    ......
    if _, err := w.Write(resp); err != nil {
        ......
    }
}
```

admitPilot 即在 serve 函数中调用的 admit 函数，主要校验与 Pilot 组件相关的配置。

（1）首先校验请求类型，只处理 Create、Update 两种类型的请求：

```go
switch request.Operation {
case admissionv1beta1.Create, admissionv1beta1.Update:
default:
    // 对于不支持的操作类型，直接返回校验通过
```

```
  scope.Warnf("Unsupported webhook operation %v", request.Operation)
  reportValidationFailed(request, reasonUnsupportedOperation)
  return &admissionv1beta1.AdmissionResponse{Allowed: true}
}
```

（2）将数据进行格式转换、校验。在 Webhook Server 的 descriptor 对象中保存了与 Pilot 相关的所有配置信息及校验函数。通过数据对象的类型即可在 descriptor 中找到校验函数，对数据进行校验：

```
var obj crd.IstioKind
// 将数据对象赋值到 Istio 标准的对象 obj 中
if err := yaml.Unmarshal(request.Object.Raw, &obj); err != nil {
  reportValidationFailed(request, reasonYamlDecodeError)
  return toAdmissionResponse(fmt.Errorf("cannot decode configuration: %v", err))
}
// 根据数据对象的类型从 descriptor 中获取 schema
schema, exists := wh.descriptor.GetByType(crd.CamelCaseToKebabCase(obj.Kind))
……
// 结合 schema 将 obj 转换为 model.Config 类型的数据
out, err := crd.ConvertObject(schema, &obj, wh.domainSuffix)
if err != nil {
  reportValidationFailed(request, reasonCRDConversionError)
  return toAdmissionResponse(fmt.Errorf("error decoding configuration: %v", err))
}
// 调用 schema 中的 Validate 函数对数据对象进行校验
if err := schema.Validate(out.Name, out.Namespace, out.Spec); err != nil {
  reportValidationFailed(request, reasonInvalidConfig)
  return toAdmissionResponse(fmt.Errorf("configuration is invalid: %v", err))
}
// 返回校验的结果
return &admissionv1beta1.AdmissionResponse{Allowed: true}
```

2. serveAdmitMixer 的配置校验

与 serveAdmitPilot 类似，serveAdmitMixer 也通过 serve 函数调用 admitMixer 函数来执行对 Mixer 相关配置的校验。serve 函数接收请求中的数据，将数据传递到 admit 函数，最终将 admit 函数的结果封装、返回给用户。

admitMixer 即在 serve 函数中调用的 admit 函数，主要校验与 Mixer 组件相关的配置。

（1）首先初始化 Mixer 类型的数据对象 BackendEvent：

```go
ev := &store.BackendEvent{
    Key: store.Key{
        Namespace: request.Namespace,
        Kind:      request.Kind.Kind,
    },
}
```

（2）根据事件类型构建差异化的 BackendEvent，最终调用 Validate 进行校验：

```go
switch request.Operation {
// 处理 Create、Update 两种类型的事件，将其统一标记为 store.Update 事件
case admissionv1beta1.Create, admissionv1beta1.Update:
    ev.Type = store.Update
    var obj unstructured.Unstructured
    if err := yaml.Unmarshal(request.Object.Raw, &obj); err != nil {
        reportValidationFailed(request, reasonYamlDecodeError)
        return toAdmissionResponse(fmt.Errorf("cannot decode configuration: %v", err))
    }
    ev.Value = mixerCrd.ToBackEndResource(&obj)
    ev.Key.Name = ev.Value.Metadata.Name
// 处理 delete 类型的事件
case admissionv1beta1.Delete:
    if request.Name == "" {
        reportValidationFailed(request, reasonUnknownType)
        return toAdmissionResponse(fmt.Errorf("illformed request: name not found on delete request"))
    }
    ev.Type = store.Delete
    ev.Key.Name = request.Name
default:
    // 对于不支持的操作类型，直接返回校验通过
    scope.Warnf("Unsupported webhook operation %v", request.Operation)
    reportValidationFailed(request, reasonUnsupportedOperation)
    return &admissionv1beta1.AdmissionResponse{Allowed: true}
}
// 调用 Validate 接口进行校验
if err := wh.validator.Validate(ev); err != nil {
    reportValidationFailed(request, reasonInvalidConfig)
    return toAdmissionResponse(err)
```

```
}
// 返回校验的结果
return &admissionv1beta1.AdmissionResponse{Allowed: true}
```

24.2.2 配置监听

由前文可知,Galley 通过文件系统与 Kubernetes 集群两种方式获取用户的配置信息,故其实现了这两种方式的配置监听方案。Galley 通过定义一组接口 Source 来屏蔽底层数据平台的差异,文件系统与 Kubernetes 集群两种方式都通过实现 Source 接口配置监听:

```
type Source interface {
    // Start 方法开始监听配置信息的变化,并产生相应的事件
    Start(handler resource.EventHandler) error
    // Stop 方法停止监听配置信息的变化
    Stop()
}
```

在 Server 的 Run 方法中,通过 processor.Start() 调用了 Source 的 Start 方法,将从底层平台监听到的事件存储到 events 中,供后续配置分发使用:

```
events := make(chan resource.Event, 1024)
err := p.source.Start(func(e resource.Event) {
    events <- e
})
```

1. 文件系统监听方式

在文件系统监听方式下,主要构造 source 对象,source 对象通过实现 Start 方法来监听指定目录下的文件变化,根据文件的变化产生对应的事件:

```
func (s *source) Start(handler resource.EventHandler) error {
    // 存储事件的 handler 方法,将事件存入 events 缓存中
    s.handler = handler
    // 开启文件监听器
    watcher, err := fsnotify.NewWatcher()
    s.watcher = watcher
    _ = s.watcher.Watch(s.root)
    go func() {
        for {
            select {
            // 处理监听器产生的事件
```

```
            case ev, more := <-s.watcher.Event:
                // 处理删除事件
                if ev.IsDelete() {
                    s.processDelete(ev.Name)
                } else if ev.IsCreate() {
                // 处理创建事件
                ……
                s.processAddOrUpdate(ev.Name, &newData)
                ……
                } else if ev.IsModify() {
                    // 处理更改事件
                    if newData != nil && len(newData) != 0 {
                        s.processPartialDelete(ev.Name, &newData)
                        s.processAddOrUpdate(ev.Name, &newData)
                    } else {
                        s.processDelete(ev.Name)
                    }
                }
            }
        }
    }
```

2. Kubernetes 集群监听方式

Kubernetes 集群监听方式也通过构造其 source 对象，实现 Start 方法来监听集群中配置信息的变化，进而产生对应的事件。Start 方法通过 Kubernetes 的 Informer 机制实现了对配置信息的监听。

24.2.3 配置分发

Galley 在通过文件系统或 Kubernetes 集群两种方式将用户的配置信息缓存到本地后，进一步负责将用户的配置信息分发到各个组件。配置的分发方式包括被动分发与主动分发：被动分发指 Galley 接收各个组件的请求，将配置信息返回到各个组件；主动分发指 Galley 监听底层数据平台的变化，主动将配置信息返回给客户端。主动分发要依赖被动分发，只有组件主动请求配置信息，Galley 才能将连接信息缓存并主动分发配置信息到各个组件。

1. 被动分发

Galley gRPC Server 通过实现 AggregatedMeshConfigServiceServer 接口接收组件的配置请求：

```
type AggregatedMeshConfigServiceServer interface {
    // StreamAggregatedResources 接收组件的请求，将配置信息返回各个组件
    // 建立连接后的一个 stream 可以通过不同的 URL 同时发送不同的配置信息
    StreamAggregatedResources(AggregatedMeshConfigService_StreamAggregatedResourcesServer) error

    // IncrementalAggregatedResources 提供增量传输配置信息的能力
    IncrementalAggregatedResources(AggregatedMeshConfigService_IncrementalAggregatedResourcesServer) error
}
```

IncrementalAggregatedResources 接口将提供增量传输配置信息的能力，但是目前尚未实现，只实现了 StreamAggregatedResources 接口，该接口返回全量的配置信息。故现阶段 Galley 的每一次配置分发都会将缓存的所有配置信息返回给各个组件。

StreamAggregatedResources 接收组件的请求，从缓存中查找配置的信息，如果配置已缓存完毕，则将信息放入返回队列，后续逐个发送到各个组件；如果配置未缓存完毕，则将请求信息缓存，在后续配置缓存完毕后，通过主动分发方式发送到各个组件：

```
func(s *Server)StreamAggregatedResources(stream mcp.AggregatedMeshConfigService_StreamAggregatedResourcesServer) error {
    // 接收客户端的连接
    con, err := s.newConnection(stream)
    ……
    defer s.closeConnection(con)
    go con.receive()
    for {
        select {
        // 从返回队列中取出数据并发送到各个组件
        case <-con.queue.Ready():
            collection, item, ok := con.queue.Dequeue()
            ……
            resp := item.(*source.WatchResponse)
            w, ok := con.watches[collection]
            if err := con.pushServerResponse(w, resp); err != nil {
                return err
```

```
            }
        }
        // 接收客户端的请求并进行处理
        case req, more := <-con.requestC:
            ......
            if err := con.processClientRequest(req); err != nil {
                return err
            }
        }
    }
}
```

在 Cache 对象的 Watch 函数中实现对请求的处理,如果缓存配置完毕,则直接返回给客户端;如果缓存未配置完毕,则缓存请求信息,待后续分发返回:

```
func (c *Cache) Watch(request *source.Request, pushResponse source.PushResponseFunc) source.CancelWatchFunc {
......
    // 判断该请求对应的缓存是否配置完毕
    if snapshot, ok := c.snapshots[group]; ok {
        // 若缓存配置完毕,则将信息直接返回到组件
        version := snapshot.Version(request.Collection)
        scope.Debugf("Found snapshot for group: %q for %v @ version: %q",
            group, request.Collection, version)
        ......
        pushResponse(response)
        return nil
    }
    ......
    // 如果缓存未配置完毕,则缓存请求信息,待后续主动分发返回
    info.mu.Lock()
    info.watches[watchID] = &responseWatch{request: request, pushResponse: pushResponse}
    info.mu.Unlock()
    ......
}
```

2. 主动分发

Galley 监听底层数据平台配置信息的变化,将产生的事件保存到 events 缓存中。Processor 的 process 方法对 events 缓存中的事件进行处理,首先将事件中的所有数据都整

合到本地缓存,如果缓存同步完毕,则将主动分发数据的 flag 置为 True,表示此时可以启动主动分发操作,即将配置信息分发到各组件:

```go
func (p *Processor) process() {
......
loop:
    for {
        select {
        // 通过 processEvent 处理事件
        case e := <-p.events:
            p.processEvent(e)
        // 在满足主动分发条件时,调用 publish 分发配置
        case <-p.state.strategy.publish:
            scope.Debug("Processor.process: publish")
            p.state.publish()
        ......
        }
    }
}
```

在 processEvent 方法中根据事件的变化触发主动分发的条件,如果缓存同步完成,则主动分发数据:

```go
func (p *Processor) processEvent(e resource.Event) {
    scope.Debugf("Incoming source event: %v", e)
    p.recordEvent()
    // 如果事件类型为 FullSync,则表明缓存已配置完成,调用 onFullSync 触发主动分发条件
    if e.Kind == resource.FullSync {
        scope.Infof("Synchronization is complete, starting distribution.")
        p.state.onFullSync()
        return
    }
    // 处理普通事件,在满足主动分发条件时返回给客户端;如果不满足条件,则只将事件中的数据保存到本地
    p.handler.Handle(e)
}
```

当到来的事件满足主动分发的条件时,还需要进行防抖动处理,防止频繁到来的事件导致 Galley 端频繁发送配置信息到客户端。防抖动的实现原理与 Pilot 中的类似,可参考 20.2.4 节的具体解析。当触发主动分发配置的动作时,通过 p.state.publish() 将配置主动分发到所有缓存的连接中:

```
func (s *State) publish() {
……
// 构造返回配置数据的 Snapshot 对象
sn := s.buildSnapshot()
// 通过 SetSnapshot 保存 Snapshot 对象并将其发送给各个组件
s.distributor.SetSnapshot(s.name, sn)
s.pendingEvents = 0
}
```

24.3 本章总结

本章从源码角度详细介绍了 Galley 组件的配置校验、缓存及分发功能。通过监听底层数据平台，将用户的配置信息保存到本地，再通过 gRPC Server 监听各个组件的请求，将缓存的配置信息通过 MCP 发送到各个组件。在 Istio 网格中，各个组件统一从 Galley 中获取配置信息，避免各个组件感知底层数据平台的差异，从而聚焦于各个组件的业务本身。Galley 通过 ValidatingAdmissionWebhook 对进入网格的所有用户的配置信息进行前置校验，保证只有合法的配置才能进入网格。

结语

感谢你的阅读。本书对于 Istio 项目的相关介绍，至此就告一段落了，但这只为你打开了云原生与服务网格的技术之门，真正的探索之旅才刚刚开始。

Istio 作为一个年轻项目，距离服务网格的愿景还有较长的路要走。目前 Istio 在功能上尚未完全覆盖业界已有的服务治理框架的特性集，在性能、高可靠、安全等商用属性上仍需加强，且在规模应用与成熟度上仍需更多的案例与场景锤炼。但毫无疑问，Istio 具有广阔的应用前景。随着 Kubernetes 进入各行各业并成为新一代的云原生基础设施，越来越多的企业级业务运行在 Kubernetes 之上，Istio 所提供的性能管理、流量管理、服务治理、连接安全等必将成为云原生应用运行环境的标配。

在 1.1 版本之后，Istio 社区未来短期可见的发展方向主要包括如下几部分。

◎ 继续完善服务治理、流量管控相关功能。
◎ 加强安全与隔离，包括服务访问权限、流量隔离与 QoS 保障。
◎ 加强对多集群场景的支持。目前 Istio 提出的多种跨集群服务网格方案均存在一些限制或问题，在后继版本中会进一步完善。
◎ 性能的持续优化。目前 Istio 在服务网格管理规模、服务访问性能、Sidecar 资源占用等方面都存在提升空间。
◎ 可靠性、稳定性提升。目前 Istio 社区不断出现一些新的 Bug 报告，这些在很多情况下都是由于一些配置规则冲突导致的，所以 Istio 社区计划在未来的几个版本中加快提升 Istio 控制面的容错性。
◎ 继续完善虚拟机及裸金属物理机与 Kubernetes 集群的网格打通，提供更加简洁、可靠的混合场景服务网格方案。

在商业场景上，Istio 所代表的服务网格也会与各行业的场景进一步结合，促进新一轮的创新。除了传统的企业级服务治理场景，在混合云与多云、边缘计算、无服务器计算等新兴技术或解决方案领域，Istio 也会得到广泛应用。

◎ Istio 已被广泛用于容器多云与混合云解决方案中，包括华为、谷歌、IBM、红帽、思科、VMware 在内，在多家厂商的混合云或多云产品中都已经使用了 Istio 进行跨云应用流量管理、服务治理及应用灰度发布。其中，华为云的 MCP（Multi-cloud Container Platform）容器多云产品是全球第一家基于 Kubernetes 集群联邦与 Istio 提供的完整多云解决方案，内置异地容灾、高峰弹性、区域亲和等业务常见场景支持。

◎ 在边缘计算（Edge Computing）领域，Istio 灵活的控制面与数据面解耦架构，使其适用于构建横跨中心云与边缘节点的广域服务网格，以及边缘多节点间的边缘服务网格，将服务从数据中心推进到更广的边缘集群。华为云 IEF（Intelligent Edge Fabric）智能边缘平台产品及 KubeEdge 开源项目（kubeedge.io）已集成 Istio 提供边缘服务网格及云边服务网格。

◎ 在无服务器计算（Serverless Computing）领域，Istio 提供的流量管理使其成为无服务器计算负载的弹性控制源。从 Envoy 对服务级业务指标的监控采集，到 Serverless 负载的弹性控制（Scale to Zero/1/N），再到 Pilot 驱动的服务流量分发控制，Istio 为无服务器计算型业务补齐了端到端的弹性控制链，实现了极致弹性。华为云 CCI（Cloud Container Instance）无服务器计算服务及 Knative 开源项目（knative.dev）已集成 Istio，实现了 Request-driven 的服务级弹性控制。

在敏捷开发与软件工程领域，现在炙手可热的微服务与服务网格也会越来越紧密地结合，共同加速微服务开发与设计理念、DevOps 最佳实践与云原生技术在各类企业中的落地。服务网格能够解决微服务实践中由于微服务拆分所带来的交互复杂、监测困难、访问安全等关键问题，是微服务应用的最佳实践。目前多个业界主流的微服务开发框架都已经实现或计划与 Istio 控制面对接，包括 Dubbo、Spring Cloud、ServiceComb 等。

假如你需要更深入地学习服务网格及云原生相关技术，则欢迎关注我们的容器魔方公众号及华为云 Istio 服务论坛（参见本书封面），并加入我们的微信交流群，一起学习并讨论服务网格及云原生领域最新的技术进展。

再次感谢你阅读本书，加油！

附录 A
源码仓库介绍

Istio 目前采用分库方式管理核心代码及周边生态,目前包括三个主要的仓库:istio/istio、istio/api 和 istio/proxy,其中,istio/istio 包含 Istio 所有的控制面组件;istio/api 定义了 Istio 通用的配置 API;istio/proxy 是数据面代理,扩展了上游 Envoy。

A.1 Istio 主库

Istio 目前被托管在 GitHub 上,核心库的地址为 https://github.com/istio/istio,使用宽松的 Apache 2.0 许可证,允许任意商业软件使用而不需要开放源代码。

Istio 的所有组件 Pilot、Mixer、Galley、Citadel、Sidecar-injector 等全部位于同一个代码库中。目前,Istio 的代码目录结构比较整洁,主要的代码包及其用途如表 A-1 所示。

表 A-1 Istio 源码主要的代码包及其用途

代码包	用途
bin	代码检查、格式化、编译等脚本
docker	一些 Debug 镜像的 Docker File
galley	Galley 组件的源码目录,主要用于配置规则的校验及作为 MCP 服务端,提供 Istio 配置的获取、处理及分发到 Pilot
install	提供几种不同平台的默认安装配置
istioctl	命令行工具所在的目录,提供手动 Sidecar 注入、配置查询等功能
mixer	Mixer 组件所在的目录,包含 Mixer server 及 Mixer client,提供策略执行及遥测功能

续表

代 码 包	用 途
pilot	Pilot 组件所在的目录，包含 Pilot-agent、Sidecar-injector，是 Istio 最重要的组件之一。Sidecar-injector 提供 Sidecar 容器自动注入；Pilot-agent 负责代理的生命周期管理；Pilot discovery 提供 Sidecar 的 xDS 发现功能
pkg	pkg 目录包含组件公用的一些代码包
release	包含一些版本发布工具
sample	Istio 提供的一些典型样例，供用户学习和了解 Istio
security	安全组件所在的目录，包含 Citadel、Node-agent 和 Node-agent-k8s，主要提供证书的签发、维护及 SDS 功能
tools	Istio 性能测试的常用工具所在目录

Istio 通过 Makefile 提供非常方便的二进制编译及 Docker 镜像构建方法，用户可以独立编译特定组件或者全部组件，唯一需要做的就是执行一条 make 命令。当然，这里假设用户已经安装好依赖环境 Golang、Docker 等，如果没有安装依赖环境，则请先参照 https://github.com/istio/istio/wiki/Dev-Guide 进行独立安装。

A.1.1　二进制编译

进入 Istio 源码根目录执行 make build 命令，将会依次编译 Pilot、Sidecar-injector、Mixer、Node-agent、Citadel、Galley 组件的二进制文件，编译好的二进制文件会被保存在 "$GOPATH/out/linux_amd64/release/" 目录下：

```
$ make build
$ ls $GOPATH/out/linux_amd64/release/ -alt
total 688628
drwxr-xr-x 4 root root     4096  Apr 16  11:23 .
-rwxr-xr-x 1 root root 76527416  Apr 16  11:23 galley
-rwxr-xr-x 1 root root 58983244  Apr 16  11:23 istioctl
-rwxr-xr-x 1 root root 52706076  Apr 16  11:23 istio_ca
-rwxr-xr-x 1 root root 44820340  Apr 16  11:22 node_agent_k8s
-rwxr-xr-x 1 root root 17369814  Apr 16  11:22 node_agent
-rwxr-xr-x 1 root root 15839878  Apr 16  11:22 mixgen
-rwxr-xr-x 1 root root 77887161  Apr 16  11:22 mixs
-rwxr-xr-x 1 root root 17081381  Apr 16  11:22 mixc
-rwxr-xr-x 1 root root 48673380  Apr 16  11:21 sidecar-injector
```

```
-rwxr-xr-x 1 root root 36713156  Apr 16  11:21 pilot-agent
-rwxr-xr-x 1 root root 62629932  Apr 16  11:21 pilot-discovery
```

如果需要单独编译特定的组件如 Pilot，则只需执行 make pilot 命令，非常简单。

A.1.2 Docker 镜像构建

进入 Istio 源码根目录执行 make docker 命令，将会先编译各组件的二进制文件，然后依次构建 Pilot、Istio-proxy、Mixer、Citadel、Galley、Sidecar-injector、Node-agent 的镜像。镜像的构建时间取决于机器的性能及网络带宽，可以通过 docker images 查看构建好的镜像：

```
$ make docker
$ docker images
REPOSITORY                                        TAG
IMAGE ID            CREATED             SIZE
    istio/node-agent-k8s
e73f50c4e22c9221b0ab984ea2d30fdcd3c70708    6987c623438e        5 hours ago
238MB
    istio/kubectl
e73f50c4e22c9221b0ab984ea2d30fdcd3c70708    04d8de23e8b5        5 hours ago
360MB
    istio/sidecar_injector
e73f50c4e22c9221b0ab984ea2d30fdcd3c70708    81ff3b696b5a        5 hours ago
48.7MB
    istio/galley
e73f50c4e22c9221b0ab984ea2d30fdcd3c70708    84a6eadda4fe        5 hours ago
325MB
    istio/citadel
e73f50c4e22c9221b0ab984ea2d30fdcd3c70708    d8b707e29411        5 hours ago
53MB
    istio/mixer_codegen
e73f50c4e22c9221b0ab984ea2d30fdcd3c70708    cb089111ecb2        5 hours ago
15.8MB
    istio/mixer
e73f50c4e22c9221b0ab984ea2d30fdcd3c70708    034b6d30ee24        5 hours ago
78.1MB
    istio/servicegraph
e73f50c4e22c9221b0ab984ea2d30fdcd3c70708    b325c51319c9        5 hours ago
11.4MB
```

```
    istio/proxy_init
e73f50c4e22c9221b0ab984ea2d30fdcd3c70708       ae8744dfd29c        5 hours ago
146MB
    istio/test_policybackend
e73f50c4e22c9221b0ab984ea2d30fdcd3c70708       51e23db73ad7        5 hours ago
265MB
    istio/app
e73f50c4e22c9221b0ab984ea2d30fdcd3c70708       bcbbf75e5e53        5 hours ago
319MB
    istio/proxyv2
e73f50c4e22c9221b0ab984ea2d30fdcd3c70708       98956e3f9075        5 hours ago
372MB
    istio/proxytproxy
e73f50c4e22c9221b0ab984ea2d30fdcd3c70708       e85640bcb6f1        5 hours ago
372MB
    istio/proxy_debug
e73f50c4e22c9221b0ab984ea2d30fdcd3c70708       eeebb3f0b283        5 hours ago
956MB
    istio/pilot
e73f50c4e22c9221b0ab984ea2d30fdcd3c70708       cf0124da374a        5 hours ago
312MB
```

Istio 也支持特定组件的镜像构建，执行 make docker.xxx 可以构建 xxx 组件的镜像。例如，要构建 pilot 镜像，则只需执行 make docker.pilot 命令。

A.2 Istio-proxy

Istio-proxy 在本质上是一个微服务代理，既可用于服务端，也可用于客户端，实际上它扩展了 Envoy，提供了 Istio 更多的特有功能的扩展，例如：监控与日志；上报性能指标及日志到 Mixer；Istio 认证和授权。Istio-proxy 的源码仓库位于 https://github.com/istio/proxy。

A2.1 Istio-proxy 的二进制文件编译

Istio-proxy 的编译对环境依赖较高，笔者在编译过程中也遇到过很多坑，比如一些软件包的版本，等等。笔者所用的操作系统为 Ubuntu 16.04。

（1）Istio-proxy 编译依赖 bazel。首先，通过 github bazel release 页面下载安装对应平台的二进制可执行文件，并将该文件放到系统的 PATH 下。

（2）然后，安装依赖工具：

```
$ sudo apt-get update
$ sudo apt-get install -y git tar openjdk-8-jdk pkg-config zip g++ zlib1g-dev unzip python libtool automake cmake curl wget build-essential realpath ninja-build clang-format-5.0
```

（3）接着，编译 GCC 6.3.0：

```
cd /<source_root>/
wget ftp://gcc.gnu.org/pub/gcc/releases/gcc-6.3.0/gcc-6.3.0.tar.gz
tar -xvzf gcc-6.3.0.tar.gz
cd gcc-6.3.0/
./contrib/download_prerequisites
cd /<source_root>/
mkdir gcc_build
cd gcc_build/
../gcc-6.3.0/configure --prefix="/opt/gcc" --enable-shared --with-system-zlib --enable-threads=posix --enable-__cxa_atexit --enable-checking --enable-gnu-indirect-function --enable-languages="c,c++" --disable-bootstrap --disable-multilib
make
sudo make install
export PATH=/opt/gcc/bin:$PATH
sudo ln -sf /opt/gcc/bin/gcc /usr/bin/gcc
export C_INCLUDE_PATH=/opt/gcc/lib/gcc/s390x-ibm-linux-gnu/6.3.0/include
export CPLUS_INCLUDE_PATH=/opt/gcc/lib/gcc/s390x-ibm-linux-gnu/6.3.0/include
sudo ln -sf /opt/gcc/lib64/libstdc++.so.6.0.22 /usr/lib/s390x-linux-gnu/libstdc++.so.6
export LD_LIBRARY_PATH='/opt/gcc/$LIB'
```

（4）最后，下载 istio-proxy 源码，进入源码根目录。执行 make build_envoy 命令，如果顺利的话，则会成功拉取 Envoy 源代码并编译出名称为 envoy 的 Istio-proxy 二进制文件。

A2.2 Docker 的二进制文件编译

如果在学习 A2.2 节时遇到一些坑，不能成功编译出 Istio-proxy 的二进制文件，则请尝试 Docker 编译方式。Docker 提供了一种与宿主机无关的运行时环境，我们可以充分利用这一点进行编译工作。Istio 社区提供了一种 Docker 镜像（istio/ci:go1.11-bazel0.22-clang7），其中包含编译 Envoy 所需的各种工具集及依赖包。如果利用此镜像编译 Envoy 的二进制文件，则完全无须操心依赖包的问题。

通过以下命令启动编译容器，并挂载 Istio-proxy 代码到容器中，进入容器中的源码目录执行 make build_envoy 命令，则会成功编译出 Istio-proxy 的二进制文件 envoy：

```
docker run -ti -v ${PROXY_DIR}:/proxy istio/ci:go1.11-bazel0.22-clang7 bash
$ cd proxy
$ make build_envoy
```

附录 B
实践经验和总结

在 Istio 的生产实践过程中，你有没有被下面的一些问题困扰过？

- 网格外的服务为什么不能访问了？
- 应用的 Sidecar 为什么没有注入？
- 有状态应用 Statefulset 为什么会部署失败？
- 灰度发布配置的策略为什么没有生效？
- HTTP 503 Service Unavailable 的问题怎么又出现了？
- ……

上面列举的大多是初学者使用 Istio 时会反复遇到的问题，而这些问题往往不好定位和解决，需要花费大量的时间和精力去寻找解决办法。我们对常见问题进行了整理和总结，希望对读者掌握调试手段和快速定位问题有一定的帮助。

B.1 网格内服务不能访问网格外服务的问题

在 Istio 1.0 及之前的版本中，网格内的服务默认不能访问网格外的地址，每个 Pod 上的 Outbound 流量都会被 iptables 拦截到 Envoy 上，只有网格内的目标地址才能放行。

在安装 Istio 时，我们可以通过配置 Helm 安装文件 value.yaml 中的 global.proxy.includeIPRanges 和 global.proxy.excludeIPRanges 来进行全局级别的流量控制。

- 如果目标 IP 在 includeIPRanges 范围内，则 Outbound 流量要经过 Sidecar。Sidecar 只能转发它可以识别的地址，即已经在网格内注册的地址。举例来说：如果取值为 "*"，则表示所有请求都会经过 Sidecar，因为没有注册网格外的地址，所以网格外的服务不能被正常访问；如果取值为集群的 ClusterIP，则表示只有访问

ClusterIP 的请求才能通过 Sidecar，访问网格外的流量不通过 Sidecar，所以网格外的服务能被正常访问。
◎ 如果目标 IP 在 excludeIPRanges 范围内，则 Outbound 流量不经过 Sidecar。

如果已经启用了 Istio，则可以通过修改 Configmap 重新设置出方向 IP 网段的黑白名单：

```
$ kubectl edit cm istio-sidecar-injector -nistio-system
```

其中，-i 对应 includeIPRanges，-x 对应 excludeIPRanges。

注意：在修改 Configmap 后，需要对网格内的实例重新注入 Sidecar，才能使新配置生效。

Istio 也提供了 Deployment 级别的出方向的流量控制，通过在业务实例的 deployment.spec.metadata.annotations 中加入 traffic.sidecar.istio.io/includeOutboundIPRanges 或 traffic.sidecar.istio.io/excludeOutboundIPRanges 注释来达到这一目的。

如上所述的方式只能保证在网格内能够正常访问网格外的服务，但是由于这些流量没有经过 Sidecar，所以网格外的服务不能被治理。这时需要通过配置 ServiceEntry 来实现对网格外访问流量的治理功能。

在 Istio 1.1 中，Istio 提供了全局参数 global.outboundTrafficPolicy.mode，默认值为 ALLOW_ANY，默认放行所有上游服务未知的出方向的外部访问流量。如果选择配置为 REGISTRY_ONLY，则需要为外部访问的服务配置 ServiceEntry，才能正确放行并治理对网格外服务的请求流量。

B.2　Sidecar 不能注入的问题

在网格内部署应用后，经常会遇到 Sidecar 不能成功注入的情况，这可能是配置参数错误引起的，也可能是网络通信异常引起的。我们可以通过下面的方法确认问题的原因。

（1）因为 Sidecar 通过 MutatingAdmissionWebhook 准入控制器实现自动注入，所以需要确认 Kube-apiserver 的 --enable-admission-plugins 或 --admission-control 参数包含 MutatingAdmissionWebhook 和 ValidatingAdmissionWebhook。

（2）检查集群中的 Master 节点到 Node 节点的通信是否正常。

（3）检查数据面工作负载所在的命名空间是否打上了 istio-injection 标签。若已打上该标签，则会显示为 enabled：

```
$ kubectl get namespace weather -L istio-injection
NAME        STATUS    AGE     ISTIO-INJECTION
weather     Active    13d     enabled
```

如果显示为空或 disabled，则请执行如下命令开启命名空间级别的注入功能：

```
$ kubectl label namespace weather istio-injection=enabled
```

（4）执行如下命令查看是否启用了 Deployment 级别的注入功能：

```
$ kubectl get cm -nistio-system istio-sidecar-injector -oyaml | grep policy
config: "policy: disabled\ntemplate: |-\n  rewriteAppHTTPProbe: false\n
initContainers:\n
```

若 policy 被设置为 enabled，则会默认为所有负载都自动注入 Sidecar；若为 disabled，则需要在 Deployment 的 spec.template.metadata.annotations 中加入 sidecar.istio.io/inject: "true" 才会对相应的负载自动注入 Sidecar。

B.3　前端服务的灰度发布策略失效的问题

现代前端工程一般采用 webpack、parcel 和 grunt 等工具打包，打包成生产环境使用的工程的最终形态一般是一个 index.html，包括 app.{hash}.js、style.{hash}.css 等带有"hash"标签的多个资源文件。一个典型的 HTML 文件的描述如下：

```
<!DOCTYPE html>
<html lang="en">
<head>
    <link href="/cce/styles.c7f745e46734e53e8712.css" rel="stylesheet">
</head>
<body>
<div id="main-wrapper" class="app"></div>
    <script type="text/javascript" src="/app.c7f745e46734e53e8712.js"></script>
</body>
</html>
```

对使用这种方式的前端服务进行灰度发布，在基于流量比例的策略生效后，用浏览器去访问前端服务，会偶尔出现页面无法正常打开的情况。

这是因为当浏览器获取到 v1 版本的 index.html 时，将会陆续发起对 app.{hash-v1}.js、style.{hash-v1}.css 文件的请求，后续的这些请求不一定会被全部发往 v1 版本的负载。受灰度策略的影响，请求会被概率性地发往 v2 版本，但是在 v2 版本的负载的资源服务器中不存在这两个文件，使前端界面最终无法正常加载。

如果遇到上述问题，则可以尝试下面的解决办法：

◎ 关闭 Webpack 等打包工具对打包后的资源文件名带上"hash"标签的功能。但在这种情况下，用户的浏览器如果开启了缓存策略，则可能无法及时获取我们的静态资源服务器中的最新文件；
◎ 前端采用服务端渲染的工程方案，使得浏览器只需发起一次请求，就能获取已经在服务端渲染好的 HTML 文件；
◎ 使用基于请求内容的策略，确保同一特征的请求都被转发到同一个负载版本。

B.4　HTTP/2 访问无响应的问题

在使用浏览器访问 frontend 服务提供的 HTTPS 服务时，请求会偶尔存在长时间无响应的情况，原因可能是：浏览器接收到的协议类型是 HTTP/2，而 frontend 服务支持的协议类型是 HTTP/1.1，即请求传输过程为浏览器→HTTP/2→Istio Ingress Gateway→HTTP/1.1→frontend。

这个传输过程存在 HTTP 的协议转换，在 Envoy 将 HTTP/2 的请求转化为 HTTP/1.1 时，偶尔会出现挂起的状态。一种解决方案是升级 frontend 服务，使其可以接收 HTTP/2 的请求，同时在定义 frontend 服务的 Service 时，需要将对应端口的名称前缀改为"http2"，例如"name: http2"，则在整个请求过程中都使用 HTTP/2，不存在协议转换。

B.5　令人头痛的 HTTP 503 问题

在访问网格内的服务时，会经常遇到 HTTP "503" 错误，表示上游服务不可用。产生这种错误的原因有很多，需要对可疑点逐个排查。

（1）确认上游服务是否运行正常。在集群内的节点上，直接用 curl 命令访问服务的后端实例的 Pod IP 确认。

（2）在请求量较大的情况下，可能是由于部分请求被标志为熔断导致 HTTP "503" 错误，需要进入客户端的 Proxy 中查看统计信息，例如：

```
$ kubectl -n weather exec -it fortio-deploy-75d9467fcc-wfdg9 -c istio-proxy bash
# curl localhost:15000/stats | grep advertisement | grep pending
```

返回信息中的 upstream_rq_pending_overflow 记录了被标志为熔断的请求次数。可以通过调整 DestinationRule 的 trafficPolicy 中的 http1MaxPendingRequests 和 maxRequestsPerConnection 参数解决此类问题。

（3）使用 istioctl authn tls-check 命令确认是否存在双向 TLS 冲突问题：

```
$ istioctl authn tls-check httpbin.default.svc.cluster.local
HOST:PORT                                  STATUS      SERVER    CLIENT    AUTHN POLICY     DESTINATION RULE
httpbin.default.svc.cluster.local:8000     CONFLICT    mTLS      HTTP      default/         httpbin/default
```

如果返回内容中的 STATUS 字段是 CONFLICT，则说明存在双向 TLS 配置冲突，需要保证全局的认证策略和服务的 DestinationRule 的 TLS 策略一致。

（4）查询 Envoy 的访问日志（Istio 1.1 在安装时默认关闭了 Envoy 的访问日志）。对服务的每一次请求信息都会被 Envoy 记录下来，其中的响应标志 response_flags 显示了请求被拒绝的原因。和 "503" 错误码相关的两个常见的响应标志如下。

◎ UC：和上游主机的连接终止。
◎ UF：和上游主机的连接失败。

对于在生产中出现的低概率的 UC 错误，一种解决方法是添加对应服务的 VirtualService 的 retries 字段，设置重试机制；UF 错误则可能是由于容器网络异常导致的，可以直接进入 Envoy 容器中访问后端服务的 Pod IP 来确认。详细的响应标志含义请参考 Envoy 文档：https://www.envoyproxy.io/docs/envoy/latest/configuration/access_log#config-access-log-format-response-flags。

如果 Envoy 的日志信息不够用，则需要改变 Envoy 的日志级别为 debug 或 trace 来获取更多的信息以定位问题。进入 Envoy 容器，执行如下命令打开 debug 日志：

```
$ curl -XPOST http://127.0.0.1:15000/logging?level=debug
```

B.6　StatefulSet 部署失败的问题

也许很多读者都已经尝试过在 Istio 集群中部署有状态应用 StatefulSet，但是莫名地发现 StatefulSet 部署不起来。"为什么在没有安装 Istio 的集群中可以正常部署？"这种问题经常出现，Istio 社区也有很多 Issue 跟踪。

这里首先以 Redis 为例讲解 StatefulSet 的 Pod 实例之间的基本通信。为了保证高可用，在生产环境中一般都会以集群的形式部署 Redis 集群，集群成员包括 Master、Slave 等角色。Master 与 Slave 之间必须能够互相感知到对方的存在，并建立连接，保持同步状态。

Kubernetes StatefulSet Pods 都有一个唯一的序号，从 0 开始，并且有稳定的主机名，例如：$(statefulset name)-$(ordinal)。StatefulSet 通过 Headless 服务控制实例的域名，一般以 $(service name).$(namespace).svc.cluster.local 形式存在。完整的 StatefulSet Pod FQDN 为 $(statefulset name)-$(ordinal).$(service name).$(namespace).svc.cluster.local。Kubernetes 提供 Pod FQDN 的解析，因此在有状态应用实例之间能够直接通过 Pod FQDN 的形式进行同步。

但是在 Istio 注入 Sidecar 之后，情况就变得不同了，Istio 并不感知 StatefulSet 的存在，它监听的是 Kubernetes 的 Service，由于在 Kubernetes 集群中并没有 $(statefulset name)-$(ordinal).$(service name)这种服务存在，所以 Istio 不会为 StatefulSet Pod FQDN 生成相应的 xDS 配置，这一点很容易通过查询 Envoy 的配置验证。因此，可以说 Istio 对 Kubernetes StatefulSet 没有做到天生支持。

当然，作为临时解决方案，我们可以根据 Istio 现有的能力，增加额外的 ServiceEntry 配置规则，实现对 StatefulSet 的完全支持。配置以下 ServiceEntry 相当于为 Istio 注册 $(statefulset name)-$(ordinal).$(service name)服务，因此 Pilot 能够生成与 $(statefulset name)-$(ordinal).$(service name)相关的 xDS 配置，使 Envoy 能够正确转发有状态应用集群之间的同步信息：

```
apiVersion: networking.istio.io/v1alpha3
kind: ServiceEntry
metadata:
  name: xxx
  namespace: $(namespace)
spec:
  hosts:
  - $(statefulset name)-0.$(service name).$(namespace).svc.cluster.local
```

```
    - $(statefulset name)-1.$(service name).$(namespace).svc.cluster.local
    - $(statefulset name)-2.$(service name).$(namespace).svc.cluster.local
  location: MESH_INTERNAL
  ……
  resolution: NONE
```

B.7 能否弃用 Kube-proxy

众所周知，Kube-proxy 在 Kubernetes 集群中用来执行服务间请求的转发，但 Istio 也实现了服务间请求的转发，且提供了更为完备的服务治理与监控能力。相信有读者会有疑问：在 Kubernetes 集群中部署了 Istio 后，是否可以弃用 Kube-proxy 了呢？截至目前的 Istio 1.1 版本，答案是：不行！

Istio 只做请求间的服务转发，不提供服务域名解析的能力，必须发送请求到 Kubernetes 的 DNS 服务器（Kube-dns 或 CoreDNS）解析域名。目前 Istio 与 Envoy 不支持 UDP 类型请求的转发，所以 Istio 在做域名解析时，必须依赖 Kube-proxy 的 UDP 转发能力，将域名解析请求发送到 Kubernetes 的 DNS 服务器。

B.8　Istio 调用链埋点是否真的"代码零修改"

不知道你有没有注意到，在 Istio 1.1 文档首页有这么一句话：Istio 可以非常方便地为服务提供负载均衡、服务间认证监控等能力，只需很少或者不用修改服务代码。在 Istio 之前的版本中，其实这里写的是"无须修改任何服务代码"，这也误导了很多人，因为在调用链场景下，业务代码是需要做适当修改的。

在 Istio 上，业务代码一般不使用调用链埋点的 SDK 在自己的代码中做埋点，其调用链埋点是在 Envoy 上进行的，和其他服务治理能力一样。Envoy 的埋点规则和其他服务的调用方和被调用方的对应埋点逻辑没有太大差别。

- ◎ Inbound 流量：对于经过 Envoy 流入应用程序的流量，如果经过 Envoy 时在 Header 中没有任何与 Trace 相关的信息，则会创建一个根 Span，TraceId 就是 SpanId，将请求传递给业务容器的服务；如果在请求中包含与 Trace 相关的信息，Envoy 就会从中提取 Trace 的上下文信息并发送给应用程序。
- ◎ Outbound 流量：对于经过 Envoy 流出应用程序的流量，如果经过 Envoy 时在 Header

中没有任何与 Trace 相关的信息，则会创建根 Span，并将与 Span 相关的上下文信息放在请求头中传递给下一个要调用的服务；当存在 Trace 信息时，Envoy 会从 Header 中提取与 Span 相关的信息，并基于这个 Span 创建子 Span，将新的 Span 信息加在请求头中进行传递。

但是，在这个过程中，Envoy 在处理 Inbound 流量和 Outbound 流量时不但要执行对应的埋点逻辑，还要将每一步的调用串起来，要求应用程序在将请求发送给下一个服务时，将与调用链相关的信息同样传递下去，尽管这些 Trace 和 Span 的标识并不是它生成的。这样，处理 Outbound 流量的 Envoy 在向下一跳服务发起请求前才能判断并生成子 Span，并和原 Span 进行关联，进而形成一个完整的调用链。如果应用容器未处理 Header 中的 Trace，则 Envoy 在处理请求时会创建根 Span，最终形成若干个割裂的 Span，并不能被关联到某个 Trace。

在调用链场景中应用程序的代码有没有被侵入，这在 Istio 社区进行过澄清，最终体现在 Istio 1.1 "需要非常少量的代码修改"的官方描述上，并对"少量"这个词加上了到 Istio 调用链的链接。

关于 Istio 调用链的详细原理解析，可以参照 InfoQ 上的一篇文章《Istio 调用链埋点原理剖析：是否真的"零修改"？》

B.9　VirtualService+Gateway 内外流量治理的解耦并不完美

在 3.4 节介绍到，在 Istio 的 V1alpha3 中通过 Gateway 定义网格的流量入口，配合 VirtualService 可以使网格内和网格外的流量使用同一个流量规则。这种方法与 V1alpha1 的 Kubernetes Ingress 相比，提供了更大的灵活性，但是在某些场景下，VirtualService 和 Gateway 这个 API 的解耦其实并不彻底，在配置和维护上也不太方便，在使用中需要注意。

以 3.2.1 节 VirtualService 中的典型配置为例，在将 forecast 服务发布成 L7 对外访问，提供类似 Ingress 的对外访问方式时，假设外部域名是"weather.com"，forecast 配置的访问路径是"/forecast"，则在每个 route 上都必须添加该条件，即看上去这个外部访问的路径与 VirtualService 中原来配置的每个路由条件都有"与"逻辑。这种耦合的配置方式对于外部 L7 路由及内部路由规则的维护都带来了不便：

```yaml
apiVersion: networking.istio.io/v1alpha3
kind: VirtualService
metadata:
  name: forecast
spec:
  gateways:
  - ingress-gateway
  hosts:
  - weather.com
  http:
  - match:
    - uri:
        prefix: /forecast
    - headers:
        location:
          exact: north
    route:
    - destination:
        host: forecast
        subset: v2
  - match:
    - uri:
        prefix: /forecast
    route:
    - destination:
        host: forecast
        subset: v1
```

如果再叠加服务多端口的问题，以及发布成多个外部域名的问题，这个 VirtualService 会变得非常复杂和难以维护。而所有这些都是对外部访问的配置，内部路由只是一个分流策略。在 Issue 6070 中提出了一种 VirtualService 链的方案来解耦其中的条件配置，期待 Istio 在未来的版本中能解决以上问题。